"十四五"普通高等教育本科系列教材

U0191998

建筑施工技术

（第二版）

主　编　杨正凯

副主编　杨辰驹　王培森

参　编　张　欣　张　岩　韩　晟

　　　　耿　帅　张　新　韩　飞

　　　　边广生　朱冬梅　靳同红

　　　　袁昌鲁　郑永峰

中国电力出版社
CHINA ELECTRIC POWER PRESS

内 容 提 要

本书是"十四五"普通高等教育本科系列教材。全书分为九章，主要内容包括土方工程、桩基础工程、钢筋混凝土工程、预应力混凝土工程、砌筑工程、地下结构工程、建筑防水工程、装饰工程及装配式建筑工程。本书以应用为主，理论联系实际，符合新规范、新标准和有关技术法规；紧密切合大纲，重点突出。全书按照建筑结构组成，依据各分部分项工程的名称和建筑施工顺序编写。本书配套丰富的资源，形式多样，扫描书中二维码在线阅读。

本书可作为普通高等院校土木工程等相关专业的教材，也可作为有关工程技术人员的参考书。

图书在版编目（CIP）数据

建筑施工技术/杨正凯主编 . —2 版 . —北京：中国电力出版社，2022.1（2024.11重印）

"十四五"普通高等教育本科系列教材

ISBN 978 - 7 - 5198 - 6153 - 7

Ⅰ. ①建…　Ⅱ. ①杨…　Ⅲ. ①建筑施工—施工技术—高等学校—教材　Ⅳ. ①TU74

中国版本图书馆 CIP 数据核字（2021）第 262366 号

出版发行：中国电力出版社
地　　址：北京市东城区北京站西街 19 号（邮政编码 100005）
网　　址：http://www.cepp.sgcc.com.cn
责任编辑：霍文婵（010—63412545）
责任校对：黄　蓓　朱丽芳
装帧设计：郝晓燕
责任印制：吴　迪

印　　刷：三河市航远印刷有限公司
版　　次：2009 年 1 月第一版　2022 年 1 月第二版
印　　次：2024 年 11 月北京第十次印刷
开　　本：787 毫米×1092 毫米　16 开本
印　　张：19
字　　数：472 千字
定　　价：58.00 元

前　言

本书拓展资源

《建筑施工技术》于 2009 年 1 月出版以来，备受广大师生和读者的喜爱并多次印刷。在本书使用和教学实践过程中，许多读者提出了意见反馈，同时我们也发现第一版书中存在有待提高的问题，因此，在原书的基础上，结合现代施工技术发展情况以及新规范、新规程的颁布、实施情况，进行了必要的修订和补充。本次修订有如下特点：

（1）改正和修订了原书中不妥的地方，使得内容更加准确。

（2）依据新规范，尤其是与施工技术相关的施工规范和施工质量验收规范，修订本书中相关内容，使本书内容完全与现行规范相一致。

（3）根据现代施工技术发展情况，增加第六章地下结构工程相关内容，以适应道路桥梁专业的教学需要。

（4）将钢结构工程与装配式混凝土结构工程合并为第九章装配式建筑工程，以适应现代建筑装配式建筑发展的需要。

（5）本书更多拓展知识可扫描书中二维码阅读。

本书是土木工程、工程管理、建筑环境与能源应用工程等专业的教材，也可作为建筑业技术和管理人员的培训教材及自学者自学丛书。本书根据编者多年的教学实践，并针对建筑施工技术实际应用要求而编写，理论联系实际，密切结合专业，图文结合，配合施工案例，便于自学。

本书由山东建筑大学杨正凯主编，杨辰驹、王培森担任副主编。参编人员有：张欣、张岩、韩晟、耿帅、张新、韩飞、边广生、朱冬梅、靳同红、袁昌鲁、郑永峰。

在编写过程中，参考和引用了有关标准、规范和教材，在此，对审阅者、参编者和提供帮助的人员致以衷心感谢。

编　者

2021 年 11 月 10 日

第一版前言

  建筑业是国民经济的主导产业之一。随着国民经济的飞速发展,建筑业对建筑工程从业人员提出了更高的要求。高等学校也对原有专业进行了新的划分。特别是近几年,建筑类院校发展很快,数量和规模迅速扩大,增设并调整了某些专业的招生,更加科学合理地调整了课程结构、课时要求及教学内容。这一改革体现了建筑类院校专业教育的特色和水平,使课程建设工作更加符合社会发展的需要。为适应新的教学大纲的要求,针对有关的专业特点,我们根据新的教学内容、课时数、新的规范等编写了本书,从而更适应新的教学要求。

  《建筑施工技术》是建筑工程类专业的必修课程,所有与建筑工程有关的人员,都必须掌握建筑施工方面的基本理论和基本原理,熟悉基本的施工工艺、施工方法、施工技术等知识。本书内容理论联系实际、以应用为主;符合新规范、新标准和有关的技术法规;紧密切合大纲,重点突出。按照建筑结构组成,依据各分部分项工程的名称和建筑施工顺序,分九章进行编制,包括土方工程、桩基础工程、钢筋混凝土工程、预应力混凝土工程、砌筑工程、钢结构工程、建筑防水工程、装饰工程以及起重机械。

  本书由山东建筑大学杨正凯、张华明主编,参加各章编写的有:张岩、姜卫杰、韩飞、郭念峰、邵新、焦红、张新、边广生、朱冬梅、靳同红。

  全书由山东建筑大学孙济生主审。

  由于编者水平有限,书中难免存在缺点和不足之处,希望广大师生和读者批评指正,以便我们做进一步的修改和补充。

编　者

2008 年 8 月

目 录

绪　　论

一、建筑施工技术课程的研究对象和任务

建筑物或构筑物的生产过程称为建筑施工。一个建筑物或构筑物的施工，是由许多分部分项工程（如土石方工程、砌筑工程、混凝土结构工程、结构吊装工程、装饰工程等）组成的。而每一个分部分项工程的施工，可以采用不同的施工方案、不同的施工技术和机械设备以及选择不同的劳动组织和施工组织方法来完成。建筑施工技术就是根据施工对象的特点和规模、地质水文和气候条件、机械设备和材料供应等客观施工条件，在运用先进技术提高经济效益和确保施工质量的前提下，做到技术和经济统一，选择各分部分项工程最合理的施工方案和施工方法。

建筑施工技术课程的主要内容包括三大方面：一是各分部分项工程的施工工艺方法；二是各分部分项工程的施工工艺原理；三是各分部分项工程施工过程中保证施工质量和施工安全的措施。根据上述三大内容，按建筑物的结构组成和分部分项工程的施工顺序，本教材分别编制了：土方工程、桩基础工程、钢筋混凝土工程、预应力混凝土工程、砌筑工程、地下结构工程、建筑防水工程、装饰工程以及装配式建筑工程共九章内容。

本课程的任务，是根据建筑工程专业培养目标的要求，使学生了解我国的基本建设方针和政策以及各项具体的技术经济政策，了解建筑施工领域内国内外的新技术和发展动态，掌握各分部分项工程的施工工艺方法、施工工艺原理以及保证施工质量和施工安全的措施。具有独立分析和解决建筑施工技术的初步能力，并为今后进一步学习相关知识和进行科学研究打下基础。

二、建筑施工技术课程的学习方法

建筑施工技术课程是一门综合性较强的应用学科，它要综合运用工程测量、建筑材料、建筑力学、建筑结构和经济管理等学科的相关知识，应用相关的施工规范和施工规程来解决建筑施工中的问题。因此，本学科涉及的理论面广、实践性和政策性强，而且技术发展迅速。在学习中必须坚持理论联系实际的学习方法。除了对课堂讲授的基本理论、基本知识加以理解和掌握之外，还需要随时注意党和政府颁布的有关基本建设的方针政策，以及相关的建筑施工规范和施工规程，随时了解国内外的最新发展，并对有关的实践性教学环节，如现场教学、习题和课程设计、教学参观、生产实习等给予足够的重视。

三、施工规范与施工规程（规定）

建筑工程施工的规范主要是相关的施工规范和施工质量验收规范，它是国家标准，是按建筑工程的分部分项工程（如建筑地基基础工程、混凝土结构工程、钢结构工程等）分别制定，分册出版。另外，还有一本《建筑工程施工质量验收统一标准》（GB 50300—2013）。它们都是由国家建设部组织编写和颁发的重要法规。规范规定了各分部分项工程质量验收的标准、内容和方法，施工现场质量管理和质量控制要求，以及涉及结构安全的见证及抽样检测要求等。凡新建、改建、修复等工程，在施工竣工验收时均应遵守相应的施工质量验收规范。对隐蔽工程在隐蔽之前必须按规范要求进行检查和验收。

在规范中以黑体字标示的条文为强制性条文，必须严格执行。施工质量验收规范由国家建设部负责管理并对强制性条文作出解释，由各册的主编单位负责具体技术内容的解释。随着设计和施工水平的提高，每隔一定时间，须对施工质量验收规范进行相应的修订。

"施工规程（规定）"是比"施工质量验收规范"低一个等级的施工标准文件，多为国家行业标准，它一般由各部、委或重要的科学研究单位编制，呈报规范的管理单位批准或备案后发布试行。它主要是为了及时推广一些新结构、新材料、新工艺而制定的标准，如《建筑基坑支护技术规程》（JGJ 120—2012）、《混凝土泵送施工技术规程》（JGJ/T 10—2011）等。有时将设计与施工合并为一册，制定设计与施工规程，如《液压滑升模板工程设计与施工规定》、《高层建筑箱形基础设计与施工规定》等，其内容主要根据结构与施工工艺特点而定。设计与施工规程（规定）一般包括总则、设计规定、计算要求、构造要求、施工规定和工程验收，有时还附有具体内容的附录。

"施工规程（规定）"试行一段时间后，条件成熟时也可以升级为国家规范。"施工规程（规定）"中有关质量验收的内容不能与"施工质量验收规范"抵触，如有不同，应以"施工质量验收规范"为准。

第一章 土 方 工 程

第一节 概 述

土方工程主要是指土的挖掘、填筑和运输等土方施工过程，以及在土方施工中必要的施工排水、降水、土壁支撑等施工准备工作和辅助工程。在土木工程施工中，较常见的土方工程主要包括：场地平整、基坑（槽）开挖、地坪填土、路基填筑及基坑回填土等。

一、土方工程的施工特点

1. 土方工程的工程量大，劳动强度高

对于一个一般的建筑工程来说，其土方工程量通常在几千立方米，有时甚至达几万立方米，而对于大型的工业企业或民用建筑群体来说，其土方工程量可达几百万立方米。这决定了土方工程施工工期长，劳动强度高且繁杂。为此，在组织土方工程施工时，应尽可能采用机械化施工手段，合理选用施工新技术，以减低施工人员的劳动强度，提高劳动生产率，缩短施工工期，降低工程成本。

2. 土方工程施工的质量要求高

土方工程施工涉及的内容广，如管沟、基坑、基槽、地下工程等的土方开挖；基础、路基等土方的填筑等。在土方施工中，既要保证土方工程顺利实施，同时又要为后续工程的施工提供工作面。如基坑土方的开挖，应严格控制开挖的位置、高程以及基坑的长、宽、高尺寸等；同时应注重土方施工的边坡稳定以及基坑底的承载力是否满足设计要求等。为此，在土方工程施工中应严格按设计要求和施工规范的规定进行质量检查和检验，以保证土方施工的工程质量，为垫层和基础施工提供保障。

3. 土方工程的施工条件复杂

土方工程施工大多为露天作业，必然受环境以及气候等因素的影响，尤其是冬期或雨期施工，施工条件更为困难。另外，土石方的种类多、组成复杂，且其施工对象主要为天然土，施工中受地质、水文、地下障碍物等因素的影响较大。因此，在组织土方工程施工前，应进行详细的现场调查，了解和分析各项技术资料，如地形图、工程地质和水文地质勘察资料、原有地下管道、电缆和地下构筑物等资料以及土方工程施工图等，依据这些资料和分析作出土方工程施工组织设计。

土方工程施工组织设计主要解决以下几个方面的问题：

（1）选择适宜的施工方案和施工机械；

（2）合理确定土方调配方案，使总的土方工程量最少；

（3）合理组织施工机械，保证机械发挥最大的使用效率，降低机械使用费用；

（4）安排好运输道路、排水、降水、土壁支撑等一切施工准备及辅助工作；

（5）合理安排施工计划，尽量避免雨期施工；

（6）保证施工质量，对施工中可能遇到的问题，如流沙现象、边坡稳定等进行技术分析，并提出解决措施；

（7）有确保安全施工的措施。

二、土的工程分类

土的组成成分复杂，种类繁多，分类的方法亦较多，如按土的沉积年代、按土的颗粒级配、按土体的密实度等多种分类方法。在建筑工程施工中，土方的开挖是土方工程施工的主导施工过程，为合理选择土方开挖施工方法，根据土的开挖难易程度，将土分为松软土、普通土、坚土、砂砾坚土、软石、次坚石、坚石和特坚石八种类型。其中，前四类属于一般土，后四类属岩石。该分类既明确了土方的施工方法和施工机具，又为确定建筑安装工程劳动定额提供了依据。

土的工程分类及开挖方法见表1-1。

表1-1　　　　　　　　　　　　**土的工程分类及开挖方法**

序号	土的类别	土 的 名 称	密度（kg/m³）	开挖方法及工具
1	一类土（松软土）	砂；亚砂土；冲积砂土层；种植土；泥炭（淤泥）	600～1500	能用锹、锄头挖掘
2	二类土（普通土）	亚黏土；潮湿的黄土；夹有碎石、卵石的砂；种植土；填筑土及亚砂土	1100～1600	用锹、锄头挖掘，少许用镐翻松
3	三类土（坚土）	软及中等密实黏土；重亚黏土；粗砾石；干黄土及含碎石、卵石的黄土、亚黏土；压实的填筑土	1750～1900	主要用镐，少许用锹、锄头挖掘，部分用撬棍
4	四类土（砂砾坚土）	重黏土及含碎石、卵石的黏土；粗卵石；密实的黄土；天然级配砂石；软泥灰岩及蛋白石	1900	整个用镐、撬棍，然后用锹挖掘。部分用楔子及大锤
5	五类土（软石）	硬质黏土；中等密实的页岩；泥灰岩；白垩土；胶结不紧的砾岩；软的石灰岩	1100～2700	用镐或撬棍、大锤挖掘，部分使用爆破方法
6	六类土（次坚石）	泥岩；砂岩；砾岩；坚实的页岩；泥灰岩；密实的石灰岩；风化花岗岩；片麻岩	2200～2900	用爆破方法开挖，部分用风镐
7	七类土（坚石）	大理岩；辉绿岩；玢岩；粗、中粒花岗岩；坚实的白云岩、砂岩、砾岩、片麻岩、石灰岩、风化痕迹的安山岩、玄武岩	2500～3100	用爆破方法
8	八类土（特坚石）	安山岩；玄武岩；花岗片麻岩；坚实的细粒花岗岩、闪长岩、石英岩、辉长岩、辉绿岩；玢岩	2700～3300	用爆破方法

三、土的工程性质

土的工程性质对土方工程施工有直接影响，也是进行土方施工设计必须掌握的基本资料。土体的性质与土的组成有直接的关系，通常认为土体的基本构成主要由三相组成，即固相（土体的固体颗粒含量）、气相（主要是空气）、液相（主要是水分）。

在进行土的成分分析时，土的性质较多，如土的密实度、孔隙率、抗剪强度、土压力、可松性、含水量、渗透性等。在这里仅对土方施工中常用的基本性质说明如下。

（一）土的天然密度和土的干密度

1. 土的天然密度

土在天然状态下单位体积的质量称为土的天然密度，用 ρ 表示，计算公式为

$$\rho = \frac{m}{V} \tag{1-1}$$

式中　m——土的总质量，kg；

　　　V——土的体积，m^3。

土的天然密度随着土的颗粒组成，孔隙多少和水分含量的大小而变化。一般黏土的密度约为 $1.6 \sim 2.2 t/m^3$，天然密度大的土较坚实，挖掘困难。

2. 土的干密度

单位体积内土的固体颗粒质量与土的总体积的比值称为土的干密度，用 ρ_d 表示，计算公式为

$$\rho_d = \frac{m_s}{V} \tag{1-2}$$

式中　m_s——土的固体颗粒质量。

土的干密度愈大，表明土愈密实，在土方填筑时，常以土的干密度来控制土的夯实标准。一般干密度在 $1.6 t/m^3$ 以上。如果已知土的天然密度 ρ 和含水量 ω，可按下式求干密度

$$\rho_d = \frac{\rho}{1 + \omega} \tag{1-3}$$

（二）土的含水量

土的干湿程度，用含水量表示，即土中水的质量与土的固体颗粒质量之比，用百分率表达，土的含水量用 ω 表示，计算公式为

$$\omega = \frac{m_w}{m_s} \times 100\% = \frac{m - m_s}{m_s} \times 100\% \tag{1-4}$$

式中　m_w——土中水的质量，kg，为含水状态时土的质量与烘干后的土质量之差；

　　　m_s——土中固体颗粒的质量，kg，为烘干后土的质量。

土的含水量对土方边坡稳定性及填土压实的质量都有影响。通常含水量在 5% 以下的土称为干土，含水量在 5%～30% 之间的土称为湿土，大于 30% 的土称为饱和土。

（三）土的可松性

土具有可松性，即自然状态下的土，经过开挖后，其体积因松散而增大，以后虽经回填压实，仍不能恢复到原来的密实度。土的可松性程度用可松性系数表示，即

$$K_s = \frac{V_2}{V_1} \tag{1-5}$$

$$K_s' = \frac{V_3}{V_1} \tag{1-6}$$

式中　K_s——最初可松性系数；

　　　K_s'——最终可松性系数；

　　　V_1——土在天然状态下的体积，m^3；

　　　V_2——土经开挖后的松散体积，m^3；

　　　V_3——土经回填压实后的体积，m^3。

由于土方工程量是以自然状态的体积来计算的，所以在土方调配、计算土方机械生产率及运输工具数量等的时候，必须考虑土的可松性。如在土方工程中，K_s 是计算土方施工机械及运土车辆等的重要参数，K_s' 是计算场地平整标高及填方时所需土方量等的重要参数。

各类土的可松性系数见表 1-2。

表 1-2　　　　　　　　　　　　土 的 可 松 性 系 数

土 的 类 别	可 松 性 系 数	
	K_s	K'_s
第一类（松软土）	1.08～1.17	1.01～1.04
第二类（普通土）	1.14～1.28	1.02～1.05
第三类（坚土）	1.24～1.30	1.04～1.07
第四类（砾砂坚土）	1.26～1.37	1.06～1.09
第五类（软石）	1.30～1.45	1.10～1.20
第六类（次坚石）	1.30～1.45	1.10～1.20
第七类（坚石）	1.30～1.45	1.10～1.20
第八类（特坚石）	1.45～1.50	1.20～1.30

（四）土的渗透性

土的渗透性是指土体被水透过的性质。土体孔隙中的自由水在重力作用下会发生流动，当基坑开挖至地下水位以下时，施工中的排水破坏了地下水的平衡，形成基坑周围的地下水与基坑底面的水位差，地下水会不断地流入到基坑中。地下水在土中渗透时受到土颗粒的阻力，其大小与土的渗透性及地下水渗流路线长短有关。法国学者达西根据图 1-1 所示的砂土渗透试验，发现渗流速度（v）与水力坡度（i）成正比，即

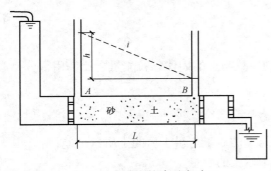

图 1-1　砂土的渗透实验

$$v = Ki \qquad (1-7)$$

式中　K——土的渗透系数，m/d；

　　　v——水的渗流速度，m/d；

　　　i——水力坡度。

由图 1-1 可以看出，水力坡度（i）是 A、B 两点的水位差（h）与渗流路程长度（L）之比，即 $i = h/L$。显然，水在土中的渗流速度（v）与土的渗透系数（由土质的组成确定）以及水位差成正比，与渗流路程的长度成反比。

土的渗透系数与土质的组成有关，其大小反映出土的透水性的强弱，通常由实验确定，表 1-3 的数值仅供参考。

表 1-3　　　　　　　　　　　　土 的 渗 透 系 数 K 参 考 值

土 的 种 类	K（m/d）	土 的 种 类	K（m/d）
黏土、亚黏土	<0.1	含黏土的中砂及纯细砂	20～25
亚黏土	0.1～0.5	含黏土的粗砂及纯中砂	35～50
含黏土的砂土	0.5～10	纯粗砂	50～75
纯粉砂	1.5～5.0	粗砂夹砾石	50～100
含黏土的细砂	10～15	砾石	100～200

第二节　土方边坡与土壁支护

在土方开挖施工中，为了确保施工安全，防止土壁坍塌，当挖方深度（或填方高度）超过一定限度时，则应设置边坡。如场地受限不能放坡或为了减少挖方量不采用放坡时，应设置基坑支护结构，以保证土壁的稳定。

一、土方边坡

在浅基础土方开挖施工中，设置一定的土方边坡，是保证土壁稳定且比较经济的手段。

（一）土方的直壁开挖

当地下水位低于基坑（槽）底，土质均匀时，在湿度正常的土层中开挖基坑（槽）或管沟，且敞露时间不长时，较经济的土方开挖方式是垂直开挖不加支撑，但挖方深度不宜超过表 1-4 的规定。

表 1-4　　　　　　　　　　　　直立土壁不加支撑的挖土深度

土 的 类 别	挖方深度（m）	土 的 类 别	挖方深度（m）
密实、中密的砂土和碎石（填充物为砂土）	1.00	硬塑、可塑的黏土和碎石类土（填充物为黏性土）	1.50
硬塑、可塑的粉土及粉质黏土	1.25	坚硬的黏土	2.00

（二）土方边坡的稳定

基坑边坡的稳定，主要是由于土体内颗粒间存在摩擦阻力和黏聚力，从而使土体具有一定的抗剪强度。土体抗剪强度的大小主要取决于土的内摩擦角和黏聚力的大小。不同的土质有不同的物理、力学性质，其土体的抗剪强度亦均有不同。

在一般情况下，基坑边坡失稳，发生滑动，其原因主要是由于土质及外界因素的影响，致使土体内的抗剪强度降低或剪应力增加，使土体中的剪应力超过其抗剪强度。

引起土体抗剪强度降低的原因有：因风化等气候影响使土质变松；黏土中的夹层因浸水而产生润滑作用；细砂、粉砂土因振动而液化等。

引起土体内剪应力增加的原因有：因坡顶堆放重物或存在动载；雨水或地面水浸入使土的含水量增加，因而使土体自重增加；水在土体中渗流而产生动水压力等。

为此，为了保证边坡和直立壁的稳定性，在挖方边坡上侧堆土或材料以及有施工机械行驶时，应与挖方边缘保持一定距离。当土质良好时，堆土或材料应距挖方边缘 0.8m 以外，高度不宜超过 1.5m。在软土地区开挖时，挖出的土方应随挖随运走，不得堆在边坡顶上，坡顶亦不得堆放材料，更不得有动载，以避免由于地面上加荷引起边坡塌方事故。

同时，在施工中还必须做好地面水的排除。基坑内的降水工作，应持续到地下结构施工完成，坑内回填土完毕为止。在雨期施工时，更应注意检查基坑边坡的稳定性，必要时，可适当放缓边坡坡度或设置支护结构，以防塌方。

（三）土方边坡的设置

土方边坡通常可做成直线形、折线形或阶梯形，如图 1-2 所示。

土方边坡坡度以其挖方深度（或填方高度）H 与其底边宽度 B 之比表示，如图 1-2 所示，即

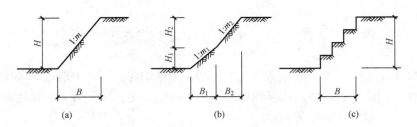

图 1-2　基坑边坡

(a) 直线形边坡；(b) 折线形边坡；(c) 阶梯形边坡

$$土方边坡坡度 = \frac{H}{B} = \frac{1}{B/H} = 1 : m \tag{1-8}$$

式中，$m = B/H$ 称为边坡系数。

土方边坡的大小与土质、开挖深度、开挖方法、边坡留置时间的长短、附近有无荷载、堆土、车辆，以及排水情况有关。当土质均匀、地质条件较好且地下水位低于基坑（槽）底或管沟底面标高时，深度在 5m 之内不加支撑的边坡最陡坡度见表 1-5。

表 1-5　　　　　深度在 5m 之内不加支撑基坑（槽）或管沟的边坡最陡坡度

土 的 类 别	边坡坡度（1：m）		
	坡顶无荷载	坡顶有静载	坡顶有动载
中密的砂土	1：1.00	1：1.25	1：1.50
中密的碎石类土（填充物为砂土）	1：0.75	1：1.00	1：1.25
硬塑的粉土	1：0.67	1：0.75	1：1.00
中密的碎石类土（填充物为黏性土）	1：0.50	1：0.67	1：0.75
硬塑的粉质黏土、黏土	1：0.33	1：0.50	1：0.67
老黄土	1：0.01	1：0.25	1：0.33
软土（经过井点降水后）	1：1.00	—	—

注　静载指堆土或材料等，动载指机械挖土或汽车运输作业等。

二、土壁支护

开挖基坑（槽）时，如地质条件及周围环境许可，采用放坡开挖是较经济的。但在建筑稠密地区施工，或有地下水渗入基坑（槽）时，往往不可能按要求的坡度放坡开挖。尤其是随着建筑的发展，高层建筑的深基础施工越来越多，放坡开挖不但是不经济，许多情况下是不可能的，这时就需要进行基坑（槽）支护，以保证施工的顺利和安全，并减少对相邻建筑、管线等的不利影响。

基坑（槽）支护结构的主要作用是支撑土壁，此外，钢板桩、混凝土板桩及水泥土搅拌桩等围护结构还兼有不同程度的隔水作用。

基坑（槽）支护结构的形式有多种，根据受力状态可分为横撑式支撑、重力式支护结构、板桩式支护结构等，其中，板桩式支护结构又分为悬臂式和支撑式。

（一）横撑式支撑

开挖较窄的沟槽，多用横撑式土壁支撑。横撑式土壁支撑根据挡土板的不同分为水平挡土板式［图 1-3（a）］、垂直挡土板式［图 1-3（b）］。其挡土板的布置又分间断式和连续式两种。湿度小的黏性土挖土深度小于3m时，可用间断式水平挡土板支撑；对松散、湿度大的土可用连续式水平挡土板支撑，挖土深度可达5m。对松散和湿度很高的土可用垂直挡土板式支撑，其挖土深度不限。

支撑所承受的荷载为土压力。土压力的分布不仅与土的性质、土坡高度有关，且与支撑的形式及变形亦有关。由于沟槽的支护多为随挖、随铺、随撑，支撑构件的刚度不同，撑紧的程度又难以一致，故作用在支撑上的土压力不能按库仑或朗肯土压力理论计算。实测资料表明，作用在横撑式支撑上的土压力的分布很复杂，也很不规则。工程中通常按图1-4所示的几种简化图形进行计算。挡土板、立柱及横撑的强度、变形及稳定等可根据实际布置情况进行结构计算。

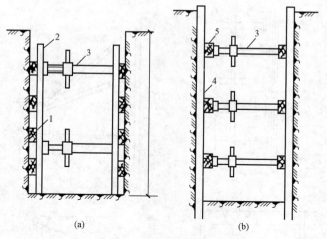

图 1-3　横撑式支撑
(a) 间断式水平挡土板支撑；(b) 垂直挡土板支撑
1—水平挡土板；2—垂直支撑；3—工具式支撑；
4—垂直挡土板；5—水平支撑

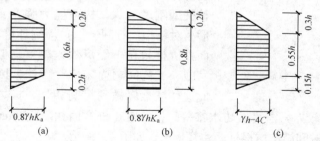

图 1-4　横撑式支撑土压力计算简图
(a) 密砂；(b) 松砂；(c) 黏土

（二）板式支护结构

板式支护结构由两大系统组成：挡墙系统和支撑（或拉锚）系统，如图1-5所示。悬臂式板桩支护结构则不设支撑（或拉锚）。

当基坑深度较大，悬臂的挡墙在强度和变形方面不能满足要求时，需要设置支撑系统。支撑系统一般分为两类：基坑内支撑，如图1-5（a）、(b) 所示，以及基坑外拉锚，如图1-5(c)、(d) 所示。

基坑外拉锚可分为顶部拉锚与土层锚杆拉锚。前者用于不太深的基坑，多为钢板桩支护，在基坑顶部将钢板桩挡墙用钢筋或钢丝等拉结锚固在一定距离之外的锚桩上；土层锚杆拉锚多用于较深的基坑。

1. 挡墙系统

挡墙系统常用的材料有型钢桩、钢板桩、钢筋混凝土板桩、灌注桩及地下连续墙等。

（1）型钢桩支护结构。用于基坑侧壁支护的型钢有H钢、工字钢、槽钢等。它适用于地下水位低于基坑底面的黏土、碎石类土质等稳定性较好的土层。桩距根据土质和挖土深度而定。对松散土质在型钢桩之间应加挡土板。当地下水高于基坑底面时，应先采取降水措施。

（2）钢板桩。钢板桩支护结构适用于开挖深度不大于5m的软土地基。当开挖深度在4～5m时需设置支撑（或拉锚）系统。常用的钢板桩有平板形和波浪形等多种形式，如图1-6所示。

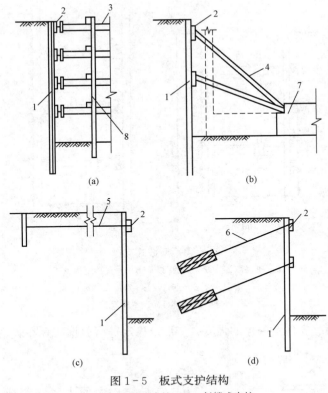

图 1-5　板式支护结构

(a) 水平支撑式支护；(b) 斜撑式支护；
(c) 水平拉锚支护；(d) 土层锚杆支护

1—挡墙；2—围檩；3—钢支撑；4—斜撑；5—拉锚；
6—土层锚杆；7—先施工的基础；8—竖撑

钢板桩之间通过锁口互相连接，形成一道连续的挡墙。由于锁口的连接，使钢板桩连接牢固，形成整体。同时也具有较好的隔水能力。钢板桩截面积小，易于打入，槽形、"Z"字形等波浪式钢板桩截面抗弯能力较好。钢板桩在基础施工完毕后还可拔出重复使用，因此较经济实用，在实际工程中应用较为广泛。

(3) 混凝土和钢筋混凝土排桩支护结构。混凝土和钢筋混凝土排桩支护结构常用的主要是混凝土和钢筋混凝土钻孔灌注桩、沉管灌注桩等，桩的布置方式如图 1-7 所示。在桩的顶部设钢筋混凝土圈梁（也称腰梁）以增强整体性，并随着基坑开挖深度加大，在露出的排桩壁上设置一道或几道内支撑。所以这种桩型刚度较大，抗弯能力强，变形相对较小，有利于保护周围环境，而且价格较低，经济效益较好。但其施工工艺问题尚未完全解决，因此这种桩难以做到桩间相切，桩之间留有 100～150mm 的间隙，挡水能力较差，需另做防水帷幕。目前常在桩背面相隔 100mm 左右处施工两排深层搅拌水泥土桩，或桩间施工树根桩、注浆止水，如图 1-8 所示。

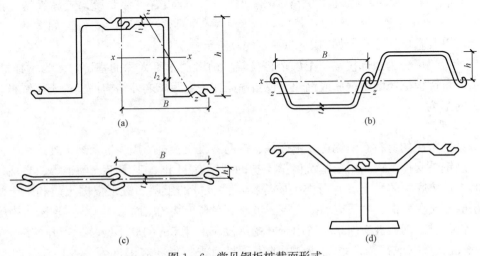

(a)　　　　　　　　　　　　(b)

(c)　　　　　　　　　　　　(d)

图 1-6　常见钢板桩截面形式

(a) "Z"字形；(b) 槽形；(c) "一"字形；(d) 部分加"I"字钢

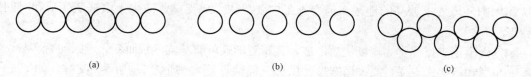

图 1-7 混凝土和钢筋混凝土排桩挡墙平面布置形式

(a) 连续式排列；(b) 间隔式排列；(c) 交错式排列

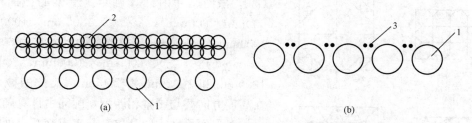

图 1-8 挡土兼止水挡墙形式

(a) 灌注桩加搅拌水泥土桩（或水泥旋喷桩）；(b) 浇筑桩加压密注浆

1—灌注桩；2—水泥土桩（或旋喷桩）；3—压密注浆

钢筋混凝土钻孔灌注桩常用的桩径为 600～1100mm，多用于深度为 7～13m 的基坑，在两层地下室及其以下的深基坑支护结构中优先考虑使用。沉管灌注桩常用的桩径为 500～800mm，多用于深度为 −10m 以下的基坑。另外，在单层地下室基坑中还常使用桩径为 800～1200mm 的人工挖孔桩作为支护结构。

（4）地下连续墙。地下连续墙多用于 −12m 以下，地下水位高、软土地基深基坑的挡墙支护结构。尤其是与邻近建筑物、道路、地下设施距离很近时，地下连续墙是首选的支护结构形式。在我国目前应用较多，如北京王府井宾馆、上海国际贸易中心大厦、上海金茂大厦等著名的高层建筑的基础施工都曾采用地下连续墙。

地下连续墙的常用厚度为 600～1000mm，有时也用 450mm 厚的地下连续墙。其结构刚度大，变形小，既能挡土又能挡水。但单纯用于临时性的支护结构，费用过高，如设计上考虑挡墙与承重结构合一功能，则较为理想。

2. 基坑内支撑系统

基坑内支撑常用的有钢结构支撑和钢筋混凝土结构支撑两类。

（1）钢结构支撑。钢结构支撑多用大型钢管、H 型钢和格构式钢支撑。钢结构支撑拼装和拆除方便、迅速，为工具式支撑，可多次重复使用，而且可根据控制变形的需要施加预顶力，有一定的优点。但与钢筋混凝土结构支撑相比，它的变形相对较大，且由于圆钢管和型钢的承载能力不如钢筋混凝土结构支撑的承载能力大，因而支撑水平向的间距不能很大，对于机械挖土不太方便。在大城市建筑物密集地区开挖基坑，支护结构多以变形控制，在减少变形方面钢结构支撑不如钢筋混凝土结构支撑，但如果分阶段根据变形多次施加预顶力也能控制变形量。

（2）钢筋混凝土结构支撑。钢筋混凝土结构支撑是近年来在深基坑支护结构中常用的一种支撑形式，大多利用土模或模板随着挖土逐层现浇，截面尺寸和配筋根据支撑布置和杆件内力大小而定。它刚度大，变形小，能有效地控制挡墙变形和周围地面的变形，宜用于较深基坑和周围环境要求较高的地区。但在施工中要尽快形成支撑，减少土壤蠕变变形和时间效应变形。

钢筋混凝土支撑通常为现场浇筑形成，其布置形式可随基坑形状而变化，因而有多种，如对撑、角撑和桁架式支撑，或采用圆形、拱形、椭圆形等多种形状的内环梁支撑，如图 1-9 所示。

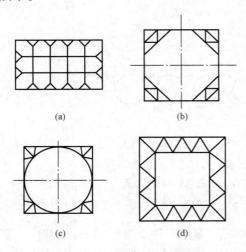

图 1-9　钢筋混凝土支撑形式

(a) 对撑；(b) 角撑；

(c) 圆形支撑；(d) 桁架式支撑

钢筋混凝土支撑的混凝土强度等级一般采用 C30，截面尺寸由计算确定。腰梁的截面尺寸有 600mm×800mm（高×宽）、800mm×1000mm 和 1000mm×1200mm；支撑的截面尺寸常为 600mm×800mm（高×宽）、800mm×1000mm、800mm×1200mm 和 1000mm×1200mm。支撑的截面尺寸在高度方向要与腰梁相匹配，配筋由计算确定。

对平面尺寸大的基坑，在支撑交叉点处需设立柱，在垂直方向支承水平支撑。立柱可为四个角钢组成的格构式柱、圆钢管或型钢。考虑到承台施工时便于穿钢筋，格构式柱应用较多。立柱的下端插入作为工程桩使用的灌注桩内，插入深度不宜小于 2m，否则立柱就要设置专用的灌注桩基础，因此格构式立柱的平面尺寸要与灌注桩的直径相匹配。

对于多层支撑的深基坑，设计支撑时要考虑挖土机上支撑挖土所产生的荷载，施工中要采取措施避免挖土机直接压支撑。

如果基坑的宽（长）度很大，所处地区的土质又较好，在内部设置支撑需耗费大量材料，而且不便于挖土施工，此时可考虑选用土层锚杆来拉结固定挡墙，可取得较好的经济效益。

3. 拉锚支护结构

拉锚支护结构由挡墙、拉杆以及锚固体组成，如图 1-10 所示。其挡墙多以型钢桩、钢板桩、钢筋混凝土板桩为主。拉杆通常采用钢筋或钢绞线，拉杆中间应设置紧固装置。以锚桩为锚固体的称为桩式地面拉锚；以锚锭板为锚固体的称为板式地面拉锚。

桩式地面拉锚如图 1-10 (a) 所示，其拉杆一般水平设置，通过开沟浅埋于地表下。拉杆的一端与挡墙顶部围檩相连，另一端锚固在锚锭上，用来承受挡墙传来的土压力、水压力以及附加荷载引起的侧压力。这种地面拉锚围护结构简单且便于施工，整个围护系统均在基坑开挖之前完成，施工安全，质量容易保证。因此，在条件许可的前提下，这种围护结构是一种经济易行的方式。但锚锭位置应处于地层滑动面之外，因此需要较开阔的施工场地。

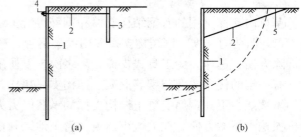

图 1-10　拉锚支护结构

(a) 桩式地面拉锚；(b) 板式地面拉锚

1—挡墙；2—拉杆；3—锚桩；4—围檩；5—地面板

板式地面拉锚如图 1-10 (b) 所示，其拉杆是通过倾斜钻孔来设置的，因此对钻孔精度要求较高。也可以在设置地面时，将拉杆水平铺设，这种方法施工较为简便。

4. 土层锚杆支护结构

土层锚杆（亦称土锚）是一种新型的受拉杆件，它的一端与支护结构等连接，另一端锚固在土体中，将支护结构和其他结构所承受的荷载（侧向的土压力、水压力以及水上浮力和风力带来的倾覆力等）通过拉杆传递到处于稳定土层中的锚固体上，再由锚固体将传来的荷载分散到周围稳定的土层中去。

土层锚杆支承支护结构的最大优点是在基坑施工时坑内无支撑，开挖土方和地下结构施工不受支撑干扰，施工作业面宽敞，目前在高层建筑深基坑工程中的应用已日益增多。土层锚杆的应用已由非黏性土层发展到黏性土层，近年来，已有将土层锚杆应用到软黏土层中的成功实例。另外，土层锚杆不仅用于临时支护结构，而且在永久性建筑工程中亦得到广泛的应用，如桥梁工程中的悬索桥、山体边坡稳定、高耸构筑物等。

（1）土层锚杆的构造。土层锚杆由锚头（亦称锚具）、钢拉杆（钢索）、塑料套管定位分隔器（钢绞线用）以及水泥砂浆等组成，它与挡土桩墙相连组成支护结构，如图 1-11 所示。

（2）土层锚杆的类型。土层锚杆用于地基有三种基本类型，如图 1-12 所示。

第一种类型锚杆由圆柱形注浆体和钢筋或钢索构成，如图 1-12（a）所示，孔内注水泥浆（注浆压力为 0.3～0.5MPa），水泥砂浆或其他化学注液。适用于拉力不高，临时性锚杆以及岩石类锚杆。

第二种锚杆类型为扩大的圆柱体，注入压力灌浆液而形成，适用于黏性土和无黏性土，当拉力要求较大时采取较高的压力进行注浆（注浆压力 2～5MPa）。在黏性土中形成较小扩大区，在无黏性土中，可得到较大扩大区，如图 1-12（b）所示。

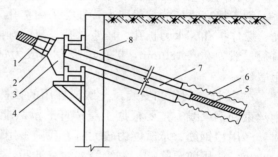

图 1-11　土层锚杆支护结构构造
1—锚具；2—垫板；3—台座；4—托架；5—拉杆；
6—锚固体；7—套管；8—围护挡墙

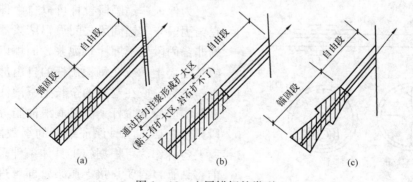

图 1-12　土层锚杆的类型

第三种锚杆类型是采用特殊的扩孔装置在孔眼内长度方向扩 1 个或几个扩孔圆柱体，如图 1-12（c）所示。这类锚杆要有特制机械扩孔装置，通过中心杆压力将扩张式刀具缓缓张开刮土。在黏性土和砂土中都适用，可以达到较高的拉拔力。

（3）土层锚杆施工。土层锚杆施工，包括钻孔、拉杆的制作和安装、灌浆和张拉锚固等主要施工程序。在正式开工之前还需进行必要的准备工作。

1）钻孔：土层锚杆的钻孔工艺，直接影响土层锚杆的承载能力、施工效率和整个支护工程的成本。其成孔设备，国外一般采用履带式全液压万能钻孔机，孔径范围50～320mm，具有体积小、使用方便，适应多种土层，成孔效率高等优点。国内使用的有螺旋式钻孔机、冲击式钻孔机和旋转冲击式钻孔机，亦有的采用改装的普通地质钻机成孔。在黄土地区亦可采用洛阳铲形成锚杆孔穴，孔径70～80mm。在选择钻孔设备时，应根据钻孔孔径、孔深、土质及地下水的情况综合考虑。

钻孔方法的选择主要取决于土质和钻孔机械。常用的土层锚杆钻孔方法有螺旋钻孔干作业法、压水钻进成孔法、潜钻成孔法等，应用较多的为压水钻进成孔法，可把成孔过程中的钻进、出渣、清孔等工序一次完成，可防止塌孔，不留残土，能适用于各种软硬土层，但施工现场积水较多。当土层无地下水时，亦可用螺旋钻孔干作业法来成孔，一般是先成孔，清除废土，然后插入拉杆，施工时采取多个平行作业。钻出的孔洞用空气压缩机风管冲洗孔穴；将孔内孔壁残留废土清除干净。

为了提高锚杆的抗拔能力，往往采用扩孔方法扩大钻孔端头。扩孔有四种方法：机械扩孔、爆炸扩孔、水力扩孔、压浆扩孔。目前国内多用爆炸扩孔与压浆扩孔。扩孔锚杆的钻孔直径一般为90～130mm，扩孔段直径一般为钻孔直径的3～5倍。扩孔锚杆主要用于松软土层。

2）拉杆的制作和安装：土层锚杆用的拉杆，常用的有钢管（钻杆用作拉杆）、粗钢筋、钢丝束和钢绞线。主要根据土层锚杆的承载能力和现有材料的情况来选择。承载能力较小时，多用粗钢筋；承载能力较大时，我国多用钢绞线。

拉杆使用前要除锈。钢绞线如涂有油脂，在其锚固段要仔细加以清除，以免影响与锚固体的黏结。成孔后即可将制作好的通长、中间无节点的钢拉杆插入管尖的锥形孔内。为将拉杆安置于钻孔的中心，防止非锚固段产生过大的挠度和插入孔时不搅动孔壁，保证拉杆有足够厚度的水泥浆保护层，通常在拉杆上设置定位器如图1-13所示。定位器的间距，在锚固段为2m左右，在非锚固段多为4～5m。

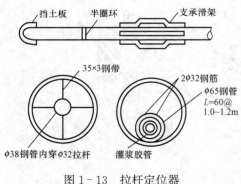

图1-13　拉杆定位器

为保证非锚固段拉杆可以自由伸长，可采取在锚固段与非锚固段之间设置堵浆器，或在锚杆的非锚固段处不灌注水泥浆，而填以干砂、碎石或贫混凝土，或在每根拉杆的自由部分套一根空心塑料管，或在锚杆的全长上都灌注水泥浆，但在非锚固段的拉杆上涂以润滑油脂等以保证在该段自由变形，同时保证锚杆的承载能力不降低，以上各种作法可根据施工具体条件采用。在灌浆前将钻管口封闭，接上压浆管即可进行注浆，浇筑锚固体。

3）灌浆：灌浆是土层锚杆施工中的一个重要工序。施工时，应将有关数据记录下来，以备将来查用。灌浆的作用：①形成锚固段，将锚杆锚固在土层中；②防止钢拉杆腐蚀；③充填土层中的孔隙和裂缝。

灌浆的浆液为水泥砂浆（细砂）或水泥浆。水泥一般不宜用高铝水泥，由于氯化物会引起钢拉杆腐蚀，因此其含量不应超过水泥重的 0.1%。由于水泥水化时会生成 SO_3，所以硫酸盐的含量不应超过水泥重的 4%。我国多用普通硅酸盐水泥。

拌和水泥浆或水泥砂浆所用的水，一般应避免采用含高浓度氯化物的水，因为它会加速钢拉杆的腐蚀。若对水质有疑问，应事先进行化验。

选定最佳水灰比亦很重要，要使水泥浆有足够的流动性，以便用压力泵将其顺利注入钻孔和钢拉杆周围。同时还应使灌浆材料收缩小和耐久性好，所以一般常用的水灰比为 0.4～0.45。表 1-6 为土层锚杆施工中常用的灌浆材料及其配合比。

表 1-6　　　　　　　　　　　土层锚杆灌浆材料及其配合比

灌浆次数	材 料 名 称			
	425 号普通硅酸盐水泥	水	砂（$D<0.5mm$）	早强减水剂
第一次灌浆	1	0.4	0.3	0.035
第二次灌浆	1	0.4	—	0.035

灌浆方法有一次灌浆法和二次灌浆法两种。一次灌浆法只用一根灌浆管，利用泥浆泵进行灌浆，灌浆管端距孔底 20cm 左右，待浆液流出孔口时，用水泥袋纸等捣塞入孔口，并用湿黏土封堵孔口，严密捣实，再以 2～4MPa 的压力进行补灌，要稳压数分钟灌浆才告结束。

二次灌浆法要用两根灌浆管，第一次灌浆用灌浆管的管端距离锚杆末端 50cm 左右，管底出口处用黑胶布等封住，以防沉放时土进入管口。第二次灌浆用灌浆管的管端距离锚杆末端 100cm 左右，管底出口处亦用黑胶布封住，且从管端 50cm 处开始向上每隔 2m 左右作出 1m 长的花管，花管的孔眼为 $\phi8mm$，花管做几段视锚固段长度而定。

第一次灌浆是灌注水泥砂浆，其压力为 0.3～0.5MPa，流量为 0.1m^3/min。水泥砂浆在上述压力作用下冲出封口的黑胶布流向钻孔。钻孔后曾用清水洗孔，孔内可能残留部分水和泥浆，但由于灌入的水泥砂浆相对密度较大，能够将残留在孔内的泥浆等置换出来。第一次灌浆量根据孔径和锚固段的长度而定。第一次灌浆后把灌浆管拔出，可以重复使用。

待第一次灌注的浆液初凝后，进行第二次灌浆，控制压力为 2MPa 左右，要稳压 2min，浆液冲破第一次灌浆体，向锚固体与土的接触面之间扩散，使锚固体直径扩大，增加径向压应力。由于挤压作用，使锚固体周围的土受到压缩，孔隙比减小，含水量减少，也提高了土的内摩擦角。因此，二次灌浆法可以显著提高土层锚杆的承载能力。

4）张拉和锚固：土层锚杆灌浆后，预应力锚杆还需张拉锚固。张拉锚固作业在锚固体及台座的混凝土强度达 15MPa 以上时进行。在正式张拉前，应取设计拉力值的 0.1～0.2 倍预拉一次，使其各部位接触紧密、杆体完全平直。对永久性锚杆，钢拉杆的张拉控制应力不应超过拉杆材料强度标准值 f_{ptk} 的 0.6 倍；对临时锚杆，不应超过拉杆材料强度标准值 f_{ptk} 的 0.65 倍。钢拉杆张拉至设计拉力的 1.1～1.2 倍，并维持 10min（砂土中）或 15min（黏土中），然后卸载至锚固荷载予以锚固。张拉和锚固的具体施工操作方法可参见预应力混凝土施工。

（4）土层锚杆的试验和检验。土层锚杆的承载力尚无完善的计算方法，主要根据经验或通过试验确定，试验项目包括极限抗拔试验、性能试验和验收试验。

1）极限抗拔试验。应在有代表性的土层中进行，所用锚杆的材料、几何尺寸、施工工艺、土的条件等应与工程实际使用的锚杆条件相同。荷载加到锚杆破坏为止，以求得极限承载能力，极限承载能力再除以安全系数 K，即为土层锚杆的允许使用荷载，对于临时性锚杆，当外荷按主动土压力计算时，取 $K=1.5$，当外荷按静止土压力计算时，$K=1.33$。试验设备多采用穿心式千斤顶，每次加荷值为设计荷载的 $20\%\sim25\%$，试验数量为 $2\sim3$ 根。对垂直的土层锚杆极限抗拔力，可用千斤顶按一般锚桩抗拔荷载试验方法作顶拔试验求得。

　　2）性能试验。性能试验又称抗拉试验，目的是求出锚杆的荷载-变位曲线，以确定锚杆验收的标准。试验一般在锚杆验收之前进行。试验数量一般为 3 根，所用锚杆的材料、几何尺寸、构造、施工工艺应与施工的锚杆相同。但荷载不加到锚杆破坏。锚杆的加荷方式，依次为设计荷载的 0.25、0.50、0.75，1.00，1.20 和 1.33 倍。

　　3）验收试验。验收试验是检验现场施工的锚杆的承载能力是否达到设计要求，并对锚杆的拉杆施加一定的预应力。加荷设备亦用穿心式千斤顶在原位进行。检验时的加荷方式，对临时性锚杆，依次为设计荷载的 0.25、0.50、0.75、1.00 和 1.20 倍（对永久性锚杆加到 1.5 倍），然后卸载至某一荷载值（由设计定），接着将锚头的螺帽紧固，此时即对锚杆施加了预应力。

　　每次加荷后要测量锚头的变位值，将结果绘成荷载-变位图，以此与性能试验的结果对照，如果验收试验的锚杆的总变位值不超过性能试验的总变位量，即认为该锚杆合格，否则为不合格，其承载能力要降低或采取补救措施。

　　（三）重力式支护结构

　　重力式支护结构是通过加固基坑侧壁形成一定厚度的重力式挡墙，达到挡土目的。常用的水泥土搅拌桩、土钉墙等。在此主要介绍一下水泥土搅拌桩。

　　水泥土搅拌桩（或称深层搅拌水泥桩）是近年来发展起来的一种重力式支护结构。它是采用水泥作固化剂，通过深层搅拌机在地基土中就地将原状土和水泥强制拌和，形成具有一定强度和整体结构的深层搅拌水泥土挡墙，简称水泥土墙，如图 1-14 所示。用于支护结构的水泥土其水泥掺量通常为 $12\%\sim15\%$（单位土体的水泥掺量与土的重力密度之比），水泥土的强度可达 $0.8\sim1.2$MPa。其渗透系数很小，一般不大于 10^{-6}cm/s。由水泥土搅拌桩搭接而形成的水泥土墙，可兼作止水结构，它既具有挡土作用，又兼有隔水作用。适用于 $4\sim6$m 深的基坑，最大可达 $7\sim8$m。

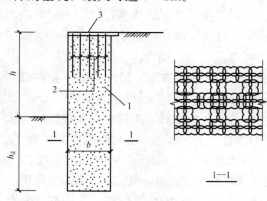

图 1-14　水泥土墙
1—搅拌桩；2—插筋；3—面板

　　水泥土墙通常布置成格栅式，如图 1-14 断面 1—1 所示，格栅的置换率（加固土的面积：水泥土墙的总面积）一般为 $0.6\sim0.8$。墙体的宽度 b，插入深度 h_d 根据基坑开挖深度 h 估算，一般采用 $b=(0.6\sim0.8)h$，$h_d=(0.8\sim1.2)h$。

　　水泥土搅拌桩施工工艺可采用"一次喷浆、二次搅拌"或"二次喷浆、三次搅拌"工艺，主要依据水泥掺入量及土质情况而定。水泥掺量较小，土质较松时，可用前者；反之，可用后者。"一次喷浆、二次搅拌"的施工工艺流程如图 1-15 所示。当采用"二次喷浆、三次搅拌"工艺时可在图1-15（e）所示步骤作业时也进行注浆，以后再重复一次图1-15（d）、（e）的过程。

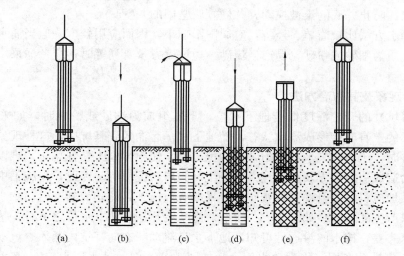

图1-15　"一次喷浆、二次搅拌"施工流程

（a）定位；（b）预埋下沉；（c）提升喷浆搅拌；（d）重复下沉搅拌；（e）重复提升搅拌；（f）成桩结束

第三节　土方工程的排水与降水

在基坑开挖过程中，当基底低于地下水位时，由于土的含水层被切断，地下水会不断地渗入坑内。雨期施工时，地面水也会不断流入坑内。如果不采取降水措施，把流入基坑内的水及时排走或把地下水位降低，不仅会使施工条件恶化，而且地基土被水泡软后，容易造成边坡塌方并使地基的承载力下降。另外，当基坑下遇有承压含水层时，若不降水减压，则基底可能被冲溃破坏。因此，为了保证工程质量和施工安全，在基坑开挖前或开挖过程中，必须采取措施，控制地下水位，使地基土在开挖及基础施工时保持干燥。

降水的方法可分为重力降水（如集水井、明渠等）和强制降水（如轻型井点、喷射井点、管井井点、深井井点、电渗井点等）。其中集水井降水和轻型井点降水较多采用。

一、集水井降水

集水井降水是在基坑或沟槽开挖时，沿坑底的周围或中央开挖排水沟，沿排水沟每隔一定距离设置集水井，使涌入到基坑中的地下水通过排水沟流入集水井内，然后用水泵抽出坑外，如图1-16所示。

四周的排水沟及集水井一般应设置在基础范围以外、地下水流的上游，基坑面积较大时，可在基础范围内设置盲沟排水。根据地下水量、基坑平面形状及水泵能力，集水井每隔20～40m设置一个。

集水井的直径或宽度，一般为0.6～

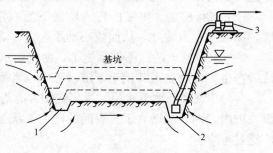

图1-16　集水井降水

1—排水沟；2—集水井；3—水泵

0.8m。其深度随着挖土的加深而加深，要保持低于挖土面 0.7～1.0m，井壁可用竹、木等简易加固。当基坑挖至设计标高后，井底应低于坑底 1～2m，铺设碎石滤水层，以免在抽水时将泥砂抽出，防止井底的土被搅动，并做好较坚固的井壁。

集水井降水方法比较简单、经济，对周围影响小，因而应用较广。但当涌水量较大，水位差较大或土质为细砂或粉砂，易产生流砂、边坡塌方及管涌等时，应考虑采用其他方法进行降水。

二、流砂现象及其防治方法

当基槽（坑）的开挖深度低于地下水位，土质组成为细砂或粉砂时，如采用集水井降水，坑底下面的土有时会形成流动状态，随地下水一起涌入到基坑中，这种现象称为流砂现象。发生流砂时，土体丧失承载能力，土边挖边冒，使土方施工条件恶化，难以达到设计深度。严重时会造成边坡塌方及附近建筑物下沉、倾斜、倒塌等。因此，在施工中，必须对工程地质和水文地质资料进行详细调查研究，采取有效措施，防止流砂产生。

流砂现象产生的原因。如图 1-17 所示，当基坑开挖至地下水位之下时，基坑底与地下水位间形成水头差，按水的渗透性可知，地下水呈流动状态向基坑内涌入。流动的水对处于其中的土体产生推动作用，称为动水压力，如图 1-17 中的动水压力 G_D，其大小与水的流速成正比。当动水压力大于等于土体的浸水容重时，土体便随地下水一起涌入到基坑中，从而发生流砂现象。

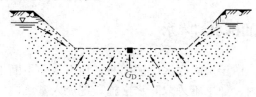

图 1-17　流砂现象产生的原因示意图

实践经验表明，具备下列性质的土，在一定动水压力作用下，就有可能发生流砂现象：

（1）土的颗粒组成中，黏粒含量小于 10%，粉粒（颗粒为 0.005～0.05mm）含量大于 75%；

（2）颗粒级配中，土的不均匀系数小于 5；

（3）土的天然孔隙比大于 0.75；

（4）土的天然含水量大于 30%。

因此，流砂现象经常发生在细砂、粉砂及亚砂土中。经验还表明：在可能发生流砂的土质处，基坑挖深超过地下水位线 0.5m 左右，就会发生流砂现象。

由上述分析可以看出，在基坑开挖施工中，防治流砂的原则是"治流砂必治水"。主要途径有消除、减少或平衡动水压力。其具体措施有：

（1）抢挖法。组织分段抢挖，使挖土速度超过冒砂速度，挖到标高后立即铺竹筏、芦席并抛大石块以平衡动水压力，压住流砂。此法可解决轻微流砂现象。

（2）打板桩法。将板桩打入坑底下面一定深度，增加地下水从坑外流入坑内的渗流长度，以减小水力坡度，从而减小动水压力，防止流砂产生。

（3）水下挖土法。不排水施工，使坑内水压与地下水压平衡，消除动水压力，从而防止流砂产生。此法在沉井挖土下沉过程中较常采用。

（4）井点降低地下水位。采用轻型井点等降水方法，使地下水的渗流方向向下，水不致渗入坑内，同时又增大了土料间的压力，从而可有效地防止流砂形成。因此，此法应用较为广泛且可靠。

（5）地下连续墙法。此法是在基坑周围先灌一道混凝土或钢筋混凝土的连续墙，以支承土壁、拦截水流，可防止流砂的产生。

此外，在含有大量地下水土层或沼泽地区施工时，还可以采取土壤冻结法等。对位于流砂地区的基础工程，应尽可能用桩基或沉井施工，以节约防治流砂所增加的费用。

三、井点降低地下水位

井点降低地下水位（简称井点降水），就是在基坑开挖前，预先在基坑四周埋设一定数量的滤水管（井），利用抽水设备从中抽出地下水，使地下水位降落到坑底以下，直至施工结束为止。

井点降水的作用：

（1）防止地下水涌入基坑内；

（2）防止边坡由于地下水的渗流而引起塌方；

（3）使坑底的土层消除地下水位差引起的压力，因此防止了坑底的管涌现象；

（4）降水后使支护板桩减少了横向荷载；

（5）消除了地下水的渗流，也就防止了流砂现象；

（6）降低地下水位后，还能使土壤固结，增加地基的承载能力。

（一）井点降低地下水位的类型及适用范围

井点降低地下水位的方法有：轻型井点、喷射井点、电渗井点、管井井点及深井井点等。降水方法的选用，应根据土的渗透系数、降低水位的深度、工程特点、设备条件及经济比较等具体条件选择，参照表1-7。

表1-7   各种井点的适用范围

井点类别	土的渗透系数（m/d）	降水深度（m）	井点类别	土的渗透系数（m/d）	降水深度（m）
一级轻型井点	0.1～50	3～6	电渗井点	<0.1	视选用的井点而定
多级轻型井点	0.1～50	视井点级数而定	管井井点	20～200	3～5
喷射井点	0.1～50	8～20	深井井点	10～250	>15

下面主要介绍轻型井点降水的施工方法。

（二）轻型井点降水的组成

轻型井点降低地下水位，是沿基坑周围以一定的间距埋入井点管（下端为滤管），在地面上用集水总管将各井点管连接起来，并在一定位置设置抽水设备，利用真空泵和离心泵的真空吸力作用，使地下水经滤管进入井管，然后经总管排入抽水设备，从而降低地下水位。其主要组成包括管路系统和抽水设备两部分，如图1-18所示。

轻型井点降水的管路系统包括滤管、井点管、弯联管及集水总管等。

滤管为进水设备，如图1-19所示。通常采用长1.0～1.5m、直径38mm或51mm的无缝钢管制成，管

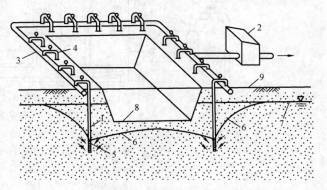

图1-18 轻型井点法降低地下水位全貌图

1—井点管；2—泵站；3—集水总管；4—弯联管；5—滤管；
6—降低后的地下水位；7—原地下水位；8—基坑底面；9—地面

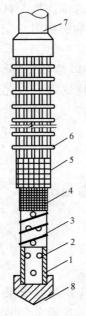

图 1-19　滤管构造
1—钢管；2—管壁上的小孔；
3—缠绕的塑料管；4—细滤网；
5—粗滤网；6—粗铁丝保护网；
7—井点管；8—铸铁塞头

壁钻有直径为 12～19mm 的滤孔。骨架管外面包以两层孔径不同的生丝布或塑料布滤网。为使流水畅通，在骨架与滤网之间用塑料管或梯形铅丝隔开，塑料管沿骨架绕成螺旋形。滤网外面再绕一层粗铁丝保护网，滤管下端为一铸铁塞头，滤管上端与井点管连接。

井点管常采用直径为 38mm 或 51mm、长 5～7m 的钢管。井点管上端用弯联管与集水总管相连。集水总管采用直径为 100～127mm 的无缝钢管，每段长 4m，其上装有与弯联管连接的短接头，间距一般为 0.8m、1.2m 或 1.6m。

抽水设备是由真空泵、离心泵和水气分离器（又称集水箱）等组成，其工作原理如图 1-20 所示。抽水时先开动真空泵，将水气分离器内部形成一定程度的真空，使土中的水分和空气受真空吸力作用而吸出，进入水气分离器。当进入水气分离器内的水达到一定高度，即可开动离心泵。在水气分离器内的水和空气向两个方向流去；水经离心泵排出，空气集中在上部由真空泵排出，少量从空气中带来的水从放水口放出。一套抽水设备的负荷长度（即集水总管长度）一般为 100～120m。常用的 W5，W6 型干式真空泵，其最大负荷长度分别为 100m 和 120m。

（三）轻型井点降水的布置

轻型井点降水的布置主要包括平面布置和高程布置。确定布置方案时，应根据基坑大小与深度、土质、地下水位高低与流向以及降水深度要求等确定。

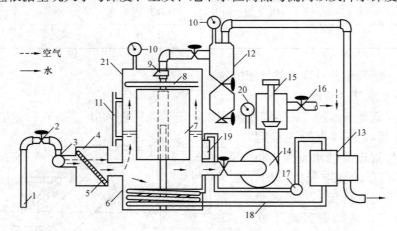

图 1-20　轻型井点抽水设备工作简图
1—井点管；2—弯联管；3—集水总管；4—过滤箱；5—过滤网；6—水气分离器；7—浮箱；
8—挡水布；9—阀门；10—真空表；11—水位计；12—副水气分离器；13—真空泵；
14—离心泵；15—压力箱；16—出水管；17—冷却泵；18—冷却水管；
19—冷却水箱；20—压力表；21—真空调节阀

1. 轻型井点的平面布置

轻型井点降水的平面布置可采用单排布置、双排布置、U 形布置以及环形布置四种形式，如图 1 - 21 所示。

当基坑或沟槽宽度小于 6m，水位降低值不大于 5m 时，可用单排线状井点，井点应布置在地下水流的上游一侧，两端延伸长度一般不小于沟槽宽度，如图 1 - 21（a）所示。

沟槽宽度大于 6m，或土质不良，宜用双排井点，如图 1 - 21（b）所示。

面积较大的基坑宜用环状井点，如图 1 - 21（c）所示。

如考虑挖土机械和运输车辆出入基坑，可将环形井点布置的一侧打开，形成 U 形布置，如图 1 - 21（d）所示。

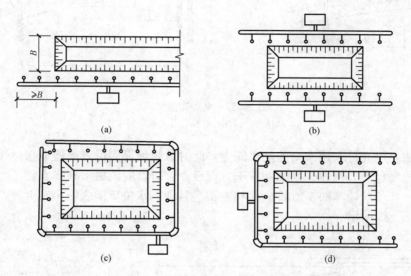

图 1 - 21 轻型井点降水的平面布置
（a）单排布置；（b）双排布置；（c）环形布置；（d）U 形布置

进行平面布置时，环状井点四角部分应适当加密。井点管距离基坑一般为 0.7～1.0m，以防井点漏气。井点管间距一般用 0.8～1.6m，或由计算和经验确定。

2. 轻型井点的高程布置

轻型井点的高程布置就是确定井点管埋深，即滤管上口至总管埋设面的距离，可按下式计算，如图 1 - 22 所示。

$$h \geqslant h_1 + \Delta h + iL \qquad (1 - 9)$$

式中　h——井点管埋深，m；

　　h_1——总管埋设面至基底的距离，m；

　　Δh——基底至降低后的地下水位线的距离，m，一般取 0.5～1.0m；

　　i——水力坡度：单排布置 $i = 1/4 \sim 1/5$；双排布置 $i = 1/7$；环形布置 $i = 1/10$；

　　L——井点管至基坑中心的水平距离（单排井点时为井点管至基坑另一侧），m。

按式（1 - 9）计算结果尚应满足下式

$$h \leqslant h_{pmax} \qquad (1 - 10)$$

式中，h_{pmax} 为抽水设备的最大抽吸高度，一般轻型井点为 6～7m。

如按式（1 - 9）计算不能满足时，可采用降低总管埋设面或多级井点的方法。当计算得到的井点管埋深 h 略大于水泵抽吸高度 h_{pmax}，且地下水位离地面较深时，可采用降低总管

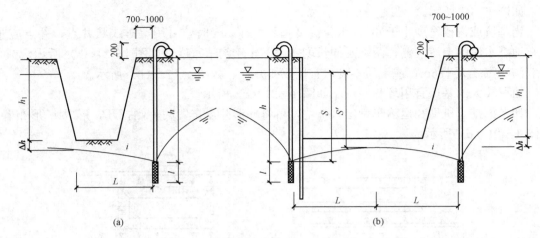

图 1-22　高程布置计算

（a）单排井点；（b）双排、U 形或环形布置

埋设面的方法，以充分利用水泵的抽水能力，此时总管埋设面可置于地下水位线以上。如略低于地下水位线也可，但在开挖第一层土方埋设总管时，应设集水井降水。

如按式（1-9）计算的 h 值与 h_{pmax} 相差很多且地下水位离地表距离较近时，可采用多级井点，如图 1-23 所示。

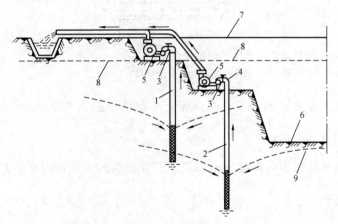

图 1-23　二级轻型井点降水

1—第一级井点管；2—第二级井点管；3—集水总管；
4—弯联管；5—抽水设备；6—基坑；7—原有地面；
8—原地下水位；9—降低后地下水位

（四）轻型井点降水的基本计算

轻型井点的计算包括涌水量计算、井点管数量与井距确定以及抽水设备的选用等。

1. 井点系统涌水量计算

井点系统的涌水量计算是以水井计算理论进行的。水井根据井底是否达到不透水层，分为完整井和非完整井。当水井底部达到含水层下面的不透水层表面时，称为完整井；否则称为非完整井。根据地下水有无压力，水井可分为无压井和承压井：水井布置在含水层中，当地下水表面为自由水压时，称为无压井；当含水层处于上下不透水层之间，地下水表面具有一定水压时，称为承压井。据此水井计算理论将水井分为四大类，即无压完整井、无压非完整井、承压完整井和承压非完整井。其中以无压完整井的计算理论较为完善。

（1）对于无压完整井，如图 1-24 所示，环状井点系统涌水量的计算公式为

$$Q = 1.366K \frac{(2H - S)S}{\lg R - \lg x_0} \tag{1-11}$$

$$R = 1.95S \sqrt{HK}$$

$$x_0 = \sqrt{\frac{F}{\pi}}$$

式中 Q——井点系统总涌水量，m^3/d；

     K——土的渗透系数，m/d；

     H——含水层厚度，m；

     S——水井中水位降低值，m；

     R——抽水影响半径，m；

     x_0——环状井点系统的假想半径，m；

     F——环状井点系统所包括的面积，m^2。

（2）对于无压非完整井，如图 1-25 所示，其涌水量计算较为复杂，为简化计算，一般仍按式（1-11），但式中的 H 应换成有效抽水影响深度 H_0，H_0 值根据表 1-8 确定，涌水量按下式计算

$$Q = 1.366K \frac{(2H_0 - S)S}{\lg R - \lg x_0} \tag{1-12}$$

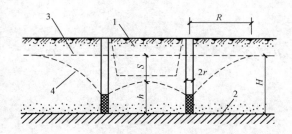

图 1-24 无压完整井涌水量计算简图
1—基坑；2—不透水层；
3—原地下水位线；4—降低后地下水位线

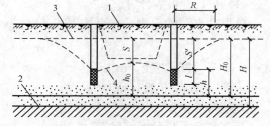

图 1-25 无压非完整井涌水量计算简图
1—基坑；2—不透水层；
3—原地下水位线；4—降低后地下水位线

式中各符号意义同前。

表 1-8   有效深度 H_0 值

$S'/(S'+l)$	0.2	0.3	0.5	0.8
H_0	1.3 $(S'+l)$	1.5 $(S'+l)$	1.7 $(S'+l)$	1.85 $(S'+l)$

注 S' 为井点管中水位降落值，l 为滤管长度。

（3）对于承压完整井，如图 1-26 所示，其环状井点系统涌水量的计算公式为

$$Q = 2.73K \frac{MS}{\lg R - \lg x_0} \tag{1-13}$$

式中 M——承压含水层厚度，m。

其他符号同前。

（4）对于承压非完整井，如图 1-27 所示，其环状井点系统涌水量的计算公式为

$$Q = 2.73K \frac{MS}{\lg R - \lg x_0} \sqrt{\frac{M}{1 + 0.5r}} \sqrt{\frac{2M - l_1}{M}} \tag{1-14}$$

式中　r——井点管半径，m。

l_1——井点管进入含水层深度，m。

其他符号同前。

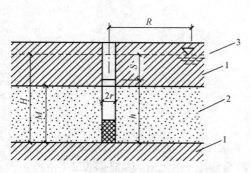

图 1-26　承压完整井涌水量计算简图

1—不透水层；2—含水层；3—承压水位

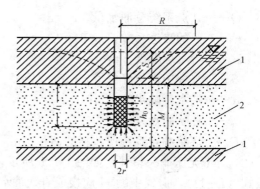

图 1-27　承压非完整井涌水量计算简图

1—不透水层；2—含水层

2. 井点管数量与井距的计算

（1）井点管根数计算。

单根井点管的出水量 q 可按下式计算：

$$q = 65\pi dl \sqrt[3]{K} \tag{1-15}$$

式中　d——滤管直径，m；

l——滤管长度，m。

其他符号同前。

井点管最小根数 n 可按下式计算：

$$n = m\frac{Q}{q} \tag{1-16}$$

式中　m——井点备用系数，考虑井点堵塞等因素，通常取 1.1。

其他符号同前。

（2）井点管的间距。

井点管的平均间距 D 按下式计算：

$$D = \frac{L}{n} \tag{1-17}$$

式中　L——集水总管的长度，m。

其他符号同前。

井点管间距经上述计算确定后，布置时还应注意：

井点管间距不能过小，否则彼此干扰大，出水量会显著减少，一般应大于滤管周长的 5 倍（即 $D \geqslant 5\pi d$）；在基坑周围四角和靠近地下水流方向一边的井点管应适当加密；当采用多级井点降水时，下一级井点管间距应较上一级的小；实际采用的井距，还应与集水总管上短接头的间距相适应（一般按 0.8m、1.2m、1.6m、2.0m 四种间距选用）；在渗透系数小的土中，井距不应完全按计算取值，还要考虑抽水时间，否则井距较大时水位降落时间长，因此在这类土中井距反而宜较小些。

（五）抽水设备的选择

抽水设备一般都已固定型号。如真空泵有 W_5、W_6 型。采用 W_5 型真空泵时总管长度不宜大于 100m；采用 W_6 型真空泵时不大于 200m。

水泵一般也与固定型号配套，但在不同地区使用时，还应验算水泵的流量是否大于井点系统的涌水量（应增大 10%～20%）。通常可一套抽水设备配置两台离心泵，既可轮换备用，又可在地下水量较大时同时使用。同时，还需注意水泵的吸水扬程是否能克服水气分离器中的真空吸力，以免抽不出水。

（六）轻型井点施工工艺

1. 轻型井点施工工艺程序

放线定位→铺设总管→冲孔→埋管→用弯联管将井点管与总管接通→安装抽水设备与总管连通→安装集水箱和排水管→开动真空泵排气，再开动离心泵抽水→测量观测井中地下水位变化。

2. 冲孔

冲孔即形成井点水井，其方法有水冲法和套管法等，其中较常采用水冲法，如图 1－28（a）所示。

冲孔时，先用起重设备将冲管吊起，插在井点的位置上，然后开动高压水泵，借助于高压水冲刷土体，用冲管扰动土体助冲，将土层冲成圆孔，冲管则边冲边沉。冲孔直径一般为 300mm，以保证井管四周有一定厚度的砂滤层；冲孔深度宜比滤管底深 0.5m 左右，以防冲管拔出时部分土颗粒沉于底部而触及滤管底部。

3. 埋管

井孔冲成后，立即拔出冲管，插入井点管，并在井点管与孔壁之间迅速填灌砂滤层，以防孔壁塌土。砂滤层宜选用干净粗砂，填灌要均匀，并填至滤管顶上 1～1.5m，以保证水流畅通。

井点填砂后，应用 1m 以上厚度的黏土封口，以防井点漏气，如图 1－28（b）所示。

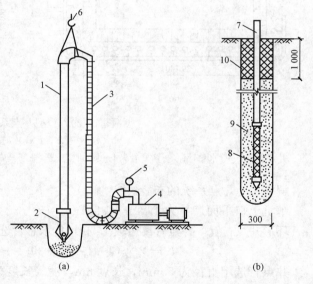

图 1－28　井点管的埋设

（a）冲孔；（b）埋管

1—冲管；2—冲嘴；3—胶管；4—高压水泵；5—压力表；
6—起重机吊钩；7—井点管；8—滤管；9—填砂；10—黏土封口

井点系统全部安装完毕后，需进行试抽，以检查有无漏气、淤塞等现象以及出水是否正常，如有异常情况，应检修好后方可使用。

4. 轻型井点的使用

轻型井点使用时，应保证连续不断地抽水，并备有双电源以防断电。一般在抽水 3～5d 后水位降落漏斗基本趋于稳定。正常出水规律是"先大后小，先浑后清"。

如井点管不上水或水一直较浑，或出现清后又浑等情况，应立即检查纠正。真空度是判断井点系统良好与否的尺度，应经常观测，一般应不低于 55.3～66.7MPa。判断井点管是否淤塞，可通过听管内水流声、手扶管壁感到振动、夏冬季时期用手摸管子感觉其冷热潮干等简便方法进行检查。或设置透明的弯联管直接观测井点管工作情况。如井点淤塞太多，严重影响降水效果时，应逐个用高压水反冲洗井点管或拔出重新埋设。

（七）计算实例

【例1-1】 某商住楼工程地下室基坑平面尺寸如图1-29所示，基坑底宽15m，长35m，深4.1m，挖土边坡为1∶0.5。地下水深为0.6m，根据地质勘察资料，该处地面下0.7m为杂填土，此层下面有6.4m的细砂层，土的渗透系数 $K=5m/d$，再往下为不透水的黏土层，现采用轻型井点设备进行人工降低地下水位，机械开挖土方。试对该轻型井点系统进行设计计算。

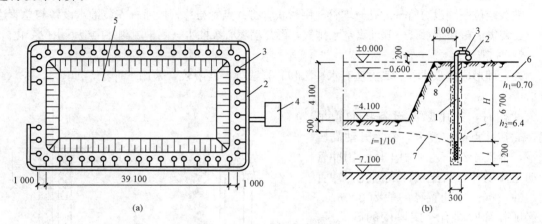

图1-29　轻型井点系统布置

(a) 平面布置；(b) 高程布置

1—井点管；2—集水总管；3—弯联管；4—泵站；5—基坑；6—原地下水位；7—降低后的地下水位；8—黏土封口

解 （1）井点系统的布置。

基坑上口平面尺寸为 19.1m×39.1m。

环形井点布置，井点管离边坡1.0m。集水总管选用直径为127mm的钢管，则总管长度为

$$L = 2 \times (19.1 + 2 + 39.1 + 2) = 124.4(m)$$

井点管选用直径为50mm，长度6m，滤管长度为1.2m，井点管露出地面0.2m。

基坑中心降水深度为

$$S = 4.1 - 0.6 + 0.50 = 4.00(m)$$

采用单层轻型井点，井点管所需埋设深度，由公式（1-36）得

$$h \geqslant h_1 + \Delta h + iL$$

$$= 4.1 + 0.5 + 0.1 \times 21.1 \div 2$$

$$= 5.66m < 6m，符合埋深要求$$

井点管加滤管总长为7.2m，则滤管底部埋深在-7.0m标高，距不透水层差0.1m，可按无压完整井进行设计和计算。

（2）基坑涌水量计算。

含水层厚度为

$$H = 7.1 - 0.6 = 6.5(m)$$

基坑假想半径为

$$x_0 = \sqrt{\frac{F}{\pi}} = \sqrt{\frac{21.1 \times 41.1}{\pi}} = 16.62 (\text{m})$$

抽水影响半径为

$$R = 1.95S \sqrt{HK} = 1.95 \times 4.0 \times \sqrt{6.5 \times 5} = 44.47 (\text{m})$$

基坑总用水量，按公式（1-11）计算为

$$Q = 1.366K \frac{(2H-S)S}{\lg R - \lg x_0}$$

$$= 1.366 \times 5 \times \frac{(2 \times 6.5 - 4.0) \times 4.0}{\lg 44.47 - \lg 16.62} = 575.16 (\text{m}^3/\text{d})$$

（3）井点管数量及间距计算。

单根井点管的出水量 q 按公式（1-15）计算为

$$q = 65\pi dl \sqrt[3]{K} = 65 \times \pi \times 0.05 \times 1.2 \times \sqrt[3]{5} = 20.94 (\text{m}^3/\text{d})$$

井点管最小根数 n 按公式（1-16）计算为

$$n = m \frac{Q}{q} = 1.1 \times \frac{575.16}{20.94} = 30 (\text{根})$$

在基坑四角处井点管应加密，如考虑每个角加 2 根井点管，则井点管的数量为 38 根。则井点管的平均间距 D 按公式（1-17）计算为

$$D = \frac{L}{n} = \frac{2 \times (21.1 + 41.1)}{38} = 3.27 (\text{m})$$

取 $D = 3.2\text{m}[即 2 \times 1.6 = 3.2 (\text{m})]$

井点管布置时，为使机械挖土有开行路线，在集水总管的端部开口（即预留 3 根井点管间距），由此实际需要井点管数量为

$$n = \frac{2 \times (21.1 + 41.1)}{3.2} - 2 = 36.8 (\text{根}), 用 37 根。$$

第四节 土 方 机 械 化 施 工

土方工程施工，由于其工程量大、劳动强度高，所以除少量或零星土方量施工采用人工外，一般均应采用机械化、半机械化的施工方法，以减轻繁重的体力劳动，加快施工进度，降低工程成本。

土方工程的施工机械种类、数量繁多，有推土机、铲运机、平地机、松土机、单斗挖土机及多斗挖土机以及各种碾压、夯实机械等。在房屋建筑工程施工中，尤以推土机、铲运机和单斗挖土机应用最为广泛，也具有代表性。下面介绍这几种类型机械的性能、适用范围及施工方法。

一、推土机

推土机实际上为一装有铲刀的拖拉机。其行走方式有轮胎式和履带式两种，铲刀的操纵机构有机械式和油压式两种。索式推土机的铲刀借本身自重切入土中，在硬土中切土深度较小。液压式推土机系用油压操纵，故能使铲刀强制切入土中，切土深度较大。如图 1-30 所示，为油压式推土机外形图。

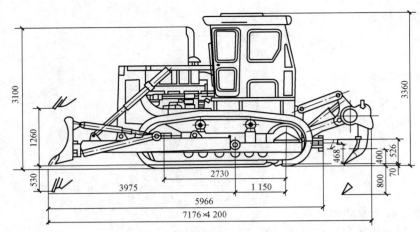

图 1-30　油压式推土机外形图

推土机的特点是操纵灵活、运转方便、所需工作面较小，功率较大，行驶快，易于转移，能爬 30°左右的缓坡，用途很广。适用于地形起伏不大的场地平整，铲除腐殖土，并推送到附近的弃土区；开挖深度不大于 1.5m 的基坑；回填基坑和沟槽；推筑高度在 1.5m 以内的路基、堤坝；平整其他机械卸置的土堆；推送松散的硬土、岩石和冻土；配合铲运机、挖土机工作等。推土机可推掘一～四类土壤，为提高生产效率，对三、四类土宜事先翻松。推运距离宜在 100m 以内，以 40～60m 效率最高。

推土机的生产率主要决定于推土刀推移土壤的体积及切土、推土、回程等工作的循环时间。为此，可采用顺地面坡度下坡推土，2～3 台推土机并列推土，分批集中一次推送以及槽形推土等方法来提高生产效率。如推运较松的土壤，且运距较大时，还可在铲刀两侧加挡土板。

二、铲运机

铲运机由牵引机械和土斗组成，其操纵机构分油压式和机械式两种。按其行驶方式有拖式和自行式两种，图 1-31 为一自行式铲运机外形图。

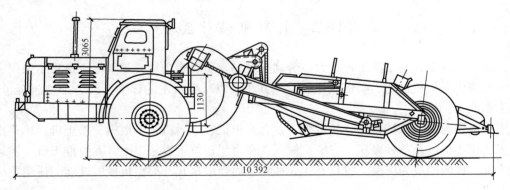

图 1-31　自行式铲运机外形图

铲运机的特点是能综合完成挖土、运土、平土或填土以及碾压等全部土方施工工序；其行驶速度快，操纵灵活，运转方便，生产率高。

铲运机适用于开挖一～三类土。在土方工程中常应用于坡度在 20°以内的大面积场地平整，开挖大型基坑、沟槽以及填筑路基、堤坝等工程。

铲运机的运行路线，对提高生产效率影响很大，应根据填方区的分布情况并结合当地具体条件进行合理选择。通常有以下几种形式，如图1-32所示。

三、挖掘机

挖掘机按行走方式分为履带式和轮胎式两种。按传动方式分为机械传动和液压传动两种。斗容量有$0.2m^3$、$0.4m^3$、$1.0m^3$、$1.5m^3$、$2.5m^3$等多种，工作装置有正铲、反铲、抓铲和拉铲四种，其中使用较多的是正铲与反铲。

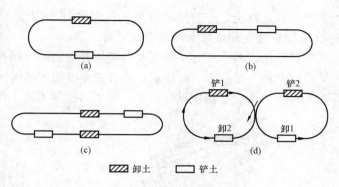

图1-32 铲运机运行路线

(a)，(b) 环形路线；(c) 大环形路线；(d) "8" 字形路线

(一) 正铲挖掘机

正铲挖掘机外形如图1-33所示。它挖掘力大，生产效率高，适用于开挖停机面以上的一～四类土方，且需与汽车配合完成整个挖运工作。

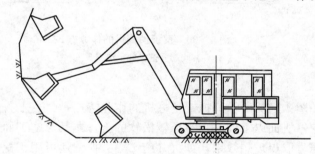

图1-33 正铲挖掘机外形

正铲挖掘机的作业方式根据开挖路线与汽车相对位置的不同分为正向开挖、侧向卸土以及正向开挖、后方卸土两种，如图1-34所示。其生产率主要决定于每斗作业的循环延续时间。为了提高其生产率，除了工作面高度必须满足装满土斗的要求之外，还要考虑开挖方式和与运土机械配合。尽量减少回转角度，缩短每个循环的延续时间，因此，在上述两种作业方式中，以正向开挖、侧向卸土生产率较高。

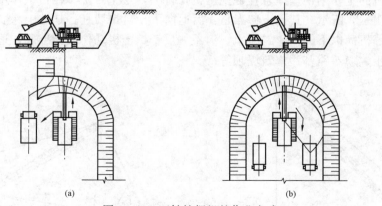

图1-34 正铲挖掘机的作业方式

(a) 正向开挖、侧向卸土；(b) 正向开挖、后方卸土

(二) 反铲挖掘机

反铲挖掘机的外形如图1-35所示。由于其铲口向下，适用于开挖停机面以下的一～三

类的砂土或黏性土。一般反铲挖掘机的最大挖土深度 4～6m，经济合理的挖土深度为 3～5m。反铲也需要配备运土汽车进行运输。

　　反铲挖掘机的作业方式根据挖掘机与开挖的沟（槽）相对位置不同分为沟端开挖法和沟侧开挖法两种，如图 1-36 所示。当开挖宽度较大的沟（槽）时，可用二～三台挖掘机并列开挖。运土汽车应尽量接近挖掘机，以提高挖掘机的工作效率。

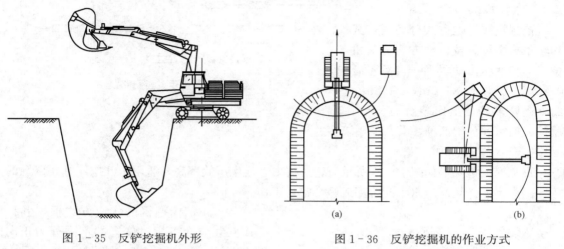

图 1-35　反铲挖掘机外形　　　　　　　　图 1-36　反铲挖掘机的作业方式
　　　　　　　　　　　　　　　　　　　　（a）沟端开挖；（b）沟侧开挖

（三）抓铲挖掘机

　　抓铲挖掘机一般为机械式，其外形如图 1-37 所示。抓铲挖掘机的作业特点是：直上直下，自重切土，挖掘力较小。适用于开挖停机面以下的一、二类较松软的土。尤其对施工面狭窄而深的基坑、深槽、深井，采用抓铲可取得理想效果，如沉井施工等。抓铲还可用于挖取水中淤泥、装卸碎石、矿渣等松散材料。

（四）拉铲挖掘机

　　拉铲挖掘机的土斗用钢丝绳悬挂在挖土机长臂上，挖土时土斗在自重作用下落到地面切入土中，如图 1-38 所示。其挖土特点是：后退向下，自重切土。其挖土深度和挖土半径均较大，能开挖停机面以下的一、二类土，但不如反铲挖土机动作灵活准确，适用于开挖大型基坑及水下挖土、填筑路基、修筑堤坝等。

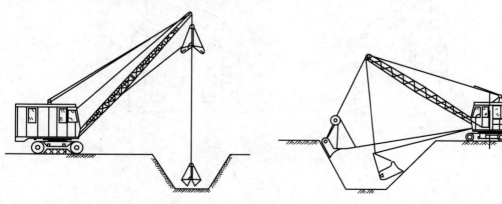

图 1-37　抓铲挖掘机外形　　　　　　　　图 1-38　拉铲挖掘机外形

第五节 土方的填筑与压实

在建筑工程施工中，要发生大量的土方填筑与压实施工，如基础施工后的回填，场地平整的填筑，路基、地坪等的填筑等。在进行填筑前，应根据结构类型、填料性质以及现场条件等因素，制定填筑方案，对拟压实的填土提出质量要求。

一、土料的选择

填方土料应符合设计要求，保证填方的强度与稳定性。如设计无要求时，应符合下列规定：

(1) 选用砂土或碎石土时，级配应良好。

(2) 以砾石、卵石或块石作填料，分层夯实时其最大粒径不宜大于 400mm；分层压实时其最大粒径不宜大于 200mm。

(3) 以粉质黏土、粉土作填料时，应控制其含水量为最优含水量。

(4) 如采用工业废料作为填土，必须保证其性能的稳定性。

(5) 含水量大的土、有机土、含水溶性硫酸盐大于 5% 的土、淤泥、冻土、膨胀土不应作为回填土。

(6) 碎块草皮和有机质含量大于 8% 的土，仅用于无压实的填方。

二、填筑方法

土方填筑的方法根据作业主体的不同分为人工填土和机械填土。

人工填土一般用手推车运土，人工用锹、镐、锄等工具进行填筑，从最低部分开始由一端向另一端自下而上分层铺填。

机械填土可用推土机、铲运机或自卸汽车等进行作业。用自卸汽车填土，需用推土机将土推开铺平，采用机械填土时，可利用行驶的机械进行部分压实工作。

填土必须分层进行，并逐层压实。特别是机械填土，不得居高临下、不分层次、一次倾倒填满。压实填土的施工缝各层应错开搭接，在施工缝的搭接处，应适当增加压实遍数。

在雨季、冬季进行压实填土施工时，应采取防雨、防冻措施，防止填料（粉质黏土、粉土）受雨水淋湿或冻结，并应采取措施防止出现"橡皮土"。

三、压实方法

填土压实方法有碾压法、夯实法和振动压实法等几种，此外还可利用运土机械压实。

1. 碾压法

碾压法是用滚动的鼓筒或轮子的压力压实土壤。适用于大面积填土工程，如场地平整、路基填筑、大型车间的室内填土等工程。碾压机械有平碾（也称压路机）、羊足碾和气胎碾等。羊足碾需要较大的牵引力而且只能用于压实黏性土。气胎碾在工作时是弹性体，给土的压力较均匀，填土质量较好。应用最普遍的是刚性平碾，适用于碾压各类土方。

按碾轮重量，平碾又分为轻型（5t 以下）、中型（8t 以下）和重型（10t 左右）三种。轻型平碾压实土层的厚度不大，但土层上部可变得较密实。当用轻型平碾初碾后，再用重型平碾碾压，会取得较好的压实效果。如直接用重型平碾碾压松土，则形成强烈的起伏现象，其碾压效果较差。

2. 夯实法

夯实法是利用夯锤自由下落的冲击力来压实土壤，主要用于小面积回填土。夯实机械类型较多，有木夯、石夯、蛙式打夯机，以及利用挖土机或起重机装上夯板后的夯实机等。其中蛙式打夯机轻巧灵活，构造简单，在小型土方工程中应用最广。

夯实法的优点是可以压实较厚的土层。用重型夯土机（如 1t 以上的重锤）时，其夯实厚度可达 1～1.5m。但对木夯、石夯或蛙式打夯机等夯实工具，其夯实厚度较小，一般均在 200mm 以内。

3. 振动压实法

振动压实法是将重锤放在土层的表面或内部，借助于振动设备使重锤振动，土壤颗粒即发生相对位移达到紧密状态。振动压实机械常用的有振动压路机、平板振动器等。此法主要用于振实非黏性土。

近年来，又将碾压和振动结合而设计和制造出振动平碾、振动凸块碾等新型压实机械，振动平碾适用于填料为爆破碎石渣、碎石类土、杂填土或粉土的大型填方；振动凸块碾则适用于黏土或粉质黏土的大型填方。当压实爆破石渣或碎石类土时，可选用 8～15t 重的振动平碾，铺土厚度为 0.6～1.5m，先静压、后振压，碾压遍数由现场试验确定，一般为 6～8 遍。

四、影响填土压实的因素

填土压实质量与许多因素有关，其中主要影响因素为压实功、土的含水量以及每层铺土厚度。

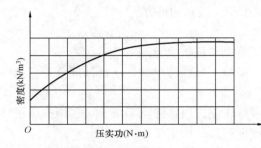

图 1-39 土的密度与压实功的关系

1. 压实功的影响

填土压实后的密度与压实机械在其上所施加的功有一定的关系。当土的含水量一定，在开始压实时，土的密度急剧增加，待到接近土的最大密度时，压实功虽然增加许多，而土的密度则变化甚小，如图 1-39 所示，为土的密度与压实功的关系。在实际施工中，对于不同的土应根据压实机械和土体的密实度要求选择合理的压实遍数，如砂土一般需碾压或夯击 2～3 遍，亚砂土需 3～4 遍，亚黏土或黏土需 5～6 遍。

2. 含水量的影响

在同一压实功的作用下，填土的含水量对压实质量有直接影响。较为干燥的土，由于土颗粒之间的摩阻力较大，因而不易压实。当土具有适当含水量时，水起了润滑作用，土颗粒之间的摩阻力减小，从而容易压实。但含水量过大，土的孔隙被水占据，土体难以密实，有时还会出现"橡皮土"现象。土在最佳含水量的条件下，使用同样的压实功进行压实，所得到的密度最大。各种土的最佳含水量和最大干密度可参考表 1-9。

表 1-9   **土的最佳含水量和最大干密度参考表**

项次	土的种类	变 动 范 围		项次	土的种类	变 动 范 围	
		最佳含水量（%）	最大干密度（g/cm³）			最佳含水量（%）	最大干密度（g/cm³）
1	砂土	8～12	1.80～1.88	3	粉质黏土	12～15	1.85～1.95
2	黏土	19～23	1.58～1.70	4	粉 土	16～22	1.61～1.80

    注 1. 表中土的最大干密度应根据现场实际达到的数字为准。

    2. 一般性的回填可不作此项测定。

为了保证填土在压实过程中处于最佳含水量状态，当土过湿时，应翻松晾干，也可掺入同类干土或吸水性土料；当土过干时，则应预先洒水润湿。

3. 铺土厚度和压实遍数的影响

土在压实功的作用下，其应力随深度增加而逐渐减小，其影响深度与压实机械、土的性质和含水量等有关。铺得过厚，要压很多遍才能达到规定的密实度。铺得过薄，则要增加机械的总压实遍数。最优的铺土厚度应能使土方压实而机械功耗费最少。可按照表 1-10 选用。

表 1-10   填方每层的铺土厚度和压实遍数

压实机具	每层铺土厚度（mm）	每层压实遍数（遍）	压实机具	每层铺土厚度（mm）	每层压实遍数（遍）
平碾	200～300	6～8	推土机	200～300	6～8
羊足碾	200～350	8～16	拖拉机	200～300	8～16
蛙式打夯机	200～250	3～4	人工打夯	不大于 200	3～4

注 人工打夯时，土块粒径不应大于 50mm。

五、填土的质量控制和检验

填土压实的质量以压实系数 λ_c 控制，工程中可根据结构类型、使用要求以及土的性质确定，一般应控制在 0.93～0.98，如框架结构在地基主要受力层范围内应大于 0.97，在地基主要受力层以下应大于 0.95。

压实系数 λ_c 为土的控制干密度 γ_d 与土的最大干密度 γ_{dmax} 之比，即

$$\lambda_c = \frac{\gamma_d}{\gamma_{dmax}} \qquad (1-18)$$

γ_d 可用"环刀法"或灌砂（或灌水）法测定。γ_{dmax} 则用击实试验确定，当无试验资料时，最大干密度可按下式计算

$$\gamma_{dmax} = \eta \frac{\rho_w d_s}{1 + 0.01\omega_{op} d_s} \qquad (1-19)$$

式中　γ_{dmax}——分层压实填土的最大干密度；

　　　η——经验系数，粉质黏土取 0.96，粉土取 0.97；

　　　ρ_w——水的密度；

　　　d_s——土粒相对密度；

　　　ω_{op}——填土的最优含水量。

当填土为碎石或卵石时，其最大干密度可取 2.0～2.2t/m³。

 复习思考题

1-1　在土方工程中，土的工程分类有哪些？如何划分的？

1-2　土的基本工程性质有哪些？对土方施工将产生怎样的影响？

1-3　试述场地平整土方量计算的步骤和方法。

1-4　为什么对场地设计标高 H_0 要进行调整？当场地有单向或双向泄水坡度时，如何

确定场地设计标高？

1-5　土方调配应遵循哪些原则？调配区如何划分？怎样确定平均运距？

1-6　土方边坡有哪些表示方法？影响土方边坡的主要因素有哪些？

1-7　试述土壁支护的作用和常见类型。

1-8　试述横撑式支撑的基本构造。

1-9　试述板式支护结构的组成及各部分的构造做法。

1-10　试述土层锚杆的基本组成和各部分的构造要求。

1-11　分析流砂形成的原因以及防治流砂的途径和方法。

1-12　试述井点降低地下水位的方法及适用范围。

1-13　试述轻型井点系统的组成、布置方案以及设计步骤。

1-14　试述推土机、铲运机的工作特点、适用范围及提高生产率的措施。

1-15　挖掘机有哪几种类型？其工作特点和适用范围如何？正铲、反铲挖土机开挖方式有哪几种？如何正确选择？

1-16　填土压实有哪几种方法，各有什么特点？

1-17　影响填土压实的主要因素有哪些？怎样检查填土压实的质量？

1-18　解释土的最佳含水量的概念，土的含水量和控制干密度与填土质量有何关系？

1-19　某建筑物条形基础土方施工如图 1-40 所示，试计算 40m 长度的挖土量。若留下回填土后，余土用每辆可装运 2.5m³ 的运土汽车全部运走，试计算预留土方量和运土车次。（注：基槽两端不放坡，$K_s=1.25$，$K'_s=1.04$）

1-20　某基坑底长 80m，宽 60m，深 8m，四边放坡，边坡坡度为 1∶0.5，试计算挖土土方工程量。如地下室的外围尺寸为 78m×58m，土的可松性系数为 $K_s=1.25$，$K'_s=1.03$。试求回填所需土方量。

1-21　某建设场地如图 1-41 所示，方格边长为 40m。若场地双向排水坡度取 $i_x=2‰$，$i_y=3‰$。试计算：

（1）按挖、填平衡原则确定场地平整方格角点的计划标高；

（2）计算方格角点的施工高度，绘出零线，并确定挖方量和填方量。

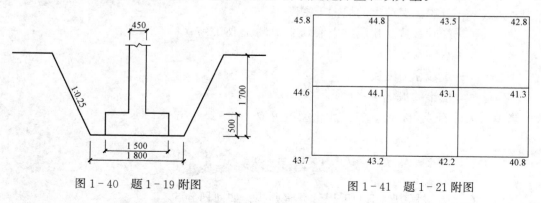

图 1-40　题 1-19 附图　　　　　　图 1-41　题 1-21 附图

1-22　表 1-11 为某建筑场地填、挖土方工程量及土方调配运距表，试用"表上作业法"确定土方量的最优调配方案。

表 1 - 11   **土 方 调 配 运 距 表**

挖方区 ＼ 填方区	T_1		T_2		T_3		T_4		挖方量（m³）
W_1		150		200		180		240	10 000
W_2		72		140		110		170	4000
W_3		150		220		120		200	4000
W_4		100		130		80		160	1000
填方量（m³）	1000		7000		2000		9000		19 000

注   小方格内运距单位：m。

1-23   某建筑物基坑底面积为 30m×20m，深 4.0m，地下水位在地面下 1m，不透水层在地面下 9.5m，地下水为无压水，渗透系数 $K=15$m/d，基坑边坡为 1：0.5，现拟用轻型井点系统降低地下水位。试求：

（1）绘制轻型井点系统的平面和高程布置图；

（2）计算涌水量、井点管数量和间距。

第二章 桩基础工程

对于一般的建筑物或构筑物应优先选用浅基础，如条形基础、独立基础、板式基础或箱形基础等。此类基础具有造价低、施工方便、工期短等特点，但其承载力低。如浅基础无法满足上部结构对地基变形以及承载力等的要求时，则需要设置深基础。土木工程中常见的深基础有多种类型，如桩基础、沉井基础、地下连续墙等，其中桩基础是应用最为广泛的一种深基础形式。本章主要以常见的桩基础施工方法进行讲解。

第一节 概 述

一、桩基础的组成及特点

桩基础是用桩承台或基础梁将沉入土体的桩联系起来，以承受上部结构荷载的一种常用的深基础形式。其组成主要有桩和桩承台两部分，如图 2-1 所示。若桩身全部埋于土中，承台底面与土体接触，则称为低承台桩基；若桩身上部露出地面而承台底位于地面以上，则称为高承台桩基础。建筑物的桩基通常为低承台桩基础，在桥梁、码头等工程中常用高承台桩基础。

桩基础的主要特点是具有承载力高、抗拔力强，能够承担水平荷载，对建筑的抗震起到良好的作用等。当建筑物或构筑物的上部荷载较大时，常应用桩基础将其荷载传递到承载力较大的深层土层上，如高层建筑、水塔、烟囱等。另外，当表层软弱土层较厚大时，低层或多层建筑亦采用桩基础，以减少基础施工的土方量和施工中的排水和降水，从而获得较好的经济效果。

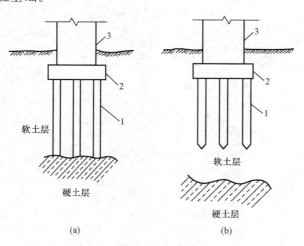

图 2-1 桩的组成及类别

(a) 端承桩；(b) 摩擦桩

1—桩；2—承台；3—上部结构

二、桩基础的分类

依据不同的分类方法工程中桩的类别不同。

1. 按桩的传力及作用性质

桩可分为端承桩和摩擦桩两种。

（1）端承桩是指桩穿过软弱土层达到岩层或坚硬土层上时，如图 2-1 (a) 所示，上部结构荷载主要由桩端阻力承受，桩侧阻力相对于桩端阻力而言较小或可以忽略不计的桩。按承载性质和桩端阻力所占的比例，端承桩分为全端承桩和摩擦端承桩两种。

全端承桩是指在极限承载力状态下，桩顶荷载完全由桩端阻力承受的桩。

摩擦端承桩是指在极限承载力状态下，桩顶荷载主要由桩端阻力承受，部分由桩侧阻力承受的桩。

（2）摩擦桩是指桩设置在软弱土层中，如图 2-1（b）所示，依靠桩身与土体间的摩擦力，把建筑物的荷载传布在四周土层中及桩尖下土层中的桩。根据桩侧阻力分担荷载的大小，摩擦桩分为全摩擦桩和端承摩擦桩两种。

全摩擦桩是指在极限承载力状态下，桩顶荷载完全由桩侧阻力承受的桩。

端承摩擦桩是指在极限承载力状态下，桩顶荷载主要由桩侧阻力承受，极少部分由桩端阻力承受的桩。

2. 按桩的挤土效应

桩可分为挤土桩（如沉管灌注桩、打入式预制桩等）、部分挤土桩（如预钻孔打入预制桩、打入式敞口桩、冲抓孔灌注桩等）和非挤土桩（如钻孔灌注桩、人工挖孔灌注桩等）三种类型。

3. 按桩身的材料

桩可分为砂桩、灰砂桩、木桩、混凝土桩、钢筋混凝土桩、预应力钢筋混凝土桩和钢桩等多种桩。

砂桩多用于地基加固、排水固结、挤密土层；灰砂桩多用于加固复杂填土地基、挤密土层；钢桩、混凝土及钢筋混凝土桩多用于软土地基支承建筑物（或构筑物）；由钢板或钢筋混凝土板构成的板桩多用于护坡挡土、挡水等。

4. 按桩的施工方法

桩可分为预制桩和灌注桩两大类。

（1）预制桩是在工厂或施工现场采用一定材料预制成一定形式的桩，而后用沉桩设备将桩沉入土中。常用的沉桩方法有：锤击沉桩、静力压桩、水冲沉桩和振动沉桩等。预制桩按桩身材料有：木桩、钢筋混凝土桩、预应力混凝土桩、钢管桩、H 形钢桩、工字形钢桩等。

锤击沉桩，也称作"打入法"或"打桩"。它是利用桩锤的冲击动能使预制桩沉入土中。这种沉桩方法能适应各种不同的土层，机械化程度高，施工速度快，而且由于打桩过程中桩对土有振动和挤压的影响，能使土体密实，使桩有较大的承载能力，因而是最常用的一种沉桩方法。但这种沉桩方法振动大，对邻近的建筑物及其地基易造成一定的影响，尤其是在软土地基中，应用时应采取措施防止对邻近建筑物的破坏。

静力压桩，该方法是利用桩架（高 16～20m）的自重与压重（静压力 800～1500kN），通过卷扬机和滑轮组，将桩逐节（每节长 6～10m）压入土中。静力压桩可以避免打入桩噪声大及对邻近建筑物的振动影响，适用于较均质的软土地基中。

水冲沉桩，该方法是利用高压水流冲刷桩尖下面的土壤，以减小桩表面与土壤之间的摩擦力和桩下沉时的阻力，使桩身在自重或锤击作用下很快沉入土中。待射水停止后，冲松的土沉落又可将桩身压紧。这种方法适用于砂土、砾石或其他坚硬的土层，施工中常与锤击沉桩结合使用，以提高工效。

振动沉桩，该方法是利用桩顶部设置的振动箱，使桩产生振动力，从而减小桩与土壤间的摩擦力，桩在自重与机械力的作用下沉入土中。这种方法主要适用于砂土、黄土、软土和亚黏土的土层中。在含水砂层中效果更为显著。但不宜用于黏土以及土层中夹有孤石的情况。

（2）灌注桩是在施工现场的桩位上采用机械或人工等方法首先形成桩孔，然后在孔内填筑成桩材料而成的桩。如灌注混凝土形成的混凝土或钢筋混凝土灌注桩。根据成孔方法的不同，灌注桩可分为钻孔灌注桩、沉管成孔灌注桩、挖孔灌注桩、冲孔灌注桩、爆扩成孔灌注桩等。按灌注的材料不同可分为混凝土灌注桩、钢筋混凝土灌注桩、砂石挤密桩、灰土挤密桩、素土挤密桩等。灌注桩近年来发展较快，它可节约钢材，降低造价，能直接探测地层变化，在持力层顶面起伏不平时，桩长容易控制，但施工时影响质量的因素较多，故应严格按规定要求施工并加强工程质量管理。

本章主要以工程中常用的钢筋混凝土预制桩和灌注桩为例，阐述桩基工程施工工艺。

第二节　钢筋混凝土预制桩施工

钢筋混凝土预制桩为工程中使用较多的一种桩型。其施工程序如图 2-2 所示。

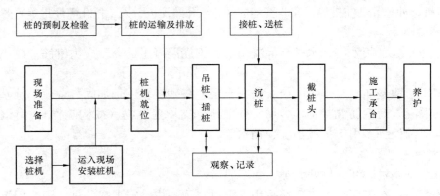

图 2-2　预制桩施工程序

一、桩的预制、起吊、运输和堆放

钢筋混凝土预制桩具有制作方便、成桩速度快、桩身质量易于控制、承载力高等优点，并能根据需要制成不同形状、不同尺寸的截面和长度，且不受地下水位影响，不存在泥浆排放等问题，是工程中最常用的一种桩型。

（一）预制桩的制作程序

制作场地布置→场地地基处理、整平→浇筑场地地坪混凝土→支模→绑扎钢筋、安设吊环→浇筑混凝土→养护至 30% 强度拆模，再支上层模，涂刷隔离剂→浇筑第二层桩混凝土→养护至 100% 强度→起吊、运输、堆放→沉桩。

（二）桩的制作

1. 预制桩的基本构造

钢筋混凝土预制桩常用截面有钢筋混凝土方形或多边形桩、预应力混凝土管型桩等，其中以方形截面和管桩较为多用。方形桩边长通常为 250～500mm，长 7～25m，如图 2-3 所示。

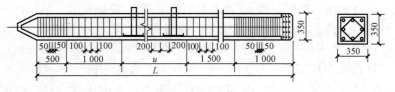

图 2-3　钢筋混凝土预制桩

当长桩受运输条件与桩架高度限制时，可将桩分成数节，每节长根据桩架有效高度、制作场地和运输设备等条件考虑（一般为 6～13m）。

空心管桩直径为 300～550mm，长度每节为 4～12m，管壁厚度 80mm。

2. 桩的预制

钢筋混凝土方桩可在工厂或施工现场预制。工厂预制利用成组拉模生产，用不小于桩截面高度的槽钢安装在一起组成。在台座拉动方向的一端设卷扬机，支模时利用短木使模板侧向顶紧，卡好堵头板（按需要的长度确定）即可放入钢筋骨架，浇筑混凝土。脱模时先取去短木，略撬松槽钢，然后开动卷扬机向前拉模沿台座滑动脱出。

现场预制桩多采用重叠法间隔制作，重叠层数根据地面承载能力和施工条件确定，一般不宜超过 4 层。场地应平整、坚实，不得产生不均匀沉降。桩与桩间应做好隔离层，桩与邻桩、底模间的接触面不得发生黏结。上层桩或邻桩的浇筑，必须在下层桩或邻桩的混凝土达到设计强度的 30％ 以后方可进行。

预制桩钢筋骨架的主筋连接宜采用对焊。主筋接头配置在同一截面内的数量应符合下列规定：当采用闪光对焊和电弧焊时，不得超过 50％；同一根钢筋两个接头的距离应大于 35d（d 为主筋直径），且不小于 500mm。

预制桩混凝土强度等级常用 C30～C50。混凝土粗骨料应使用碎石或碎卵石，粒径宜为 5～40mm。混凝土应由桩顶向桩尖连续浇筑，严禁中断。混凝土洒水养护时间不应少于 7d。

混凝土管桩是以离心法在工厂生产的，通常都施加预应力，直径多为 400～600mm，壁厚 80～100mm，每节长度 8～10m，其混凝土强度等级不宜低于 C40。混凝土管桩的接头不宜超过 4 个，下节桩底端可设桩尖，亦可以是开口的。

3. 桩的预制质量要求

桩制作完成后应在每根桩上标明编号及制作日期，并进行相关的质量检验。

预制桩的几何尺寸允许偏差为：横截面边长偏差 ±5mm；桩顶对角线之差不大于 10mm；混凝土保护层厚度偏差 ±5mm；桩身弯曲矢高不大于 0.1％ 桩长，且不大于 20mm；桩尖中心线偏差不大于 10mm；桩顶平面对桩中心线的倾斜≤3mm。

预制桩制作质量还应符合下列规定：

（1）桩的表面应平整、密实，掉角深度不应超过 10mm，且局部蜂窝和掉角的缺损总面积不得超过桩表面全部面积的 0.5％，同时不得过分集中。

（2）由于混凝土收缩产生的裂缝，深度不得大于 20mm，宽度不得大于 0.25mm，横向裂缝长度不得超过边长的一半（管桩或多边形桩不得超过直径或对角线的 1/2）。

（3）桩顶和桩尖处不得有蜂窝、麻面、裂缝和掉角现象。

（三）桩的起吊

钢筋混凝土预制桩的混凝土强度达到设计强度等级的 75％ 方可起吊；达到设计强度等级的 100％ 才能运输和打桩。如提前起吊，必须采取措施并经验算合格后方可进行。

桩在起吊和搬运时，必须平稳，并且不得损坏。吊点应符合设计要求，20～30m 的预制桩一般采用 3 个吊点。常见的几种吊点合理位置如图 2-4 所示。

（四）桩的运输和堆放

桩的运输，应根据打桩顺序随打随运以避免二次搬运。桩的运输方式，在运距不大时，可用起重机吊运；当运距较大时，可采用轻便轨道小平台车运输。

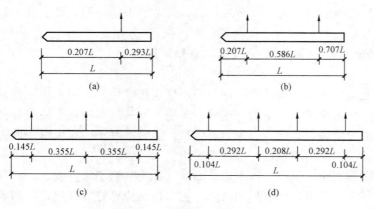

图 2-4 桩的合理吊点位置

（a）一点起吊；（b）两点起吊；（c）三点起吊；（d）四点起吊

堆放桩的地面必须平整、坚实，垫木间距应与吊点位置相同，各层垫木应上下对齐，并位于同一垂直线上，堆放层数不宜超过 4 层。不同规格的桩，应分别堆放。

二、打桩机械及其选择

锤击沉桩是利用桩锤的冲击克服土对桩的阻力，使桩沉到预定深度或达到持力层。这是最常用的一种沉桩方法。打桩机械设备主要包括桩锤、桩架及动力设备三部分。在选择打桩机械设备时，应根据地基土质，桩的种类、尺寸和承载能力以及动力供应条件等因素综合考虑。

（一）桩锤

常用桩锤有落锤、汽锤（分单作用汽锤和双作用汽锤）、柴油锤、振动锤等类型。目前应用最多的是柴油锤。

1. 落锤

落锤构造简单，使用方便，能随意调整落锤高度。轻型落锤一般均用卷扬机拉升施打。落锤生产效率低、桩身易损失。落锤重量一般为 0.5～1.5t，重型锤可达数吨。

2. 柴油锤

柴油锤利用燃油爆炸的能量，推动活塞往复运动产生冲击进行锤击打桩。柴油锤结构简单、使用方便，不需从外部供应能源。但在过软的土中由于贯入度过大，燃油不易爆发，往往桩锤反跳不起来，会使工作循环中断。此外，柴油锤作业时造成噪声和空气污染等公害，故在城市中施工受到一定限制。柴油锤冲击部分的质量有 2.0t，2.5t，3.5t，4.5t，6.0t，7.2t 等数种。每分钟锤击次数约 40～80 次。可以用于大型混凝土桩和钢管桩等施工作业。

3. 蒸汽锤

蒸汽锤利用蒸汽的动力进行锤击。根据其工作情况又可分为单动式汽锤与双动式汽锤。单动式汽锤的冲击体只在上升时耗用动力，下降靠自重；双动式汽锤的冲击体升降均由蒸汽推动。蒸汽锤需要配备一套锅炉设备。

单动式汽锤的冲击力较大，可以打各种桩，常用锤重为 3～10t。每分钟锤击数为 25～30 次。

双动式汽锤的外壳（即汽缸）是固定在桩头上的，而锤是在外壳内上下运动。因冲击频率高（100～200 次/min），所以工作效率高。它适宜打各种桩，也可在水下打桩并用于拔桩。锤重一般为 0.6～6t。

4. 液压锤

液压锤是一种新型打桩设备，它的冲击缸体通过液压油提升与降落。冲击缸体下部充满氮气，当冲击缸下落时，首先是冲击头对桩施加压力，接着是通过可压缩的氮气对桩施加压力，使冲击缸体对桩施加压力的过程延长，因此每一击能获得更大的贯入度。液压锤不排出任何废气，无噪声，冲击频率高，并适合水下打桩，是理想的冲击式打桩设备，但构造复杂，造价高。

各种桩锤的使用条件和适用范围参见表2-1。

表2-1　　　　　　　　　　　　　　桩锤适用范围参考表

项次	桩锤种类	适用范围	使用原理	优缺点
1	落锤	(1) 适宜于打木桩及细长尺寸的混凝土桩 (2) 在一般土层及黏土，含有砾石的土层均可使用	用人力或卷扬机拉起桩锤，然后自由下落，利用锤重夯击桩顶，使桩入土	构造简单，使用方便，冲击力大，能随意调整落距；但锤击速度慢（每分钟约6~20次），效率较低
2	单动汽锤	(1) 适宜于打各种桩 (2) 最适宜于套管法打就地灌注混凝土桩	利用蒸汽或压缩空气的压力将锤头上举，然后自由下落冲击桩顶	结构简单，落距小，对设备和桩头不易损坏，打桩速度及冲击力较落锤大，效率较高
3	双动汽锤	(1) 适宜于打各种桩，可用于打斜桩 (2) 使用压缩空气时，可用于水下打桩 (3) 可用于拔桩、吊锤打桩	利用蒸汽或压缩空气的压力将锤头上举及下冲，增加夯击能量	冲击次数多，冲击力大，工作效率高，但设备笨重，移动较困难
4	柴油桩锤	(1) 最适宜于打钢板桩、木桩 (2) 在软弱地基打12m以下的混凝土桩	利用燃油爆炸，推动活塞，引起锤头跳动夯击桩顶	附有桩架、动力等设备，不需要外部能源，机架轻、移动便利，打桩快，燃料消耗少；但桩架高度低，遇硬土或软土不宜使用
5	振动桩锤	(1) 适宜于打钢板桩、钢管桩、长度在15m以内的打入式灌注桩 (2) 适用于亚黏土、松散砂土、黄土和软土，不宜用于岩石、砾石和密实的黏性土地基	利用偏心轮引起激振，通过刚性联结的桩帽传到桩上	沉桩速度快，适用性强，施工操作简易安全，能打各种桩并能帮助卷扬机拔桩；但不适宜于打斜桩
6	射水沉桩	(1) 常与锤击法联合使用，适宜于打大断面混凝土和空心管桩 (2) 可用于多种土层，而以砂土、砂砾土或其他坚硬的土层最适宜 (3) 不能用于粗卵石、极坚硬的黏土层或厚度超过0.5m的泥炭层	利用水压力冲刷桩尖处土层，再配以锤击沉桩	能用于坚硬土层，打桩效率高，桩不易损坏；但设备较多，当附近有建筑物时，水流易使建筑物沉陷。不能用于打斜桩

用锤击沉桩时，为防止桩受冲击应力过大而损坏，应力求采用"重锤低击"。锤重的选用应根据地质条件、桩型、桩的密集程度、单桩竖向承载力及现有施工条件等决定，可参考表2-2进行选择。

表 2-2　　　　　　　　　　　　　选 择 锤 重 参 考 表

锤型		蒸汽锤（单动）			柴 油 锤				
		3～4t	7t	10t	1.8t	2.5t	3.2t	4t	7t
锤型资料	冲击部分重（t）	3～4	5.5	9	1.8	2.5	3.2	4.5	7.2
	锤总重（t）	3.5～4.5	6.7	11	4.2	6.5	7.2	9.6	18
锤冲击力（kN）		～2300	～3000	3500～4000	～2000	1800～2000	3000～4000	4000～5000	6000～10 000
常用冲程（m）		0.6～0.8	0.5～0.7	0.4～0.6	1.8～2.3	1.8～2.3	1.8～2.3	1.8～2.3	1.8～2.3
适用的桩规格	预制方桩、管桩的边长或直径（mm）	350～450	400～450	400～500	300～400	350～450	400～500	450～550	550～600
	钢管桩直径（mm）				400	400	400	600	900
黏性土	一般进入深度（m）	1～2	1.5～2.5	2～3	1～2	1.5～2.5	2～3	2.5～3.5	3～5
	桩尖可达到静力触探 P_s 平均值（MPa）	3	4	5	3	4	5	＞5	＞5
砂土	一般进入深度（m）	0.5～1	1～1.5	1.5～2	0.5～1	0.5～1	1～2	1.5～2.5	2～3
	桩尖可达到标准贯入击数 N 值	15～25	20～30	30～40	15～25	20～30	30～40	40～45	50
岩石（软质）	桩尖可进入深度（m）　强风化		0.5	0.5～1		0.5	0.5～1	1～2	2～3
	中等风化			表层			表层	0.51	1～2
锤的常用控制贯入度（cm/10击）		3～5	3～5	3～5	2～3	2～3	2～3	3～5	4～8
设计单桩极限承载力（kN）		600～1400	1500～3000	2500～4000	400～1200	300～1600	2000～3600	3000～5000	5000～10 000

注　1. 本表适用于钢筋混凝土预制桩长度 20～40m，钢管桩长度 40～60m，且桩尖进入硬土层一定深度。不适用于桩尖处于软土层的情况；

　　2. 标准贯入击数 N 值为未修正的数值；

　　3. 本表仅供选锤参考，不能作为设计确定贯入度和承载力的依据。

（二）桩架

桩架是支持桩身和桩锤，在打桩过程中引导桩的方向，并保证桩锤能沿着所要求方向冲击的打桩设备。桩架的组成主要包括底盘、竖向架、导向杆和滑轮组等。桩架的形式多种多样，按其行走方式可分为滚管式、轨道式、步履式、履带式和轮胎式等，其中以步履式和履带式较为常用。

1. 滚管式桩架

滚管式打桩架靠两根在枕木上滚动的滚管及桩架在滚管上的滑动来完成其行走及移位。这种桩架的优点是结构比较简单、制作容易、成本低；缺点是平面转向不灵活、操作复杂。

2. 轨道式桩架

轨道式打桩架设置轨道行走装置，如图 2-5 所示，它采用多台电机分别驱动、集中操纵控制，它能吊桩、吊锤、行走、回转移位，导杆能水平微调和倾斜打桩，并装有升降电梯，可为打桩人员提供良好的操作条件。但这种桩架只能沿轨道开行，机动性能较差，施工不方便。

3. 步履式桩架

液压步履式打桩架是通过两个可相对移动的底盘互为支撑、交替走步的方式前进，也可360°回转，它不需铺设轨道，移动就位方便，打桩效率高。

4. 履带式桩架

履带式打桩架是以履带式车体为桩架机座的一种多功能打桩机，如图 2-6 所示为三点支撑履带式打桩架的示意图，它是在专用履带式车体上配以钢管式导杆和两根后支撑组成，导杆又分单导向和双导向两种，采用全液压传动，可作 360°回转，履带的中心距可调节，是目前较先进的桩架。这种打桩机具有垂直度调节灵活、稳定性好、装拆方便、行走迅捷、适应性强、施工效率高等优点。适用各种桩型和各类桩锤，可施打各类桩，也可打斜桩。

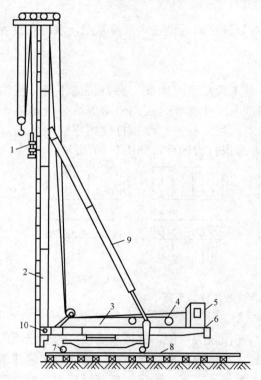

图 2-5　多功能轨道式桩架

1—柴油桩锤；2—竖向架；3—操作平台；4—卷扬机；
5—操控室；6—平衡重；7—底盘轨道轮；8—钢轨；
9—支撑杆；10—铰链

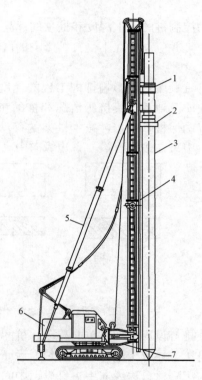

图 2-6　三点支撑履带式打桩架

1—柴油桩锤；2—桩帽；3—桩；4—竖向架；
5—支撑杆；6—履带车体；7—竖向架支撑

选择桩架时，重点应确定桩架的高度，通常情况下，桩架的高度应等于桩长、滑轮组高度、桩锤高度、桩帽高度、起锤移位高度（即落距，一般取 1～2m）之和。

（三）动力装置

打桩机械的动力装置及辅助设备主要根据选定的桩锤种类而定。落锤及振动锤以电源为动力，再配置电动卷扬机、变压器、电缆等；蒸汽锤以高压蒸汽为驱动力，配置蒸汽锅炉、蒸汽输送装置等；气锤以压缩空气为动力源，需配置空气压缩机，内燃机等；柴油锤以柴油为能源，桩锤本身有燃烧室，不需外部动力设备。

三、打入桩施工

（一）打桩前的准备工作

打桩前应做好下列准备工作：处理架空（高压线）和地下障碍物；进行场地平整和桩机行驶线路土体夯实；做好排水设施；设置供电、供水系统；安装打桩机械并进行打桩试验；进行桩位的定位放线；设置水准控制点；确定打桩顺序等准备工作。

1. 桩位的定位放线

根据建筑物的轴线控制桩，按桩位平面布置图确定桩基轴线位置及每个桩的桩位，并将桩的准确位置用小木桩或十字线标定在地面上。有时为防止木桩被撞位移，可用龙门桩和龙门板标定桩位。

2. 水准控制点

为控制桩的入土深度和桩顶的标高，应在打桩区附近设置水准控制点，水准点设置不少于2个，并应设置在不受打桩影响的区域内。

3. 打桩顺序

打桩顺序直接影响打桩工程的速度和桩基工程质量。因此，在打桩施工前，应结合地形、地质及地基土壤挤压情况和桩的布置密度、工作性能、工期要求等综合考虑后予以确定，以确保桩基质量，减少桩架的移动和转向，加快打桩进度。打桩顺序一般分为逐排打设、自中央往边缘打设、自边缘向中央打设和分段打设四种，如图2-7所示。

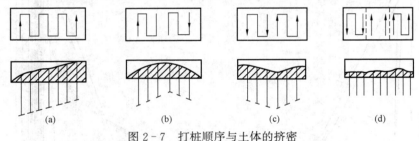

图2-7　打桩顺序与土体的挤密
(a) 逐排打设；(b) 自边缘向中央打设；(c) 自中央往边缘打设；(d) 分段打设

逐排打设，桩架可单向移动，桩的就位与起吊较为方便，打桩效率较高。但土壤向一个方向挤压，导致土壤挤压不均匀，后面的桩打入深度因此而逐渐减小，最终会引起建筑物的不均匀沉降。自边缘向中央打设，中间部分土壤挤压密实，不仅使桩难以打入，而且打中间桩时，还有可能使外侧各桩被挤压浮起，同样影响桩基质量。所以，一般以自中央向边缘打和分段打法为宜。但若桩距大于或等于4倍桩的直径时，则土壤挤压情况将与打桩顺序关系不大，此时打桩顺序的确定通常可根据桩的特点和桩机移动为主。

此外，根据基础的设计标高和桩的规格，宜按先深后浅，先大后小，先长后短的顺序进行打桩。

打桩顺序确定后，还需要考虑打桩机是往后"退打"还是向前"顶打"。当打桩地面标高接近桩顶设计标高时，打桩后，实际上每根桩的桩顶还会高出地面。这是由于桩尖持力层的标高不可能完全一致，而预制桩又不可能设计成各不相同的长度，因此桩顶高出地面往往是不可避免的。在此情况下，打桩机只能采取往后退行打桩的方法，由于往后退行，桩不能事先布置在地面，只能随打随运。如打桩后桩顶的实际标高在地面以下时，打桩机则可以采取往前顶打的方法，这时，只要场地允许，所有的桩都可以事先吊运到场地上布置好。

（二）打桩工艺

打桩过程包括桩机的移动和就位、吊桩和定桩、打桩、截桩和接桩等施工工艺。

1. 定锤吊桩

桩机就位时，桩架应平移，导杆中心线应与打桩方向一致，并检查桩位是否正确，然后将桩提升送入桩架导杆中，使桩尖对准桩位后，缓缓放下，桩在自重作用下插入土中，随即扣好桩帽、桩箍，校正好桩的垂直度，如桩顶不平则应用硬木垫平后再扣桩帽，脱钩后用锤轻压且轻击数锤，使桩沉入土中一定深度，达到稳定位置后，再次校正桩位及垂直度，该过程通常称作"定锤吊桩"，其基本要求是：桩锤底面、桩帽和桩顶应保持水平；桩锤、桩帽和桩中心线应在同一直线上，避免偏心。

2. 打桩

为获得稳定的打桩效果，打桩时应采用"重锤低击"、"低提重打"的方法。桩开始打入时，应先用短落距轻打，落距一般为 0.5～0.8m，待桩入土 1～2m 后，再以全落距施打。用落锤或单动汽锤时，最大落距不宜大于 1m；用柴油锤时，应使锤跳动正常。桩入土的速度应均匀，锤击间隔时间不要过长，要连续打入，如中途停歇，土弹性恢复，向桩周挤紧，桩周孔隙水消失，再次打时，摩阻力增大，使桩难以打入。打桩时，应防止锤击偏心，以免桩产生偏位、倾斜，或打坏桩头、折断桩身。如采用送桩时，则送桩与桩的纵轴线应在同一竖线上。

桩正常下沉时，桩锤回跳小，贯入度变化均匀。若桩锤回跳大，则说明锤太轻。如贯入度突然减小，回跳增大，落距减小，加快锤击后，桩仍不下沉，则说明桩下有障碍物。若贯入度突然增大，则表明桩尖、桩身有可能遭到损坏，或接桩不直、接头破裂，或下遇软土层、土穴等。打桩过程中，如贯入度剧变，桩身突然发生倾斜、移位或有严重回弹，桩顶或桩身出现严重裂缝或破碎等情况，应暂停打桩，并及时与有关单位研究处理。

打桩过程中，应注意打桩机的工作情况和稳定性，经常检查机件是否正常，绳索有无损坏，桩锤悬挂是否牢固，桩架移动和固定是否安全等。

打桩完毕后，应将桩头或无法打入的桩身截去，以使桩顶符合设计高程。截桩可采取锯截、电弧或氧乙炔焰截割等方法，主要依桩的种类而定。对钢筋混凝土桩，应将混凝土打掉后再截断钢筋。

打桩工程为隐蔽工程，施工中应作好观测和记录。要观测桩的入土速度，桩锤的落距，每分钟锤击次数，当桩下沉接近设计标高时，应进行标高和贯入度的观测，各项观测数据应记入打桩记录表，其表格格式、内容可参见《建筑地基基础工程施工质量验收规范》（GB 50202—2002）。

3. 接桩

当施工设备条件等对桩的长度有限制，而桩的设计长度又较大时，需采用多节桩段连接而成。一般混凝土预制桩接头不宜超过 2 个，预应力管桩接头不宜超过 4 个。应避免在桩尖接近坚硬持力层或桩尖处于硬持力层中时接桩。

桩的接头连接方法有三种：焊接法、浆锚法和法兰接桩法，如图 2-8 所示。焊接法和法兰接桩法适用于各类土层。

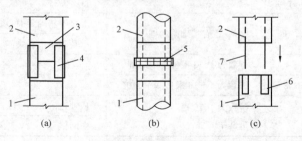

图 2-8　混凝土预制桩的接桩

（a）焊接法；（b）法兰接桩法；（c）浆锚法

1—下节桩；2—上节桩；3—预埋钢板；4—连接角钢；

5—连接法兰；6—预留锚筋孔；7—预埋锚接钢筋

浆锚法适用于软弱土层，且对一级建筑桩基、承受拔力以及抗震设防地区的桩宜慎重选用。目前焊接接桩应用最多。焊接接桩的钢板宜用低碳钢，焊条宜用 E43。接桩时预埋铁件表面应清洁，上、下节桩之间如有间隙应用铁片填实焊牢，焊接时焊缝应连续饱满，并采取措施减少焊接变形。接桩时，上、下节桩的中心线偏差不得大于 10mm，节点弯曲矢高不得大于 1‰桩长。焊接时，应先将四角点焊固定，然后对称焊接，并确保焊缝质量和设计尺寸。在焊接后应使焊缝在自然条件下冷却 10min 后方可继续沉桩。

（三）打桩的质量控制

打桩的质量控制包括打桩前、打桩过程中的控制以及施工后的质量检查。

施工前应对成品桩做外观及强度检验，锤击预制桩，应在强度与龄期均达到要求后，方可锤击。接桩用焊条或半成品硫黄胶泥应有产品合格证书，或送有关部门检验。

打桩开始前应对桩位的放样进行验收，桩位放样允许偏差对群桩为 20mm、对单排桩为 10mm。

施工过程中应检查桩的桩体垂直度、沉桩情况、贯入情况、桩顶完整状况、电焊接桩质量、电焊后的停歇时间等。对电焊接桩，重要工程应对电焊接头做 10% 的焊缝探伤检查。

承受轴向荷载的摩擦桩的入土深度控制，应以标高为主，而以最后贯入度（施工中一般采用最后三阵，每阵 10 击的平均入土深度作为标准）作为参考；端承桩的入土深度应以最后贯入度控制为主，而以标高作为参考。设计与施工中的控制贯入度应以合格的试桩数据为准。最后贯入度的测量应在下列正常条件下进行：桩顶没有破坏，锤击没有偏心；锤的落距符合规定；桩帽和弹性垫层正常。

打桩时，桩顶破碎或桩身严重裂缝，应立即暂停，在采取相应的技术措施后，方可继续施打。打桩时，除了注意桩顶与桩身由于桩锤冲击破坏外，还应注意桩身受锤击拉应力而导致的水平裂缝，在软土中打桩，在桩顶以下 1/3 桩长范围内常会因反射的张力波使桩身受拉而引起水平裂缝。开裂的地方往往出现在吊点和混凝土缺陷处，这些地方容易形成应力集中。采用重锤低速击桩和较软的桩垫可减少锤击拉应力。

此外，还应监测打桩施工对周围环境有无造成影响。

打桩施工结束后，应进行桩基工程的桩位验收。打入桩的桩位偏差，必须符合表 2 - 3 的规定。

表 2 - 3　　　　　　　　　　　　桩 位 的 允 许 偏 差

序号	项　　目		允许偏差（mm）
1	盖有基础梁的桩	垂直于基础梁中心线	$100+0.01H$
		沿基础梁中心线	$150+0.01H$
2	桩数为 1～3 根桩基中的桩		100
3	桩数为 4～16 根桩基中的桩		1/3 桩径或边长
4	桩数大于 16 根桩基中的桩	最外边的桩	1/3 桩径或边长
		中间桩	1/2 桩径或边长

　　注　H 为施工现场地面标高与设计桩顶标高的距离。

按标高控制的桩，桩顶标高的允许偏差为 −50～+100mm。斜桩倾斜度的偏差不得大于倾斜角正切值的 15%（倾斜角系桩的纵向中心线与铅垂线间夹角）。

打桩施工结束后，工程桩应进行承载力检验，一般采用静载荷试验的方法进行检验，检验桩数不应少于总数的1%，且不应少于3根，当总桩数少于50根时，不应少于2根。此外，还应对桩身质量进行检验。

（四）沉桩常遇问题的分析及处理

沉桩常遇问题的分析及处理见表2-4。

表2-4 沉桩常遇问题的分析及处理

常遇问题	主要原因	防止措施及处理方法
桩头打坏	桩头强度低，配筋不当，保护层过厚，桩顶不平，锤与桩不垂直，有偏心；锤过轻，落锤过高，锤击过久，使桩头受冲击不均匀，桩帽顶板变形大，凹凸不平	加桩垫，楔平桩头；低锤慢击或垂直度纠正等处理；严格按质量标准进行桩的制作，桩帽变形进行纠正
桩身扭转或位移	桩尖不对称；桩身不正直	可用棍撬慢锤低击纠正；偏差不大，可不处理
桩身倾斜或位移	桩尖不正，桩头不平；遇横向障碍物压边，土层有陡的倾斜角；桩帽与桩身不在同一直线上，桩距太近，邻桩打桩土体挤压	偏差过大，应拔出移位再打或作补桩；入土不深（<1m）偏差不大时，可用木架顶正，再慢锤打入纠正；障碍物不深时，可挖除回填后再打或作补桩处理
桩身破裂	桩质量不符合设计要求，遇硬土层时硬性施打	加钢夹箍用螺栓拧紧后焊固补强。如符合贯入度要求，可不处理
桩涌起	遇流砂或较软土层，或饱和淤泥层	将浮起量大的重新打入，经静载荷试验，不合要求的进行复打或重打
桩急剧下沉	遇软土层、土洞；接头破裂或桩尖劈裂；桩身弯曲或有严重的横向裂缝；落锤过高，接桩不垂直	将桩拔起检查改正重打，或在靠近原桩位补桩处理；加强沉桩前的检查，不符合要求及时更换或处理
桩不易沉入或达不到设计标高	遇旧埋设物，坚硬土夹层或砂夹层，打桩间隙时间过长，摩阻力增大，定错桩位	遇障碍物或硬土层，用钻孔机钻透后再打入，或边射水边打入；根据地质资料正确选择桩长
桩身跳动，桩锤回弹	桩尖遇树根或坚硬土层，桩身弯曲，接桩过长；落锤过高	检查原因，采取措施穿过或避开障碍物；如入土不深应拔起避开或换桩重打
接桩处松脱开裂	连接处表面清理不干净，有杂质、油污，连接铁件不平或法兰平面不平，有较大间隙，造成焊接不牢或螺栓拧不紧，硫黄胶泥配比不当，未按操作规程熬制，接桩处有曲折	接桩表面杂质，油污清除干净，连接铁件不符要求的经修正后才用，两节桩应在同一直线上，焊接或螺栓拧紧后锤击几下检查合格后再施打；硫黄胶泥严格按操作规程操作，配合比应先经试验

四、静力压桩

静力压桩是利用静压力将桩压入土中，施工中虽然仍存在挤土效应，但没有振动和噪声。静力压桩适用于邻近有怕受振动的建筑物（或构筑物）及软弱土层中，当存在厚度大于2m的中密以上砂夹层时，不宜采用静力压桩。

静力压桩机有机械式和液压式之分，根据顶压桩的部位又分为在桩顶顶压的顶压式压桩机以及在桩身抱压的抱压式压桩机。目前使用的多为液压式静力压桩机，压力可达6000kN，如图2-9所示是一种采用抱压式的液压式静力压桩机。

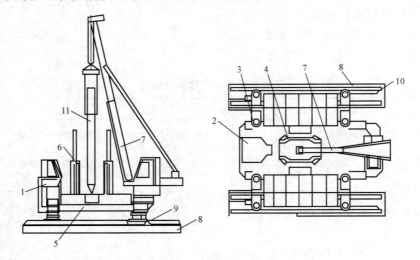

图2-9　液压式静力压桩机

1—操纵室；2—电气控制台；3—液压系统；4—导向架；5—配重；6—夹持装置；

7—吊桩把杆；8—支腿平台；9—横向行走与回转装置；10—纵向行走装置；11—桩

静力压桩机应根据土质情况配足额定重量。施工中桩帽、桩身和送桩的中心线应重合，压同一根（节）桩应缩短停顿时间，以便于桩的压入。长桩的静力压入一般也是分节进行，逐段接长。当第一节桩压入土中，其上端距地面1m左右时将第二节桩接上，继续压入。对每一根桩的压入，各工序应连续。其接桩处理与锤击法类似。

如压桩时桩身发生较大移位、倾斜；桩身突然下沉或倾斜；桩顶混凝土破坏或压桩阻力剧变时，则应暂停压桩，及时研究处理。

第三节　钢筋混凝土灌注桩施工

灌注桩是直接在桩位上就地成孔，然后在孔内安放钢筋笼灌注混凝土而成。灌注桩能适应各种地层，无需接桩，施工时无振动、无挤土、噪声小，宜在建筑物密集地区使用。但其操作要求严格，施工后需较长的养护期方可承受荷载，成孔时有大量土渣或泥浆排出。根据成孔工艺不同，分为干作业成孔灌注桩、泥浆护壁成孔灌注桩、套管成孔灌注桩和爆扩成孔灌注桩等。灌注桩施工工艺近年来发展很快，还出现夯扩沉管灌注桩、钻孔压浆成桩等一些新工艺。

一、干作业成孔灌注桩

干作业成孔灌注桩是利用钻孔机械直接钻探形成桩孔，在整个成孔的过程中无地下水出现，适用于地下水位以上的黏性土、粉土、填土，中等密实以上的砂土、风化岩等土层。

干作业成孔灌注桩的施工工艺流程为：场地清理→测量放线定桩位→桩机就位→钻孔取土成孔→清除孔底沉渣→成孔质量检查验收→吊放钢筋笼→浇筑孔内混凝土。

螺旋钻孔是干作业成孔常用的方法之一，它利用螺旋钻机成孔。通过动力旋转钻杆，使钻头的螺旋叶片旋转削土，土块沿螺旋叶片提升排出孔外，如图2-10所示为步履式长螺旋钻机。在软塑土层，含水量大时，可用疏纹叶片钻杆，以便较快地钻进。在可塑或硬塑黏土中，或含水量较小的砂土中应用密纹叶片钻杆，缓慢、均匀地钻进。操作时要求钻杆垂直，钻孔过程中如发现钻杆摇晃或难钻进时，可能是遇到石块等异物，应立即停机检查。全叶片螺旋钻机成孔直径一般为300～600mm，钻孔深度为8～20m。钻进速度应根据电流值变化及时调整。在钻进过程中，应随时清理孔口积土，遇到塌孔、缩孔等异常情况，应及时研究解决。

成孔达到设计深度后，应保护好孔口，按规定验收，并做好施工记录。孔底虚土尽可能清除干净，可采用夯锤夯击孔底虚土或进行压力注水泥浆处理，然后尽快吊放钢筋笼，并浇筑混凝土。混凝土应分层浇筑，每层高度不大于1.5m。

二、泥浆护壁成孔灌注桩

泥浆护壁成孔灌注桩是利用钻孔机械钻探成孔，为防止塌孔用泥浆保护孔壁并排出土渣而形成桩孔。该工艺适用于地下水位以下的黏性土、粉土、砂土、填土、碎（砾）石土及风化岩层；以及地质情况复杂，夹层多、风化不均、软硬变化较大的岩层。冲孔灌注桩除适应上述地质情况外，还能穿透旧基础、大孤石等障碍物，但在岩溶发育地区应慎重使用。

泥浆护壁成孔灌注桩施工工艺流程如图2-11所示。

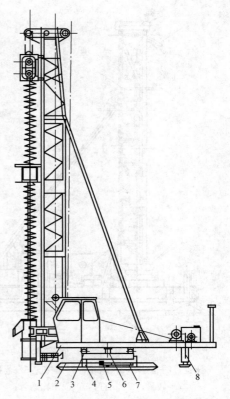

图2-10　步履式长螺旋钻机
1—上底盘；2—下底盘；3—回转滚轮；
4—行车滚轮；5—钢丝滑轮；6—回转轴；
7—行车油缸；8—支架

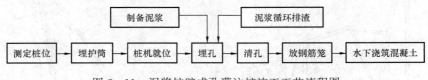

图2-11　泥浆护壁成孔灌注桩施工工艺流程图

（一）钻孔机械

泥浆护壁成孔灌注桩的钻孔机械有：回旋钻机、潜水钻机、冲击钻等，其中以回旋钻机应用最多。

1. 回旋钻机

回旋钻机是由动力装置带动钻机的回旋装置转动，并带动带有钻头的钻杆转动，由钻头切削土壤，切削形成的土渣，通过泥浆循环排出桩孔，如图2-12所示。

2. 潜水钻机

潜水钻机是一种旋转式钻孔机械，其动力、变速机构和钻头连在一起，加以密封，因而可以下放至孔中地下水位以下进行切削土壤成孔，如图2-13所示。常用正循环工艺输入泥浆，

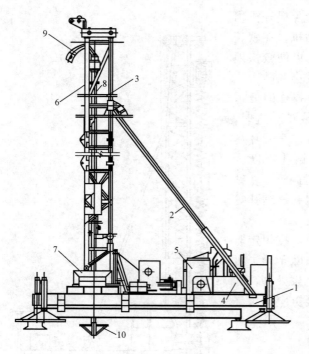

图 2－12　回旋钻机

1—座盘；2—斜撑；3—塔架；4—电机；5—卷扬机；6—塔架；
7—转盘；8—钻杆；9—泥浆输送管；10—钻头

黏土并分层夯实。

进行护壁和将钻下的土渣排出孔外。

3.冲击钻

冲击钻主要用于在岩土层中成孔，成孔时将冲锥式钻头提升一定高度后以自由下落的冲击力来破碎岩层，然后用掏渣筒来掏取孔内的渣浆，如图2－14所示。

（二）埋设护筒

在杂填土或松软土层中钻孔时，应在桩位孔口处埋设护筒，其作用是固定桩孔位置；保护孔口；维持孔内水头，防止塌孔；对钻头起导向作用。

护筒用4～8mm钢板制作，内径应比钻头直径大100mm，埋入土中深度通常不宜小于1.0～1.5m，特殊情况下埋深需要更大。护筒埋设应准确、稳定，护筒中心与桩位中心的偏差不得大于50mm。在护筒顶部应开设1～2个溢浆口。施工期间护筒内的泥浆面应高出地下水位1.0m以上，在受水位涨落影响时，泥浆面应高出最高水位1.5m以上。在护筒外侧填入

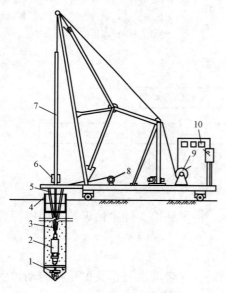

图 2－13　潜水钻机

1—钻头；2—潜水钻机；3—电缆；4—护筒；5—水管；
6—滚轮支点；7—钻杆；8—电缆盘；9—卷扬机；10—控制箱

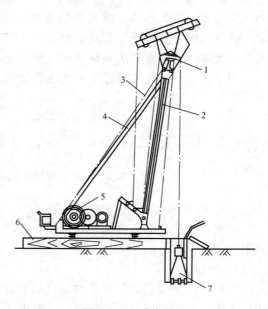

图 2－14　冲击钻机

1—滑轮；2—主杆；3—拉索；4—斜撑；
5—卷扬机；6—垫木；7—钻头

（三）泥浆

泥浆的作用是护壁、携砂排土、切土润滑、冷却钻头等，其中以护壁为主。泥浆制备方法应根据土质条件确定：在黏土和粉质黏土中成孔时，可注入清水，以原土造浆，排渣泥浆的密度应控制在 $1.1\sim1.3g/cm^3$；在其他土层中成孔时，泥浆可选用高塑性的黏土或膨润土制备；在砂土和较厚实砂层中成孔时，泥浆密度应控制在 $1.1\sim1.3g/cm^3$；在穿过砂夹卵石层或容易塌孔的土层中成孔时，泥浆密度应控制在 $1.3\sim1.5g/cm^3$。施工中应经常测定泥浆密度，并定期测定黏度、含砂率和胶体率。泥浆的控制指标为：黏度 $18\sim22s$、含砂率不大于8%、胶体率不小于90%。为了提高泥浆质量可加入外掺料，如增重剂、增黏剂、分散剂等。施工中废弃的泥浆、泥渣应按环保的有关规定处理。各类土层中泥浆密度选用见表 2-5。

表 2-5　　　　　　　　　　各类土层中的冲程和泥浆密度选用表

项次	项目	冲程（m）	泥浆密度（g·cm⁻³）	备　　注
1	在护筒中及护筒脚下3m以内	0.9～1.1	1.1～1.3	土层不好时宜提高泥浆密度，必要时加入小片石和黏土块
2	黏土	1～2	清水或稀泥浆	经常清理钻头上泥块
3	砂土	1～2	1.3～1.5	抛黏土块，勤冲勤掏渣，防坍塌
4	砂卵石	2～3	1.3～1.5	加大冲击能量，勤掏渣
5	风化岩	1～4	1.2～1.4	如岩层表面不平或倾斜，应抛入20～30cm厚块石使之略平，然后低锤快击使其成一紧密平台，再进行正常冲击，同时加大冲击能量，勤掏渣
6	塌孔回填重新成孔	1	1.3～1.5	反复冲击，加黏土块及片石

（四）钻孔

回旋钻成孔是国内灌注桩施工中最常用的方法之一。按排渣方式不同，分为正循环回旋钻成孔和反循环回旋钻成孔两种，如图 2-15 所示，根据桩型、钻孔深度、土层情况、泥浆排放条件、允许沉渣厚度等进行选择，但对孔深大于 30m 的端承型桩，宜采用反循环成孔及清孔。

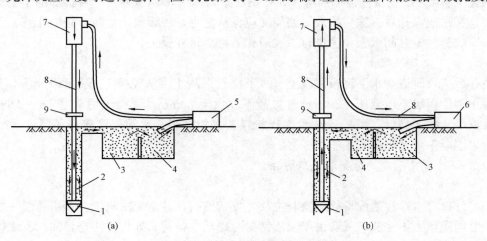

图 2-15　泥浆循环成孔工艺

（a）正循环；（b）反循环

1—钻头；2—泥浆循环方向；3—沉淀池；4—泥浆池；5—泥浆泵；6—砂石泵；7—水阀；8—钻杆；9—钻机回旋装置

正循环回旋钻机成孔的工艺如图 2-15（a）所示。泥浆由钻杆内部注入，并从钻杆底部喷出，携带钻下的土渣沿孔壁向上流动，由孔口将土渣带出流入沉淀池，经沉淀的泥浆流入泥浆池再注入钻杆，由此进行循环。沉淀的土渣用泥浆车运出排放。

反循环回旋钻机成孔的工艺如图 2-15（b）所示。泥浆由钻杆与孔壁间的环状间隙流入钻孔，然后，由砂石泵在钻杆内形成真空，使钻下的土渣由钻杆内腔吸出至地面而流向沉淀池，沉淀后再流入泥浆池。反循环工艺的泥浆上流的速度较高，排放渣土的能力强大。

（五）清孔

当钻孔达到设计要求深度并经检查合格后，应立即进行清孔。目的是清除孔底沉渣以减少桩基的沉降量，提高承载能力，确保桩基质量。清孔方法有：真空吸泥渣法、射水抽渣法、换浆法和掏渣法。

真空吸泥渣法适用于密实、不易坍塌的土层。射水抽渣法适用于稳定性稍差的土层。换浆法适用于泥浆循环排渣钻孔桩。掏渣法是在冲击钻成孔中，一部分钻渣连同泥浆被挤入孔壁，大部分靠掏渣筒清出。也可在清渣后投入一些泡发过的散碎黏土，通过冲击锤低冲程的反复拌浆，使孔底剩余沉渣悬浮排出。

清孔应达到如下标准才算合格：一是对孔内排出或抽出的泥浆，用手摸捻应无粗粒感觉，孔底 500mm 以内的泥浆密度小于 $1.25 g/cm^3$（原土造浆的孔应小于 $1.1 g/cm^3$）；二是在浇混凝土前，孔底沉渣允许厚度符合标准规定，即端承桩≤50mm，摩擦端承桩、端承摩擦桩≤100mm，摩擦桩≤300mm。

（六）吊放钢筋笼

清孔后应立即安放钢筋笼、浇混凝土。钢筋笼一般都在工地制作，制作时要求主筋环向均匀布置；箍筋直径及间距、主筋保护层、加劲箍的间距等均应符合设计要求。分段制作的钢筋笼，其接头应采用焊接且应符合施工及验收规范的规定。钢筋笼主筋净距必须大于 3 倍的骨料粒径，加劲箍宜设在主筋外侧，钢筋保护层厚度不应小于 35mm（水下混凝土不得小于 50mm）。在主筋外侧可安设钢筋定位器，以确保保护层厚度。为了防止钢筋笼变形，可在钢筋笼上每隔 2m 设置一道加强箍，并在钢筋笼内每隔 3~4m 装一个可拆卸的十字形临时加劲架，在吊放入孔后拆除。吊放钢筋笼时应保持垂直，缓缓放入，防止碰撞孔壁。若造成塌孔或安放钢筋笼时间太长，应进行二次清孔后再浇筑混凝土。

（七）水下浇筑混凝土

清孔后应及时进行水下浇筑混凝土（水下浇筑混凝土方法见第三章第四节）。水下浇筑的混凝土强度等级不应低于 C20，骨料粒径不宜大于 30mm，混凝土坍落度 16~22cm。为了改善混凝土的和易性，可掺入减水剂和粉煤灰等掺合料。水泥强度等级不低于 42.5 级，每立方米混凝土水泥用量不小于 350kg。

（八）施工常见问题的分析和处理方法

1. 护筒冒水

护筒外壁冒水，会造成护筒倾斜和位移，桩孔偏斜，甚至无法施工。冒水原因一般是埋设护筒时周围填土不密实，或者由于起落钻头时碰动了护筒。处理方法是，如初发现护筒冒水，可用黏土在护筒四周填实加固；如护筒有严重下沉或位移，则应返工重埋。

2. 孔壁坍塌

在钻孔过程中，如发现排出的泥浆中不断出气泡，有时护筒内的水位突然下降，这都是塌孔的迹象。其原因是土质松散、泥浆护壁不好、护筒水位不高等因素造成的。处理办法是，如在钻孔过程中出现缩颈、塌孔，应保持孔内水位，并加大泥浆比重，以稳定孔壁。如缩颈、塌孔严重，或泥浆突然漏失，应立即回填黏土，待孔壁稳定后再进行钻孔。

3. 钻孔偏斜

造成钻孔偏斜的原因是钻杆不垂直、钻头导向部分太短、导向性差，土质软硬不一，或遇上孤石等。处理办法是减慢钻速，并提起钻头，上下反复扫钻几次，以便削去硬层，转入正常钻孔状态。如离孔口不深处遇孤石，可用炸药炸除。

三、套管成孔灌注桩

套管成孔灌注桩是利用锤击打桩法或振动沉桩法，将带有活瓣式桩靴或带有钢筋混凝土桩靴的钢套管沉入土中，然后边拔管边灌注混凝土而成。钢套管的桩靴如图 2-16 所示。若配有钢筋时，则在浇筑混凝土前先吊放钢筋骨架。利用锤击沉桩设备沉管、拔管，称为锤击沉管灌注桩（亦称打拔管成孔灌注桩）；利用激振器的振动沉管、拔管时，称为振动沉管灌注桩，也可采用振动—冲击双作用的方法沉管。

套管成孔灌注桩适用于黏性土、粉土、淤泥质土、砂土及填土；在厚度较大、灵敏度较高的淤泥和流塑状态的黏性土等软弱土层中采用时，应制定质量保证措施，并经工艺试验成功后方可实施。沉管夯扩桩适用于桩端持力层为中、低压缩性黏性土、粉土、砂土、碎石类土，且其埋深不超过 20m 的情况。

套管成孔灌注桩施工过程如图 2-17 所示。

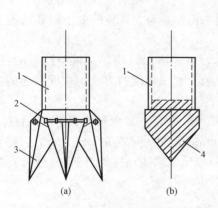

图 2-16 钢套管桩靴示意图
(a) 活瓣式桩靴；(b) 预制钢筋混凝土桩靴；
1—钢套管；2—锁轴；3—活瓣；
4—预制钢筋混凝土桩靴

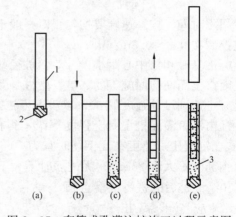

图 2-17 套管成孔灌注桩施工过程示意图
(a) 就位；(b) 沉套管；(c) 初灌混凝土；
(d) 放置钢筋笼、灌注混凝土；(e) 拔管成桩
1—钢套管；2—混凝土桩靴；3—桩

（一）锤击沉管成孔灌注桩

1. 施工设备

锤击沉管灌注桩是利用桩锤（参见第二节钢筋混凝土预制桩施工）将钢套管打入土中成孔后，灌注混凝土形成灌注桩。适用于一般黏性土、淤泥质土、砂土和人工填土地基，但不能在密实的砂砾石、漂石层中使用。其施工设备主要由钢套管、桩锤、桩架、卷扬机、滑轮组和行走机构等组成，如图 2-18 所示。

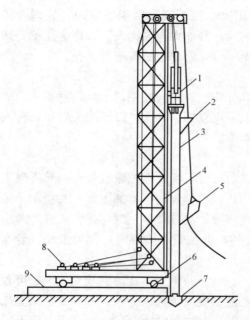

图 2-18　锤击沉管灌注桩设备示意图

1—桩锤；2—混凝土漏斗；3—钢套管；4—桩架；

5—混凝土吊斗；6—滚轮；7—预制混凝土桩靴；

8—卷扬机；9—枕木

2. 施工工艺

锤击沉管灌注桩的施工程序一般为：定桩位→埋设混凝土预制桩靴→桩机就位→锤击沉管→灌注混凝土→边拔管、边锤击、边继续灌注混凝土（对于设计中要求放置钢筋笼的部位，在灌注混凝土时，插入吊放钢筋笼）→成桩→桩基施工质量检查验收。

锤击沉管灌注桩施工时，用桩架吊起钢套管，关闭活瓣或套入预制混凝土桩靴。套管与桩靴连接处要垫以麻、草绳，以防止地下水渗入管内。然后缓缓放下套管，压进土中。套管上端扣上桩帽，检查套管与桩锤是否在同一垂直线上，套管偏斜不大于 0.5%时，即可起锤沉套管。先用低锤轻击，观察后如无偏移，才正常施打，直至符合设计要求的贯入度或沉入标高，检查管内有无泥浆或水进入，即可灌注混凝土。套管内混凝土应尽量灌满，然后开始拔管。拔管要均匀，不宜拔管过高。拔管时应保持连续密锤低击不停。

沉管至设计标高后，应立即灌注混凝土，尽量减少间隔时间。拔管速度要均匀，对一般土层以 1m/min 为宜，在软弱土层和软硬土层交界处宜控制在 0.3～0.8m/min。

群桩基础和桩中心距小于 3.5 倍桩径的桩基，应采取保证相邻桩桩身质量的技术措施，防止因挤土而使前面施工的邻桩发生桩身断裂现象。如采用跳打方法，中间空出的桩须待邻桩混凝土达到设计强度的 50%以后方可施打。

锤击沉管灌注桩混凝土强度等级不得低于 C20，每立方米混凝土的水泥用量不宜少于 300kg。混凝土坍落度在配钢筋时宜为 80～100mm；无配筋时宜为 60～80mm。碎石粒径在配有钢筋时不大于 25mm；无配筋时不大于 40mm。预制钢筋混凝土桩靴的强度等级不得低于 C30。成桩后的桩身混凝土顶面标高应至少高出设计标高 500mm。

为了提高桩的质量和承载能力，常采用复打扩大灌注桩桩径的方法，如图 2-19 所示。其施工顺序如下：在第一次灌注桩施工完毕，拔出套管后，清除管外壁上的污泥和桩孔周围地面的浮土，立即在原桩位再埋预制桩靴或合好活瓣桩尖第二次复打沉套管，使未凝固的混凝土向四周挤

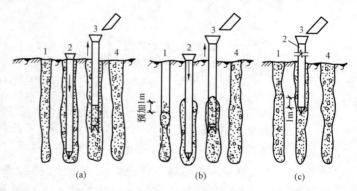

图 2-19　钢套管拔管复打法工艺示意图

(a) 全部复打桩；(b) 下部复打桩；(c) 上部复打桩

1—单打桩；2—二次沉管；3—二次灌注混凝土；4—复打桩

压扩大桩径,然后第二次灌注混凝土。拔管方法与初打时相同。施工时要注意:前后两次沉管的轴线应复合;复打施工必须在第一次灌注的混凝土初凝之前进行,也有采用内夯管进行夯扩的施工方法。复打法第一次灌注混凝土前不能放置钢筋笼,如配有钢筋,应在第二次灌注混凝土前放置。

（二）振动沉管成孔灌注桩

1. 施工设备

振动沉管灌注桩是采用振动桩锤（亦称激振器）或振动冲击锤将钢套管沉入土中,然后灌注混凝土而成。这种灌注桩与锤击沉管灌注桩相比,更适合于稍密及中密的砂土地基施工。振动沉管灌注桩和振动冲击沉管桩的施工工艺完全相同,只是前者用振动锤沉桩,后者用振动带冲击的桩锤沉桩。其施工设备如图 2-20 所示。

2. 施工工艺

振动沉管灌注桩的施工程序一般为:定桩位→合拢活瓣桩靴（或在桩位安置预制钢筋混凝土桩靴）→桩机和钢套管就位（或将钢套管置于预制桩靴上）,校正垂直度→开动振动桩锤使桩管下沉达到要求的贯入度或标高→测量孔深、检查桩靴有否卡住桩管→放入钢筋笼→浇筑混凝土→边振边拔出桩管。

振动沉管灌注桩施工时,先安装好桩机,将桩管下端活瓣桩靴合拢起来,或埋好预制桩靴,对准桩位,徐徐放下桩管,压入土中,校正桩管垂直度,桩管垂直度的允许偏差应≤0.5%。符合要求后开动激振器,同时在桩管上加压,桩管即被压入土中。当桩管沉到设计标高时,停止振动,安放钢筋笼,并用吊斗将混凝土灌入桩管内。然后再开动激振器和卷扬机,拔出钢管,边振边拔管,从而使桩的混凝土得到振实。

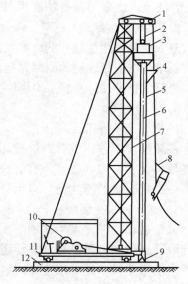

图 2-20 振动沉管灌注桩设备示意图
1—导向滑轮;2—滑轮组;3—振动桩锤;
4—混凝土漏斗;5—桩管;6—加压钢丝绳;
7—桩架;8—混凝土吊斗;9—活瓣桩靴;
10—卷扬机;11—行驶用钢管;12—枕木

振动灌注桩的混凝土强度等级不宜低于 C15,其坍落度:当桩身配筋时宜为 80～100mm,素混凝土时宜为 60～80mm,骨料粒径不宜大于 30mm。单振法时,浇筑混凝土量应使桩的平均截面积与桩管截面积之比不小于 1.1 倍。桩身混凝土必须连续浇筑,并在混凝土初凝前全部浇筑完毕。每次拔管距离不能过高,应保持管内有 2m 以上的混凝土层。拔管过程中应由专人用测锤检查管内混凝土下降情况。

振动沉管灌注桩的拔管可采用单打法、反插法或复打法施工工艺。

单打法施工时,在沉入土中的钢套管内灌满混凝土,开动振动桩锤,先振动 5～10s 后再开始拔管。边振边拔,拔管速度,一般土层中以 1.2～1.5m/min 为宜,在较软弱土层中不得大于 0.8～1.0m/min。在拔管过程中,每拔起 0.5m 左右,应停顿 5～10s,但应保持振动,如此反复进行直至将钢桩管拔离地面为止。

反插法是消除灌注桩的颈缩时采用的。即在拔管时,每拔出 0.5～1m,便向下反插 2/3 活瓣桩靴长,如此反复进行,并始终保持振动,直至桩管全部拔出地面。在拔管过程中应分段添加混凝土，保持管内混凝土面始终不低于地表面，或高于地下水位 1～1.5m 以上，拔管速度不得大于 0.5m/min，在桩尖约 1.5m 范围内宜多次反插，以扩大桩的端部截面。反插法桩截面比钢套管扩大约 50%。该法宜在饱和土层中采用。

复打法施工同锤击沉管灌注桩。

（三）施工中常见的问题和处理

1. 断桩

断桩一般常见于地面以下 1～3m 的不同软硬土层交接处。其裂痕呈水平或略倾斜状态，一般都贯通整个截面。造成断桩的原因是：桩距过小受邻桩施打时挤压影响；桩身混凝土强度不够；软硬土层间传递水平力不同，对桩产生剪应力。处理办法：将断的桩段拔去，将孔清理后，略增大面积或加上铁箍连接，再重新浇筑混凝土补做桩身；施工时控制桩距不小于 3.5 倍桩径；或采用跳打法减少对邻桩的影响。

2. 瓶颈桩（缩颈）

瓶颈桩常发生在饱和的淤泥或淤泥质软土地基中。其表现为桩在某部分桩径缩小，截面不符合要求。造成瓶颈桩的原因为是：地下水压力（孔隙水压）大于混凝土自重而产生。处理办法：进行复打处理。在施工中应保持混凝土在管中有足够高度，以增加混凝土的扩散压力。

3. 吊脚桩

吊脚桩是桩底部混凝土隔空，或混凝土中混进泥砂而形成松软层。造成吊脚桩的原因是：桩靴强度不够，沉管时被破坏变形，水或泥砂进入套管；或活瓣未及时打开，混凝土未能充盈桩尖。处理办法：将套管拔出纠正桩靴或用砂回填桩孔后重新沉管。施工中应注意增加第一次混凝土的灌注量，以保证混凝土有足够的压力压开活瓣式桩靴。

4. 桩靴进水进泥

桩靴进水进泥常发生在地下水位高、饱和淤泥或粉砂土层中。造成的原因是：桩靴活瓣闭合不严、预制桩靴被打坏或活瓣变形。处理方法：拔出桩管，清除泥砂，整修桩靴活瓣，用砂回填后重打。地下水位高时，可待桩管沉至地下水位时，先灌入 0.5m 厚的水泥砂浆作封底，再灌 1m 高混凝土增压，然后再继续沉管。

5. 有隔层

灌注桩的隔层主要以地下水为主。造成的原因是：钢套管的管径较小；混凝土骨料粒径过大、和易性差；拔管速度过快。处理方法：施工时严格控制混凝土的坍落度≥50～70mm；骨料粒径≤30mm；拔管速度在淤泥中≤0.8m/min，拔管时宜密振慢拔。

四、人工挖孔灌注桩

人工挖孔灌注桩是指在桩位位置用人工挖直孔，每挖一段即施工一段支护土壁结构，如此反复向下挖至设计标高，然后放下钢筋笼，浇筑混凝土而形成的钢筋混凝土灌注桩。

人工挖孔灌注桩的优点是：设备简单，施工时无噪声，无振动，对施工现场周围的原有建筑物影响小；在挖孔时，可直接观察土层变化情况；清除沉渣彻底；如需加快施工进度，可同时开挖若干个桩孔；施工成本低等。特别在施工现场狭窄的市区修建高层建筑时，更显示出其优越性。其缺点是劳动力消耗大，单桩开挖效率低。

（一）施工机具

（1）电动葫芦或手动卷扬机，提土桶及三脚支架；

（2）潜水泵：用于抽出孔中积水；

（3）鼓风机和输风管：用以向桩孔中送入新鲜空气；

（4）镐、锹、土筐等挖土工具，若遇坚硬岩石，还应配备风镐等；

（5）照明灯、对讲机、电铃等。

（二）施工程序

人工挖孔灌注桩根据其护壁不同的形式不同，其施工程序亦有所不同，以混凝土护壁为例，其施工程序一般包括：定桩位→开挖第一段土方→支设护壁模板→安装操作平台→浇筑护壁混凝土→开挖第二段土方→拆除第一段护壁模板并支设在第二段土方上→循环施工至设计标高→安放钢筋笼→排除桩底积水、清理桩底→浇筑桩身混凝土。

（三）护壁

人工挖孔灌注桩的护壁可采用多种形式，较常见的有混凝土护壁、砖护壁、钢套管护圈、预制混凝土护圈以及混凝土沉井等。

1. 混凝土护壁

人工挖孔灌注桩挖孔时，一般由一人在孔内挖土，故桩的直径除应满足设计承载力要求外，还应满足人在下面操作空间的要求，故桩径不得小于800mm，一般都在1200mm以上。桩底一般都做扩大部分。

人工挖孔灌注桩混凝土护壁的构造如图2-21所示。

护壁厚度一般为$\frac{D}{10}+5$（cm）（D为桩径），护壁内常配有8根$\phi6\sim\phi8$、长1m左右的直钢筋，插入下层护壁内，使上下护壁拉结，避免当某段护壁出现流砂、淤泥等情况后使摩擦力降低，也不会造成护壁因自重而沉裂的现象。

土方开挖应结合混凝土的浇筑分段挖土，每段高度0.5～0.8m，视土壁直立开挖能力而定。开挖直径为桩径加护壁厚。

护壁模板，由4块或8块活动钢模组成，模板高度取决于挖土施工段高，通常为0.8～1m。浇筑混凝土时应捣实，上下护壁间搭接50～70mm。当混凝土达到规定强度等级后拆除模板，继续施工下一段。

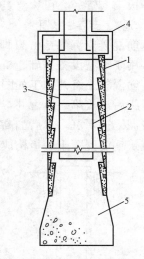

图2-21 人工挖孔灌注桩混凝土护壁构造示意图
1—现浇混凝土护壁；2—主筋；3—箍筋；4—桩承台；5—灌注桩混凝土

2. 砖护壁

当采用砖护壁时，挖土直径应为桩径加二砖厚（即480mm）。砖护壁施工如图2-22所示，开挖第一段土方，第一段可挖深些，例如1～2m，挖土完毕后，即砌筑一砖厚砖护壁，一般间隔24h后再挖下一段的土方，挖土深度0.5～1m，视土壁独自直立能力而定。先挖半个圆的土方，砌半圈护壁，再挖另半圆土方，再砌半圈护壁，至此整圈护壁已砌好。砌砖时，上下砖护壁应顶紧，护壁与土壁间灌满砂浆。半个圆的挖土和砌护壁可保证施工安全。如此循环施工，直至设计标高。

3. 钢套管沉井护圈

钢套管由12～16mm厚的钢板卷焊而成，长度由设计需求而定。采用这种方法施工，可穿越流砂等强透水层，或进行河道等水下桩基工程施工，能保证施工安全进行。

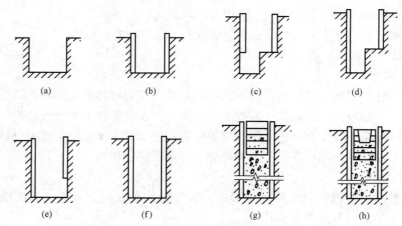

图 2-22　人工挖孔灌注桩砖护壁施工

（a）第一段挖土；（b）第一段砌护壁；（c）第二段挖半圆土；（d）砌半圈护壁；（e）挖另半圆土；
（f）砌另半圈护壁；（g）挖土至设计标高后，安放钢筋，浇筑混凝土；（h）浇筑杯口或承台混凝土

钢套管护圈施工如图 2-23 所示，在桩位先测量定位并构筑井圈后，用打桩机打入钢套管至设计标高，然后将套管内的土挖出并进行底部扩孔，最后浇筑桩基混凝土，待混凝土浇筑完毕拔出套管。亦可边浇筑，边拔套管，以减少拔管阻力。

4. 混凝土沉井护圈

钢筋混凝土沉井是由刃脚、井筒、内隔墙等组成的呈圆形或矩形的筒状钢筋混凝土结构，多用于重型设备基础、桥墩、水泵站、取水结构、超高层建筑物基础等。

钢筋混凝土沉井施工如图 2-24 所示，先在地面上铺设砂垫层，设置枕木，制作钢板或角钢刃脚后浇筑第一节沉井，待其达到一定重量和强度后，抽去枕木，在井筒内边挖土（或水力吸泥）边下沉，然后加高沉井，分段浇筑，多次下沉，下沉到设计标高后，用混凝土封底，浇筑钢筋混凝土底板构成地下结构，或在井筒内填筑素混凝土或砂砾石构成深基础。

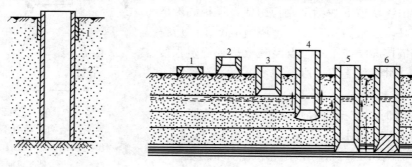

图 2-23　人工挖孔灌
注桩钢套管护圈

1—井圈；2—钢套管

图 2-24　人工挖孔灌注桩混凝土沉井护圈

1—开始浇筑；2—接高；3—开始下沉；4—边下沉边接高
5—下沉至设计标高；6—封底；7—沉井钢筋和混凝土施工

刃脚在井筒最下端，形如刀刃，在沉井下沉时起切土作用。井筒是沉井的外壁，在下沉过程中起挡土作用，同时还需有足够的重量克服筒壁与土之间的摩阻力和刃脚底部的土体阻力，使沉井能在自重作用下逐步下沉。内隔墙的作用是把沉井分成许多小间，减少井壁的净跨距减小弯矩，施工时亦便于挖土、控制沉降和纠偏。

在施工沉井时要注意均衡挖土、平稳下沉，如有倾斜则及时纠偏。

（四）施工中注意事项

（1）每段挖土后必须吊线检查中线位置是否正确，桩孔中心线平面位置偏差不宜超过50mm。桩的垂直度偏差不得超过1%。桩径不得小于设计直径。

当挖土至设计深度后，必须由设计人员鉴别后方可浇筑混凝土。

（2）防止土壁坍落及流砂。挖土时如遇特别松散的土层或流砂层时，可用钢护筒或预制混凝土沉井等作为护壁，待穿过此层后再按一般方法施工。流砂现象严重时可采用井点降水等措施。

（3）必须注意施工安全。施工人员进入孔内必须戴安全帽；孔内有人施工时，孔上必须有人监督防护；护壁要高出地面200～300mm，以防杂物滚入孔内；孔周围应设置安全防护栏杆；每孔应设安全绳、安全软梯；孔内照明应用安全电压；潜水泵必须有防漏电装置；设置鼓风机，向孔内输送洁净空气，排除有害气体等。

五、爆扩成孔灌注桩

爆扩成孔灌注桩是利用炸药的爆炸力挤压土体以形成桩孔，然后在桩孔内放置钢筋骨架灌注混凝土形成灌注桩。

爆扩桩具有成孔简单、节省劳动力和成本等优点，同时由于爆炸使土压缩挤密承载力增加，且桩的端部通常爆扩有大头，增加了地基对桩端的支承面，桩的受力性能好，适用于黏性土层中。但在砂土及软土中不易成孔，且爆扩产生的振动较大，施工要求严格，应用时应考虑场地的土质以及环境等因素。爆扩成孔法也可与其他成孔方法综合运用，即桩孔用钻孔法或打拔管法成孔，扩大头用爆扩成孔。

（一）爆扩桩的组成

爆扩桩一般由桩身和扩大头两部分组成，如图 2-25 所示。

爆扩桩的桩身直径 d 一般为 200～350mm，扩大头直径 D 一般可取 2.5～3.5d，桩长以 3.0～6.0m 为宜，最大不超过 10m。桩距 l 不宜小于 1.5D（一般土质），当扩大头采取上下交错布置时，相邻两桩扩大头的高差亦不宜小于 1.5D，否则应同时爆扩。

（二）爆扩桩的施工工艺

爆扩成孔按施工方法一般分为：一次爆扩法和二次爆扩法两种。

1. 一次爆扩法

一次爆扩法是桩孔及扩大头一次爆扩形成，其施工方法分为药壶法和无药壶法。药壶法是先用钢钎打成直径25～30mm 的导孔，在导孔底部用炸药炸成药壶，然后全部装满炸药，一次引爆形成桩孔和扩大头；无药壶法是在导孔底部装入爆扩大头所需的纯炸药，桩身导孔内装入比例为 1：0.6～1：0.3 的经过均匀搅拌的锯末混合炸药，一次引爆而成。

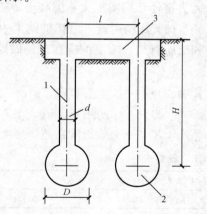

图 2-25 爆扩桩构造示意图
1—桩身；2—爆扩大头；3—桩承台
H—桩长；l—桩距

2. 二次爆扩法

二次爆扩法即桩孔和扩大头分别进行爆扩，其施工工艺过程如图 2-26 所示。

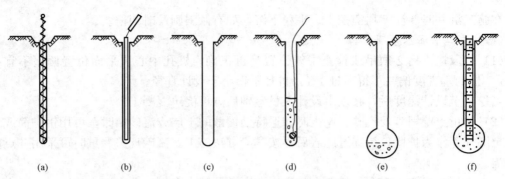

图 2-26　爆扩桩施工工艺示意图

(a) 钻导孔；(b) 放置炸药管；(c) 炸扩桩孔；(d) 放置炸药包，灌入压爆混凝土；

(e) 炸扩大头；(f) 放入钢筋骨架灌注混凝土

首先在桩孔处开挖漏斗，然后用人工或机械钻形成导孔，导孔的直径一般为 40～70mm。导孔形成后随即放置炸药管，装炸药条的管材，以玻璃管最好，既防水又透明，便于检查装药情况，又易插放到孔底，炸药管四周应填塞干砂或其他粉状材料稳固好，然后引爆形成桩孔。玻璃管直径及用药量可参考表 2-6。

表 2-6　　　　　　　　　　　爆破桩孔时玻璃管直径及用药量

土的类别	桩身直径 （mm）	玻璃管内径 （mm）	用药量 （kg/m）	土的类别	桩身直径 （mm）	玻璃管内径 （mm）	用药量 （kg/m）
未压实的人工填土	300	20～21	0.25～0.28	硬塑黏性土	300	25	0.37～0.38
软塑可塑黏性土	300	22	0.28～0.29				

爆扩大头施工主要包括：计算用药量、安放药包、灌注压爆混凝土、通电引爆、检查扩大头直径和捣实扩大头混凝土等工作。

（1）炸药用量。爆扩桩施工中使用的炸药宜用硝铵炸药和电雷管。用药量与扩大头尺寸和土质有关，施工前应在现场做爆扩成型试验确定，亦可按下式估算

$$D = K \sqrt[3]{Q} \tag{2-1}$$

式中　D——扩大头直径，m；

　　　Q——炸药用量，kg，参考表 2-7 选用；

　　　K——土质影响系数，参考表 2-8 选用。

表 2-7　　　　　　　　　　　　爆扩桩用药量参考表

扩大头直径（m）	0.6	0.7	0.8	0.9	1.0	1.1	1.2
炸药用量（kg）	0.30～0.45	0.45～0.60	0.60～0.75	0.75～0.90	0.90～1.10	1.10～1.30	1.30～1.50

注　1. 表内数值适用于深度 3.5～9.0m 的黏性土，土质松软时取小值，坚硬时取大值；

　　2. 深度为 2.0～3.0m 时，用药量较表值减少 20%～30%；

　　3. 在砂土中爆扩时，用药量应较表值增加 10%。

表 2-8　　　　　　　　　　　　土质影响系数 K 值

土 的 类 别	K 值	土 的 类 别	K 值
坡积黏土	0.7～0.9	卵石层	1.07～1.18
亚黏土	1.0～1.1	松散角砾	0.94～0.99
冲击黏土	1.25～1.35	黄土类亚黏土	1.19

（2）安放药包。药包须用塑料薄膜等防水材料紧密包扎，并用防水材料封闭以防浸水受潮出现瞎炮。药包宜做成扁平状，每个药包在中心处并联放置两个电雷管。药包放于孔底正中，上面填盖 150～200mm 厚的砂子，用以固定药包和承受灌注混凝土时的冲击。

（3）灌注压爆混凝土。为使药包的爆炸力向下挤压土体，药包在引爆前应灌注混凝土。混凝土的灌入量为 2～3m 桩孔深，或为扩大头体积的 50%。混凝土量过少，引爆时会引起混凝土飞扬，过多则可能产生"拒落"事故。混凝土的坍落度，在黏土中为 10～12cm；在砂及填土中为 12～14cm。

（4）引爆。引爆应在混凝土初凝前进行，否则易出现混凝土拒落现象，一般在压爆混凝土灌注后半小时内进行引爆。为了保证施工质量，应严格遵守引爆顺序，当相邻桩的扩大头在同一标高，若桩距大于爆扩影响间距时，可采取单爆方式；反之宜用联爆方式。当相邻的扩大头不在同一标高，引爆顺序必须是先浅后深，否则会造成深桩柱的变形或断裂；当在同一根桩柱上有两个扩大头时，引爆的顺序只能是先深后浅，先炸底部扩大头，然后插入下段钢筋骨架，灌筑下段混凝土至第二个扩大头标高，再爆扩第二个扩大头，然后插入上段钢筋骨架，灌筑上部混凝土。

（5）灌筑桩身混凝土。扩大头引爆后，第一次灌筑的混凝土即落入空腔底部。此时应进行检查扩大头的尺寸，并将扩大头底部混凝土捣实，随即放置钢筋骨架，并分层灌筑，分层捣实桩身混凝土，混凝土应连续灌筑完毕，不留施工缝，应保证扩大头与桩身形成整体浇筑的混凝土。混凝土灌筑完毕后，应用草袋覆盖并洒水养护。

复习思考题

2-1 简述桩基的作用、组成及其分类。

2-2 试解释端承桩和摩擦桩，它们的质量控制方法有何区别？

2-3 钢筋混凝土预制桩的基本施工过程有哪些？

2-4 如何确定预制桩的吊点位置？

2-5 如何确定桩架高度和选择桩锤？

2-6 打桩顺序有哪几种？在什么情况下需考虑打桩顺序？为什么？

2-7 试述打桩过程及其质量控制。

2-8 简述静力压桩的过程。

2-9 接桩有几种方法？各使用什么材料接桩？

2-10 何谓灌注桩？有哪些成孔方法？各种方法的特点及适用范围如何？

2-11 简述泥浆护壁成孔灌注桩的施工过程。

2-12 在泥浆护壁成孔灌注桩施工中护筒有何作用？如何设置？

2-13 在泥浆护壁成孔灌注桩施工中泥浆有何作用？简述泥浆循环原理。

2-14 简述泥浆护壁成孔灌注桩施工中常见的质量问题及处理方法。

2-15 何谓沉管成孔灌注桩？常易发生哪些质量问题？如何预防与处理？什么是单打法、复打法？

2-16 人工挖孔灌注桩有哪些特点？试述其施工工艺及其施工中应注意的主要问题。

2-17 试述爆扩桩的组成，特点及施工工艺。爆扩桩成孔方法有哪几种？成孔过程中应注意哪些问题？简述扩大头的施工要点。

第三章 钢筋混凝土工程

第一节 概 述

混凝土是由胶结材料（水泥）与砂、石骨料以及添加剂组成的混合集料，经水泥的水化作用，形成具有一定形状，一定强度或其他性能的结构整体。

钢筋混凝土是把钢筋和混凝土两种材料按照合理的方式结合在一起共同工作，钢筋主要承受拉力，混凝土主要承受压力，以满足结构承受荷载的需要。

一、钢筋混凝土结构的应用

随着建筑结构的发展，以砖石结构为主体的结构体系逐步退出历史的舞台，而以钢筋混凝土、钢骨架混凝土结构为主要结构材料的框架结构、剪力墙结构以及筒体结构等，在现代建筑中占据了主导地位。尤其是预应力钢筋混凝土结构的出现和发展，使钢筋混凝土结构的应用更为广泛。例如在建筑工程中，各种低层、高层以及超高层结构；在桥梁工程中，桥梁的支撑体系、桥面结构等；在特种结构中，如烟囱、水塔、电线杆以及上下水管线等；在水利工程中，各种水坝和其他水利设施，大量采用钢筋混凝土结构，如我国长江葛洲坝水利工程，混凝土的浇筑量达 983 万 m³；在其他的结构中，如地铁的支护、核电站建设、飞机场跑道、轮船制造等多种行业中，也常采用钢筋混凝土结构。

二、钢筋混凝土工程的施工程序

钢筋混凝土工程按其施工方法分现浇混凝土结构和预制装配式混凝土结构两类。

现浇混凝土结构是在建筑结构的设计位置支设模板、安装钢筋、浇筑混凝土、振捣成型，经养护使混凝土达到设计规定强度后拆模，整个施工过程均在施工现场进行。现浇混凝土结构具有整体性好、抗震性好等优点。随着钢筋混凝土施工技术的不断革新，如钢筋连接技术，模板工业化、多元化，以及混凝土的搅拌、泵送和各种添加剂的使用等，现浇钢筋混凝土施工得到了广泛的应用。

预制装配式混凝土结构是指结构的全部或大部分构件在预制构件厂或现场预制场地生产，将构件运到施工现场，用起重机械安装到设计位置。构件之间用电焊、预应力或现浇等手段连成整体。在我国除单层工业厂房或少量的民用建筑楼板、墙板等构件使用预制外，大量的建筑均采用现浇混凝土结构。本章着重介绍现浇钢筋混凝土工程施工工艺。

混凝土结构工程施工由钢筋工程、模板工程和混凝土工程三部分组成。施工过程中相互配合，组织流水施工。钢筋混凝土工程施工工艺流程如图 3-1 所示。

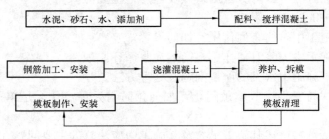

图 3-1 钢筋混凝土工程施工工艺流程

第二节 钢 筋 工 程

在钢筋混凝土结构中钢筋起着关键性的骨架作用。钢筋工程属于隐蔽工程,在混凝土浇筑后,其质量难以检查,所以在施工过程中要严格进行质量控制,建立起必要的检查和验收制度,并做好隐蔽工程记录。

一、钢筋简介

(一)钢筋的分类

钢筋的种类很多,分类的方法各有不同。土木工程中常用的钢筋按生产工艺可分为:热轧钢筋、冷轧钢筋、冷拉钢筋、冷拔钢丝、热处理钢筋、碳素钢丝和钢绞线等;按力学性能可分为:HPB300 级(Ⅰ级)钢筋、HRB335 级(Ⅱ级)钢筋、HRB400 级(Ⅲ级)钢筋和 RRB400 级钢筋;按化学成分可分为:碳素钢钢筋和普通低合金钢钢筋;按轧制外形可分为:光圆钢筋和变形钢筋(月牙筋、螺旋筋和人字形钢筋);按供货方式可分为:圆盘(直径小于 10mm)和直条(直径大于 12mm);按钢筋在结构中的作用不同可分为:受力钢筋、架立钢筋和分布钢筋等。

(二)热轧钢筋的性能及检验

热轧钢筋是经热轧成型并自然冷却的成品钢筋。有光圆和带肋两种。

热轧钢筋的强度由原来的Ⅰ级、Ⅱ级、Ⅲ级和Ⅳ级更改为按屈服强度(MPa)分为:300 级(HPB300)、335 级(HRB335)、400 级(HRB400)和 500 级(RRB400)。

根据《混凝土结构设计规范》(GB 50010—2010)(2015 年版)规定:普通钢筋混凝土结构宜采用热轧带肋钢筋 HRB400 级和 HRB335 级,也可采用光圆钢筋 HPB300 级和余热处理钢筋 RRB400 级,并提倡用 HRB400 级(即新Ⅲ级钢)为我国钢筋混凝土结构的主力钢筋。

普通钢筋强度标准值应符合表 3-1 的规定。

表 3-1   普通钢筋强度标准值

牌号	符号	公称直径 d (mm)	屈服强度标准值 f_{yk}	极限强度标准值 f_{stk}
HPB300	Φ	6~14	300	420
HRB335	$\underline{\Phi}$	6~14	335	455
HRB400 HRBF400 RRB400	$\underline{\Phi}$ $\underline{\Phi}^F$ $\underline{\Phi}^R$	6~50	400	540
HRB500 HRBF500	$\overline{\underline{\Phi}}$ $\overline{\underline{\Phi}}^F$	6~50	500	630

热轧钢筋进场时,应具有出厂合格证及试验报告,并按品种、批号、直径分批进行检查和验收,每批重量不大于 60t,每批由同一牌号、同一炉号、同一规格钢筋组成。验收内容包括钢筋标牌和外观检查,并按规定取样进行钢筋机械性能试验。

从每批钢筋中任选两根,每根截取两个试件,分别作拉伸(屈服点、抗拉强度和伸长率)和冷弯试验。如果有一项试验结果不符合表 3-1 要求,则从同批中另取双倍数量试件,重做各项试验。如仍有一个试件不合格，则该批钢筋认定为不合格产品。此外，每批钢筋中再抽取 5% 作外观检查，观察钢筋表面是否有裂纹、结疤。钢筋可按实际重量或公称重量交货。当按实际重量交货时，应随机抽取 10 根（6m 长的）钢筋称其重量，其偏差应控制在允许范围内。

（三）钢筋工程施工的内容

钢筋加工一般先在钢筋车间内采用流水作业进行，然后运至现场安装或绑扎。随着各种钢筋加工机械的小型化，现场钢筋的加工量越来越大。钢筋工程的主要内容包括：钢筋的制备、加工和安装。其施工过程一般有：冷加工、调直、除锈、划线下料、剪切、焊接、弯曲、绑扎成型等。

二、钢筋的冷加工

钢筋的冷加工，包括钢筋的冷拉、冷拔和冷轧。其目的是提高钢筋单位断面积的强度，达到节约钢筋的目的，有时也采用冷拉进行调直。随着新Ⅲ级钢的使用，冷拉钢筋和冷拔低碳钢丝已逐步被淘汰，而冷轧带肋钢筋和冷轧扭钢筋使用量逐渐增大。

（一）冷轧带肋钢筋

冷轧带肋钢筋是指热轧光圆盘条，经冷轧后在其表面带有沿长度方向均匀分布的三面或二面横肋的钢筋。

冷轧带肋钢筋牌号有 CRB550、CRB650、CRB800、CRB970、CRB1170。其中 CRB550 为钢筋混凝土用钢筋，其他为预应力混凝土用钢筋。

CRB550 钢筋的公称直径范围为 4～12mm。CRB650 及以上牌号钢筋的公称直径为 4mm，5mm，6mm。

冷轧带肋钢筋外形形式，如图 3-2 所示。

冷轧带肋钢筋的力学性能和工艺性能应符合表 3-2 的规定。当进行弯曲试验时，受弯曲部位表面不得产生裂纹。反复弯曲试验的弯曲半径应符合表 3-3 的规定。

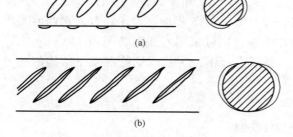

图 3-2 冷轧带肋钢筋外形形式

（a）三面肋表面形状；（b）二面肋表面形状

表 3-2　　　　　　　　　　冷轧带肋钢筋力学性能和工艺性能

牌号	抗拉强度 σ_b（MPa）不小于	伸长率（%）δ_s 不小于		弯曲试验 180°	反复弯曲次数	松弛率初始应力 $\sigma_{con}=0.7\sigma_b$	
		δ_{10}	δ_{100}			1000h（%）不大于	10h（%）不大于
CRB550	550	8.0	—	$D-3d$	—	—	—
CRB650	650	—	4.0	—	3	8	5
CRB800	800	—	4.0	—	3	8	5
CRB970	970	—	4.0	—	3	8	5
CRB1170	1170	—	4.0	—	3	8	5

注　D 为弯心直径，d 为钢筋公称直径。

表 3-3	反复弯曲试验的弯曲半径		
钢筋公称直径（mm）	4	5	6
弯曲半径（mm）	10	15	15

冷轧带肋钢筋公称横截面积与理论重量见表 3-4。

表 3-4			冷轧带肋钢筋公称横截面积与理论重量		
公称直径（mm）	公称横截面积（mm²）	理论重量（kg/m）	公称直径（mm）	公称横截面积（mm²）	理论重量（kg/m）
4	12.6	0.099	8.5	56.7	0.445
4.5	15.9	0.125	9	63.6	0.499
5	19.6	0.154	9.5	70.8	0.556
5.5	23.7	0.186	10	78.5	0.617
6	28.3	0.222	10.5	86.5	0.679
6.5	33.2	0.261	11	95.0	0.746
7	38.5	0.302	11.5	103.8	0.815
7.5	44.2	0.347	12	113.1	0.888
8	50.3	0.395			

冷轧带肋钢筋表面质量要求：

（1）钢筋表面不得有裂纹、结疤、油污及其他影响使用的缺陷；

（2）钢筋表面可有浮锈，但不得有锈皮及目视可见的麻坑等腐蚀现象。

冷轧带肋钢筋检查和验收：

钢筋应按批进行检查和验收，每批应由同一牌号、同一外形、同一规格、同一生产工艺和同一交货的钢筋组成，每批不大于 60t。每批检验项目有拉伸、弯曲、反复弯曲、应力松弛、尺寸、表面及重量偏差。

（二）冷轧扭钢筋

冷轧扭钢筋是指低碳钢热轧圆盘条经专用钢筋冷轧扭机调直、冷轧并冷扭一次成型，具有规定截面形状和节距的连续螺旋状钢筋。按其截面形状不同分为三个类型，近似矩形截面为Ⅰ型、近似正方形截面为Ⅱ型、近似圆形截面为Ⅲ型，如图 3-3 所示。

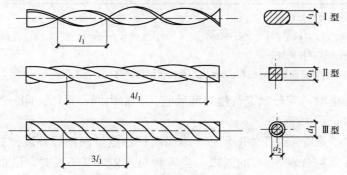

图 3-3　冷轧扭钢筋外形形式

a_1—正方形边长；t_1—轧扁厚度；l_1—节距；d_1—外圆直径；d_2—内圆直径

　　冷轧扭钢筋的标志直径、轧扁厚度、节距、公称等规格尺寸，以及力学性能应符合表3-5与表3-6的规定。

表3-5　　　　　　　　　　　　　　　冷轧扭钢筋规格表

强度级别	型号	标志直径 d（mm）	截面控制尺寸（mm）不小于				节距 l_1（mm）
			轧高厚度（t_1）	正方形边长（a_1）	外圆直径（d_1）	内圆直径（d_2）	不大于
CTB550	I	6.5	3.7	—	—	—	75
		8	4.2	—	—	—	95
		10	5.3	—	—	—	110
		12	6.2	—	—	—	150
	II	6.5	—	5.40	—	—	30
		8	—	6.50	—	—	40
		10	—	8.10	—	—	50
		12	—	9.60	—	—	80
	III	6.5	—	—	6.17	5.67	40
		8	—	—	7.59	7.09	60
		10	—	—	9.49	8.89	70
CTB650	III	6.5	—	—	6.00	5.50	30
		8	—	—	7.38	6.88	50
		10	—	—	9.22	8.67	70

表3-6　　　　　　　　　　　　　　　冷轧扭钢筋力学性能表

强度级别	型号	抗拉强度 σ_b（N/mm²）	伸长率 A（%）	180°弯曲试验（弯心直径=3d）	应力松弛率（%）（当 $\sigma_{con}=0.7f_{ptk}$）	
					10h	1000h
CTB550	I	≥550	$A_{11.3}$≥4.5	受弯曲部位钢筋表面不得产生裂纹	—	—
	II	≥550	A≥10		—	—
	III	≥550	A≥12		—	—
CTB650	III	≥650	A_{100}≥4		≤5	≤8

　　注　1. d 为冷轧扭钢筋标志直径。

　　2. A、$A_{11.3}$ 分别表示以标距 5.65 $\sqrt{S_0}$ 或 11.3 $\sqrt{S_0}$（S_0 为试样原始截面面积）的试样拉断伸长率，A_{100} 表示标距为 100mm 的试样拉断伸长率。

　　3. σ_{con} 为预应力钢筋张拉控制应力；f_{ptk} 为预应力冷轧扭钢筋抗拉强度标准值。

　　冷轧扭钢筋进场时，应分批进行检查和验收。每批由同一钢厂、同一牌号、同一规格的钢筋组成，每批重量不大于 10t。

　　从每批钢筋中抽取 5% 进行外形尺寸、表面质量和重量偏差等外观检验。钢筋的轧扁厚度和节距、重量等应符合表3-5的要求。当重量负偏差大于 5% 时，该批钢筋判定为不合格。当仅轧扁厚度小于或节距大于规定值，仍可判为合格。但需降低直径规格使用。

　　力学性能检验时，从每批钢筋中抽取 3 根，各取一个试件。其中，两个试件作拉伸试验，一个作冷弯试验。试件长度宜取偶数倍节距，同时不小于 4 倍节距，且不小于 500mm。

当全部试验项目均符合表3-6的要求，则该批钢筋判为合格。如有一项试验结果不符合表3-6的要求，则应加倍取样复检判定。

三、钢筋的连接

由于钢筋供货长度常不能满足结构中钢筋长度的需要，钢筋加工时应进行钢筋的连接。常用的钢筋连接方式有绑扎连接、焊接连接和机械连接。绑扎连接由于需要较长的搭接长度，浪费钢筋且连接不可靠，现常用于小直径钢筋的连接。焊接连接方法较多，成本较低，质量可靠，宜优先选用。机械连接无明火作业，设备简单，节约能源，不受气候条件影响，可全天候施工，其连接可靠，技术易掌握，适用范围广，尤其适用于在现场焊接有困难的场合。

（一）钢筋的绑扎连接

钢筋的绑扎连接是将被连接的两段钢筋搭接在一起，然后用20～22号铁丝绑扎。该连接方法除用于钢筋接长外，还可用于钢筋网片和钢筋骨架等的绑扎。

钢筋的绑扎连接，需要一定的搭接长度，且对于光圆钢筋其绑扎处应做弯钩。其搭接长度与钢筋形状、直径、级别、混凝土等级以及钢筋受力性能有关。表3-7为纵向受拉钢筋绑扎搭接接头面积百分率≤25%时最小搭接长度。

表3-7　　　　　　　　　　　　纵向受拉钢筋最小搭接长度表

钢　筋　种　类		混凝土强度等级			
		C15	C20～25	C30～35	≥C40
光圆钢筋	HPB300级	45d	35d	30d	25d
带肋钢筋	HRB335级	55d	45d	35d	30d
	HRB400级、RRB400级	—	55d	40d	35d

注　两根直径不同的钢筋的搭接长度，以较细钢筋的直径计算。

钢筋绑扎搭接接头面积百分率计算，如图3-4所示。钢筋绑扎搭接接头连接区段为1.3倍搭接长度，凡搭接接头中点位于该连接区段内的搭接接头均属于同一连接区段，如图3-4中的搭接接头应按两根钢筋截面积计算钢筋搭接接头面积百分率。

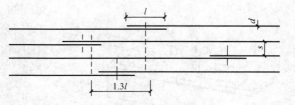

图3-4　钢筋绑扎搭接接头

当纵向受拉钢筋的绑扎搭接接头面积百分率＞25%，但≤50%时，其最小搭接长度应按表3-7中的数值乘以系数1.2取用；当接头面积百分率＞50%时，其最小搭接长度应按表3-7中的数值乘以系数1.35取用。当带肋钢筋直径＞25mm时，其最小搭接长度应按表3-7中的数值乘以系数1.1取用。在任何情况下，受拉钢筋的搭接长度不应小于300mm。

纵向受压钢筋搭接时，其最小搭接长度应根据受拉钢筋的规定确定相应数值后，乘以系数0.7取用。在任何情况下，受压钢筋的搭接长度不应小于200mm。

同一构件中相邻纵向受力钢筋的绑扎搭接接头宜相互错开。绑扎接头中钢筋的横向净距s不应小于钢筋直径d且不应小于25mm，如图3-4所示。绑扎接头的受力钢筋截面面积占受力钢筋总截面面积百分率：受拉区不得超过25%，受压区不得超过50%。搭接长度的末端与钢筋弯曲处的距离，不得小于钢筋直径的10倍，且接头不宜位于构件的最大弯矩处。

钢筋网片和骨架的绑扎应满足以下要求：

（1）钢筋的交叉点应采用铁丝扎牢。

（2）板和墙的钢筋网片，除靠近外围两行钢筋的交叉点全部扎牢外，中间部分交叉点可间隔交错扎牢，但必须保证受力钢筋不产生位置偏移。双向受力筋，必须全部扎牢。

（3）梁和柱的箍筋，除设计有特殊要求外，应与受力钢筋垂直设置。箍筋弯钩叠合处，应沿受力钢筋方向错开设置。

（二）钢筋的焊接连接

钢筋采用焊接连接代替绑扎连接，减小了搭接长度，有利于节约钢材，也可减轻劳动强度，提高机械化水平，从而提高工效，降低工程成本。同时改善钢筋的受力性能，保证钢筋强度的充分发挥。为此，规范规定轴心受拉和小偏心受拉杆件中的钢筋接头，均应焊接。普通混凝土中直径大于 22mm 的钢筋和轻骨料混凝土中直径大于 20mm 的 HPB300 级钢筋及直径大于 25mm 的 HRB335、HRB400 级钢筋的接头，均宜采用焊接。

钢筋焊接接头的位置距钢筋弯折处，不应小于钢筋直径的 10 倍，且不宜位于构件的最大弯矩处。设置在同一构件内的焊接接头应相互错开。钢筋焊接连接区段为钢筋直径的 35 倍且不小于 500mm。在该区段内同一根钢筋不得有两个接头。凡焊接接头中点位于该连接区段内均属于同一连接区段，同一连接区段内有接头的受力钢筋截面面积占受力钢筋总截面面积的百分率：受拉区不宜超过 50%；受压区和装配式构件连接处不限。

常用的钢筋焊接方法主要有：闪光对焊、电弧焊、电阻点焊、电渣压力焊、埋弧压力焊和气压焊等。

1. 闪光对焊

钢筋闪光对焊是将两根钢筋安放成对接形式，利用对焊机提供的低电压、强电流通过两根钢筋接触点产生电阻热，使接触点金属熔化，产生猛烈飞溅，形成闪光，迅速施加顶锻力完成的一种压焊方法，其原理如图 3-5 所示。适用于直径 10～40mm 的 HPB300 级、HRB335 级及 HRB400 级和直径 10～25mm 的 RRB400 级的钢筋接长、预应力筋与螺钉端杆的连接等。

（1）闪光对焊工艺。闪光对焊工艺可分为：连续闪光焊、预热闪光焊和闪光预热闪光焊等。应根据钢筋的品种、直径、焊机功率及施焊部位不同来选用。

1）连续闪光焊。连续闪光焊是先将钢筋夹在对焊机的电极钳口上，然后闭合电源，使两根钢筋端面轻微接触，形成闪光。闪光一旦开始，徐徐移动钢筋，形成连续闪光过程。待钢筋白热熔化时，施加轴向压力迅速进行顶锻，将钢筋焊合。

连续闪光焊所需焊机的功率较大，适用于焊接直径 25mm 以下的 HPB300 级、HRB335 级和

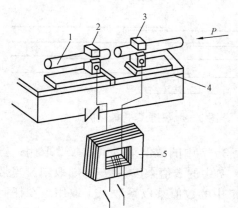

图 3-5　钢筋闪光对焊原理
1—钢筋；2—固定电极；3—可动电极；
4—操作台；5—变压器

HRB400 级钢筋。在焊接过程中，由于闪光的作用，使空气不能进入接头处，又通过挤压，把已熔化的氧化物全部挤出，保证了接头的质量。

2）预热闪光焊。预热闪光焊是在连续闪光焊前增加预热过程，以扩大焊接热影响区。

其做法是将两钢筋接头作周期性的闭合与断开，从而产生断续闪光，形成烧化预热过程，当钢筋预热到规定的温度后，随即进行连续闪光和顶锻。该工艺适用于焊接 25mm 以上端面平整的 HPB300 级、HRB335 级和 HRB400 级钢筋。

　　3）闪光预热闪光焊。闪光预热闪光焊是在钢筋预热前增加一次闪光过程，使不平整的钢筋端部烧化平整，然后再按预热闪光焊工艺，将两钢筋进行顶锻焊接。该工艺适用于焊接 25mm 以上端面不平整的 HPB300 级、HRB335 级和 HRB400 级钢筋。

　　（2）闪光对焊参数。为了获得良好的对接焊头，除了掌握钢材的可焊性能和焊接工艺外，还必须选择适当的焊接工艺参数。闪光对焊的焊接工艺参数包括：调伸长度、烧化留量、闪光速度、预热留量、顶锻留量、顶锻速度、顶锻压力以及变压器级数等。如图 3-6 所示，为闪光对焊的主要长度参数。

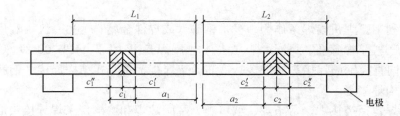

图 3-6　闪光对焊参数

L_1，L_2—调伸长度；a_1+a_2—烧化留量；c_1+c_2—顶锻留量；

$c_1'+c_2'$—有电顶锻留量；$c_1''+c_2''$—无电顶锻留量

　　调伸长度是指焊前两钢筋在电极钳口间伸出的长度。其值取决于钢筋的品种和直径，通常为 $1.5\sim2.5d$（d 为被焊钢筋直径）。调伸长度的选择应能使接头区域加热均匀，且顶锻时钢筋不致傍弯。

　　烧化留量是指闪光过程中所消耗的钢筋长度，也称闪光留量。其值应使闪光结束时，钢筋端部能均匀加热，并达到足够的温度。采用连续闪光焊时，烧化留量等于两根钢筋切断时严重压伤部分之和另加 8mm；预热闪光焊时，其预热留量为 $4\sim7$mm，烧化留量为 $8\sim10$mm；闪光预热闪光焊时，一次烧化留量等于两钢筋切断时严重压伤部分之和，预热留量为 $2\sim7$mm，二次烧化留量为 $8\sim10$mm。

　　顶锻留量是指钢筋顶锻压紧后接头挤出金属而消耗的钢筋长度。其值应能使钢筋端部端面紧密接触，一般随钢筋直径的增大和钢筋级别的提高而增加，通常为 $4\sim6.5$mm，其中有电顶锻量约占 1/3，无电顶锻量约占 2/3。

　　闪光速度（亦称烧化速度）即闪光过程的快慢，一般在开始的瞬间应接近于零；而后约为 1mm/s；在结束时应较快，这样能使闪光比较强烈，以保障焊缝金属免受氧化。

　　顶锻速度是指挤压钢筋接头时的速度。顶锻速度应越快越好，特别是在开始的 0.1s 内应使钢筋压缩 $2\sim3$mm，以使焊口迅速闭合，免受氧化。顶锻压力要适当，压力过大焊口会产生裂纹；压力过小，熔渣和氧化物有可能残留在焊孔内，并易形成缩孔。

　　变压器级数是用以调节电流大小，应根据钢筋直径选择。焊接时如火花过大并有爆裂声响，应适当降低变压器级数；如火花过小或没有火花应适当提高变压器级数。当电源的电压下降大于 5％，小于 8％时，应提高变压器级数一级；当大于 8％时，不宜进行焊接操作。

　　（3）通电热处理。通电热处理的目的，是对焊接接头进行一次退火或高温回火处理，以消除热影响区产生的脆性组织，改善接头的塑性。

通电热处理的方法，是待接头冷却至300℃以下，将电极钳口调至最大间距，接头居中，重新夹紧。采用较低变压器级数，进行脉冲式通电加热（频率约2次/s，通电5～7s）。热处理的温度通过试验确定，一般在750～850℃（钢筋为橘红色）范围内选择，随后在空气中自然冷却。

（4）钢筋闪光对焊接头质量。对焊接头应无裂纹和烧伤，其弯折不大于4°，轴线偏移不大于钢筋直径的1/10，也不大于2mm。拉伸试验和冷弯试验应符合规范《钢筋焊接接头试验方法标准》（JGJ/T 27—2014）的要求。试件抗拉强度不得低于该级别钢筋的规定抗拉强度值，且三个试件中至少有两个断于焊缝之外，并呈塑性断裂；弯曲试验时，接头外侧不得出现宽度大于0.15mm的横向裂纹。

2. 电弧焊

电弧焊是利用弧焊机以焊条作为一极，钢筋（或焊件金属）为另一极，利用焊接电流通过产生的电弧进行焊接的一种熔焊方法。电弧焊广泛用于HPB300级、HRB335级、HRB400级不同直径钢筋焊接头的焊接、钢筋骨架焊接、装配式结构焊接、钢筋与钢板的焊接及各种钢结构焊接等。

钢筋电弧焊包括搭接焊、帮条焊、坡口焊、窄间隙焊和熔槽帮条焊等接头形式。

（1）搭接焊。钢筋搭接焊适用于直径为10～40mm的HPB300级和HRB335级钢筋的焊接，其接头形式如图3-7所示，可分为双面焊缝和单面焊缝两种，双面焊缝受力性能较好，应尽可能双面施焊，不能双面施焊时，才采用单面焊接。图中括号内数值适用于HRB335级钢筋。

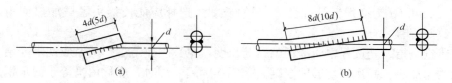

图3-7　钢筋的搭接焊
（a）双面焊；（b）单面焊

（2）帮条焊。钢筋帮条焊适用于直径为10～40mm的HPB300级、HRB335级和HRB400级钢筋的焊接。其接头形式如图3-8所示，亦分为单面焊接和双面焊接两种，一般宜优先采用双面焊缝。帮条宜采用与主筋同级别、同直径的钢筋；如帮条级别与主筋相同时，帮条直径可比主筋直径小一个规格；如帮条直径与主筋相同时，帮条级别可比主筋低一个级别。

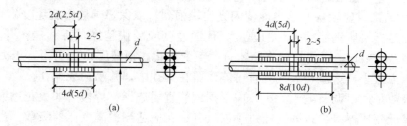

图3-8　钢筋的帮条焊
（a）双面焊；（b）单面焊

（3）坡口焊。钢筋坡口焊耗钢材少、热影响区小，适应于现场焊接装配式结构中直径 18～40mm 的 HPB300 级、HRB335 级和 HRB400 级钢筋。坡口焊接头如图 3-9 所示，分平焊和立焊两种形式。

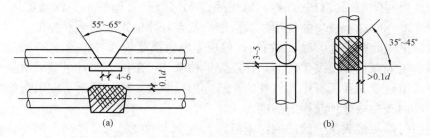

图 3-9　钢筋的坡口焊
（a）平焊；（b）立焊

钢筋坡口平焊时，V 形坡口角度为 55°～65°，见图 3-9（a）。坡口立焊时，坡口角度为 40°～55°，其中下钢筋为 0°～10°，上钢筋为 35°～45°，见图 3-9（b）。钢垫板长为 40～60mm，厚度为 4～6mm。平焊时钢垫板宽度为钢筋直径加 10mm，立焊时其宽度等于钢筋直径。钢筋根部间隙，平焊时为 4～6mm，立焊时为 3～5mm，最大间隙均不宜超过 10mm。

（4）电弧焊的操作及质量要求。钢筋焊接时，为了防止烧伤主筋，焊接地线应与主筋接触良好，并不应在主筋上引弧。焊接过程中应及时清渣。帮条焊或搭接焊，其焊缝厚度 h 不应小于钢筋直径的 1/3，焊缝宽度不小于钢筋直径的 0.7 倍。装配式结构接头焊接，为了防止钢筋过热引起较大的热应力和不对称变形，应采用几个接头轮流施焊。

钢筋电弧焊接接头应作外观检验和拉力试验。外观检查时，应在接头清渣后逐个进行目测或量测。电弧焊接头焊缝表面应平整，不得有较大的凹陷、焊窝；接头处不得有裂纹；咬边深度、气孔、夹渣及接头偏差不得超过规范规定。如对焊接质量有怀疑或发现异常，可进行非破损（X 射线、γ 射线、超声波等）检验。焊接接头拉力试验时，应从每批成品中切取三个接头进行拉伸试验。要求三个试件的抗拉强度均不得低于该级别钢筋的抗拉强度标准值；且至少有两个试件呈塑性断裂。当检验结果有一个试件的抗拉强度低于规定指标，或有两个试件发生脆性断裂时，应取双倍数量的试件进行复检。复检结果如仍有一个试件的抗拉强度低于规定指标，或有三个试件呈脆性断裂时，则该批接头为不合格。

3. 电阻点焊

钢筋的电阻点焊是利用点焊机将钢筋的交叉点置于两电极之间，通电后使钢筋交叉点加热到一定温度后，加压使焊点焊合，其原理如图 3-10 所示。电阻点焊用于交叉钢筋的焊接，如钢筋网或骨架用点焊代替绑扎，可提高工效，成品刚性

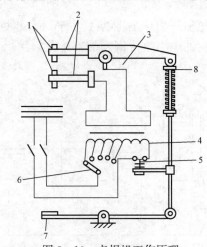

图 3-10　点焊机工作原理
1—电极；2—电极臂；3—电极导线；
4—变压器线圈；5—断路器；6—变压器调级开关；
7—脚踏板；8—压紧机构

好，便于运输，钢筋在混凝土中能更好地锚固，可提高构件的抗裂性。

（1）电阻点焊参数。电阻点焊主要参数为：电流强度、通电时间、电极压力等。根据电流大小和通电时间长短不同，分强参数和弱参数。

强参数通电时间短（0.1～0.5s），电流强度大（以交叉钢筋中小钢筋截面计算电流强度，一般取 120～300A/mm²）。使用强参数经济效果好，但需大功率点焊机。

弱参数通电时间较长（0.5s 至数秒），但所需电流强度较低（80～120A/mm²）。

为了减少电能损耗，提高生产率，在点焊机功率许可条件下，宜尽量采用强参数；含碳量较高或有其他合金元素而可焊性较差的钢筋宜用强参数；冷处理钢筋应用强参数，以免因焊接温度影响而丧失冷处理获得的强度。

电极压力对焊接接头质量的影响：电极压力过小，则接触电阻增大，钢筋会发生熔化和金属飞溅，或烧坏电极；电极压力过大，则接触电阻过小，因而需延长通电时间。电极压力大小，取决于钢筋直径，钢筋直径大，则电极压力也应增加。不同直径钢筋点焊时，应根据小直径钢筋选择焊接参数。为使焊点有足够的抗剪能力，点焊处钢筋相互压入的深度为小直径钢筋的 1/4～2/5。

（2）电阻点焊接头质量。点焊接头的质量检查包括外观检查和强度检验两部分内容。取样时，外观检查应按同一类型制品分批抽查，一般制品每批抽查 5%；梁、柱、桁架等重要制品每批抽查 10%，且均不能少于 3 件。要求焊点处金属熔化均匀；压入深度符合规定；焊点无脱落、漏焊、裂纹、多孔等缺陷及明显的烧伤现象；制品尺寸、网格间距偏差应满足有关规定。强度检验时，从每批成品中切取。热轧钢筋焊点应作抗剪试验；冷拔低碳钢丝焊点除作抗剪试验外，还应对较小钢丝作拉力试验。

强度指标应符合《钢筋焊接及验收规程》（JGJ 18—2012）的规定。试验结果，如有一个试件达不到上述要求，则应取双倍数量的试件进行复检。复验结果中，如仍有一个试件不能达到上述要求，则该批制品即为不合格。采用加固处理后，可进行二次验收。

4. 电渣压力焊

电渣压力焊是将两根钢筋安放成对接形式，利用交流弧焊机提供的低电压、强电流通过渣池产生的电阻热将钢筋端部熔化，然后施加压力将钢筋焊接在一起，其工作原理如图 3-11 所示。电渣压力焊的操作简单、易掌握、工作效率高、成本较低、施工条件比较好，主要用于现浇钢筋混凝土结构中竖向或斜向钢筋的接长，适用于直径 14～40mm 的 HPB300 级和 HRB335 级钢筋的连接。

（1）电渣压力焊焊接工艺。电渣压力焊的焊接工艺过程包括：引弧、电弧、电渣和挤压。

电渣压力焊的引弧：可采用直接引弧法和铁丝球引弧法。手工焊接采用直接引弧，即将上钢筋与下钢筋接触，不能错位，接通电源。通电后迅速将上钢筋提起，使两端头之间的距离为 2～4mm 引燃电弧。机械焊接常采用铁丝球引弧，即在两根钢筋接头处，放一个铁丝做

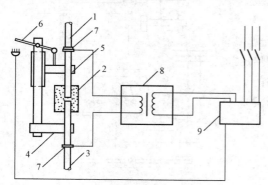

图 3-11　钢筋电渣压力焊工作原理图
1—上钢筋；2—焊剂盒；3—下钢筋；4—固定夹钳；
5—可动夹钳；6—加压手柄；7—电极；
8—变压器；9—控制电源

的小球，电流通过铁丝球与上下钢筋端面的接触点形成短路引弧。

电弧过程：亦称造渣过程。靠电弧的高温作用，将钢筋端头的凸出部分不断烧化；同时将接口周围的焊剂充分熔化，形成一定深度的渣池。

电渣过程：渣池形成一定深度后，将上钢筋缓缓插入渣池中，此时电弧熄灭，进入电渣过程。由于电流通过渣池，产生大量的电阻热，使渣池温度升到近 2000℃，将钢筋端头迅速而均匀地熔化。

挤压过程：在停止供电的瞬间，对钢筋施加挤压力，把焊口部分熔化的金属、熔渣及氧化物等杂质全部挤出结合面，形成焊接接头。

（2）电渣压力焊焊接参数。电渣压力焊的参数主要包括：焊接电流、焊接电压和焊接时间等，见表 3 - 8。

表 3 - 8　　　　　　　　　　　电渣压力焊焊接参数

钢筋直径（mm）	焊接电流（A）	焊接电压		焊接时间（s）		钢筋熔化量（mm）
		U_1	U_2	t_1	t_2	
16	200～250			14	4	20～25
18	250～300			15	5	20～25
20	300～350			17	5	20～25
22	350～400			18	6	20～25
25	400～450	35～45	22～27	21	6	20～25
28	500～550			24	6	20～25
32	600～650			27	7	25～30
36	700～750			30	8	25～30
40	850～900			33	9	25～30

注　1. U_1 为电弧过程的电压，U_2 为电渣过程的电压；

　　2. t_1 为电弧过程的时间，t_2 为电渣过程的时间。

（3）电渣压力焊的质量检验。电渣压力焊的质量检验包括外观检查和拉力试验两个方面。

外观检查时，应逐个检查焊接接头，要求接头焊包均匀，不得有裂纹，钢筋表面无明显烧伤等缺陷；接头处钢筋轴线的偏移不得超过钢筋直径的 10%，同时不得大于 2mm；接头处弯折不得大于 4°。对外观检查不合格的焊接接头，应将接头切除重焊。

拉力实验时，应从每批成品中切取三个试件进行拉力试验，试验结果要求三个试件均不得低于该级别钢筋的抗拉强度标准值。如有一个试件的抗拉强度低于规定数值，应取双倍数量的试件进行复检，复检结果如仍有一个试件的强度达不到上述要求，则判定该批接头为不合格。

5. 埋弧压力焊

埋弧压力焊是利用埋在焊接接头处的焊剂层下的高温电弧，熔化两焊件接头处的金属，然后加压顶锻形成焊接接头。其焊接原理如图 3 - 12（a）所示，焊接接头及焊剂盒放大图，如图 3 - 12（b）所示。这种焊接方法多用于钢筋与钢板丁字形接头的焊接。图 3 - 12（c）为已经焊完的预埋件，与传统的电弧焊连接相比可节省钢材，图 3 - 12（d）为电弧焊制作的预埋件。

（1）埋弧压力焊工艺。埋弧压力焊所用的设备有手工埋弧压力焊机和自动埋弧压力焊机。

手工埋弧压力焊机是由焊接机架、工作平台和焊接机头组成。该机装有高频引弧装置，焊接地线采取对称接地法。焊接机头装在摇臂的前端，其下端连接钢筋夹钳（活动电极）。

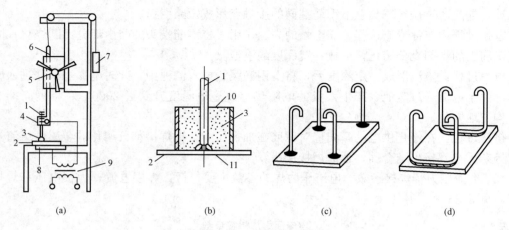

图 3-12 埋弧压力焊

（a）埋弧压力焊原理；（b）焊剂盒；（c）已焊成的预埋件；（d）电弧焊预埋件
1—钢筋；2—钢板；3—焊剂；4—钢筋卡具；5—手轮；6—齿条；7—平衡重；
8—固定电极；9—变压器；10—焊剂盒；11—电弧焰

工作平台上装有电磁吸盘（固定电极）用以固定钢板。自动埋弧压力焊机是在手工埋弧压力
焊机的基础上，增加带有延时调节器的自动控制系统。

埋弧压力焊焊接方法施焊前，钢筋钢板应清洁，必要时需除锈，以保证台面与钢板、钳
口与钢筋接触良好，不致起弧。采用手工埋弧压力焊时，接通焊接电源后，立即将钢筋上提
2.5～3.5mm，引燃电弧。适当延时或者继续缓慢提升 3～4 mm，再渐渐下送，使钢筋端部
和钢板熔化，待达到一定时间后迅速顶压。

（2）埋弧压力焊焊接参数。埋弧压力焊的焊接参数主要包括：焊接电压、焊接电流和焊
接通电时间等。焊接电压在电弧过程宜为 35～45V，在电渣过程宜为 22～27V。焊接电流在
钢筋直径 8～22mm 时为 400～600A，在钢筋直径 25～36mm 时为 550～800A；通电时间相
应为 6～30s、35～60s。

（3）埋弧压力焊质量检验。埋弧压力焊质量检验包括外观检查和强度检验。

外观检查：预埋件钢筋 T 形接头的外观检查，应从同一台班内完成的同一类型成品中
抽取 10%，并不得少于 5 件。外观检查质量应符合：焊包均匀；钢筋咬边深度不得超过
0.5mm；与钳口接触处的钢筋表面无明显烧伤；钢板无焊穿、凹陷现象；钢筋相对钢板的
直角偏差不大于 4°；钢筋间距偏差不大于 ±10mm。检查结果如有一个接头不符合上述要求
时，应逐个进行检查，剔除不合格品。不合格品接头经补焊后可提交二次验收。

强度检验：强度检验时，以 300 件同类型成品作为一批。一周内连续焊接时，可以累计
计算。一周内累计不足 300 件成品时，也按一批计算。从每批成品中切取三个试样进行拉伸
试验，预埋件 T 形接头强度检验应符合下列要求：HPB300 级钢筋接头强度不得低于
360N/mm²；HRB335 级钢筋接头强度不得低于 500N/mm²。

6. 气压焊

钢筋气压焊是采用一定比例的氧气、乙炔焰对两连接钢筋端部接缝处进行加热，待其达
到热塑状态时，对钢筋施加 30～40N/mm² 的轴向压力，使钢筋顶锻在一起。这种焊接工艺
主要用于现浇钢筋混凝土结构中竖向或斜向钢筋的接长，适用于直径 16～40mm 的 HPB300

级和 HRB335 级钢筋的连接。对不同直径钢筋焊接时，两者直径差不得大于 7mm。

（1）气压焊设备。气压焊所用的设备主要包括氧气和乙炔瓶、加热瓶、加压器及钢筋卡具等，如图 3-13 所示。加热器由混合气管与多火口烤钳组成，称多嘴环管焊炬，设计成环状钳形，使多束火焰燃烧均匀，调整方便，火口数与钢筋直径有关。加压器由液压泵、顶压油缸、液压表、胶管组成，它通过夹具能对钢筋进行轴心顶锻。钢筋卡具包括可动卡子与固定卡子，用于卡紧和压接钢筋。

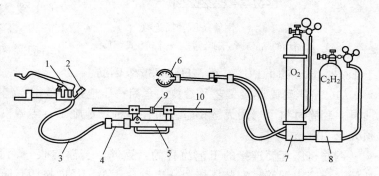

图 3-13　气压焊设备示意图

1—脚踏油压泵；2—压力表；3—液压胶管；4—油泵；5—卡具；
6—焊枪；7—氧气瓶；8—乙炔瓶；9—焊接接头；10—钢筋

（2）气压焊工艺。气压焊工艺过程如下：施焊前先磨平钢筋端面，并与钢筋轴线基本垂直，清除接头附近的铁锈、油污等杂物，使其露出金属光泽；用卡具将两根被焊钢筋对正夹紧；对钢筋施加 5～10N/mm^2 的初压力，使钢筋端面压密实；用氧—乙炔火焰加热钢筋，待钢筋接缝处呈红黄色、压力表指针大幅度下降时，对钢筋施加初期压力，使缝隙闭合；用中性焰继续加热钢筋端部，使其达到合适的压接温度（1150～1300℃）；当钢筋表面变成炽白色时，边加热边加压（30～40N/mm^2），形成接头；拆卸夹具，进行质量检验。

（3）气压焊质量检验。气压焊质量检验包括外观检查和强度检验。

气压焊的全部焊接接头均需进行外观检查，检查项目及标准为：压接区两钢筋轴线的相对偏心量不得大于钢筋直径的 1/5 和 4mm；两钢筋轴线的弯折角不得大于 4°；镦粗区最大直径不小于钢筋直径的 1.4 倍，长度为钢筋直径的 1.2 倍；焊接面最大偏移量不得大于钢筋直径的 0.2 倍；压焊面不得有裂缝和严重烧伤。

气压焊接接头的强度检验。以每层楼的 200 个接头为一批，不足 200 个也作为一批。试验时从每批中随机切取 3 个接头做拉伸试验，要求全部试件的抗拉强度均不得低于该级别钢筋的抗拉强度标准值，钢筋断裂处均位于焊缝之外。若有 1 个试件不符合要求，切取双倍试件复验，如仍有 1 个试件不合格，则该批接头判为不合格。

（三）钢筋的机械连接

钢筋机械连接是通过连接件的机械咬合作用或钢筋端面的承压作用，形成钢筋的连接接头的连接方法。这种连接方法的接头工艺简单、节约钢材、质量可靠，稳定性好，施工简便，技术易掌握、工作效率高、节约成本。

常用机械连接接头类型有：挤压套筒连接、锥螺纹套筒连接、直螺纹套筒连接、熔融金属充填套筒连接、水泥灌浆充填套筒连接、受压钢筋端面平连接等。其中前三种在工程中应用较为广泛。

1. 钢筋挤压套筒连接

钢筋的挤压套筒连接（也称冷压连接）就是将两根待接带肋钢筋插入钢套筒，用带有梅花齿形内模的钢筋压接机对套筒外壁沿径向挤压，使套筒和钢筋发生塑性变形，依靠变形后

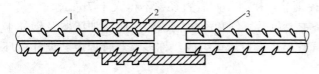

图 3-14　钢筋挤压套筒连接
1—已挤压的钢筋；2—钢套筒；3—未挤压的钢筋

的钢套筒与被连接钢筋纵、横肋产生的机械咬合连接接头的钢筋连接方法，如图 3-14 所示。该连接方法设备简单，受人为因素影响小，连接接头强度高。广泛地使用在现浇钢筋混凝土结构竖向或斜向钢筋的连接中，适用于 18～40mm 的 HPB300 级、HRB335 级钢筋。

（1）挤压套筒连接工艺及参数。套筒挤压连接设备主要包括：钢筋液压压接钳和超高压油泵。套筒材料可选用无缝钢管。可在多种场地施工，当遇钢筋布置较密集时，操作净距必须大于 60mm。

钢筋挤压套筒连接的工艺流程为：钢筋、套筒验收→钢筋断料→作套筒套入长度的定长标记→套入钢筋，安装压接钳→启动液压泵，径向挤压套筒至接头成型→卸下压接钳→做接头检验。

在选择合适规格和材质的钢套筒以及压接设备和压模后，压接接头性能主要取决于挤压变形量的工艺参数。挤压变形量包括压痕最小直径和压痕总宽度，表 3-9 为同规格钢筋连接时的参数选择，不同规格钢筋连接可参见相关施工验收规范。

表 3-9　　　　　　　　　　　　　同规格钢筋连接时的参数选择

连接钢筋规格	钢套筒型号	压模型号	压痕最小直径允许范围（mm）	压痕最小总宽度（mm）
$\phi40$～$\phi40$	G40	M40	60～63	≥80
$\phi36$～$\phi36$	G36	M36	54～57	≥70
$\phi32$～$\phi32$	G32	M32	48～51	≥60
$\phi28$～$\phi28$	G28	M28	41～44	≥55
$\phi25$～$\phi25$	G25	M25	37～39	≥50
$\phi22$～$\phi22$	G22	M22	32～34	≥45
$\phi20$～$\phi20$	G20	M20	29～31	≥45
$\phi18$～$\phi18$	G18	M18	27～29	≥40

压痕总宽度是指接头一侧每一道压痕底部平直部分宽度之和。该宽度应在表 3-9 规定的范围内。小于这个宽度接头性能达不到要求；大于这个宽度，钢套筒的长度要增加。压痕总宽度一般由生产厂家根据设备、压模刃口尺寸和形状，在钢套筒上喷上挤压道数标志或产品出厂文件中的说明。

压痕最小直径是指压痕底部钢套筒直径。其大小直接决定钢筋接头的质量，压痕最小直径大于规定范围，变形太小，会使钢套与钢筋横肋咬合小，在接头受拉时，钢筋易从套筒中滑出或接头强度达不到要求；如果压痕最小直径小于规定范围，则钢套筒发生过大变形，在压痕处可能引起破裂或由于硬化而变脆，或由于套筒太薄，拉伸时在压痕处被拉断。当钢筋横肋或钢套壁厚为负偏差时，压痕最小直径应取此范围的较小值，反之则应取较大值。在实际施工中，压痕最小直径由操作者根据挤压不同批号钢套筒所做的挤压试验，通过挤压机的压力表读数进行控制。

（2）挤压套筒连接质量检验。钢套筒进场时，应由产品提供单位提交有效的检验报告与套筒出厂合格证。

挤压套筒连接质量现场检验，应进行接头外观检查和单向拉伸试验。

现场检验取样数量：以材料、等级、型式、规格、施工条件相同的 500 个接头为一检验批，不足此数时也作为一个验收批。每一验收批，应随机抽取 10% 的挤压接头作外观检查；抽取三个试样作单向拉伸试验。

外观检查。挤压接头的外观检查，应符合下列要求：挤压后套筒长度应为 1.10～1.15 倍原套筒长度，或压痕处套筒的外径为 0.8～0.9 原套筒的外径；挤压接头的压痕道数应符合检验报告确定的道数；接头处弯折不得大于 4°；挤压后的套筒不得有肉眼可见的裂缝。如外观检查质量合格数大于等于抽检数的 90%，则该批为合格。如不合格数超过抽检数的 10%，则应逐个进行复验。

单向拉伸试验：挤压接头试样的钢筋母材应进行抗拉强度试验。三个接头试样的抗拉强度均应满足 A 级或 B 级抗拉强度的要求；如有一个试样的抗拉强度不符合要求，则加倍抽样复验。

2. 钢筋锥螺纹套筒连接

钢筋锥形螺纹套筒连接是将两根待接钢筋端头用套丝机做成锥形外丝，然后用带锥形内丝的套筒将钢筋两端拧紧的钢筋连接方法，如图 3-15 所示。这种钢筋连接方法具有接头可靠、操作简单、不用电源、全天候施工、对中性好、施工速度快等优点，可连接各种钢筋，不受钢筋种类、含碳量的限制，但所连接钢筋的直径之差不宜大于 9mm。

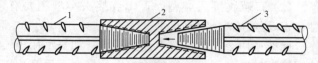

图 3-15　钢筋锥螺纹套筒连接
1—已连接的钢筋；2—锥螺纹套筒；3—待连接的钢筋

(1) 钢筋锥螺纹套筒连接的机具设备。

钢筋套丝机：加工钢筋连接端的锥螺纹用的一种专用设备。可加工 $\phi16\sim\phi40$ 的 HRB335 级、HRB400 级钢筋。

扭力扳手：保证钢筋连接质量的测力扳手。它可以按照钢筋直径大小规定的力矩值，把钢筋与连接套筒拧紧，并发出声响信号。

量规：包括牙形规、卡规和锥螺纹塞规。牙形规用来检查钢筋连接端的锥螺纹牙形加工质量；卡规用来检查钢筋连接端的锥螺纹小端直径加工质量；锥螺纹塞规用来检查锥螺纹连接套筒加工质量。

(2) 钢筋锥螺纹套筒连接质量检验。

钢筋锥螺纹套筒连接质量检验主要包括：拧紧力矩和接头强度等。

钢筋拧紧力矩检查：用质检用的扭力扳手对接头质量进行抽检。抽检数量：对梁、柱构件为每根梁、柱一个接头；对板、墙、基础构件为 3%（但不少于三个）。抽检结果要求达到规定的力矩值。如有一种构件的一个接头达不到规定值，则该构件的全部接头必须重新拧到规定的力矩值。

钢筋接头强度检查：在正式连接前，按每种规格钢筋接头每 300 个为一批，做 3 个接头的拉伸试验。拉伸试验结果应满足下列要求：屈服强度实测值不小于钢筋的屈服强度标准值；抗拉强度实测值与钢筋屈服强度标准值的比值不小于 1.35 倍，异径钢筋接头以小直径抗拉强度实测值为准。

当质检部门对钢筋接头的质量产生怀疑时，可以用非破损张拉设备做接头的非破损拉伸试验。如有一个锥螺纹套筒接头不合格，则该批构件全部接头采用电弧贴角焊缝加固补强，焊缝高度不得小于 5mm。

3. 钢筋直螺纹套筒连接

钢筋直螺纹套筒连接是在锥螺纹连接的基础上发展起来的一种钢筋连接形式，它与锥螺纹连接的施工工艺基本相似，但它克服了锥螺纹连接接头处钢筋断面削弱的缺点，在现浇结构施工中逐步取代了锥螺纹连接。

（1）钢筋直螺纹套筒连接施工工艺。钢筋直螺纹连接接头制作工艺一般分为三个阶段：钢筋端部镦粗；切削直螺纹；用连接套筒对接钢筋。

钢筋镦粗用镦头机，重量约 380kg，便于运至现场加工。能自动实现对中、夹紧、镦头等工序。每次镦头所需时间为 30～40s，每台班约可镦头 500～600 个。

直螺纹套丝用直螺纹套丝机，能保证丝头直径和螺纹精度的稳定性，保证与套筒良好的配合和互换性。

现场连接钢筋，利用普通扳手拧紧即可，无需控制力矩，方便快捷。

（2）直螺纹接头类型。直螺纹接头类型主要有六种：标准型、加长型、扩口型、异径型、正反丝扣型、加锁母型。

标准型用于正常情况下连接钢筋；加长型用于转运钢筋较困难的场合，通过转运套筒连接钢筋；扩口型用于钢筋较难对中的场合；异径型用于连接不同直径的钢筋；正反螺纹型用于两端钢筋均不能运转而要求调节轴向长度的场合；加锁母型用于钢筋完全不能运转，通过运转套筒连接钢筋，用锁母锁定套筒。

直螺纹接头质量检验，参考锥螺纹接头。

四、钢筋配料

钢筋配料是根据构件配筋图，分别计算构件中各钢筋的直线下料长度、根数和重量，编制钢筋配料单，作为钢筋备料、加工和结算的依据。

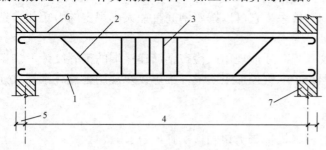

图 3-16　钢筋常见的外形形状
1—直条钢筋；2—弯起钢筋；3—箍筋；4—轴线尺寸；
5—支座尺寸；6—梁；7—支座

（一）钢筋下料长度的计算

钢筋因弯曲或弯钩会使其长度变化，在配料中不能直接根据图纸中尺寸下料，必须根据混凝土保护层、钢筋弯曲、弯钩等规定，然后依据图纸中钢筋的形状和尺寸分别计算其下料长度。钢筋在构件中的形状主要有：直条钢筋、弯起钢筋、箍筋等形式，如图 3-16 所示。

各种钢筋下料长度计算如下：

直钢筋下料长度＝构件长度－保护层厚度＋弯钩增加长度

弯起钢筋下料长度＝直段长度＋斜段长度＋弯钩增加长度－弯曲调整值

箍筋下料长度＝箍筋周长＋箍筋调整值

　　上述钢筋计算时，尚应考虑钢筋的搭接、锚固及焊接长度等因素。表 3-10 为受拉钢筋的最小锚固长度 l_a。

表 3-10　　　　　　　　　　　　　　受拉钢筋的最小锚固长度 l_a

钢　筋　种　类		混凝土强度等级					
		C20		C25		C30	
		$d \leqslant 25$	$d > 25$	$d \leqslant 25$	$d > 25$	$d \leqslant 25$	$d > 25$
HPB300	普通钢筋	$31d$	$31d$	$27d$	$27d$	$24d$	$24d$
HRB335	普通钢筋	$39d$	$42d$	$34d$	$37d$	$30d$	$33d$
	环氧树脂涂层钢筋	$48d$	$53d$	$42d$	$46d$	$37d$	$41d$
HRB400	普通钢筋	$46d$	$51d$	$40d$	$44d$	$36d$	$39d$
RRB400	环氧树脂涂层钢筋	$58d$	$63d$	$50d$	$55d$	$45d$	$49d$

钢　筋　种　类		混凝土强度等级			
		C35		C40	
HPB300	普通钢筋	$22d$	$22d$	$20d$	$20d$
HRB335	普通钢筋	$27d$	$30d$	$25d$	$27d$
	环氧树脂涂层钢筋	$34d$	$37d$	$31d$	$34d$
HRB400	普通钢筋	$33d$	$36d$	$30d$	$33d$
RRB400	环氧树脂涂层钢筋	$41d$	$45d$	$37d$	$41d$

　　注　1. 当弯锚时，有些部位的锚固长度为 $\geqslant 0.4l_a + 15d$，见各类构件的标准构造详图。

　　　　2. 当钢筋在混凝土施工过程中易受扰动（如滑模施工）时，其锚固长度应乘以修正系数 1.1。

　　　　3. 在任何情况下，锚固长度不得小于 250mm。

　　　　4. HPB300 钢筋受拉时，其末端应做成 180°弯钩。弯钩平直段长度不应小于 3d。当为受压时，可不做弯钩。

　1. 钢筋保护层厚度

　　钢筋保护层厚度是指从钢筋外表面至混凝土构件外表面的距离，钢筋的作用、部位等不同，保护层厚度也不同。受力钢筋的混凝土保护层厚度，应符合设计要求；当设计无具体要求时，不应小于受力钢筋直径，并应符合表 3-11 的规定。

表 3-11　　　　　　　　　　　　　　钢筋的混凝土保护层厚度表

环境与条件	构件名称	混凝土强度等级		
		$\leqslant$ C25	C25～C30	$\geqslant$ C30
室内正常环境	板、墙、壳	15		
	梁、柱	25		
露天或室内高温环境	板、墙、壳	35	25	15
	梁、柱	45	35	25
有垫层	基础	35		
无垫层		70		

2. 弯钩增加长度

为提高钢筋与混凝土的锚固，钢筋端部可做成弯钩。其形式通常有三种：半圆弯钩、直弯钩和斜弯钩。半圆弯钩是常用的一种弯钩。直弯钩通常用在柱钢筋的下部、箍筋和附加钢筋中。斜弯钩通常用在 $\phi 12$mm 以下的受拉主筋和箍筋中。

钢筋弯钩增加长度，如图 3 - 17 所示。弯心直径为 2.5d、平直部分长度为 3d。其计算值为

$$半圆弯钩增加长度 = 3d + 3.5d\pi/2 - 2.25d = 6.25d$$

$$直弯钩增加长度 = 3d + 3.5d\pi/4 - 2.25d = 3.5d$$

$$斜弯钩增加长度 = 3d + 1.5 \times 3.5d\pi/4 - 2.25d = 4.9d$$

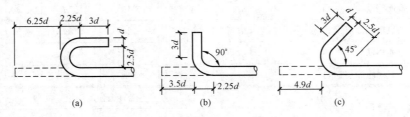

图 3 - 17　钢筋弯钩计算简图

(a) 半圆弯钩；(b) 直弯钩；(c) 斜弯钩

在生产实践中，由于实际弯心直径与理论弯心直径有时不一致，钢筋粗细和机具条件不同等影响平直部分的长短（如手工弯钩时平直部分可适当加长，机械弯钩时可适当缩短），因此在实际配料计算时，对弯钩增加长度常根据具体条件，采用经验数据，见表 3 - 12。

表 3 - 12　　　　　　　　　　机械加工半圆弯钩增加长度参考表

钢筋直径（mm）	≤6	8～10	12～18	20～28	32～36
一个弯钩长度（mm）	40	6d	5.5d	5d	4.5d

3. 弯曲调整值

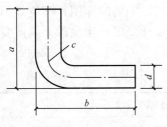

图 3 - 18　钢筋弯曲时的量度方法

a，b—量度尺寸；c—下料尺寸

钢筋弯曲后弯曲处形成圆弧，内皮收缩、外皮延伸、轴线长度不变。钢筋的量度方法是沿直线量外包尺寸，如图 3 - 18 所示。因此，弯起钢筋的量度尺寸大于下料尺寸，两者之间的差值称为弯曲调整值。根据理论推算并结合实践经验，钢筋弯曲调整值可按表 3 - 13 取值计算。

表 3 - 13　　　　　　　　钢 筋 弯 曲 调 整 值

钢筋弯曲角度	30°	45°	60°	90°	135°
钢筋弯曲调整值	0.35d	0.5d	0.85d	2d	2.5d

4. 弯起钢筋斜长

弯起钢筋的斜段增加长度与弯起角度有关。钢筋的弯起角度，一般为 45°；当梁较高时，可采用 60°；当梁较低或现浇板中，可采用 30°，如图 3 - 19 所示。利用这个关系，可计算出弯起钢筋斜长，见表 3 - 14。

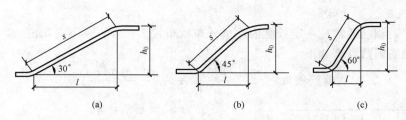

图 3 - 19　弯起钢筋斜长计算简图

(a) 弯起角度 30°；(b) 弯起角度 45°；(c) 弯起角度 60°

表 3 - 14　　　　　　　　　　弯起钢筋斜长计算系数表

弯起角度（a）	30°	45°	60°
斜边长度（s）	$2h_0$	$1.41h_0$	$1.15h_0$
底边长度（l）	$1.732h_0$	h_0	$0.575h_0$
增加长度（s-l）	$0.268h_0$	$0.41h_0$	$0.585h_0$

其中

$$h_0 = h - 上下保护层厚度 \qquad (3-1)$$

式中　h_0——弯起钢筋斜长计算高度，mm；

　　　　h——构件高度，mm。

5. 弯起钢筋投影长度计算法

在进行钢筋备料或提钢筋预算时，只要计算出钢筋的长度即可。此时，可采用较简单的弯起钢筋投影长度计算法，即

弯起钢筋下料长度＝构件长度－两端保护层厚度＋斜段增加长度＋弯钩增加长度－弯曲调整值

式中　构件长度－两端保护层厚度，称为弯起钢筋的水平投影长度。

6. 箍筋周长

箍筋的量度方法，如图 3 - 20 所示，分为量外包尺寸和量内包尺寸两种。实际计算时常计算内包尺寸。

其中，h_0 由公式（3-1）确定。b_0 为箍筋量内包尺寸时的计算宽度，由下式确定

$$b_0 = b - 两侧保护层厚度 \qquad (3-2)$$

则箍筋内周长为

$$箍筋内周长 = 2 \times (h_0 + b_0) \qquad (3-3)$$

7. 箍筋调整值

箍筋调整值是弯钩增加长度和弯曲调整值之和或差，根据箍筋量外包尺寸或内包尺寸而定。常用箍筋调整值见表 3 - 15。

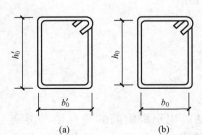

图 3 - 20　箍筋的量度方法

(a) 量外包尺寸；(b) 量内包尺寸

表 3 - 15　　　　　箍 筋 调 整 值 表

箍筋量度方法	箍筋直径（mm）			
	4～5	6	8	10～12
量外包尺寸	40	50	60	70
量内包尺寸	80	100	120	150～170

8. 箍筋根数

在构件中，箍筋通常在一定长度内，呈分布状布置。在计算其下料长度后，应计算箍筋所用根数。箍筋根数计算如下

$$\text{箍筋根数 } n = \frac{\text{构件长度} - \text{保护层厚度}}{\text{箍筋间距}} + 1 \qquad (3-4)$$

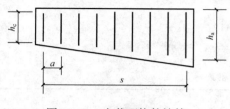

图 3-21　变截面构件箍筋

9. 变截面箍筋计算

如图 3-21 所示，为变截面梁，其箍筋计算按比例原理，利用每根箍筋的长短差数 Δ 计算，计算公式为

$$\Delta = \frac{h_a - h_c}{n-1} \qquad (3-5)$$

$$n = \frac{s}{a} + 1$$

式中　h_a——箍筋的最大高度，mm；

　　　h_c——箍筋的最小高度，mm；

　　　n——箍筋个数；

　　　s——最高箍筋和最短箍筋之间的总距离，mm；

　　　a——箍筋间距，mm。

10. 圆形构件按弦长布筋

圆形构件按弦长布置钢筋时，钢筋的长度为钢筋所处位置的弦长，减去两端保护层厚度，若有弯钩时应考虑弯钩增加长度，如图 3-22 所示。弦长按下式计算

当配筋为单数间距时，如图 3-22 (a) 所示

$$l_i = a \sqrt{(n+1)^2 - (2i-1)^2} \qquad (3-6)$$

当配筋为双数间距时，如图 3-22 (b) 所示

$$l_i = a \sqrt{(n+1)^2 - 2i^2} \qquad (3-7)$$

$$n = \frac{D}{a} - 1$$

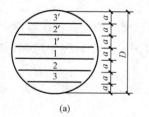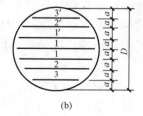

图 3-22　按弦长布筋的圆形构件钢筋计算
(a) 单数间距；(b) 双数间距

式中　l_i——第 i 根（从圆心向两边计算）钢筋所在的弦长，mm；

　　　a——钢筋间距，mm；

　　　n——钢筋根数；

　　　D——构件圆直径，mm；

　　　i——从圆心向两边计算的钢筋序号数。

11. 圆形构件按圆形布筋

圆形构件按圆形布置钢筋，如图 3-23 所示。先用比例法算出每根钢筋的圆直径，再乘上圆周率即得圆钢筋长度。若有钢筋搭接和弯钩时，应计算其增加的长度。计算公式如下

$$l_i = D_i \times \pi \qquad (3-8)$$

式中　l_i——第 i 根圆钢筋长度，mm；

D_i——用比例法算出的该根钢筋的直径，mm；

π——圆周率。

12. 曲线构件的钢筋

（1）曲线钢筋长度，可用渐近法计算。先建立曲线方程，沿水平方向，分段（愈细精确度愈高）按直线计，然后用勾股定理算出每段长度，并汇总，如图 3-24 所示。

图 3-23 按圆形布筋的圆形
构件钢筋计算

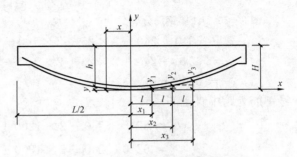

图 3-24 曲线构件钢筋下料长度计算

（2）箍筋高度，可根据已知曲线方程求得，即根据箍筋的间距确定 x 值，代入曲线方程式得 y 值，然后算出该处梁高 h，再扣除上下保护层。

对于外形更为复杂的构件，一般用 1:1 足尺或放小样的办法用尺量得钢筋长度。

（二）钢筋下料长度计算实例

【例 3-1】 某教学楼建筑第一层共有 5 根 L1 梁，梁的配筋如图 3-25 所示，试计算各钢筋下料长度。

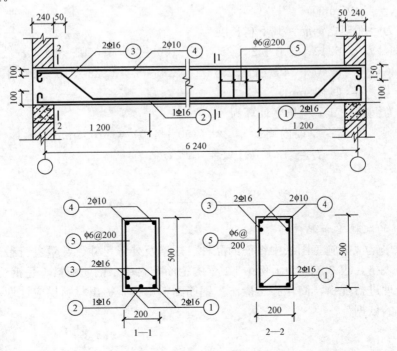

图 3-25 L1 梁配筋图

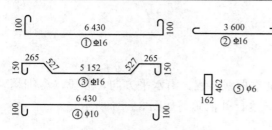

图 3-26　L1 梁钢筋分离图

解　（1）根据图 3-25，L1 梁的配筋图可知，该梁共配有 5 种钢筋，钢筋分离图如图 3-26 所示。

（2）各钢筋下料长度计算如下：

① 号钢筋为下部受拉钢筋，端部保护层厚度为 25mm，其下料长度为

$$l_1 = 6240 + 240 - 2 \times 25 + 2 \times 100 + 2 \times 6.25d - 2 \times 2d$$
$$= 6240 + 240 - 2 \times 25 + 2 \times 100 + 2 \times 6.25 \times 16 - 2 \times 2 \times 16$$
$$= 6766 (\text{mm})$$

② 号钢筋为跨中直钢筋，其下料长度为

$$l_2 = 6240 - 240 - 2 \times 1200 + 2 \times 6.25d$$
$$= 6240 - 240 - 2 \times 1200 + 2 \times 6.25 \times 16$$
$$= 3800 (\text{mm})$$

③ 号钢筋为弯起钢筋，其下料长度分段计算为

两端水平段长度 $= 240 + 50 - 25 = 265 (\text{mm})$

斜段长 $= (500 - 2 \times 25 - 16 - 10 - 2 \times 25) \times 1.41 = 374 \times 1.41 = 527 (\text{mm})$

中间直段长 $= 6240 + 240 - 2 \times 25 - 2 \times 265 - 2 \times 374 = 5152 (\text{mm})$

3 号钢筋下料长度＝外包长度＋弯钩增加长度—弯曲调整值

$$l_3 = 2 \times (150 + 265 + 527) + 5152 + 2 \times 6.25d - 4 \times 0.5d - 2 \times 2d$$
$$= 2 \times (150 + 265 + 527) + 5152 + 2 \times 6.25 \times 16 - 4 \times 0.5 \times 16 - 2 \times 2 \times 16$$
$$= 7140 (\text{mm})$$

4 号钢筋为上部架立钢筋，其下料长度为

$$l_4 = 6240 + 240 - 2 \times 25 + 2 \times 100 + 2 \times 6.25d - 2 \times 2d$$
$$= 6240 + 240 - 2 \times 25 + 2 \times 100 + 2 \times 6.25 \times 10 - 2 \times 2 \times 10$$
$$= 6715 (\text{mm})$$

5 号钢筋为箍筋，其下料长度计算为

箍筋内周长 $= 2 \times (150 + 450) = 1200 (\text{mm})$

$$l_5 = 1200 + 100 = 1300 (\text{mm})$$

箍筋根数

$$n = \frac{6240 + 240 - 2 \times 25}{200} + 1 = 33 (\text{根})$$

（三）钢筋的配料单和配料牌

钢筋配料单是根据施工图纸中钢筋的品种、规格及外形尺寸、数量进行编号，计算下料长度后绘制成表格，表 3-16 为上例中 L1 梁的钢筋配料单。钢筋配料单是钢筋加工的依据，根据配料单合理进行配料，简化施工操作。钢筋配料单也是提出材料供应计划，签发任务单和限额领料单的依据。

表 3-16 L1 梁 的 钢 筋 配 料 单

项次	构件名称	钢筋编号	简 图	直径(mm)	钢号	下料长度(mm)	单位根数	合计根数	重量(kg)
1		①	100 ⌐‾6430‾⌐ 100	16	φ	6766	2	10	106
2		②	‾3600‾	16	φ	3800	1	5	30
3	L1 梁计 5 根	③	150 265 527 5152 527 265 150	16	φ	7140	2	10	112
4		④	100 ⌐‾6430‾⌐ 100	10	φ	6715	2	10	42
5		⑤	462 162	6	φ	1300	33	165	48

合计: $\phi6$：48kg $\phi10$：42kg $\phi16$：248kg

在钢筋施工过程中除应编制钢筋配料单外。还要根据配料单将每一编号的钢筋制作一块料牌。料牌可用 100mm×70mm 的薄木板、（竹片）或纤维板等制成。料牌随钢筋加工工艺传送、最后系在加工好的钢筋上作为标志，因此料牌必须严格校核，准确无误，以免返工浪费。

五、钢筋的现场代换

在施工过程中，由于钢筋供应不及时，其级别、种类和直径不能满足设计要求时，为确保施工质量和进度，往往提出钢筋变更代换的问题。

（一）钢筋现场代换的原则

1. 等强度代换

当构件受强度控制时，钢筋可按强度相等原则进行代换，即代换后钢筋强度应大于等于代换前钢筋强度。计算公式如下

$$n_2 \cdot \frac{\pi}{4}d_2^2 \cdot f_{y2} \geqslant n_1 \cdot \frac{\pi}{4}d_1^2 \cdot f_{y1}$$

整理得

$$n_2 \geqslant \frac{n_1 d_1^2 f_{y1}}{d_2^2 f_{y2}} \tag{3-9}$$

式中 n_1，n_2——钢筋代换前、后的钢筋根数；

d_1，d_2——钢筋代换前、后的钢筋直径，mm；

f_{y1}，f_{y2}——钢筋代换前、后的抗拉强度设计值，N/mm²。

2. 等面积代换

当构件按最小配筋率配筋时，钢筋可按面积相等原则进行代换，即代换后钢筋截面面积应大于等于代换前钢筋截面面积。计算公式如下

$$n_2 \cdot \frac{\pi}{4}d_2^2 \geqslant n_1 \cdot \frac{\pi}{4}d_1^2$$

整理得

$$n_2 \geqslant \frac{n_1 d_1^2}{d_2^2} \tag{3-10}$$

式中符号意义同上。

3. 其他

当构件受裂缝宽度或挠度控制时，代换后应进行裂缝宽度或挠度验算（见钢筋混凝土结构计算）。

（二）钢筋现场代换实例

【例 3 - 2】 现有一根 400mm 宽的现浇钢筋混凝土梁，原设计的底部纵向受力钢筋采用直径为 22mm 的 HRB335 级钢筋，共计 9 根，分两排布置，底排为 7 根，上排为 2 根。现拟改用直径为 25mm 的 HRB400 级钢筋，求所需钢筋根数及其布置。

解 本题属于直径不同、强度等级不同的钢筋代换，按公式（3 - 9）计算

$$n_2 \geqslant \frac{n_1 d_1^2 f_{y1}}{d_2^2 f_{y2}} = \frac{9 \times 22^2 \times 300}{25^2 \times 360} = 5.81（根），取 6 根$$

按一排布置，其布筋最小宽度为

$$(7 + 6) \times 25 = 325（mm）< 400mm$$

满足梁宽度要求，且钢筋由双排变为单排，增大了代换钢筋的合力点至构件截面受压边缘的距离 h_0，有利于提高构件的承载力。

（三）钢筋现场代换的注意事项

钢筋代换时，必须充分了解设计意图和代换材料性能，并严格遵守现行钢筋混凝土结构设计规范的各项规定；凡重要结构中的钢筋代换，应征得设计单位同意。

（1）对某些重要构件，如吊车梁、薄腹梁、桁架下弦等，不宜用 HPB300 级光圆钢筋代替 HRB335 和 HRB400 级带肋钢筋。

（2）钢筋代换后，应满足配筋构造规定，如钢筋的最小直径、间距、根数、锚固长度等。

（3）同一截面内，可同时配有不同种类和直径的代换钢筋，但每根钢筋的拉力差不应过大（同品种钢筋的直径差值一般不大于 5mm），以免构件受力不匀。

（4）梁的纵向受力钢筋与弯起钢筋应分别代换，以保证正截面与斜截面强度。

（5）偏心受压构件（如框架柱、有吊车厂房柱、桁架上弦等）或偏心受拉构件作钢筋代换时，不取整个截面配筋量计算，应按受力面（受压或受拉）分别代换。

（6）当构件受裂缝宽度控制时，如以小直径钢筋代换大直径钢筋，强度等级低的钢筋代替强度等级高的钢筋，则可不作裂缝宽度验算。

六、钢筋加工

钢筋加工包括调直、除锈、下料剪切、接长、弯曲成型等。

1. 钢筋的调直

钢筋调直可采用锤直、板直、冷拉调直及调直机调直等方法。

采用冷拉调直时，其冷拉率，HPB300 级钢筋不宜大于 4%；HRB335 级、HRB400 级和 RRB400 级钢筋不宜大于 1%。

冷拔低碳钢丝及直径 14mm 内的细钢筋可采用调直机调直。工程中常用的调直机为 GT3/8 型，该机同时具有切断功能。

2. 钢筋的除锈

经冷拔、冷拉或调直机调直的钢筋，一般不必除锈。未经冷拔、冷拉的钢筋或经冷拔、冷拉、调直后保管不良而锈蚀的钢筋，应进行除锈。常用的除锈方法有手工除锈、机械除

锈、喷砂除锈、化学除锈等方法。

3. 钢筋的切断

钢筋按计算的下料长度下料划线后，应进行钢筋的切断。钢筋的切断方法有：手动切断器（剪切直径 12mm 内的钢筋）、钢筋切断机（剪切直径 40mm 内的钢筋）、手动液压切断机（剪切直径 16mm 内的钢筋）。缺乏剪切机设备时，可采用氧—乙炔焰切割。

4. 钢筋的弯曲成型

切断后的钢筋应按图纸要求，进行弯曲成型。常用弯曲成型的方法有手动扳手弯曲和钢筋弯曲机弯曲。钢筋弯曲成型的顺序是：准备工作→画线→作样件→弯曲成型。

（1）准备工作。钢筋弯曲前的准备工作主要是钢筋下料长度计算、编制钢筋配料单和制作配料牌。

（2）画线。在弯曲成型之前，应熟悉待加工钢筋的规格、形状和各部尺寸，确定弯曲操作步骤及准备工具等。然后根据钢筋的弯曲类型、弯曲角度、弯曲半径、扳距等因素，分别计算各段尺寸，根据各段尺寸在待弯曲钢筋上画线。

（3）作样件。弯曲钢筋画线后，即可试弯 1 根，以检查画线的结果是否符合设计要求。如不符合，应对弯曲顺序、画线、弯曲标志、扳距等进行调整，待调整合格后方可成批弯制。

（4）弯曲成型。小直径钢筋一般采用手工弯曲为主。对于直径较大的钢筋或多根钢筋弯曲时，常采用弯曲机弯曲，如图 3-27 所示为弯曲机操作过程。

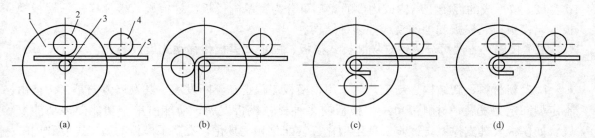

图 3-27　弯曲机操作过程

(a) 准备；(b) 弯 90°直弯；(c) 弯 180°半圆；(d) 结束

1—工作盘；2—成型轴；3—心轴；4—挡铁轴；5—钢筋

七、钢筋的检查与验收

钢筋工程质量检验项目主要包括：钢筋原材料、钢筋加工、钢筋连接和钢筋安装等。钢筋工程属于隐蔽工程，在浇筑混凝土前应对钢筋及预埋件进行验收，并做好隐蔽工程记录。

现场钢筋安装完毕后，检查的主要内容包括下列方面：

（1）根据设计图纸检查钢筋的钢号、直径、形状、尺寸、根数、间距和锚固长度是否正确，特别要注意检查负筋的位置。

（2）检查钢筋接头的位置及搭接长度、接头数量是否符合规定。

（3）检查混凝土保护层是否符合要求。

（4）检查钢筋绑扎是否牢固，有无松动、变形等现象。

（5）钢筋表面不允许有油渍、漆污和颗粒状（片状）铁锈。

（6）安装钢筋时的允许偏差是否在规范规定范围内。

第三节　模　板　工　程

模板是新浇混凝土结构构件成型的模具。在施工中模板应构成稳定的结构系统，以承受多种荷载的作用。其主要组成由模板和支撑系统两部分构成。

模板工程施工包括：模板的选材、选型、结构设计、制作、安装和拆除等工序。

一、模板工程简介

（一）模板的要求及类型

1. 模板及其支撑系统的基本要求

（1）能保证成型后的混凝土结构或构件的形状、尺寸和相互间位置的正确性。

（2）有足够的强度、刚度和稳定性。

（3）接缝应严密、不漏浆。

（4）构造简单、装拆方便、便于后续工序施工。

（5）材料价格低廉、用料经济。

2. 常用模板的类型

（1）按构成材料可分为：木模板、钢模板、竹模板、钢木模板、胶合板模板、塑料模板、铝合金模板、玻璃钢模板、钢丝网水泥模板、钢筋混凝土模板等多种材料。

（2）按形成的混凝土结构或构件的类型可分为：基础模板、柱模板、楼梯模板、楼板模板、墙模板、壳模板和烟囱模板等多种结构。

（3）按施工方法可分为：现场装拆式模板、固定式模板和移动式模板等。

3. 模板的发展

随着新材料、新结构、新工艺的采用，模板工程也在不断发展，其发展方向是：构造由不定型向定型发展；材料由单一木模板向多种材料模板发展；功能由单一功能向多功能发展。如模板及其支撑系统逐步实现定型化、装配化和工具化，提高了模板的施工进度和周转率，降低了工程成本。尤其是近年来，采用大模板、滑升模板、爬升模板施工工艺，以整间大模板代替普通模板进行混凝土墙、板施工，大大提高了工程质量和施工机械化程度。

（二）木模板

木模板一般预先加工成拼板，然后在现场进行拼装，如图 3-28 所示。拼板板条厚度一般为 25～30mm，宽度不宜超过 200mm（工具式模板不超过 150mm），以保证干缩时缝隙均匀，湿水后易于密缝。拼条间距一般为 400～500mm，根据混凝土的侧压力和板条厚度确定。木模板加工方便，可支设基础、柱、梁、板、楼梯、阳台等多种结构的模板，适应各种复杂形状的需要。但周转率低，耗木材多，在现代结构施工中使用量逐步减少，仅用于支撑复杂形状结构的模板。

（三）组合钢模板

钢模板的保水性好，强度刚度较大，周转次数多，使用寿命长。具有组装后尺寸偏差小，接缝严密，拆模后表面平整光滑等多项优点。因此，在目前施工现场应用较为广泛。

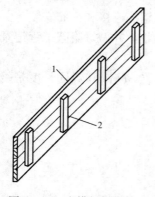

图 3-28　木模板拼板构造
1—板条；2—拼条

组合钢模板可以拼成不同结构、不同尺寸、不同形状的模板，以适应基础、柱、梁、板、墙等不同结构施工的需要。

组合钢模板由钢模板、连接件及支承件组成。

1. 钢模板

钢模板由平面模板、阳角模、阴角模及连接角模构成，如图3-29所示。

平面模板（代号为P）：平面模板由面板、边框、纵横肋构成，如图3-29所示。边框与面板常用2.5～3.0mm厚钢板一次轧制而成，纵横肋用3mm扁钢，边框上开有连接孔。平板模板的长度有1500mm、1200mm、900mm、750mm、600mm、450mm六种规格，宽度有300mm、250mm、200mm、150mm、100mm五种规格，可组成不同尺寸的模板。

阳角模（代号为Y）、阴角模（代号为E）和连接角模（代号为J）统称为角模板，如图3-29所示。阳角模和阴角模的角部为弧形，它主要用于结构的阴阳角处，并起着连接两侧平面模板的作用，可使转角处为弧形过渡。连接角模主要用于连接两块成垂直角度的平面模板。角模长度应与平面模板长度匹配。

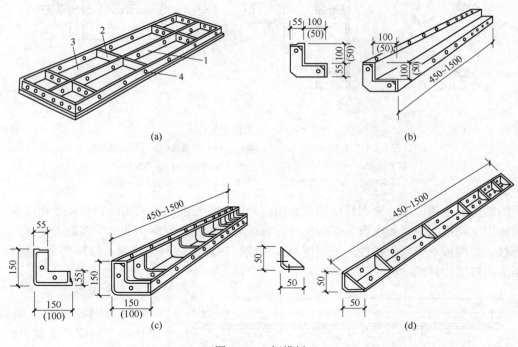

(a)   (b)

(c)   (d)

图3-29 钢模板

(a) 平面模板；(b) 阳角模；(c) 阴角模；(d) 连接角模

1—中纵肋；2—中横肋；3—面板；4—插销孔

2. 连接件

组合钢模板的连接件主要有U形卡、L形插销、钩头螺栓、紧固螺栓、对拉螺栓及扣件等，如图3-30所示。

U形卡用于相邻模板的拼接，其安装距离不大于300mm，即每隔一孔卡插一个。L形插销用于插入钢模板端部横肋的插销孔内，以加强两相邻模板接头处的刚度和保证接头处板面平整。钩头螺栓用于钢模板与内外钢楞的加固，安装间距一般不大于600mm，长度应与

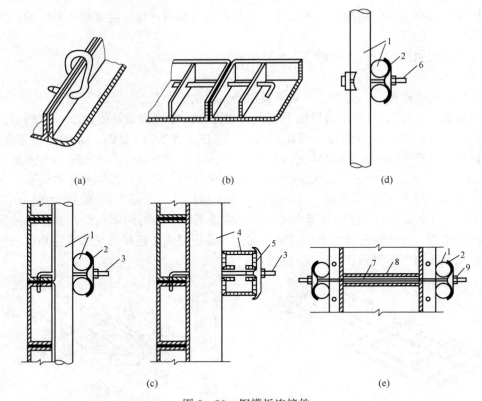

图 3-30　钢模板连接件

（a）U 形卡；（b）L 形插销；（c）钩头螺栓；（d）紧固螺栓；（e）对拉螺栓

1—钢管钢楞；2—"3"字形扣件；3—钩头螺栓；4—内卷边槽钢钢楞；

5—蝶形扣件；6—紧固螺栓；7—对拉螺栓；8—塑料套管；9—螺母

采用的钢楞尺寸相适应。紧固螺栓用于紧固内外钢楞，长度应与采用的钢楞尺寸相适应。对拉螺栓用于连接墙壁两侧模板，保持模板与模板之间的设计厚度，并承受混凝土侧压力及水平荷载，使模板不变形。扣件用于钢楞与钢楞或与钢模板之间的扣紧，按钢楞的不同形状，分别采用蝶形扣件或"3"字形扣件。

3. 支承件

组合钢模板的支承件包括柱箍、钢楞、支架、斜撑、钢桁架等。

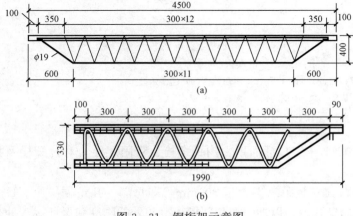

图 3-31　钢桁架示意图

（a）整榀式钢桁架；（b）组合式钢桁架

如图 3-31 所示，为工程中较常用的两种钢桁架。其两端可支承在钢筋托具或钢支撑等横梁上，用以支承梁或板的底模板等架空部位。图 3-31（a）为整榀式钢桁架，可用角钢和圆钢制成，其承载力约为 30kN；图 3-31

(b) 为组合式钢桁架,可调范围为 2.5～3.5m,可用角钢、钢管和圆钢制成,其承载能力约为 20kN。

二、大模板

大模板是指单块模板的高度相当于楼层的层高、宽度约等于房间的宽度或进深的大块定型模板,在高层建筑施工中可用作混凝土墙体侧模。

大模板由于简化了模板的安装和拆除工序,工效高、劳动强度低、墙面平整、质量好,因而在钢筋混凝土剪力墙结构的高层建筑中得到广泛的应用,并已逐步形成一种工业化建筑体系。大模板施工的结构体系有:

(1) 全现浇结构。内外墙均用大模板现浇混凝土,而楼板、隔墙、楼梯等为预制吊装。

(2) 内浇外挂结构。纵横内墙用大模板现浇,而外墙板、隔墙板、楼板等为预制吊装。

(3) 内浇外砌结构。纵横内墙用大模板现浇,外墙用砖或砌块砌筑,楼板等为预制吊装。

(一)大模板的构造组成

大模板由面板、加劲肋、竖楞、支撑桁架、稳定机构和附件组成,如图 3-32 所示。

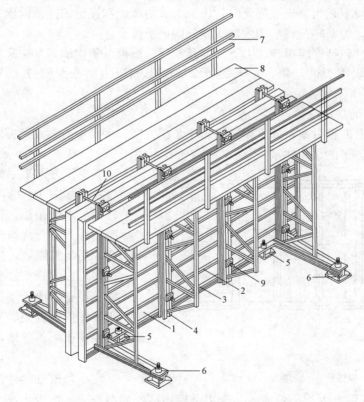

图 3-32 大模板的构造示意图

1—面板;2—水平加劲肋;3—支撑桁架;4—竖楞;5—调整水平用的螺旋千斤顶;

6—调整垂直用的螺旋千斤顶;7—栏杆;8—脚手板;9—穿墙螺栓;10—卡具或穿墙螺栓

面板直接与混凝土接触,要求表面平整、刚度好。通常用钢板或胶合板制作。钢面板根据加劲肋的布置,一般应采用不小于 5mm 厚的钢板拼焊而成。胶合板面板常采用七层或九层胶合板,板面用树脂处理,可重复使用 50 次以上。

加劲肋的作用是用来固定面板，并将混凝土的侧压力传给竖楞。加劲肋分水平肋和垂直肋。面板按双向设计时，则设垂直肋和水平肋，面板按单向板设计时，仅设水平肋。加劲肋采用∟65角钢或〔65槽钢制作，间距一般为300～600mm。其计算简图为以竖楞为支承点的连续梁，设计时应考虑与面板共同工作，以减少耗钢量和减轻模板重量，一般按组合截面计算截面抵抗矩，验算强度和挠度。

竖楞是穿墙螺栓的固定支点，承受由模板传来的水平力和垂直力。一般用两根背靠背的〔65或〔80槽钢制作，间距为1～1.2m，其计算简图为以穿墙螺栓为支点的连续梁。计算时按面板、竖向加劲肋和竖楞共同工作，以组合截面进行验算。

支撑桁架的作用是承受水平荷载，通过螺栓或焊接与竖楞连接，可用圆钢、角钢或钢管等杆件制成，如支撑桁架的横撑和竖撑常采用∟50×5角钢，斜撑常采用∟50×4角钢等。

稳定机构是大模板的重要组成部分，由水平与垂直调节螺旋千斤顶组成，其作用是将大模板的自重及其所承担的荷载传递给地面或楼板，以保证模板的垂直度和稳定性。拆模时，可利用垂直调节螺旋千斤顶使模板倾斜脱模。

操作平台的设置是为浇筑混凝土时，施工人员的行走和操作的方便设置的。操作平台支撑在支撑桁架上，为减轻荷载可用木制或钢制脚手板铺设。

大模板的附件包括穿墙螺栓、上下口卡具及门窗框模板等构成。其中穿墙螺栓是加强模板刚度，控制两块模板的间距，并承受新浇混凝土侧压力的主要附件，一般选用$\phi30$的Q235A的钢材制作。

（二）大模板的组合方案

大模板组合有四种方案，即平模方案、小角模方案、大角模方案及筒模方案。选用方案时应依据大模板施工的结构体系。

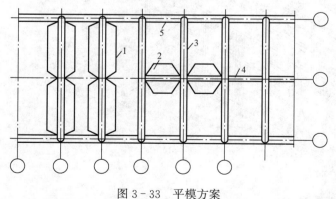

平模方案是一整面墙采用一块模板，如图3-33所示。该方案墙转角处不设角模，纵、横墙体的混凝土分开进行浇筑，一般先浇筑横墙，后浇筑纵墙，从而增加了施工程序，影响施工效率。其优点是墙面较平整，便于接缝处理，模板的组装和拆卸方便，分层分段施工时能保证模板不落地，加快了模板的周转。

图3-33　平模方案

1—横墙平模；2—纵墙平模；3—横墙；4—纵墙；5—预制外墙板

小角模方案是在墙的转角处用∟100×10角钢或用方木作小角模，其余用平模连接，如图3-34所示为小角模与平模组合的平面布置及不带合页的小角模构造。该方案墙面接缝较多，阴阳角不够平整；且小角模拆除和搬运要靠人工进行，劳动强度大。其优点是纵、横墙可以同时浇筑，使混凝土浇筑能够连续进行，简化施工程序，且结构的整体性好。

大角模方案是一个房间的内模采用四个大角模，如图3-35（b）所示；对于长方形房间，中间还可配平模，如图3-35（a）所示，以此形成一个封闭的体系。如图3-36所示为大角模的构造示意图。该方案纵、横墙可同时浇筑，整体性好，墙体阴角方整，但接缝在中部，墙面平整度较差，且大角模构造比小角模构造复杂，装拆、清理较费时，故目前较少采用。

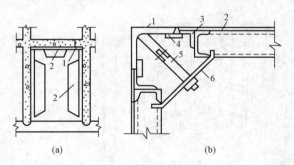
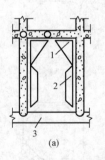
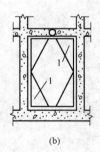

图 3-34　小角模方案

(a) 小角模与平模组合（平面布置）；(b) 不带合页的小角模

1—小角模；2—平模；3—连接角钢；4—连接扁铁；5—拉杆；6—压板

图 3-35　大角模方案平面组合

(a) 大角模与平模组合；(b) 大角模组合

1—大角模；2—平模；3—预制外墙板

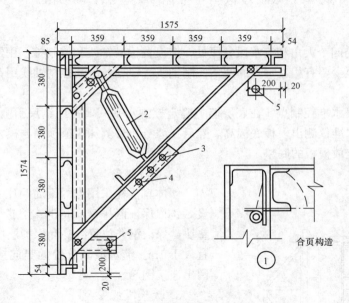

图 3-36　大角模的构造示意图

1—合页；2—花篮螺栓；3—固定销子；4—活动销子；5—调整用螺旋千斤顶

筒模方案是将一个房间四面墙的内模板连成整体形成筒状，整体装拆和吊运。如图 3-37 所示，为工程中常用的组合式铰接筒模构造。该方案适用于平面尺寸较小的房间（如电梯井、管道井等）作内模。

（三）大模板的施工

为了提高模板的利用率，避免施工中大模板在地面和施工楼层间上、下升降，大模板施工应划分流水段，组织流水施工，使拆卸后的大模板清理后即可安装到下一段的施工墙体上。

不同结构体系的大模板施工顺序稍有不同，现以内、外墙全现浇结构体系为例，大模板混凝土施工一般按以下工序进行：

抄平放线→敷设钢筋→固定门窗框→安装模板→浇筑混凝土→养护混凝土→拆除模板→修整混凝土墙面→养护混凝土。

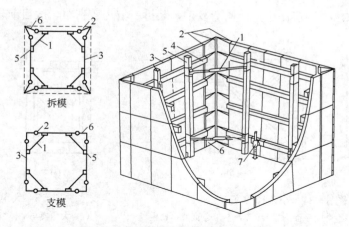

图 3-37　组合式铰接筒模构造示意图

1—脱模器；2—铰链；3—模板；4—横龙骨；5—竖龙骨；6—三角铰；7—支脚

1. 抄平放线

在每栋房屋的四个大角和流水段分段处，应设置标准轴线和控制桩。用经纬仪引测出各楼层的控制轴线，至少要有相互垂直的两条控制轴线。根据各层的控制轴线用钢尺放出墙体位置线和大模板的边线。

每层房屋应设水准控制点，在底层墙上确定控制水平线，并用钢尺引测出各层水平标高。在墙身线外侧用水准仪测出模板底标高，然后在墙身线外侧抹两道顶面与模板底标高一致的水泥砂浆带，作为支放模板的底垫。

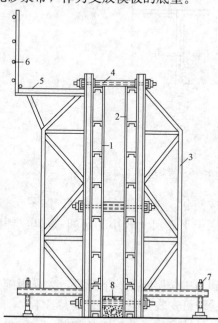

图 3-38　内墙大模板组装构造示意图

1—正号大模板；2—反号大模板；3—支撑桁架；4—穿墙螺栓；5—操作平台；6—栏杆；7—调整垂直用的螺旋千斤顶；8—混凝土导墙块

2. 敷设钢筋

墙体宜优先采用点焊钢筋网片。双排钢筋之间应设 S 钩以保证两排钢筋间距。钢筋与模板间应设砂浆垫块，保证钢筋位置准确和保护层厚度，垫块间距不宜大于 1m。流水段划分处的竖向接缝应按设计要求留出连接钢筋。

3. 大模板的安装

大模板安装前应进行编号并涂刷脱模剂。常用的脱模剂有甲基硅树脂脱模剂、皂角脱模剂、机柴油脱模剂等。

大模板的组装顺序，应先组装横墙第 2、3 轴线的模板和相应内纵墙的模板，形成框架后再组装横墙第一轴线的内模及相应纵模，然后依次组装第 4、5 等轴线的横墙和纵墙的模板，最后组装外墙外模板。每间房间的组装顺序为先组装横墙模板，然后组装内纵墙模板，最后插入角模。

内墙大模板组装：如图 3-38 所示，为内墙大模板组装构造示意图。组装时，先用塔吊将模板吊运至墙边线附近，模板斜立放稳。在墙边线内放置预制的混凝土导墙块，间距1.5m左右，一块大模板不得少于2块导墙块。将正号大模板贴紧墙身边线，利用调整螺栓将模板调整竖直，同时检查和调整两个方向的垂直度，然后临时固定。另一侧反号大模板也同样立好后，随即在两侧模板之间旋入穿墙螺栓及套管加以固定。

外墙大模板组装：在纵、横内墙大模板和角模安装好后，内墙大模板形成一个整体。然后即可安装外墙大模板。先安装外墙内模板，其安装方法与内墙正号大模板相同，并与内墙大模板连接固定。外墙的外模板连接一般是在内墙大模板的竖楞上焊一槽钢横梁，用其将外模板悬挂在内模板上，如图3-39所示。亦可将外模板支承在附墙式外脚手架上，如图3-40所示。

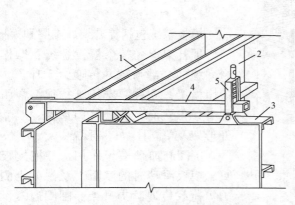 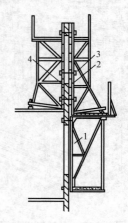

图3-39 外墙外模板悬挑式构造示意图
1—外墙外模板；2—外墙内模板；3—内墙模板；
4—槽钢横梁；5—调整用螺旋千斤顶

图3-40 外模支承在附墙脚手架上
1—附墙脚手架；2—外模板；
3—穿墙螺栓；4—内模板

4. 混凝土浇筑

混凝土浇筑前，宜先浇灌一层厚5～10cm，成分与混凝土内砂浆成分相同的砂浆。墙体混凝土的浇筑应分层连续进行，每层浇筑厚度不得大于60cm，每层浇筑时间不应超过2h或根据水泥的初凝时间确定。混凝土浇筑到模板上口应随即找平。

为使流水段连续作业，大模板一般每天周转一次，为此混凝土搅拌时往往需掺用早强剂。常用的早强剂有三乙醇胺复合剂和硫酸钠复合剂等。

如采用预制楼板，墙体混凝土强度应达到$4N/mm^2$以上。如提前安装楼板，必须采取措施支撑楼板。

5. 大模板的拆除

在常温条件下，墙体混凝土强度必须达到$1N/mm^2$时方可拆模。拆模时应先拆除连接附件，再旋转底部调整螺栓，使模板后倾与墙体脱离，经检查各种连接附件拆除后，方可起吊模板。应注意任何情况下，不得在墙上口晃动、撬动或用大锤砸模板。

模板直接吊往下一流水段进行支模，或在下一流水段的楼层上临时停放，以清除板面上的水泥浆，涂刷脱模剂。

三、滑升模板

滑升模板施工，是在构筑物或建筑物底部，沿墙、柱、梁等构件的周边组装高1.2m左右的模板，随着向模板内不断地分层浇筑混凝土，用液压提升设备使模板不断地沿埋在混凝土中的支承杆向上滑升，直到需要浇筑的高度为止。用滑升模板施工，可以节约模板和支撑材料、加快施工速度，结构的整体性较好。但模板一次性投资多、耗钢量大，对建筑的立面造型和构件断面变化有一定的限制。尤其是滑模施工时应连续作业，对施工组织要求较严格。

在我国滑升模板主要用于现浇高耸的构筑物和高层建筑物的施工，如烟囱、筒仓、电视塔、竖井、沉井、双曲线冷却塔及剪力墙体系和筒体体系的高层建筑墙体等。

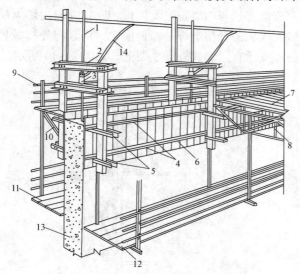

图 3-41　滑升模板装置组成示意图
1—支承杆；2—提升横梁；3—液压千斤顶；4—围圈；
5—围圈支托；6—模板；7—操作平台；8—平台桁架；9—栏杆；
10—外挑三脚架；11—外吊脚手架；12—内吊脚手架；
13—混凝土墙体；14—油管

（一）滑升模板的组成

滑升模板装置由模板系统、操作平台系统、提升系统以及施工精度控制系统等部分组成，如图 3-41 所示。

1. 模板系统

模板系统包括提升架、围圈和模板。

提升架承受整个模板系统和操作平台系统的全部荷载并传递给千斤顶。一般由横梁、立柱、支托等构成。常用的提升架形式有：双立柱门形架、双立柱开形架及单立柱"Γ"形架。

围圈起加劲模板作用，并把模板自重、模板滑动时的摩阻力及混凝土侧压力等荷载传递给提升架。围圈通常设上下两道，间距一般为 500～700mm，上围圈距模板上口不宜大于 250mm，下围圈距模板下口 250～300mm。

模板采用薄钢板压边成型或采用薄钢板加焊角钢、扁钢边框制成。薄钢板厚度一般为 1.5～3.0mm，边框采用∟30×4、∟40×4 的角钢或 40mm×4mm 扁钢。模板宽度 150～500mm，高度一般为 900～1200mm，较常采用 1200mm 高度的模板。

2. 操作平台系统

操作平台系统包括主操作平台、外挑脚手架、吊脚手架等。操作平台供绑扎钢筋、浇筑混凝土、提升模板等作业时，堆放材料和施工操作之用。在施工需要时，还可设置辅助平台或设置随升垂直运输设施等。吊脚手架主要供装饰混凝土表面、检查混凝土质量、调整和拆除模板等操作之用。

3. 提升系统

提升系统包括支撑杆、千斤顶和提升动力装置。

支承杆又称爬杆，它既是千斤顶向上爬升的轨道，又是滑动模板装置的承重支柱，承受着施工过程中的全部荷载。支承杆一般采用直径为 25mm 的圆钢筋或 25～28mm 的螺纹钢筋，其长度一般为 3～5m，当支承杆接长时，其相邻的接头要互相错开，使在同一标高上的接头数量不超过 25%。支承杆的连接方法有丝扣连接、棒接和焊接三种。为节约钢材和投资，应尽量采用加套管的工具式支承杆。

液压千斤顶常采用小吨位的穿心式液压千斤顶，主要型号有：HQ-3、GYD-35 和 QYD-35 型等，起重能力为 30～35kN。行程为 35～40mm，最大工作压力 8N/mm²，工作卡头有滚珠式和卡块式两种。

提升动力装置包括：油泵、油路等。油路布置应采用并联式，且应使各路油管的长度基本相同。

4. 施工精度控制系统

施工精度控制系统包括：千斤顶同步、建筑物轴线和垂直度等的控制与观测设施等。千斤顶同步控制装置可采用限位卡挡、激光控制仪、水平自动控制装置等，滑模过程中，要求各千斤顶的相对标高之差不得大于 40mm，相邻两个提升架上千斤顶的升差不得大于 20mm。垂直度观测可用激光铅直仪、经纬仪等。

（二）滑升模板的组装

（1）搭设组装平台；

（2）安装提升架，校正横梁水平及中心线，校正立柱中心线及垂直度，立柱下用木楔楔紧；

（3）安装围圈，调整倾斜度；

（4）安装一侧模板（外墙安装内侧模板），宜先安装角模，再安装其他模板；

（5）绑扎竖向钢筋及提升架横梁以下部位的水平筋，安设预埋件及预留孔洞的胎模；当采用工具式支承杆时，对支承杆套管的下端进行包扎；

（6）安装内墙另一侧模板及外墙的外侧模板；

（7）安装操作平台的桁架、梁、支撑及平台铺板；

（8）安装外挑架、平台铺板、安全护栏；

（9）安装液压提升系统、随升井架、水电、通信、信号、精度观测及控制装置，分别编号、检查、验收；

（10）液压系统试验合格后，安装支承杆；

（11）安装内外吊脚手架，挂安全网，当在地面上组装滑模装置时，应待模板滑升至适当高度（3m 左右），再安装内外吊脚手架。

（三）滑升模板施工工艺

高层建筑采用滑升模板施工的是竖向结构（墙体和柱），其施工工艺按楼板做法的不同可分为：墙体滑模、楼板并进，墙体先滑、楼板跟进，楼板配合墙体随滑随浇，先滑墙体、楼板降模四种施工工艺。

1. 墙体滑模、楼板并进施工工艺

该工艺的施工程序为：墙体滑浇至板底标高→墙体空滑、绑扎钢筋→墙面检修、模板清理→内模板脱空、下口平楼面标高、停滑→吊开活动平台板→楼板及阳台支模、绑筋、隐检→浇筑混凝土→内模板下口处安装 L 形堵板→吊上层楼板的模板及支撑→封闭活动平台板→安装上一层门窗口模板、墙体竖向筋接长→上层墙体滑模→……

该施工工艺的特点是，楼板与墙体连成一体，结构整体性好，施工进度快，工期短，3d可完成一个结构层，滑完 5～6 层结构后，内装修、门窗安装、水电暖安装即可提前插入，有利于整幢建筑的交付使用。该工艺存在的问题：

（1）模板下口滑至楼面标高时，支承杆长细比偏大，因此支承杆的布置应考虑间距密一些，同时施工中应注意支承杆的加固；

（2）在内模板全部脱空的情况下，支承杆长细比偏大，上部混凝土强度较低，对支承杆嵌固作用较差，因此在高空风力作用下平台容易失稳；

（3）耗工较多，劳动强度大，每层楼板的模板、支撑，其支拆及层层向上翻运，劳动力消耗较多。

当楼板为预制楼板时，则在模板脱空一段高度后，从模板下口与墙体混凝土之间的空档插入预制楼板。这种工艺用于框剪结构时，框架梁可与墙柱同时滑浇至楼板底。

2. 墙体先滑、楼板跟进施工工艺

该工艺的施工程序为：墙体滑浇、预留连接楼板的胡子筋或孔洞→滑过后找出胡子筋并扳正→墙体向上滑浇 3～5 个楼层→楼板支模、绑筋、隐检→楼板浇筑混凝土。

该工艺楼板施工与墙体滑升没有直接关系，工序安排时间比较充裕，楼板一次抹光质量较好，内墙装修及水电安装可提前插入；楼板的模板可采用定型台板或 H 型支架，使拆装工作量减少。但耗钢量多，一次性投入较大。

3. 楼板配合墙体随滑随浇施工工艺

这种作法是在墙体两侧的楼板钢筋绑好后，滑浇墙、柱，利用墙柱滑浇的时间继续施工楼板。其施工程序为：墙、柱滑浇至梁底→墙、柱及框架梁滑浇至楼板底→柱继续滑浇、墙梁空滑至内模下口平楼面标高→剪力墙两侧的楼板支模、绑筋→墙、柱浇浇、梁空滑，留出楼板施工缝→框架梁两侧的楼板支模、绑筋，墙、柱滑浇至上层楼板底→浇筑楼板混凝土。

该工艺的特点，是墙体上不预留连接楼板的胡子筋或孔洞（键槽），楼板钢筋事先绑好，墙体滑模时即将楼板端部钢筋浇筑于墙内，从而留出楼板施工缝。由于楼板系配合墙体随滑随浇，而不是滑几层后再浇楼板，因此墙体滑升时不需要预留较密较大的孔洞，不需要预留锚固筋及绑扎加强钢筋，从而减少了施工工序。内墙面的修整等项工作，一部分可在楼板上进行，操作平台下不需要串挂双层吊架，减少了高空作业量。

4. 先滑墙体、楼板降模施工工艺

将建筑物分为若干个降模段，每个降模段一般为 10 层，当墙体滑升到 10 层以上时，将事先在底层每个房间组装好的降模平台，利用卷扬机提升至 10 层，再用吊杆悬吊在墙体预留孔洞中，即可施工该层楼板。待楼板混凝土达到拆模强度的要求时，将降模平台下降至下层楼板的位置，施工下层楼板，直至该段内楼板全部完成。

楼板降模施工工艺机械化程度高，耗用的钢材及模板量较少，垂直运输量较少，劳动强度较低，楼层地面也可一次抹光。但在墙体滑升期间，建筑物没有横向结构连接，结构刚度较差；施工周期也较长。此外，降模施工高空作业量大，安全问题较多，而且内装修及水电作业不能提前插入。

（四）滑升模板的滑升施工工艺

模板组装完毕并经检查，符合组装质量要求后，即可进入滑模施工阶段。在滑模过程中，绑扎钢筋、浇筑混凝土、滑升模板这三个工序相互衔接，循环往复，连续进行。

模板滑升可分为初滑、正常滑升、末滑三个主要阶段。

初滑阶段是指工程开始时进行的初次提升模板阶段（包括在模板空滑后的首次继续滑升）。初滑阶段主要对滑模装置和混凝土凝结状态进行检查。其基本做法是：混凝土分层浇筑到模板高度的 2/3（分层浇筑厚度 200～300mm，分层间隔时间小于混凝土凝结时间），当第一层混凝土的强度达到出模强度时，进行试探性的提升，即将模板提升 1～2 个千斤顶行程 30～60mm，观察并全面检查液压系统和模板系统工作情况。试升后，每浇筑 200～300mm 高度，再提升 3～5 个千斤顶行程，直至浇筑到距模板上口 50～100mm 即转入正常滑升阶段。

正常滑升阶段是指经过初滑阶段后，浇筑混凝土、绑扎钢筋和提升模板这三个主要工序处于有节奏循环操作中，混凝土浇筑高度保持与提升高度相等，并始终在模板上口约300mm内操作。

在正常滑升阶段，模板滑升速度是影响混凝土施工质量和工程进度的关键因素。原则上滑升速度应与混凝土凝固程度相适应，并应根据滑模结构的支撑情况来确定。当支撑杆不会发生失稳时（少数情况，如支撑杆经特别加固等），滑升速度可按混凝土强度来确定；当支撑杆受压可能会发生失稳时，滑升速度由支撑杆的稳定性来确定。在正常气温条件下，滑升速度一般控制在150～300mm/h范围内。

末滑阶段是混凝土的最后浇筑阶段，模板滑升速度应比正常速度稍慢。混凝土浇完后，尚应继续滑升，直至模板与混凝土脱离不致被粘住为止。

四、模板的设计计算

在施工过程中，当遇到一些特殊结构、新型体系的模板或超出适用范围的模板，应对模板进行设计和验算，以确保安全、保证质量。

模板结构设计的内容包括选型、选材、荷载计算、结构设计、绘制模板施工图以及拟定制作、安装，拆除方案等。现就模板的基本计算介绍如下。

（一）模板的荷载

在计算模板及支架时，主要考虑的荷载数值如下。

1. 模板及支架自重

该项荷载应根据模板设计图纸确定。肋形楼板及无梁楼板模板自重，可参考下列数据：

（1）平板的模板及小楞：定型组合钢模板 $0.5kN/m^2$、木模板 $0.3kN/m^2$；

（2）楼板模板（包括梁模板）：定型组合钢模板 $0.75kN/m^2$、木模板 $0.5kN/m^2$；

（3）楼板模板及支架（楼层高≤4m）：定型组合钢模 $1.1kN/m^2$、木模板 $0.75kN/m^2$。

2. 新浇筑混凝土的重量

普通混凝土用 $24kN/m^3$，其他混凝土根据实际湿重度确定。

3. 钢筋重量

根据工程图纸确定。一般梁板结构每立方米钢筋混凝土的钢筋重量：楼板1.1kN；梁1.5kN。

4. 施工人员及施工设备重

在水平投影面上的荷载为：

（1）计算模板及直接支承模板的小楞时，均布荷载为 $2.5kN/m^2$，另以集中荷载2.5kN进行验算，取两者中较大的弯矩值；

（2）计算直接支承小楞结构构件时，均布活荷载为 $1.5kN/m^2$；

（3）计算支架支柱及其他支承结构构件时，均布活荷载为 $1.0kN/m^2$。

对大型浇筑设备如上料平台，混凝土输送泵等按实际情况计算。混凝土堆集料高度超过100mm以上者按实际高度计算。如模板单块宽度小于150mm时，集中荷载可分布在相邻两块板上。

5. 振捣混凝土时产生的荷载

对于作用范围在新浇混凝土侧面压力的有效压头高度之内的振捣混凝土产生的荷载标准值为：水平面模板 $2.0kN/m^2$，垂直面模板 $4.0kN/m^2$。

6. 新浇筑混凝土对模板的侧压力

影响新浇筑混凝土对模板侧压力的因素较多，如混凝土密度、凝结时间、坍落度和掺外加剂等。当采用内部振捣器、浇筑速度在 6m/h 以下的普通混凝土及轻骨料混凝土，作用于模板的最大侧压力，可按下列两式计算，并取两式中的较小值

$$F = 0.22\gamma_c t_0 \beta_1 \beta_2 V^{\frac{1}{2}} \tag{3-11}$$

$$F = \gamma_c H \tag{3-12}$$

式中　F——新浇筑混凝土对模板的最大侧压力标准值，kN/m²；

　　　γ_c——混凝土的重力密度，kN/m³；

　　　t_0——新浇混凝土的初凝时间 h，可按实测确定；当缺乏试验资料时，可采用 $t_0 = 200/(T+15)$ 计算（T 为混凝土的温度，单位℃）；

　　　V——混凝土的浇筑速度，m/h；

　　　H——混凝土侧压力计算位置至新浇筑混凝土顶面的总高度，m；

　　　β_1——外加剂影响修正系数，不掺外加剂时取 1.0，掺具有缓凝作用的外加剂时取 1.2；

　　　β_2——混凝土坍落度影响修正系数，当坍落度小于 30mm 时，取 0.85，50～90mm 时，取 1.0，110～150mm 时，取 1.15。

7. 倾倒混凝土时对垂直面模板产生的水平荷载

用溜槽、串筒或导管向模内灌注混凝土时为 2kN/m²；用容量≤0.2m³ 的运输器具向模内倾倒混凝土时为 2kN/m²；用容量为 0.2～0.8m³ 的运输器具向模内倾倒混凝土时为 4kN/m²；用容量大于 0.8m³ 的运输器具向模内倾倒混凝土时为 6kN/m²。

8. 风荷载

按现行《建筑结构荷载规范》（GB 50009—2012）的有关规定计算。

（二）计算模板及其支架时的荷载分项系数

计算模板及其支架时的荷载设计值，应采用荷载标准值乘以相应的荷载分项系数求得。荷载分项系数为：

（1）当荷载类别为模板及支架自重或新浇筑混凝土自重或钢筋自重时，为 1.2；

（2）当荷载类别为施工人员及施工设备荷载或振捣混凝土时产生的荷载时，为 1.4；

（3）当荷载类别为新浇混凝土对模板的侧压力时，为 1.2；

（4）当荷载类别为倾倒混凝土时产生的荷载时，为 1.4。

（三）模板的计算规定

1. 模板计算的荷载组合

计算模板和支架时，应根据表 3-17 的规定进行荷载组合。

表 3-17　　　　　　　　　　　　计算模板及其支架的荷载组合

项　次	项　目	参入组合的荷载项	
		计算强度用	验算刚度用
1	平板和薄壳模板及其支架	1＋2＋3＋4	1＋2＋3
2	梁和拱模板的底板	1＋2＋3＋4	1＋2＋3
3	梁、拱、柱（边长≤30mm）墙（厚≤100mm）的侧面模板	5＋6	6
4	厚大结构、柱（边长>300mm）墙（厚>100mm）的侧面模板	6＋7	6

2. 结构计算规定

模板及其支撑属于临时性结构，设计时可根据规范中规定的安全等级为第三级的结构构件来考虑。钢模板及其支架的设计应符合现行国家标准《钢结构设计标准》（GB 50017—2017）的规定，其截面塑性发展系数取 1.0；其荷载设计值可乘以系数 0.85 予以折减。采用冷弯薄壁型钢应符合现行国家标准《冷弯薄壁型钢结构技术规范》（GB 50018—2002）的规定，其荷载设计值不应折减。木模板及其支撑的设计应符合现行国家标准《木结构设计标准》（GB 50005—2017）的规定。

为保证模板表面的平整度，模板必须具有足够的刚度，验算时其最大变形值不得超过下列规定：

（1）结构表面外露的模板，为模板构件计算跨度的 1/400；

（2）结构表面隐蔽的模板，为模板构件计算跨度的 1/250；

（3）支撑的压缩变形值或弹性挠度，为相应结构计算跨度的 1/1000。

五、模板的拆除

为提高模板的周转率，能够拆除的模板应尽早拆除。模板的拆除日期取决于混凝土的强度、各种模板的用途、结构的性质、混凝土硬化时的气温等因素。拆模时混凝土的强度要求如下：

对于不承重的模板（如侧模板），应在混凝土强度能保证其表面及棱角不因拆模而受损坏时，即可拆除。

对于承重模板（如底模板等），应根据结构类型、跨度等条件在混凝土达到规定的强度值时，方可拆除。承重模板拆除时混凝土强度要求见表 3 - 18。

表 3 - 18　　承重模板拆除时的混凝土强度

结构类型	结构跨度（m）	按设计的混凝土强度标准值的百分率计（%）
板	≤2	≥50
	>2，≤8	≥75
	>8	≥100
梁、拱、壳	≤8	≥75
	>8	≥100
悬臂构件	—	≥100

拆模的顺序与安装模板的顺序相反，一般是先支后拆，后支先拆，先拆除侧模板，后拆除底模板。重大复杂模板的拆除，事前应制定拆模方案。如肋形楼板的拆模顺序为：柱模板→楼板底模板→梁侧模板→梁底模板。

多层楼板模板支架的拆除应按下列要求进行：上层楼板正在浇筑混凝土时，下一层楼板的模板支架不得拆除，再下一层楼板模板的支架仅可拆除一部分；跨度 4m 及 4m 以上的梁下均应保留支架，其间距不得大于 3m。

拆模时应尽量避免混凝土表面或模板受到损坏，避免整块模板下落伤人。拆下来的模板有钉子时，要使钉尖朝下，以免扎脚。拆完后应及时加以清理、修理，按种类及尺寸分别堆放，以便下次使用。对定型组合钢模板，倘若背面油漆脱落，应补刷防锈漆。已拆除模板及其支架结构的混凝土，应在其强度达到设计强度标准值后才允许承受全部使用荷载。当承受施工荷载产生的效应比使用荷载更为不利时，必须通过核算加设临时支撑。

第四节　混 凝 土 工 程

混凝土工程施工包括：配料、拌制、运输、浇筑、养护、拆模等施工过程。各个施工过程相互联系并相互影响，在施工中任一施工过程处理不当都会影响到混凝土工程的最终质量。

随着科学技术的发展，混凝土工程施工技术亦得到长足进步。如混凝土大型搅拌站的设置，使混凝土供应商品化，保障了混凝土的配料、搅拌的质量；混凝土运输和捣实的机械化，保障了混凝土的施工质量，大大降低了工人的劳动强度。另外一些特殊条件下（如寒冷、炎热、水下及腐蚀等）施工技术的发展及特种混凝土（如轻骨料、膨胀、高强度、纤维、防射线、沥青等混凝土）的推广应用，使得混凝土工程施工成为现代建筑施工体系的主导施工过程。

一、混凝土制备

（一）混凝土的配制强度

在混凝土结构或构件中，混凝土主要用于承担压力，为此在混凝土质量控制和评定时，以混凝土的抗压强度为主要指标。施工配料时，应根据混凝土设计强度等级相应的混凝土抗压强度标准值，按下式计算混凝土配制强度

$$f_{cu,0} = f_{cu,k} + 1.645\sigma \tag{3-13}$$

式中　$f_{cu,0}$——混凝土的配制强度，N/mm^2；

　　　$f_{cu,k}$——混凝土设计强度标准值，N/mm^2；

　　　σ——施工单位的混凝土强度标准差，N/mm^2。

当施工单位具有近期同一品种混凝土强度的统计资料时，σ可按下式求得

$$\sigma = \sqrt{\frac{\sum_{i=1}^{N} f_{cu,i}^2 - N\mu_{cu}^2}{N-1}} \tag{3-14}$$

式中　$f_{cu,i}$——统计周期内同一品种混凝土第 i 组试件的强度值，N/mm^2；

　　　μ_{cu}——统计周期内同一品种混凝土 N 组强度的平均值，N/mm^2；

　　　N——统计周期内同一品种混凝土试件的总组数，$N \geqslant 25$。

用上式计算时，当混凝土为 C20 或 C25 时，如计算得到的 $\sigma < 2.5N/mm^2$，取 $\sigma = 2.5N/mm^2$；当混凝土强度等级高于 C25 时，如计算所得 $\sigma < 3N/mm^2$，取 $\sigma = 3N/mm^2$。

施工单位没有近期的同一品种混凝土资料时，σ 可按如下方法取值：当混凝土强度等级低于 C20 时，取 $\sigma = 4N/mm^2$；当混凝土强度等级在 C20~C35 时，取 $\sigma = 5N/mm^2$；当混凝土强度等级大于 C35 时，取 $\sigma = 6N/mm^2$。

统计周期：对预制混凝土厂和预拌混凝土厂，统计周期可取一个月；对现场拌制混凝土的施工单位，其统计周期可根据实际情况确定。但不应超过 3 个月。

（二）混凝土的施工配合比

混凝土的配合比是在实验室根据混凝土的配制强度经过试配和调整而确定的，称为实验室配合比。实验室配合比所用砂、石都是不含水分的。而施工现场砂、石都有一定的含水率，且含水率大小随气温等条件不断变化。为保证混凝土的质量，施工中应按砂、石实际含水率对原配合比进行修正。根据现场砂、石含水率，调整后的配合比称为施工配合比。

设实验室配合比为

　　　　水泥：砂：石 $= 1 : x : y$，水灰比为 W/C

现场砂、石含水率分别为 W_x、W_y，则施工配合比为

　　　　水泥：砂：石 $= 1 : x(1+W_x) : y(1+W_y)$

水灰比 W/C 不变，但加水量应扣除砂、石中的含水量。

在施工中，除进行施工配合比换算外，应根据搅拌机的出料容量进行施工配料，即确定每拌一次（称一盘）混凝土所需的各种原材料用量。

【例3-3】 某工程混凝土实验室配合比为1∶2.3∶4.27，水灰比$W/C=0.6$，每立方米混凝土水泥用量为300kg，现场砂石含水率分别为3‰及1‰，求施工配合比。若采用250L混凝土搅拌机，求每拌一盘各种材料用量。

解 施工配合比，水泥∶砂∶石为

$$1∶x(1+W_x)∶y(1+W_y)=1∶2.3(1+0.03)∶4.27(1+0.01)=1∶2.37∶4.31$$

用250L混凝土搅拌机，每拌一盘各种材料用量为

水泥：$300×0.25=75(kg)$（取一袋半）

砂：$75×2.37=177.8(kg)$

石：$75×4.31=323.3(kg)$

水：$75×0.6-75×2.3×0.03-75×4.27×0.01=36.6(kg)$

混凝土经施工配料计算后，即可进行现场的材料准备与混合。为保证混凝土的质量，应严格控制混凝土的配合比，所有原材料必须准确称量，其计量允许偏差应控制在：水泥、外掺混合材料、水及外加剂为±2％；粗、细骨料为±3％。各种衡器应定期校验，保持准确。骨料含水率应经常测定，雨天施工时，应增加测定次数。

（三）混凝土的搅拌

经配料混合后的混凝土原材料应进行搅拌，以使各种材料混合均匀。除工程量小且分散时，可采用人工拌制外，一般均采用混凝土搅拌机搅拌。

1. 混凝土搅拌机

常用的混凝土搅拌机按其搅拌机理分为自落式搅拌机和强制式搅拌机两类，见表3-19。

表3-19　　　　　　　　　　　　混凝土搅拌机的类型

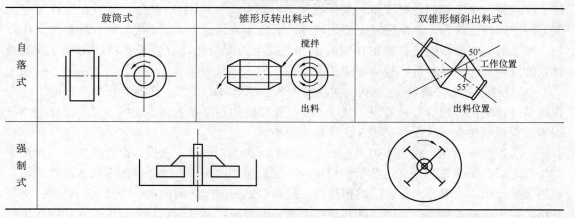

自落式搅拌机的主要工作机构为一可转动的搅拌筒，筒内壁焊有弧形叶片。当搅拌筒绕水平轴旋转时，弧形叶片不断地将混合料提到一定高度，然后自由落下而互相混合。自落式搅拌机宜用于搅拌塑性混凝土。根据构造不同，自落式搅拌机又分为鼓筒式，锥形反转出料式和双锥形倾斜出料式三种，表3-19。

鼓筒式搅拌机的优点是制作简易，使用可靠，维修简便，但搅拌作用不强烈，不宜搅拌黏度较大的混合料，且鼓筒容量不能过大，否则骨料落下时易磨损叶片。

锥形反转出料式搅拌机，其叶片布置较好，它能使混合料上升后落下混合，又迫使混合料沿轴向左右窜动，故搅拌作用强烈，能搅拌低流动性混凝土，它正转搅拌，反转出料，构造亦较简单。但出料叶片占了一部分容积，降低了搅拌筒的利用系数；且反转出料是在负载情况下启动，启动电流大，故其容量一般不大。

双锥形倾斜出料式搅拌机，其搅拌筒由两个截头圆锥组成，筒内壁叶片向内倾斜，搅拌时，混合料在中部形成交叉料流进行拌和，搅拌筒每转一周，混合料在筒内的循环次数比在鼓筒式搅拌中的循环次数多，工作效率高。由于混合料提升高度小，可做成大容量的搅拌筒，且可拌和大粒径骨料的混凝土。

强制式搅拌机的主要工作机构系一水平放置的圆盘，盘内有可转动的叶片。搅拌时，混合料在叶片的强制搅动下被剪切和旋转，形成径向和竖向交叉的流料，直至搅拌均匀。强制式搅拌机其搅拌作用比自落式搅拌机强烈，宜用于搅拌干硬性混凝土及轻骨料混凝土。其卸料口位于搅拌盘底部，卸料迅速。但如卸料口密封不良，水泥浆易漏失，因此强制式搅拌机不宜搅拌流动性大的混凝土。与自落式搅拌机相比，强制式搅拌机动力消耗多，叶片易磨损，构造较复杂，维护费用高。一般多用于混凝土预制厂。

国产搅拌机以其出料容量升（L）标定规格，有150、200、250、350、500、750、1000等规格产品。

混凝土搅拌机的选择应根据工程量大小、混凝土坍落度、骨料种类（轻骨料、普通骨料）、粒径等确定。既要满足技术要求，又要符合经济、节约能源的原则。

2. 搅拌制度

搅拌制度指进料容量、投料顺序和搅拌时间，它是影响混凝土搅拌质量和搅拌机效率的主要因素，必须正确选择。

（1）进料容量。进料容量是指搅拌机可装入的各种材料体积之和，其值标入搅拌机的性能表中。施工中应控制进料容量，如任意超载（超载10％以上）就会使材料在搅拌筒中无充分的空间进行拌和，影响混凝土的均匀性；反之如装料过少，则不能发挥搅拌机的工作效率。施工时，一般根据搅拌机的出料容量和混凝土的配合比计算各种材料的用量（以质量计，如前例）作为装料量，较为方便。

（2）投料顺序。投料顺序是指向搅拌机内装入原材料的顺序，在确定投料顺序时，应考虑提高搅拌质量、减少叶片磨损、减少砂浆与搅拌筒的黏结，水泥不飞扬，改善工作条件等因素。投料顺序有一次投料法和二次投料法两种。

一次投料法是在上料斗中先装石子，再加水泥和砂，然后一次投入搅拌机内。水泥夹于砂、石之间，既不飞扬，又不粘于上料斗内，且水泥和砂先进入搅拌筒内形成水泥砂浆，可缩短包裹石子的时间。对于自落式搅拌机，投料前宜先向搅拌筒内加一部分水，以减少水泥黏结；对于强制式搅拌机，因其卸料口在下部，为防密封不良漏水，不要先加水，应在投料的同时，缓慢均匀地加水。

二次投料法是先向搅拌机内投入水泥、砂和部分的水，待其搅拌一分钟后再投入石子和剩余部分的水继续搅拌到规定时间。此法水泥首先包裹砂子，形成砂浆。砂浆又能均匀地包裹石子。因而水泥颗粒分散性好，泌水性小，可提高混凝土的强度或在保证规定的混凝土强度前提下节约水泥。

（3）搅拌时间。搅拌时间是指从原材料投入搅拌筒后，到卸料开始所经历的时间。它是影响混凝土质量及搅拌机生产率的一个主要因素。搅拌时间过短,混凝土不均匀,搅拌时间过长,不仅降低搅拌机的生产率,且使混凝土和易性降低。施工中通常掌握混凝土搅拌的最短搅拌时间,见表3-20。

表 3-20 混凝土搅拌的最短时间

混凝土坍落度（mm）	搅拌机型号	搅拌机容量（L）		
		<250	250～500	>500
≤30	自落式	90	120	150
	强制式	60	90	120
>30	自落式	90	90	120
	强制式	60	60	90

注 掺有外加剂时,搅拌时间应适当延长。

对拌好的混凝土,应按施工规范要求检查其均匀性及和易性,如有异常情况,应检查其配合比和搅拌情况,及时予以纠正。

（四）混凝土的集中搅拌

在我国城乡建设施工中,目前大力发展商品混凝土供应。即施工现场需要的混凝土,在搅拌站集中统一拌制后,用混凝土搅拌运输车分别输送至各个施工现场进行浇筑使用。商品混凝土的推广应用,对提高混凝土质量,节约原材料,实行现场文明施工,减少环境污染,具有突出的优点。并有利于实现建筑工业化。为满足商品混凝土供应要求,需要设置大型搅拌站进行混凝土的集中搅拌。

混凝土大型搅拌站根据其工艺流程一般分为单阶式和双阶式。

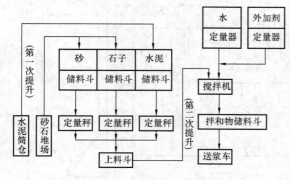

图3-42 混凝土双阶式搅拌站工艺流程

1. 双阶式混凝土搅拌站

双阶式搅拌站是最常用的搅拌装置,可用于现场布置或集中搅拌站布置,一般年产混凝土量约3万 m³。双阶式搅拌站是将材料分两次提升,第一次提升,即第一阶是上料、储存、称量、卸料至集料斗。第二次提升,即第二阶为从集料斗提升到搅拌机卸料,搅拌后出料。其工艺流程如图3-42所示。

混凝土双阶式搅拌站的上料方法,通常采用拉铲、翻斗车、皮带运输机、龙门吊机抓斗及装载机等。如图3-43所示,为拉铲上料双阶式搅拌站工艺布置图。

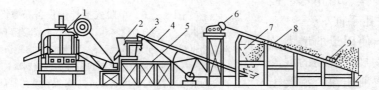

图3-43 拉铲上料双阶式搅拌站工艺布置示意图

1—混凝土搅拌机；2—砂、石称量斗；3—磅秤；4—皮带运输机；
5—工作平台；6—卷扬机；7—储料斗；8—砂石坡道；9—拉铲

2. 单阶式混凝土搅拌站

单阶式混凝土搅拌站（又称搅拌楼）是由上料装置将原材料一次提升至顶层，依靠物体的自重作用，由上而下依次经过储料层、称量层、集料层、搅拌层至出料层。完成整个搅拌生产流程，形成一个垂直的生产系统。该系统占地面积小，生产能力强，机械化水平高，一般可集中1～2人进行施工操作，被广泛地应用于混凝土集中搅拌站布置。其工艺流程如图3-44所示。

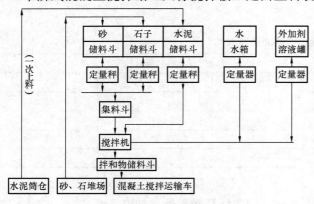

图3-44　混凝土单阶式搅拌楼工艺流程图

单阶式搅拌楼的设备布置如图3-45所示。其工艺过程可以分作两大部分，第一部分是上料及储存：砂石一般采用皮带运输机，也有采用垂直料斗提升机、爬料斗、抓斗起重机输入；骨料经上层回转漏斗输送至储料仓，散装水泥基本上采用气动输送，亦可由螺旋输送器输送。第二部分是称量及搅拌：配合比如果基本稳定，称量工序一般采用自动杠杆秤；配合比如果常变，一般采用自动电子秤，用电位器变换配合比。可单独或累计称量。搅拌工序由电气集中控制或由程序控制，出料层设有储料斗储存混凝土拌和料，其下由翻斗车、搅拌运输车接料，运至浇筑地点。

二、混凝土的运输

混凝土运输是指由混凝土搅拌地点将搅拌好的混凝土运至浇筑地点。通常包括：地面水平运输、垂直运输和楼面水平运输三种情况，应根据施工方法、工程特点、运距的长短及现有的运输设备等条件，选择可满足施工要求的运输工具。对于运距较远的地面水平运输，可采用自卸汽车、混凝土搅拌运输车等；运距较近的地面水平运输，可采用小型翻斗车或双轮子推车。垂直运输可利用井架、龙门架、塔吊等。楼面水平运输可采用手推车。

随着混凝土使用量的增大及商品混凝土的发展，现场的混凝土运输逐步以混凝土泵、混凝土泵车、混凝土布料机等输送工具为主，既可以完成混凝土的地面、

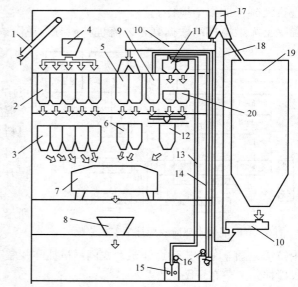

图3-45　单阶式搅拌楼设备布置图

1—上料胶带机；2—砂、石储料斗；3—砂、石称量器；4—旋转配料器；
5—水泥储料斗；6—水泥称量器；7—搅拌机；8—新拌混凝土溜槽；
9—水箱；10—水泥螺旋输送机；11—外加剂储料罐；12—水称量器；
13—外加剂溶液管；14—水管；15—外加剂搅拌器；16—输送泵；
17—换向器；18—斗式（或气动管道）输送器；
19—水泥罐；20—外加剂称量器

楼面水平运输，也可以完成混凝土的垂直运输。近年来，在一些大型的混凝土施工中（如龙滩水电站坝体施工等），采用混凝土塔带机进行混凝土运输，保证了混凝土的输送连续性和运输质量，取得了较好的施工效果。

（一）混凝土运输的一般要求

对混凝土拌和物运输的一般要求是：

（1）运输过程中，应保持混凝土的匀质性，避免产生分层离析现象；

（2）运送混凝土的容器应严密，其内壁应平整、光洁，不吸水、不粘浆，粘附在容器上的混凝土残渣应经常清除；

（3）混凝土运至浇筑地点，应符合浇筑时所规定的坍落度，见表3-21；

（4）混凝土应以最短的时间、最少的转运次数从搅拌地点运至浇筑地点。运输工作应保证混凝土的浇筑工作连续进行，即应保证混凝土从搅拌机卸出后到浇筑完毕的延续时间不超过表3-22的规定。

表3-21　　　　混凝土浇筑时的坍落度

项次	结　构　种　类	坍落度（mm）
1	基础或地面等的垫层、无筋的厚大结构或配筋稀疏的结构	10～30
2	板、梁和大型及中型截面的柱子等	30～50
3	配筋密列的结构（薄壁、斗仓、筒仓、细柱等）	50～70
4	配筋特密的结构	70～90

注 有温控要求或低温季节浇筑混凝土时，混凝土的坍落度可根据具体情况酌量增减。

表3-22　　　混凝土从搅拌机卸出后到浇筑完毕的延续时间　　min

混凝土强度等级	气温（℃）	
	低于25	高于25
C30及C30以下	120	90
C30以上	90	60

注 1. 掺用外加剂或采用快硬水泥拌制混凝土时，应按试验确定。

2. 轻骨料混凝土的运输、延续时间应适当缩短。

（二）混凝土运输车

混凝土搅拌运输车是在载重汽车或专用汽车的底盘上装置一个梨形反转出料的搅拌机，它兼有运载混凝土和搅拌混凝土的双重功能，其构造如图3-46所示。它可在运送混凝土的同时，对混凝土缓慢地搅拌，以防止混凝土产生离析或初凝，从而保证混凝土的质量。亦可在开车前装入一定配合比的干混合料，在到达浇筑地点前15～20min加水搅拌，到达后即可使用，该车适用于混凝土远距运输使用，是商品混凝土必备的运输机械。

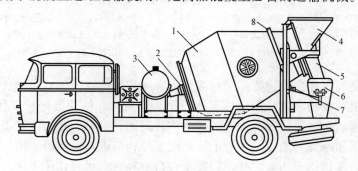

图3-46　混凝土搅拌运输车

1—搅拌筒；2—轴承座；3—水箱；4—进料斗；5—卸料槽；6—引料槽；7—托轮；8—轮圈

（三）泵送混凝土

泵送混凝土是利用混凝土泵通过管道将搅拌好的混凝土拌和物输送到浇筑地点。该输送方式综合完成地面水平运输、垂直运输和楼面水平运输。对浇筑量较大的混凝土施工，一般应用混凝土泵与混凝土布料机结合使用，完成混凝土的输送与布料操作。

1. 混凝土泵

常用的混凝土泵有液压柱塞泵和挤压泵两类。

挤压泵由料斗、泵体、挤压胶管、橡胶滚轮和转子传动装置等组成，如图 3-47 所示。当转子带动塑胶滚轮旋转时，滚轮挤压装有混凝土的胶管，使混凝土向前推移。由于泵体保持高度真空，胶管被压后又复扩张，管内形成负压，将料斗中的混凝土不断吸入，滚轮不断挤压胶管，使混凝土不断排出。挤压泵构造简单，使用寿命长，能逆运转，易于排除故障，但其输送距离较柱塞泵小，在工程中的使用受到一定的限制。

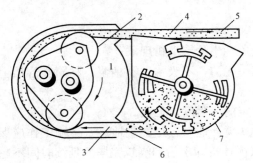

图 3-47 混凝土挤压泵构造示意图
1—泵体；2—滚轮；3—吸入的混凝土；
4—压出的混凝土；5—输送管道；
6—挤压胶管；7—混凝土料斗

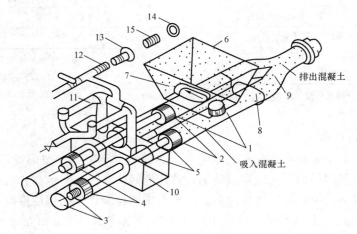

图 3-48 液压柱塞混凝土泵工作原理图
1—混凝土缸；2—推压混凝土活塞；3—液压缸；4—液压活塞；5—活塞杆；6—料斗；
7—吸入阀门；8—排除阀门；9—Y型管；10—水箱；11—水洗装置换向阀；
12—水洗用高压软管；13—水洗用法兰；14—海绵球；15—清洗活塞

液压柱塞泵是利用柱塞的往复运动将混凝土吸入和排出。液压式是一种较为先进的混凝土泵，它省去了机械传动系统，因而具有体积小、重量轻、使用方便、工作效率高等优点。液压泵还可进行逆运转，迫使混凝土在管路中作往返运动，有助于排除管道墙塞和处理长时间停泵问题。其工作原理如图 3-48 所示。混凝土拌和料进入料斗后，吸入端阀片打开，排出端阀片关闭，液压作用下活塞左移，混凝土在自重和真空吸力作用下进入被压缸。由于液压系统中压力油的进出方向相反，使得活塞右移，此时吸入端阀片关闭，压出端阀片打开，混凝土被压入输送管道。液压泵一般采用双缸工作，交替出料，通过 Y 形管后，混凝土进入同一输送管从而使混凝土的出料稳定连续。

目前，国产混凝土泵的生产率有 8m³/h、30m³/h、60m³/h、85m³/h 数种规格，其水平输送距离自 200～520m 不等，垂直运输距离为 30～100m。

2. 混凝土输送管

混凝土输送管有钢管、橡胶管及塑料管。主输送管一般采用钢管制作，管径有 100mm、125mm、150mm、175mm、200mm 几种规格，直管长度有 4m、3m、2m、1m；管道弯折处可根据弯折角度使用弯管，弯管角度有 90°、60°、45°、30°、15°；管道变径处可根据变径大小使用锥形管。在主输送管的出口处接有软管（橡胶管或塑料管），以便在不移动钢管的情况下，扩大布料范围。

混凝土泵排送混凝土量与混凝土泵的功率和输送的距离有关，当选定的混凝土泵功率一定时，混凝土输送距离越大，则管道阻力增大，排送量随之减小。由于水平管、垂直管、弯管、锥形管的阻力各不相同，为简化计算，通常将各种不同形式的管节折算成水平管长度来计算其运距。如 $\phi150mm$ 钢管，每一米长垂直管，折算水平长度为 6m；每一 90°弯管，折算水平长度为 12m；每一 45°弯管，折算水平长度为 6m；每一锥形管，折算水平长度为 3m 等。

3. 布料装置

混凝土泵是连续供料，且输送量大。因此，在浇筑地点应设置布料装置，以便将输送来的混凝土进行摊铺或直接浇筑入模，以减轻工人的劳动强度，充分发挥混凝土泵的使用效率。一般的布料装置都具有输送混凝土和摊铺布料的双重功能，常称之为布料杆。按照支承结构的不同，布料杆可分为固定式和移动式两大类。

固定式布料杆一般设置在塔架或立柱上，如图 3-49（a）所示；移动式布料杆的下部装有轮子可在楼面或模板平台上进行移动，如图 3-49（b）所示。

将混凝土泵装在汽车上便成为混凝土泵车，在车上再装有可伸缩或折叠式的布料杆，其末端装有软管，可将混凝土直接输送到浇筑地点。混凝土泵车的布料杆目前多采用液压驱动的三节折叠臂杆，如图 3-50 所示，适用于基础工程或多层建筑物的混凝土施工。

4. 混凝土可泵性与配合比

用于泵送的混凝土，必须具有良好的被输送性能，混凝土在输送管道中的流动能力称为可泵性。可泵性好的混凝土，与输送管壁的阻力小，泵送过程中不会产生离析现象。为此对泵送混凝土原材料和配合比尽量满足下列要求：

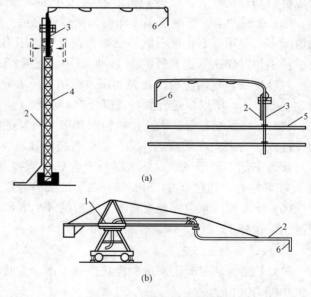

图 3-49　布料杆构造示意图
（a）固定式布料杆；（b）移动式布料杆
1—转盘；2—输送管；3—支柱；4—塔架；
5—楼面；6—软管

（1）水泥用量。单位体积混凝土的水泥用量是影响混凝土在管内输送阻力的主要因素

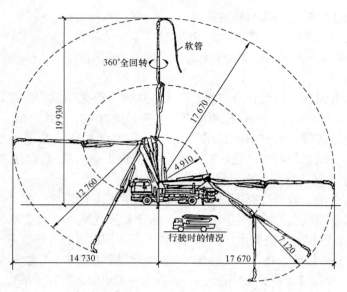

图 3 - 50　混凝土泵车及其布料杆示意图

（因水泥浆起到润滑作用）。水泥的单位含量少，泵送阻力就增加、泵送能力就降低。为了保证混凝土泵送的质量，每立方米混凝土中的水泥用量不宜少于 300kg，水灰比约为 0.4。

（2）坍落度。适宜的坍落度为 80～180mm。但坍落度在泵送混凝土时不是定值，它与管道材料和长度有关，根据实测记录每 100m 水平管道约降低 10mm。

（3）骨料种类。泵送混凝土卵石和河砂最合适。碎石由于表面积大，在水泥浆数量相同的情况下，使用碎石比卵石的泵送能力差，管内阻力也大。一般规定，泵送混凝土中碎石最大粒径不超过输送管道直径的 1/4，卵石不超过管径的 1/3。

对轻骨料，管内混凝土在泵的压力作用下，水分被轻骨料吸收的比率很大，坍落度会下降 30～50mm，所以泵送轻骨料混凝土时，坍落度应适当增加。

（4）骨料级配和含砂率。骨料粒度和级配对泵送能力有关键性的影响，如偏离标准粒度曲线过大，会大大降低泵送性能，甚至引起堵管事故。

含砂率低不利于泵送。泵送混凝土含砂率宜控制在 38%～45%，砂宜用中砂，粗砂率为 2.75% 左右，通过 0.315mm 筛孔以下的细砂含量至少在 15% 以上。

（5）外加剂。泵送混凝土宜掺入适量的外加剂和粉煤灰，以增加混凝土的可泵性，便于混凝土泵送施工。

5. 泵送混凝土工艺要点

（1）必须保证混凝土泵送和浇筑连续工作，为此混凝土搅拌站供应能力至少比混凝土泵的工作能力高出约 20%。

（2）混凝土泵的输送能力应满足浇筑速度的要求，以保证混凝土浇筑的连续性。

（3）输送管布置应尽量短，尽可能直，转弯要少、缓（即尽量选用曲率半径大的弯管），管段接头要严，少用锥形管，以减少阻力和压力损失。

（4）泵送混凝土前应先向泵送水、清洗管道。再泵送 1∶1 或 1∶2 的水泥砂浆润滑管壁。泵送开始后，应保持泵送连续工作，如因特殊原因中途需停止泵送时，停顿时间不宜超过 15～20min，且每隔 4～5min 要使泵交替进行 4～5 个逆转和顺转动作，以保持混凝土运动状态，防止混凝土在管内产生离析。若停顿时间过长，必须排空管道内的混凝土。

（5）在泵送过程中，混凝土泵的受料斗内的混凝土应保持充满状态，以免吸入空气形成堵管。

（6）高温条件下施工时，需在水平输送管上覆盖两层湿草袋，以防止阳光直照，并每隔一定时间洒水湿润，这样能使管道中的混凝土不至于吸收大量热量而失水，导致管道堵塞。严寒条件下施工时，应用保温材料包裹混凝土输送管，防止管内混凝土受冻，并保证混凝土的入模温度。

（7）泵送结束后，应用水及海绵球将残存的混凝土挤出并清洗管道。

（8）用泵送混凝土浇筑的结构，要加强养护，防止因水泥用量较大而引起裂缝。

三、混凝土的浇筑

将混凝土浇灌到模板内并振捣密实是保证混凝土工程质量的关键。对于现浇钢筋混凝土结构混凝土工程施工，应根据其结构特点合理组织分层分段流水施工，并应根据总工程量、工期以及分层分段的具体情况，确定每工作班的工作量，根据每班工程量和现有设备等条件制定浇筑方案，并进行必要的施工准备工作（如材料、机具设备、施工用水电等）。

混凝土浇筑前，应对模板、支架、钢筋和预埋件进行检查，符合设计要求后方能浇筑混凝土，浇筑时应保证混凝土的均匀性、密实性及结构的整体性，要保持钢筋及预埋件位置正确，模板及支架不应松动或超过允许的变形。应严格按照现行《混凝土结构工程施工质量验收规范》（GB 50204—2015）的要求进行施工，并填写施工记录，以确保混凝土工程施工质量。

（一）混凝土浇筑的一般要求

1. 防止离析

浇筑混凝土时，混凝土拌和物由料斗、混凝土输送管等输送工具内卸出时，如自由倾落高度过大，由于粗骨料在重力作用下，克服黏着力后的下落动能大，下落速度较砂浆快，因而易形成混凝土离析。为此，混凝土自高处倾落的自由高度不应超过 2m，在竖向结构中限制自由倾落高度不宜超过 3m，否则应采用串筒、溜槽、溜管或振动串筒等下料，如图 3-51 所示。

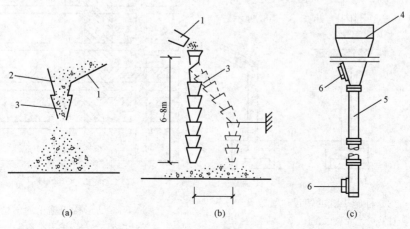

图 3-51　溜槽与串筒

(a) 溜槽；(b) 串筒；(c) 振动串筒

1—溜槽；2—挡板；3—串筒；4—漏斗；5—节管；6—振动器

2. 分层灌注，分层捣实

为保证混凝土的密实性和整体性，混凝土浇筑时应根据捣实的方法及其作用深度，确定混凝土浇筑的分层方式和厚度。表3－23为常用振捣方法的混凝土浇筑层分层厚度。

表 3－23   混凝土浇筑层的分层厚度

项 次	捣实混凝土的方法		浇筑层厚度（mm）
1	插入式振捣		振动器作用部分长度的1.25倍
2	表面振捣		200
3	人工捣实	（1）在基础或无筋混凝土或配筋稀疏的结构中 （2）在梁、墙、板、柱结构中 （3）在配筋密集的结构中	250 200 150
4	轻骨料 混凝土	插入式振捣器 表面振捣（振动时需加荷）	300 200

3. 混凝土施工缝

由于施工技术或施工组织等原因混凝土不能连续浇筑，后浇筑的混凝土与先浇筑且已凝结硬化的混凝土之间的结合面称为混凝土施工缝。它是结构的薄弱环节。

混凝土施工缝宜留设在结构或构件受剪力较小处，且便于施工的部位。通常情况下柱留水平施工缝，梁、板、墙留垂直施工缝。常见结构的混凝土施工缝留设位置如下：

（1）柱施工缝一般留设在基础顶面、梁或吊车梁牛腿的下面、吊车梁的上面、无梁楼盖柱帽的下面，如图3－52所示；

（2）与梁板连成整体的大断面梁施工缝宜留在板底面以下20～30mm处，当板下有梁托时，留在梁托下部；

（3）单向板施工缝留在平行于板的短边的任何位置；

（4）有主次梁的板，宜顺次梁方向浇筑，其施工缝应留设在次梁跨度中间1/3范围内；若顺主梁方向浇筑，施工缝应留设在主梁跨中2/4和板跨中2/4范围内，如图3－53所示；

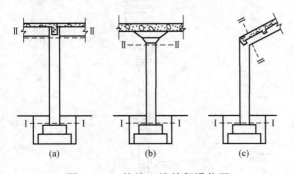

图 3－52　柱施工缝的留设位置

(a) 肋形楼盖柱；(b) 无梁楼盖柱；(c) 刚架柱

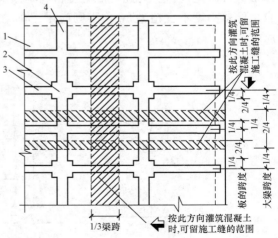

图 3－53　肋形楼盖施工缝的留设位置

1—楼板；2—柱；3—次梁；4—主梁

（5）双向受力板、厚大结构、拱、壳、多层刚架及其他结构复杂的工程，其施工缝位置应按设计要求留置；

（6）墙的施工缝应留设在门洞口过梁跨中 1/3 范围内，也可留设在纵横墙的交接处。

混凝土施工缝的处理：

混凝土超过凝结时间以后，不能立即在上面继续浇筑新的混凝土，否则在捣实新浇混凝土时就会破坏已凝结混凝土的内部结构，影响新、旧混凝土之间的结合。继续浇筑混凝土时，应待已浇筑的混凝土抗压强度达到 1.2MPa 以后进行。混凝土达到这一强度所需时间取决于水泥的强度等级、配合比及环境温度，可通过试块试验决定。表 3-24 可作时间估算参考。

表 3-24　　　　　　　　　　普通混凝土达到 1.2MPa 强度所需时间

外界温度	水泥品种及标号	混凝土强度等级	时间（h）	外界温度	水泥品种及标号	混凝土强度等级	时间（h）
1～5℃	普通42.5	C15	48	10～15℃	普通42.5	C15	24
		C20	44			C20	20
	矿渣32.5	C15	60		矿渣32.5	C15	32
		C20	50			C20	24
5～10℃	普通42.5	C15	32	15℃以上	普通42.5	C15	20以下
		C20	28			C20	20以下
	矿渣32.5	C15	40		矿渣32.5	C15	20
		C20	32			C20	20

继续浇筑混凝土以前，在已硬化的混凝土表面上，应清除水泥薄膜和松动石子或软弱混凝土层，并加以充分湿润和冲洗干净，不得积水；并在施工缝处铺一层 10～15mm 的水泥浆（水灰比一般为 0.4）或与混凝土成分相同的水泥砂浆一层，然后浇筑混凝土，并细致捣实，使新旧混凝土结合紧密。

（二）框架结构混凝土浇筑施工

多层钢筋混凝土框架结构一般由各层梁、板、柱等构件组成，这些构件各自的断面尺寸、形状基本相同，现浇施工时通常按结构层划分施工层。如果平面尺寸较大，应分段进行，以便模板、钢筋、混凝土等工作能相互配合，流水施工。

施工段的划分应考虑到工序的数量、技术要求、结构特点等条件，其界限最好与框架的伸缩缝、沉降缝、单元界限等相吻合，这样可减少施工缝的数量；各施工段的工程量应相等或接近，在安排劳动力时，工作量应以一个班或若干整班能完成为宜；每段中构件的数量尽可能接近，以利于模板的周转。

钢筋混凝土工程一般是多工种在现场顺序施工，首先木工安装模板，木工在第一施工层中的第一施工段安装完模板后，就逐段向前进行，而后续的工种钢筋、混凝土等陆续在第一施工段施工。较理想的情况应该是当木工在第一施工层全部完成安装模板的工作，将要转入第二施工层的第一段（该段位于第一施工层第一段的上面一层楼）时，第一施工层第一段（即下面楼层）混凝土已浇筑完毕并已达到 1.2MPa 的强度，在楼面上可进行施工操作。

在施工层与施工段确定后，就可求出每班（或每小时）应完成的工程量，根据这些工程量选择施工机具和设备并计算其数量。

混凝土浇筑前应做好必要的准备工作，如模板、钢筋和预埋件，管线的检查、清理；做好隐蔽工程的验收；浇筑用脚手架、走道的搭设和安全检查；根据试验室下达的混凝土配合比通知单准备和检查材料；准备施工用具等。

在每一施工层中，应先浇筑柱或墙。在每一施工段中的柱或墙应该连续浇到顶，每排柱子按照外向内对称的顺序进行，防止由一端向另一端推进，致使柱子模板逐渐受侧推而倾斜。柱子浇筑完毕后，应停息 1～2h，使混凝土获得初步沉实后，再浇筑梁、板混凝土。梁和板混凝土应同时浇筑，只有当梁高 1m 以上时，为了施工方便才可单独先行浇筑梁混凝土，此时应注意梁施工缝的位置，继续浇筑混凝土时，应按要求处理好施工缝。

当柱高小于 3m 而截面边长大于 400mm，且无交叉钢筋时，混凝土可以从楼面直接浇下，否则应在柱模中部开孔，下部混凝土从侧孔浇入，待下面一半混凝土浇筑并振捣完毕后再浇筑上面一半。如柱高超过 3m 截面又较大时，可直接在柱顶用串筒下料，再从柱模侧孔插入振动器捣实。

为了保证深处混凝土的捣实，混凝土可分层浇筑，其厚度不宜超过表 3 - 23 中所列数值。同时，混凝土浇筑必须连续进行，在下一层混凝土初凝前，应将上一层混凝土浇下，并捣实完毕，使上下层混凝土结合牢固。

（三）大体积混凝土的施工

大体积混凝土结构，如大型设备基础、高层建筑基础底板、构筑物基础、桥梁墩台、深梁、水电站坝等。这类结构的施工特点主要表现在三个方面：

（1）整体性要求高，不允许留施工缝，要求一次性整体浇筑；

（2）混凝土体积大，混凝土浇筑后水化热量大，应预防混凝土内外温差引起的裂缝；

（3）混凝土一次浇筑量大，泌水多，施工中应采取有效的措施解决泌水现象。

1. 大体积混凝土的浇筑方案

厚大体积混凝土浇筑时，为保证结构的整体性和施工的连续性，在分层浇筑时，应保证在下层混凝土初凝前将上层混凝土浇筑完毕。其浇筑方案一般有三种：全面分层、分段分层和斜面分层，如图 3 - 54 所示。

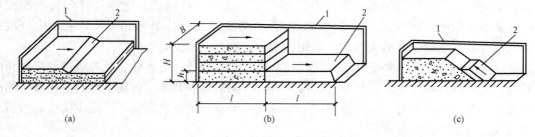

图 3 - 54　大体积混凝土浇筑方案
（a）全面分层；（b）分段分层；（c）斜面分层
1—模板；2—新浇筑的混凝土

（1）全面分层。如图 3 - 54（a）所示为全面分层浇筑方案，即在整个模板内，将结构分成若干个厚度相等的浇筑层，浇筑区面积即为基础平面面积，浇筑混凝土从短边开始，沿长边方向进行浇筑，第一层全部浇筑完毕后，再回头浇筑第二层，第二层要在第一层混凝土初凝之前，全部浇筑振捣完毕。采用这种浇筑方案，结构的平面尺寸一般不宜太大，且每层混凝土浇筑应有一定的速度，即浇筑强度，单位为 m³/h。由浇筑强度可以确定相应的混凝土

搅拌机工作能力以及运输、振捣等设备的工作量。其浇筑强度可按下式计算

$$Q = \frac{Fh}{t_1 - t_2} \qquad (3-15)$$

式中　Q——混凝土浇筑强度，m^3/h；

h——混凝土分层浇筑时的分层厚度，应符合表3-23的要求，m；

F——混凝土浇筑区的面积，m^2；

t_1——混凝土的初凝时间，h；

t_2——混凝土的运输时间，h。

（2）分段分层。如图3-54（b）所示为分段分层浇筑方案。当采用全面分层方案浇筑强度过大，现场混凝土搅拌机、运输和振捣设备均不能满足施工要求时，可采用分段分层方案。浇筑混凝土时结构沿长边方向分成若干段，浇筑工作从底层开始，当第一层混凝土浇筑一段长度后，便回头浇筑第二层，如此向前呈阶梯形推进。分段分层方案适于结构厚度不大而面积或长度较大时采用。其浇筑强度可按下式计算

$$Q = \frac{blh(n-1)}{t_1 - t_2} \qquad (3-16)$$

式中　b——混凝土浇筑区的宽度，m；

l——混凝土浇筑区的分段长度，m；

n——混凝土浇筑区的分层数量，层。

其他符号同式（3-15）。

工程施工中，通常根据混凝土搅拌机及运输、振捣设备的能力计算混凝土浇筑区的分段长度，即

$$l = \frac{Q(t_1 - t_2)}{bh(n-1)}$$

（3）斜面分层。如图3-54（c）所示为斜面分层方案。采用斜面分层方案时，混凝土一次浇筑到浇筑区顶部，由于混凝土自然流淌而形成斜面，混凝土振捣工作从浇筑层下端开始逐渐上移。斜面分层方案多用于长度较大的结构。其浇筑强度可按下式计算

$$Q = \frac{Hbh}{t_1 - t_2} \qquad (3-17)$$

式中　H——混凝土浇筑区的总厚度，m。

其他符号同式（3-16）。

2. 大体积混凝土的温度裂缝

厚大钢筋混凝土结构由于体积大，水泥水化热聚积在内部不易散发，内部温度显著升高，外表散热快，形成较大的内外温差，内部产生压应力，外表产生拉应力，如内外温差过大（25℃以上），则混凝表面将产生裂纹。当混凝土内部逐渐散热冷却，产生收缩，由于受到基底或已硬化混凝土的约束，不能自由收缩，而产生拉应力，温差越大，约束程度越高，结构长度越大，则拉应力越大。当拉应力超过混凝土的抗拉强度时即产生裂纹，裂缝从基底开始向上发展，甚至贯穿整个基础。这种裂缝比表面裂缝危害更大。要防止混凝土早期产生温度裂缝，就要降低混凝土的温度应力。控制混凝土的内外温差，使之不超过25℃，以防表面开裂；控制混凝土冷却过程中的总温差和降温速度，以防止基底开裂。为此可采取如下

技术措施：

（1）优先选用低水化热的矿渣水泥拌制混凝土，并适当使用缓凝减水剂。

（2）在保证混凝土设计强度等级前提下，掺加粉煤灰，适当降低水灰比，减少水泥用量。

（3）降低混凝土的入模温度，控制混凝土内外的温差。如降低拌和水温度（拌和水中加冰屑或用地下水）、骨料用水冲洗降温、避免暴晒。

（4）及时对混凝土覆盖保温、保湿材料。

（5）可预埋冷却水管，通过循环将混凝土内部热量带出，进行人工导热。

3. 大体积混凝土的泌水处理

大体积混凝土浇筑的另一特点是上、下浇筑层施工间隔时间较长，各分层之间易产生泌水层，它将导致混凝土强度降低，酥软、脱皮起砂等不良后果。采用自流方式和抽吸方法排除泌水，会带走一部分水泥浆，影响混凝土的质量。如在同一结构中使用两种不同坍落度的混凝土，可收到较好的效果，若掺用一定数量的减水剂，则可大大减少泌水现象。

（四）水下混凝土的浇筑

深基础、地下连续墙、沉井及钻孔灌注桩等常需在水下或泥浆中浇筑混凝土。水下或泥浆中浇筑混凝土时，应保证水或泥浆不混入混凝土内，水泥浆不被水带走，混凝土能借压力挤压密实。水下浇筑混凝土常采用导管法，如图 3-55 所示。近年来还采用软管法或泵送法等。

导管法设备简单，施工方便，在水下浇筑混凝土中较常采用。导管直径约 250～300mm，且不小于骨料粒径的 8 倍，每节管长 3m，用法兰密封连接，顶部有漏斗，导管用起重机吊住，可以升降。

隔水塞（球塞）用来隔开混凝土与泥浆（或水），可用木球或混凝土圆柱塞等制成，其直径宜比导管内径小 20～25mm。用 3～5mm 厚的橡胶圈密封，其直径宜比导管内径大 5～6mm。灌注前，用铁丝吊住隔水塞堵住导管口，然后将管内灌满混凝土。

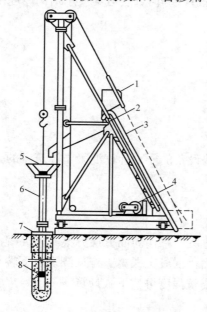

图 3-55 导管法水下浇筑混凝土设备示意图
1—上料斗；2—储料斗；3—滑道；4—卷扬机；5—漏斗；6—导管；7—护筒；8—隔水塞

浇筑混凝土时，导管下口距地基约 300mm，距离太小，容易堵管，距离太大，则开管时冲出的混凝土不能及时封埋管口下端，而导致水或泥浆渗入混凝土内。漏斗及导管内应有足够的混凝土，以保证混凝土下落后能将导管下端埋入混凝土内 0.5～0.6m。剪断铁丝后，混凝土在自重作用下冲出管口，并迅速将管口下端埋住。此后，一面不断灌注混凝土，一面缓缓提起导管，并应始终保持导管在混凝土内有一定的埋深，埋深越大则挤压作用越大，混凝土越密实，但也越不易浇筑，一般埋深为 0.5～0.8m。这样，最先浇筑的混凝土始终处于最外层，与水接触，且随混凝土的不断挤入而不断上升，故水或泥浆不会混入混凝土内，水泥浆不会被带走，而混凝土又能在压力下自行挤密。为保证与水接触的表层混凝土能呈塑性状态上升，每一灌注点应在混凝土初凝前浇至设计标高。混凝土应连续浇筑，导管内应始终注满混凝土，以防空气混入，并应防止堵管，如堵管超过半小时，则应立即换插备用管进行浇筑。一般情况下，每一导管灌注范围以 4m×4m 为限，面积更大时，可用几根导管同时浇筑，或待一浇筑点浇筑完毕后再将导管换插到另一浇筑点进行浇筑，而不应在一浇筑点将导管作水平移动以扩大浇筑范围。浇筑完毕后，应清除与水接触的表层厚约 0.2m 的松软混凝土。

水下浇筑混凝土时，混凝土的密实程度取决于混凝土所受的挤压力。为保证混凝土在导管出口处有一定的超压力（P），则应保持导管内混凝土超出水面一定高度（h_4），如图 3-56 所示，若导管下口至水面的距离为 h_3，则超压力 P 为

$$P = 0.025h_4 + 0.015h_3$$

故　　　　　　$$h_4 = 40P - 0.6h_3 \qquad (3-18)$$

超压力 P 值的确定与导管作用半径有关，当作用半径为 4m 时，P 为 $0.25N/mm^2$；当作用半径为 3.5m 时，P 为 $0.15N/mm^2$；当作用半径为 3.0m 时，P 为 $0.1N/mm^2$。

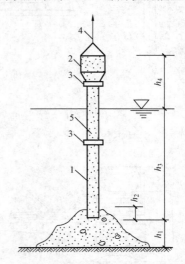

图 3-56　导管法水下浇筑混凝土
1—钢导管；2—漏斗；3—法兰接头；
4—吊索；5—混凝土

四、混凝土的捣实

混凝土灌入模板后，由于骨料间的摩阻力和水泥浆的黏结力，不能自行填充密实，其内部是疏松的，有一定体积的空洞和气泡，不能达到要求的密实度，因而影响其强度、抗冻性、抗渗性和耐久性。因此混凝土入模后，还需经密实成型。

（一）混凝土密实成型的途径

混凝土密实成型途径如下：

（1）振捣成型，即借助机械外力（如机械振动）来克服拌和物的剪应力而使之液化；

（2）在拌和物中适当加多水分以提高其流动性，依靠其自流挤压密实，排出气泡，成型后用离心法、真空抽吸法将多余的水分和空气排出；

（3）在拌和物中掺入高效减水剂，使其坍落度大大增加，以自流浇筑成型，它是一种有发展前途的方法。目前施工现场常采用机械振捣成型的方法。

（二）混凝土振捣密实的原理

混凝土振捣机械振动时，将具有一定频率和振幅的振动力传给混凝土，使混凝土发生强迫振动，新浇筑的混凝土在振动力作用下，颗粒之间的黏着力和摩阻力大大减小，流动性增加，骨料在重力作用下下沉，水泥浆均匀分布填充骨料空隙，气泡逸出，孔隙减少，游离水分被挤压上升，使原来松散堆积的混凝土充满模具，使混凝土密实度提高。振动停止后混凝土重新恢复其凝聚状态，逐渐凝结硬化。

混凝土振捣密实的方法有人工振捣和机械振捣。人工振捣劳动强度大，振动频率低，混凝土密实性差，一般应用于量小的混凝土密实。机械振捣比人工振捣效果好，混凝土密实度提高，水灰比可以减小。

（三）混凝土振捣机械及其应用

混凝土振捣机械按其传递振动的方式分为内部振动器、表面振动器、附着式振动器和振动台，如图 3-57 所示。在施工现场主要使用内部振动器和表面振动器。

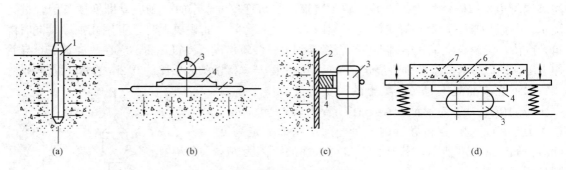

图 3 - 57　振捣机械示意图

（a）内部振动器；（b）表面振动器；（c）附着式振动器；（d）振动台

1—振动棒；2—模板；3—带偏心块电动机；4—连接固定件；5—平板；6—平台；7—混凝土构件

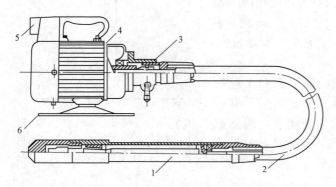

图 3 - 58　电动软轴行星式内部振动器

1—振动棒；2—软轴；3—防逆装置；4—电动机；
5—电器开关；6—底座

1. 内部振动器

内部振动器又称为插入式振动器（或振动棒），多用于振捣现浇基础、柱、梁、墙等结构构件和厚大体积设备基础的混凝土。按其振动棒的激振原理主要有：偏心轴式和行星滚锥式（简称行星式）两种，图 3 - 58 为电动软轴行星式内部振动器。

采用插入式振动器捣实混凝土时，振动棒宜垂直插入混凝土中，为使上下层混凝土结合成整体，振动棒应插入下层混凝土 50～100mm。

操作时，要做到快插慢拔。如插入速度慢，会先将上面混凝土振实，与下部混凝土发生分层离析现象；如拔出速度过快，则由于混凝土来不及填补，造成振动器抽出的位置形成空洞。

振动器的插点要均匀排列，排列方式有行列式和交错式两种。插点间距不宜大于 1.5R（R 为振动棒的作用半径）。振动棒距模板不应大于 0.5R，并避免碰振钢筋、模板、吊环及预埋件等。每一插点的振捣时间一般为 20～30s，用高频振动时不应少于 10s，过短不易捣实，过长可能使混凝土分层离析。适宜的振捣时间，可从下列现象判断：

（1）混凝土不再显著下沉；

（2）不再出现气泡；

（3）混凝土表面呈水平并出现水泥浆。

2. 表面振动器

表面振动器又称平板振动器，由带偏心块的电动机和平板组成。振捣时将振动器放在浇筑好的混凝土结构表面，振动力通过底板传给混凝土。其有效作用深度一般为 200mm。适用于振捣面积大而厚度小的结构，如楼板、地坪或预制板等。振捣时其移动间距应能保证振动器的平板覆盖已振实部分的边缘，前后位置搭接 30～50mm。每一位置上振动时间为 25～40s，以混凝土表面出现浮浆为准。

3. 附着式振动器

附着式振动器又称外部振动器，也是一个带偏心块的电动机。它借螺栓或卡具固定在模板外部，通过模板将振动传给混凝土，因此模板应有足够的刚度。它适用振捣厚度小、钢筋密、不宜用插入式振动器的构件，如薄腹梁、墙体等。振动器设置间距应通过试验确定，一般为1～1.5m，振动深度约为250mm。如结构较厚，可在构件两侧安设振动器，同时进行振捣。振捣时以混凝土表面呈水平并不再冒气泡为准。

4. 振动台

振动台是一个支承在弹性支座上的工作平台，平台下面装有带偏心块的电动机，电动机运转时，带动工作台强迫振动，从而使工作台上构件的混凝土得以密实。适用于预制厂或实验室的一种振动设备。

五、混凝土的养护

混凝土在浇筑振捣成型后，应使混凝土逐渐达到设计要求的强度，而混凝土强度的增长是混凝土中水泥的水化作用。水化作用必须在适当的温度和湿度条件下才能完成，如果混凝土浇筑后即处在炎热、干燥、风吹、日晒的气候环境中，就会使混凝土的水分很快蒸发，影响混凝土中水泥的正常水化作用，使混凝土表面脱皮、起砂、出现干缩裂缝，严重的会使混凝土内部结构疏松，降低混凝土的强度。因此混凝土浇筑后，必须根据水泥品种、气候条件和工期要求加强养护。

混凝土的养护方法很多，通常按其养护工艺分为自然养护和人工养护两大类。

自然养护就是在常温（平均气温不低于5℃）下，用浇水或保水方法使混凝土在规定的期间内有适宜的温湿条件进行硬化。常用的自然养护方法有浇水养护、喷膜养护及太阳能养护等。现浇混凝土结构多采用自然养护。

人工养护就是人工控制混凝土的温度和湿度，使混凝土强度增长。常用的人工养护方法有蒸气养护、热水养护、电热养护、红外线加热养护等。人工养护适用于预制构件生产中，特殊条件下，可用于现浇混凝土结构中。

1. 浇水养护

覆盖浇水养护是在环境气温高于5℃的条件下，用草袋、麻袋、锯末等覆盖混凝土，并在上面经常浇水使混凝土保持湿润状态。普通混凝土浇筑完毕，应在12h内加以覆盖并浇水，浇水次数以能保证混凝土足够的湿润状态为宜。一般气候条件下（气温为15℃以上），在浇筑后最初3d内，白天每隔2h浇水一次，夜间至少浇水1次。在以后的养护期内，每昼夜至少浇水4次。在干燥的气候条件下，浇水次数应适当增加。

浇水养护时间一般以混凝土强度达到标准强度的60%左右为宜。通常情况下，硅酸盐水泥、普通硅酸盐水泥和矿渣硅酸盐水泥拌制的混凝土，其养护时间不应少于7d；火山灰质硅酸盐水泥及粉煤灰硅酸盐水泥拌制的混凝土，其养护时间不应少于14d；矾土水泥拌制的混凝土，其养护的时间不应少于3d；掺用缓凝剂或有抗渗要求的混凝土，其养护时间不应少于14d。其他品种水泥拌制的混凝土，其养护时间应根据水泥的技术性质通过试验确定。

2. 喷膜养护

喷膜养护是在混凝土表面喷洒一至两层塑料溶液，待溶液挥发后，在混凝土表面结合成一层塑料薄膜，混凝土表面与空气隔绝，使混凝土中的水分不被蒸发，从而完成水化作用。这种养护方法适用于不易浇水养护的高耸构筑物和表面积大的混凝土施工及缺水地区。常用的喷膜养护剂有过氯乙烯树脂、LP-37、聚醋酸乙烯等。

3. 太阳能养护

太阳能养护是用塑料薄膜作为覆盖物，利用太阳光的照射，将辐射能转化为热能，使混凝土内部温度升高，靠薄膜内混凝土自身的水分，加速水泥的水化过程，以达到养护的目的。利用太阳能养护，成本低、操作简单、质量好、强度均匀，比浇水自然养护有一定的优越性。

4. 蒸汽养护

蒸汽养护是将成型的混凝土构件置于固定的养护窑、坑内，通过蒸汽使混凝土在较高的温湿度环境中迅速凝结、硬化，达到所要求的强度。它是缩短混凝土养护时间的有效方法之一，常用于混凝土预制构件的生产。

混凝土构件在成型后先静置 2～6h，再进行蒸汽养护，以增强混凝土在升温阶段对结构产生破坏作用的抵抗能力。升温速度不能太快，以防混凝土因表面体积膨胀太快而产生裂缝，一般控制为 10～25℃/h（干硬性混凝土为 35～40℃/h）。

温度上升到一定值后应恒温一段时间，以保证混凝土强度增长。恒温的温度随水泥品种不同而异，普通水泥的养护温度不得超过 80℃；矿渣水泥、火山灰质水泥可提高到 90～95℃。恒温时间一般为 5～8h，恒温加热阶段应保持 90%～100% 的相对湿度。

经蒸汽养护的混凝土降温不能过快，如降温过快，混凝土会产生表面裂缝，因此降温速度应加以控制。一般情况下，构件厚度在 100mm 左右时，降温速度为 20～30℃/h。

为了避免蒸汽温度骤然升降引起混凝土构件产生裂缝变形，必须严格控制升温和降温的速度。出槽的构件温度与室外温度相差不得大于 40℃，当室外为负温度时，相差不得大于 20℃。

六、混凝土质量检查

混凝土质量检查包括：制备和浇筑过程中的质量检查、养护后的质量检查及允许偏差的检查等。

（一）制备和浇筑过程中的质量检查

制备过程中，对原材料质量、用量、配合比和坍落度等每一工作班至少检查两次。如砂、石含水量变化，则应及时检查配合比。浇筑过程中，对坍落度每一工作班至少应检查两次。此外对搅拌时间应随时检查。

（二）养护后的质量检查

混凝土养护后的质量检查，一般指混凝土抗压强度的检验。如设计有特殊要求如抗渗、抗冻等，还应作专项检查。

为了判断结构或构件的混凝土是否能达到设计的强度等级，可根据标准立方体试件（边长 150mm）在标准条件下（温度为 20℃±3℃、相对湿度为 90% 以上的温湿环境）养护 28d 后的试压结果确定。

1. 混凝土试件的留置

同条件养护试件所对应的结构构件或结构部位，应由监理（建设）、施工等各方共同选定，并在混凝土浇筑入模处见证取样；对混凝土结构工程中的各混凝土强度等级，均应留置同条件养护试件；同一强度等级的同条件养护试件，其留置的数量应按混凝土的施工质量控制要求确定，同一强度等级的同条件养护的试件留置组数不宜少于 10 组，以构成按统计方法评定混凝土强度的基本条件；对按非统计方法评定混凝土强度时，其留置数量不应少于 3 组，以保证具有足够的代表性。

根据国家标准《混凝土结构工程施工质量验收规范》（GB 50204—2015）规定，用于检查结构构件混凝土强度的试件，应在混凝土浇筑地点随机取样制作。取样与试件留置应符合下列规定：

（1）每拌制 100 盘且不超过 100m³ 的同配合比的混凝土，其取样不得少于一组（三个）；

（2）每工作班拌制的同配合比的混凝土不足 100 盘时，其取样不得少于一组；

（3）当一次连续浇筑超过 1000m³ 时，同一配合比的混凝土每 200m³ 取样不得少于一组；

（4）每一楼层、同配合比的混凝土，其取样不得少于一组；

（5）为了检查结构或构件的拆模、出池，出厂、吊装、预应力张拉、放张，以及施工期间临时负荷的需要，尚应留置与结构或构件同条件养护的试件，试件组数可按实际需要确定。

2. 试件组的混凝土强度代表值

每组（三块）试件应在同盘混凝土中取样制作，其强度代表值按下述规定确定：

（1）每组试件混凝土强度代表值，取三块试件的算术平均值；

（2）三个试件中最大和最小强度值，与中间值相比，其差值如有一个超过中间值的 15％ 时，则以中间值作为该组试件的强度代表值；

（3）三个试件中最大和最小强度值，与中间值相比，其差值均超过中间值的 15％ 时，其试验结果不应作为强度评定的依据。

3. 混凝土强度评定

根据混凝土生产情况，在混凝土强度检验评定时按以下三种情况进行：

（1）按标准差进行混凝土强度评定。混凝土的生产条件在较长时间内能保持一致，且同一品种混凝土的强度变异性能保持稳定时，由连续的三组试件代表一个验收批，其强度应同时满足下列要求

$$m_{fcu} \geqslant f_{cu,k} + 0.7\sigma_0 \tag{3-19}$$

$$f_{cu,min} \geqslant f_{cu,k} - 0.7\sigma_0 \tag{3-20}$$

当混凝土强度等级不高于 C20 时，验收批中强度的最小值尚应满足下式的要求

$$f_{cu,min} \geqslant 0.85 f_{cu,k} \tag{3-21}$$

当混凝土强度等级高于 C20 时，验收批中强度的最小值尚应满足下式的要求

$$f_{cu,min} \geqslant 0.90 f_{cu,k} \tag{3-22}$$

式中　m_{fcu}——同一验收批混凝土立方体抗压强度平均值，MPa；

$f_{cu,k}$——混凝土立方体抗压强度标准值，MPa；

$f_{cu,min}$——同一验收批混凝土立方体抗压强度最小值，MPa；

σ_0——验收批混凝土立方体抗压强度的标准差，MPa。

σ_0 应根据前一个检验期内（检验期不应超过三个月，强度数据总批数不得小于 15），同一品种混凝土试块的强度数据按下式确定

$$\sigma_0 = \frac{0.59}{m} \sum_{i=1}^{m} \Delta f_{cu,i} \tag{3-23}$$

式中　$\Delta f_{cu,i}$——前一个检验期内第 i 批试件立方体抗压强度中最大值与最小值之差；

m——前一个检验期内强度数据的总批数。

（2）标准差未知时混凝土强度评定。当混凝土的生产条件不能满足上述（1）规定，或在前一个检验期内的同一品种混凝土没有足够的数据用以确定验收混凝土立方体抗压强度标

准差时，应由不少于 10 组的试块代表一个验收批，其强度应同时满足下列要求

$$m_{fcu} - \lambda_1 S_{fcu} \geqslant 0.9 f_{cu,k} \qquad (3-24)$$

$$f_{cu,min} \geqslant \lambda_2 f_{cu,k} \qquad (3-25)$$

$$S_{fcu} = \sqrt{\sum_{i=1}^{n} f_{cu,i}^2 - n m_{fcu}^2} \qquad (3-26)$$

式中　S_{fcu}——验收批混凝土立方体抗压强度的标准差，MPa；

$\quad\quad f_{cu,i}$——验收批内第 i 组试件立方体抗压强度，MPa；

$\quad\quad n$——验收批内混凝土试件的总组数。

当 S_{fcu} 的计算值小于 $0.06 f_{cu,k}$ 时，取 $S_{fcu} = 0.06 f_{cu,k}$。

λ_1、λ_2——合格判定系数，按试件组数取值。当试件组数为 10～14 时，$\lambda_1 = 1.70$，$\lambda_2 = 0.90$；当试件组数为 15～24 时，$\lambda_1 = 1.65$，$\lambda_2 = 0.85$；当试件组数 $\geqslant 25$ 时，$\lambda_1 = 1.60$，$\lambda_2 = 0.85$。

（3）非统计法混凝土强度评定。对零星生产的预制构件混凝土或现场搅拌的批量不大的混凝土，可不采用上述统计法评定，而采用非统计法评定。此时，验收批混凝土的强度必须同时满足下述要求

$$m_{fcu} \geqslant 1.15 f_{cu,k} \qquad (3-27)$$

$$f_{cu,min} \geqslant 0.95 f_{cu,k} \qquad (3-28)$$

式中符号同前。

非统计法的检验效率较差，存在将合格产品误判为不合格产品，或将不合格产品误判为合格产品的可能性。

如由于施工质量不良、管理不善等因素，试件与结构中混凝土质量不一致，或对试件检验结果有怀疑时，可采用从结构或构件中钻取芯样的方法，或采用非破损检验方法，按有关规定对结构或构件混凝土的强度进行推定，作为处理混凝土质量问题的重要依据。

复习思考题

3-1　何谓钢筋混凝土？钢筋混凝土工程施工通常包括哪些施工程序？

3-2　钢筋混凝土工程中的钢筋是如何分类的？其检验的主要内容有哪些？

3-3　试述钢筋加工的主要内容。

3-4　何谓冷轧带肋钢筋和冷轧扭钢筋？

3-5　钢筋闪光对焊工艺有几种？如何选用？闪光对焊接头质量检查包括哪些内容？

3-6　钢筋电弧焊接头有哪几种型式？如何选用？质量检查内容有哪些？

3-7　何谓钢筋的电阻点焊？如何检验电阻点焊接头的质量？

3-8　钢筋机械连接工艺有哪几种？

3-9　何谓钢筋挤压套筒连接？其主要参数有哪些？如何检验接头的质量？

3-10　怎样计算钢筋下料长度及编制钢筋配料单？

3-11　如何进行钢筋的代换？应注意什么问题？

3-12　简述钢筋加工工序和绑扎、安装的基本要求。绑扎接头有何规定？

3-13 钢筋工程检查验收包括哪些内容？

3-14 试述模板的作用。对模板及其支架的基本要求有哪些？模板有哪些类型？各有何特点，其适用范围如何？

3-15 试述定型组合钢模板的特点、组成。

3-16 试述大模板特点、组成及其支设方法。大模板施工工艺、吊装是什么顺序？大模板平面组合方案有哪些？各适用于何种情况？

3-17 简述滑升模板的组成和施工工艺。

3-18 试分析模板的计算荷载及其组合方法。

3-19 拆除模板对混凝土有何要求？如何进行模板的拆除？

3-20 混凝土工程施工包括哪几个施工过程？

3-21 何谓混凝土施工配合比？为什么要进行施工配合比换算？如何换算？

3-22 混凝土搅拌机有哪些类型？混凝土搅拌参数指什么？各有何影响？什么是一次投料法和二次投料？各有何特点？二次投料时混凝土强度为什么会提高？

3-23 混凝土运输有哪些要求？有哪些运输工具机械？各适用于何种情况？

3-24 混凝土泵有哪几类？如何计算输送管换算长度？采用泵送时，对混凝土有哪些要求？

3-25 混凝土浇筑前对模板、钢筋应作哪些检查？

3-26 混凝土浇筑基本要求是什么？什么是混凝土的离析？怎样产生的？如何防止？

3-27 何谓施工缝？留设位置怎样？继续浇筑混凝土时，对施工缝有何要求，如何处理？

3-28 多层钢筋混凝土框架结构施工顺序、施工过程和柱、梁、板浇筑方法怎样？

3-29 厚大体积混凝土施工特点有哪些？如何确定浇筑方案？其温度裂缝有几种类型？防止开裂有哪些措施？

3-30 混凝土密实的途径怎样？简述插入式振捣器的施工要点。

3-31 什么是混凝土的自然养护？自然养护有哪些方法？具体做法怎样？

3-32 混凝土质量检查包括哪些内容？对试块制作有哪些规定？如何确定混凝土试块的强度代表值？混凝土强度评定的标准怎样？

3-33 某简支梁配筋如图 3-59 所示，试计算各钢筋的下料长度并编制钢筋配料单（保护层厚度均为 25mm）。

3-34 如采用 Φ16 钢筋代换上例中 Φ20 钢筋，应如何配置该梁钢筋？绘制梁的配筋图。

3-35 对图 3-60 挑梁中各钢筋进行编号，并计算其下料长度，编制钢筋配料单。

3-36 某结构采用 C20 混凝土，实验室配合比为 $1:2.12:4.37:0.62$，经实测砂石的含水率分别为 3%、1%。试计算混凝土的施工配合比。若采用 400L 搅拌机搅拌该混凝土，每立方米混凝土水泥用量为 270kg，计算一次投料量。

3-37 某高层建筑基础钢筋混凝土底板长×宽×厚＝25m×14m×1.2m，混凝土强度等级为 C20，要求连续浇筑混凝土，不留施工缝。混凝土搅拌站设有三台 250L 混凝土搅拌机，每台搅拌机的生产率为 5m³/h，混凝土的运输时间为 25min，室外环境气温为 25℃。如混凝土的分层厚度为 300mm。

试确定：

（1）混凝土浇筑方案；

（2）完成浇筑工作所需时间。

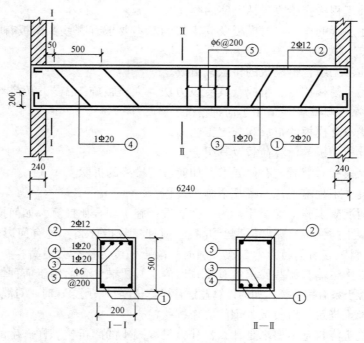

图 3-59　某简支梁配筋图

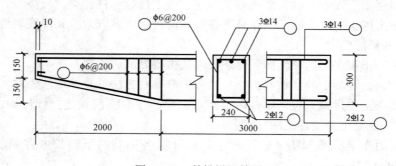

图 3-60　某挑梁配筋图

第四章 预应力混凝土工程

第一节 概　　述

由于预应力混凝土结构的截面小、刚度大、抗裂性和耐久性好，在现代建筑结构中得到广泛应用。近年来，随着高强度钢材及高强度等级混凝土的应用，促进了预应力混凝土结构的发展，也进一步推动了预应力混凝土施工工艺的成熟和完善。本章主要探讨几种常见的预应力混凝土施工工艺方法。

一、预应力混凝土

预应力混凝土是在混凝土结构承受外荷载之前，预先对其在外荷载作用下的受拉区施加压应力，从而改善结构使用性能、提高结构刚度及承载能力的一种结构形式。

混凝土的抗拉极限应变只有 0.000 1～0.000 15，即在普通钢筋混凝土构件中混凝土每米只能拉长 0.1～0.15mm，超过该数值混凝土就要开裂。要使混凝土不开裂，受拉钢筋的应力只能用到 20～30N/mm²；允许出现裂缝的构件，由于受裂缝宽度的限制，受拉钢筋的应力也只能用到 150～250N/mm²。因此，尽管高强钢材不断发展，也不能在普通钢筋混凝土构件中充分发挥其作用。预应力混凝土是解决这一矛盾的有效方法，即在构件的受拉区预先施加压力产生预压应力，当构件在使用荷载作用下产生拉应力时，首先要抵消预压应力，然后随着荷载的不断增加，受拉区混凝土才受拉开裂，从而推迟裂缝出现和限制裂缝开展，提高了构件的抗裂度和刚度，同时使高强材料得以充分利用。

预应力混凝土与普通混凝土相比，具有如下特点：改善结构的使用性能，提高结构的耐久性；减小构件截面高度，减轻自重；充分利用高强钢材；具有良好的裂缝闭合性能与变形恢复性能；提高抗剪承载力；提高构件抗疲劳强度等。为建造大跨度结构和扩大预制装配化施工创造了条件。如在我国大跨度桥梁工程中，预应力箱梁跨度已突破 100m。

二、预应力混凝土的材料

预应力混凝土结构构件的承载能力与所施加的预压应力有关，为了获得较大的预压应力，应提高预应力混凝土结构所用材料的强度。

（一）预应力筋

我国预应力结构的研究和发展较快，尤其是预应力筋，早期的低碳钢钢筋已逐步被高强度钢材代替，目前较常见的有以下五种。

1. 钢绞线

钢绞线一般是由几根碳素钢丝围绕一根中心钢丝在绞丝机上绞成螺旋状，再经低温回火处理制成。钢绞线整根强度高，破断拉力大，柔性好，施工方便，有广阔的发展前景。

钢绞线按捻制时钢丝根数不同分为：1×2 钢绞线，1×3 钢绞线和 1×7 钢绞线，如图 4-1 所示。1×2 钢绞线用量较少，1×3 钢绞线仅用于先张法预应力混凝土构件，1×7 钢绞线是由 6 根外层钢丝围绕着一根中心钢丝（直径加大 2.5%）绞成，适用于先张法和后张法预应力结构或构件，是目前国内外应用较为广泛的一种预应力筋。

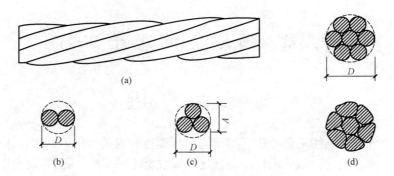

图 4－1　预应力钢绞线

（a）1×7 钢绞线；（b）1×2 钢绞线；（c）1×3 钢绞线；（d）模拔钢绞线

D—钢绞线公称直径；A—1×3 钢绞线测量尺寸

2. 高强度钢丝

常用的高强钢丝分为冷拔和矫直回火两种；按外形分为光面、刻痕和螺旋肋三种。常用的高强钢丝的直径（mm）有：4.0，5.0，6.0，7.0，8.0 和 9.0 等几种。

高强钢丝是用优质碳素钢热轧盘条经冷拔制成。然后，用机械方式对钢丝进行压痕处理形成刻痕钢丝，如图 4－2 所示。

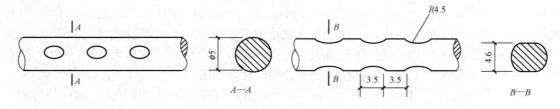

图 4－2　刻痕钢丝外形

对钢丝进行低温（一般低于 500℃）矫直回火处理后便成为矫直回火钢丝。预应力钢丝经矫直回火后，可消除钢丝冷拔过程中产生的残余应力，钢丝的比例极限、屈强比和弹性模量等均得到提高，塑性也有所改善，同时也解决钢丝的矫直问题。这种钢丝通常被称为消除应力钢丝。

消除应力钢丝的松弛损失虽比消除应力前低一些，但仍然较高。为此，常采取钢丝"稳定化"生产工艺，即在一定的温度（如 350℃）和拉应力下进行应力消除回火处理，然后冷却至常温。经"稳定化"处理后，钢丝的松弛值仅为普通钢丝的 0.25～0.33，这种钢丝被称为低松弛钢丝。低松弛钢丝应力松弛率低、屈服强度高、抗裂性能好、钢材消耗量低，目前已在国内外预应力结构中广泛应用。

3. 热处理钢筋

热处理钢筋是由普通热轧中碳合金钢钢筋经淬火和回火调质热处理后制成。它具有高强度、高韧性和高黏结力等优点，直径为 6～10mm。将成品钢筋制成直径为 2m 的弹性盘卷。开盘后钢筋自行伸直，每盘长度为 100～120m。

热处理钢筋的螺纹外形有带纵肋和无纵肋两种，如图 4－3 所示。

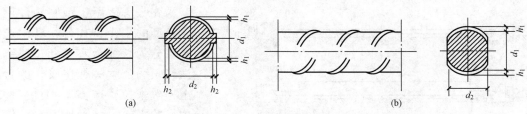

图 4-3 热处理钢筋外形

(a) 带纵肋；(b) 无纵肋

4. 精轧螺纹钢筋

精轧螺纹钢筋是用热轧方法在钢筋表面上轧出不带纵肋，横肋为不连续的梯形螺纹的直条钢筋，如图 4-4 所示。钢筋接长用带内螺纹的连接套筒，端头可用螺母锚固。这种高强度钢筋具有锚固简单、施工方便、无需焊接等优点。

目前国内生产的精轧螺纹钢筋直径主要有：18mm，25mm，28mm 和 32mm 四种；钢筋级别有：JL785，JL835 和 RL540 三种；其屈服点分别为：785MPa，835MPa 和 540MPa。

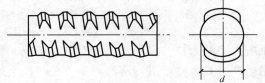

图 4-4 精轧螺纹钢筋外形

5. 冷拉钢筋

冷拉钢筋是将 Ⅱ～Ⅳ 级热轧钢筋在常温下通过强力拉伸超过屈服强度后，使钢筋产生一定的塑性变形，卸荷后经时效处理形成。冷拉钢筋的塑性和弹性模量有所降低，但屈服强度和硬度有所提高，可直接用作预应力筋。

此外非金属预应力筋也开始运用。非金属预应力筋主要是指用纤维增强塑料（FRP）制成的预应力筋，主要有玻璃纤维增强塑料（GFRP）、芳纶纤维增强塑料（AFRP）及碳纤维增强塑料（CFRP）等几种形式的非金属预应力筋。

（二）对混凝土的要求

在预应力混凝土结构中，一般要求混凝土的强度等级不低于 C30。当采用钢绞线、钢丝、热处理钢筋作预应力筋时，混凝土的强度等级不宜低于 C40。目前，在一些重要的预应力混凝土结构中，多采用 C50～C60 的高强混凝土，并逐步向 C80 等更高强度等级的混凝土发展。

在预应力混凝土构件生产中，不能掺用对钢筋有侵蚀作用的氯盐，如氯化钙、氯化钠等，否则会发生严重质量事故。

三、预应力的施加方法

预应力的施加方法，根据与构件制作相比较的先后顺序，分为先张法、后张法两大类。按钢筋的张拉方法又分为机械张拉和电热张拉。在后张法施工中根据其工艺不同，又分为一般后张法、后张自锚法、无黏结后张法、电热法等。目前电热法已较少应用。

第二节 先 张 法

先张法是在浇筑混凝土构件之前张拉预应力筋，将其临时锚固在台座或钢模上，然后浇筑混凝土构件，待混凝土达到一定强度（一般不低于混凝土设计强度标准值的 75%），使预应力筋与混凝土间有足够黏结力时，放松预应力筋，预应力筋产生弹性回缩，借助于混凝土与预应力筋间的黏结力，对混凝土产生预压应力。

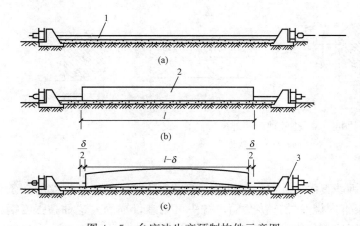

图 4-5　台座法生产预制构件示意图

（a）预应力筋的张拉；（b）混凝土构件制作；（c）构件施加预应力

1—预应力筋；2—混凝土构件；3—台座

先张法适用于预制构件厂生产定型的中小型构件，其生产工艺可分为长线台座法和短线钢模法。长线台座法是在较长的台面上一次张拉生产多个构件，预应力筋的张拉力由台座承受。该方法具有设备简单、投资省的特点，是一种较经济的场地型生产方式。如图 4-5 所示，为长线台座法生产预制构件的示意图。短线钢模法是在一定尺寸的钢模中，一次张拉生产单个构件，预应力筋的张拉力由钢模承担。该方法可将预应力筋的张拉、锚固、构件混凝土浇筑、养护和预应力筋放松等工序形成机组流水、传送带生产方式，并可进行蒸汽养护，是一种生产效率较高的构件生产方式。

一、先张法施工的机具和设备

在先张法施工中，主要的机具设备包括：台座、夹具和张拉设备三大类别。

（一）台座

台座是先张法生产的主要设备之一，它承受预应力筋的全部张拉力。因此，台座应有足够的强度、刚度和稳定性，以免台座变形、倾覆、滑移而引起预应力损失；台座按构造方式分为墩式和槽式两类。选用时应根据构件种类、张拉吨位和施工条件而定。

1. 墩式台座

以混凝土墩作承力结构的台座称墩式台座，通常由混凝土墩、台面和承力横梁组成。图 4-6 为长线台座法生产中小型构件的墩式台座构造示意图。台面长度较长，张拉一次可生产多个构件。当现场生产小型构件时，由于张拉力不大，可设置简易墩式台座，图 4-7 为在混凝土地

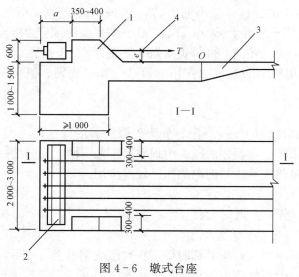

图 4-6　墩式台座

1—混凝土墩；2—钢横梁；3—台面；4—预应力筋

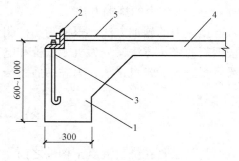

图 4-7　简易墩式台座

1—混凝土地梁；2—承力角钢；

3—预埋螺栓；4—台面；5—预应力筋

梁设置预埋螺栓的一种简易台座。另外，也可以采用其他的简易台座，如桩式台座、构架式台座等。

墩式台座设计时，应进行台座的稳定性验算、抗滑移验算和强度验算。

稳定性验算主要是指台座的抗倾覆验算。图4-8为墩式台座计算简图，台座的抗倾覆验算应满足下式要求

$$M' = G_1 l_1 + G_2 l_2$$
$$K_0 = \frac{M'}{M} \geq 1.5 \qquad (4-1)$$

式中　K_0——台座的抗倾覆安全系数；

　　M——由张拉力 T 产生的倾覆力矩，$M = Te$；

　　e——张拉力合力 T 的作用点到倾覆转动点 O 的力臂；

　　M'——抗倾覆力矩。

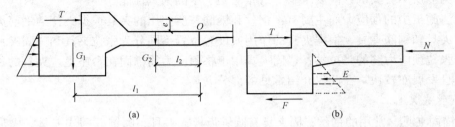

图4-8　墩式台座计算简图
（a）抗倾覆计算简图；（b）抗滑移计算简图

如忽略土压力的作用，则台座的抗滑移验算应满足下式要求：

$$K_0' = \frac{N + E + F}{T} \geq 1.3 \qquad (4-2)$$

式中　K_0'——抗滑移安全系数；

　　N——混凝土台面的抵抗合力；

　　E——土压力合力；

　　F——混凝土墩与基底的摩擦力。

当混凝土墩埋深不大且重量较小时，E、F 忽略不计。对于台座与台面共同工作的长线台座可不进行抗滑移验算。

强度验算时，支承横梁的牛腿，按柱牛腿计算方法计算配筋；墩式台座与台面接触的外伸部分，按偏心受压构件计算；台面按轴心受压杆件计算；横梁按承受均布荷载的简支梁计算，其挠度应控制在2mm以内，并不得产生翘曲。

2. 槽式台座

在生产吊车梁、屋架等构件时，由于张拉力和倾覆力矩都很大，一般多采用槽式台座，它由钢筋混凝土传力柱、上下横梁及台面组成，如图4-9所示。由于设置了钢筋混凝土传力柱，可承担较大的张拉力。为便于混凝土进行蒸汽养护，台座宜低于地面，并用砖砌筑围护墙。为便于拆迁，台座通常设计成装配式。槽式台座设计时，应按钢筋混凝土构件进行抗倾覆稳定性和强度验算。

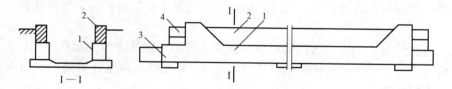

图 4-9 槽式台座
1—钢筋混凝土传力柱；2—砖墙；3—下横梁；4—上横梁

（二）夹具

夹具是用来临时锚固预应力筋的工具，构件制作完毕，可取下重复使用。夹具必须安全可靠，加工尺寸准确；使用中不应发生变形或滑移，且预应力损失要小，构造要简单，加工要方便，省材料，成本低；拆卸方便，张拉迅速，适应性、通用性强。

预应力筋所用夹具的性能要求参见后张法施工中的锚具性能。

先张法施工中的预应力筋主要有：钢丝和钢筋。所使用的夹具根据夹持的钢筋类型不同分为钢丝夹具和钢筋夹具。根据夹具的作用或设置位置不同分为张拉夹具和锚固夹具。张拉夹具用于张拉预应力筋的张拉端；锚固夹具用于将预应力筋锚固在台座上。夹具的种类和型号繁多，且发展亦较快，在此仅介绍常见的部分夹具。

1. 钢丝夹具

（1）锚固夹具。常用的钢丝锚固夹具有圆锥齿板式夹具、圆锥三槽式夹具、楔形夹具和镦头夹具等。前三种属锥销式体系，锚固时将齿板或锥销打入套筒，借助摩阻力将钢丝锚固。圆锥齿板式夹具分为Ⅰ型和Ⅱ型，Ⅰ型用于 ϕ^b3、ϕ^b4，Ⅱ型用于 ϕ^b4、ϕ^b5。圆锥三槽式夹具的锥销表面有三条圆弧形沟槽，分别用以夹持 ϕ^b3、ϕ^b4 和 ϕ^b5 钢丝。楔形夹具可用于多根钢丝的夹持，每个楔块与锚板间夹持一根钢丝，如图 4-10 所示。

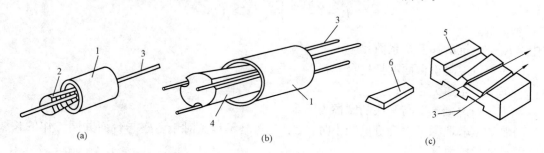

图 4-10 钢丝锚固夹具
（a）圆锥齿板式夹具；（b）圆锥三槽式夹具；（c）楔形夹具
1—套筒；2—齿板；3—钢丝；4—锥销；5—锚板；6—楔块

锥销式夹具须具备自锁和自锚的能力。自锁即锥销或齿板打入套筒后不致弹回脱出。自锚是在预应力筋拉力作用下，齿板（或锥销）与预应力筋借助摩擦力一同向套筒内挤入一定的位移后，可将预应力筋自行锚固。锚具的自锁和自锚将在后张法中分析。

（2）张拉夹具。张拉时夹持钢丝的张拉夹具类型较多，常用的有钳式夹具、偏心式夹具和楔形夹具等，如图 4-11 所示。借助于摩擦力和挤压力夹持钢丝，适用于在台座上进行钢丝张拉。

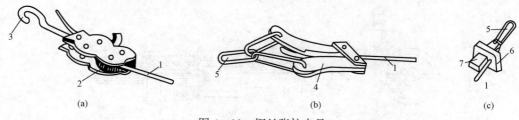

图 4-11　钢丝张拉夹具

(a) 钳式夹具；(b) 偏心式夹具；(c) 楔形夹具

1—钢丝；2—夹钳；3—挂钩；4—偏心齿板；5—拉环；6—锚板，7—楔块

2. 钢筋夹具及连接器

钢筋的锚固可用螺丝端杆锚具、镦头锚具和销片夹具等。张拉时可用连接器与螺丝端杆锚具连接，或用销片夹具进行张拉。

镦头锚具是将钢筋或钢丝镦粗大头后，卡在承力钢板的槽口或钻孔中，将钢筋或钢丝锚固。适用于钢筋或钢丝的固定端锚固，如图 4-12 所示。直径 22mm 以内的钢筋可用压力机冷镦或用对焊机热镦；直径较大时可用压模加热锻打成型。镦过的钢筋需经冷拉，以检验镦头质量。钢丝镦头常采用压力机冷镦。

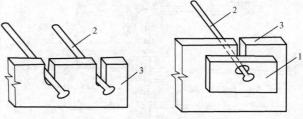

图 4-12　固定端镦头锚具

1—垫板；2—镦头钢筋（钢丝）；3—承力钢板

销片夹具由圆套筒和锥形销片组成。销片有两片式和三片式两种，图 4-13 为三片式销片夹具加工图。套筒内壁呈锥形，与销片锥度吻合，钢筋夹紧在销片的凹槽内。销片凹槽内有齿纹，以增加销片与钢筋间的摩阻力。

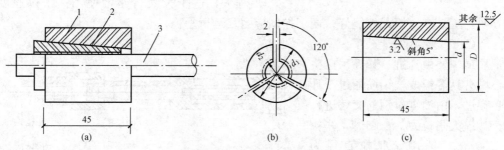

图 4-13　三片式销片夹具

(a) 装配图；(b) 销片；(c) 圆套筒

1—圆套筒；2—销片；3—预应力筋

钢筋的张拉端通常采用螺丝端杆锚具锚固，螺丝端杆锚具与钢筋锚具间需用连接器连接，如图 4-14 所示。连接器还可用于钢筋与钢筋连接。

（三）张拉设备

在台座上生产先张法预应力构件时，预应力筋的张拉方式有：多根同时张拉和单根张拉。其中较多采用单根张拉方式，即预应力筋是逐根进行张拉和锚固的。常用的张拉机具有以下几种。

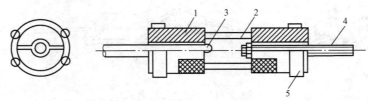

图 4-14　套筒双拼式连接器

1—半圆套筒；2—连接拉筋；3—钢筋镦头；4—螺丝端杆；5—钢圈

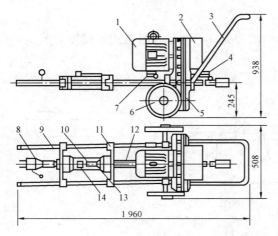

图 4-15　电动螺杆张拉机

1—电动机；2—配电箱；3—手柄；4—前限位开关；

5—减速箱；6—轮子；7—后限位开关；8—夹钳；

9—支撑杆；10—弹簧测力计；11—滑动架；

12—螺杆；13—标尺；14—微动开关

1. 电动螺杆张拉机

此类张拉机是根据涡轮蜗杆螺旋推动原理制成，主要由张拉螺杆、电动机、测力计、顶杆等组成，如图 4-15 所示。最大张拉力为 10～50kN，张拉行程 780mm，适用于长线台座上张拉单根小直径预应力钢筋（钢丝）。为便于张拉和移动，将其装在带轮的小车上。张拉时，顶杆支承在台座横梁上，用张拉夹具夹紧预应力钢筋，开动电动机使螺杆向右运动，对钢筋进行张拉。拉力控制一般采用弹簧测力计，上面设有行程开关，当张拉到规定的拉力时能自行停车。然后用预先套在钢筋上的锚固夹具将其临时锚固在横梁上。

电动螺杆张拉机的主要优点是，张拉行程大，适于长线台座上使用；张拉速度快，使用方便，工效高；恒载性能好，便于控制应力；运行平稳。

2. YC20 型穿心式千斤顶

千斤顶主要由油缸、弹性顶压头和偏心块夹具等组成，钢筋通过千斤顶中心穿过，由油缸对钢筋交替进行张拉。其最大张拉力为 200kN，张拉行程 200mm，适用于张拉直径为 12～20mm 的单根预应力钢筋。

YC20 型穿心式千斤顶的张拉过程如图 4-16 所示，张拉时，油嘴 6 进油，油嘴 5 回油，由于偏心块夹具已夹紧钢筋，随着油缸的伸出，钢筋即被张拉。如油缸接近最大行程时，钢筋尚未达到控制应力，此时可打开油嘴 6 缓缓地回油，使千斤顶卸压。

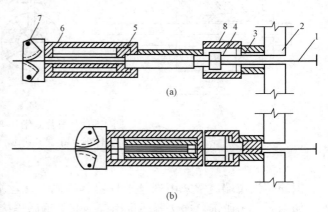

(a)

(b)

图 4-16　YC20 型穿心式千斤顶张拉过程示意图

（a）张拉；（b）暂时锚固、回油

1—钢筋；2—台座横梁；3—穿心式夹具；

4—弹性顶压头；5，6—油嘴；7—偏心式夹具；8—弹簧

在卸压过程中，由于钢筋弹性回缩和弹性顶压头的共同作用，将穿心式夹具的销片推入套筒，使钢筋临时固定在台座横梁上。再向油嘴 5 供油，使油缸退回，此时偏心式夹具 7 便自动松开，油缸退到零行程位置，便完成了一次张拉循环。如此连续张拉下去，直到钢筋达到控制应力为止。

3. 卷扬机

图 4-17 为利用卷扬机进行单根钢筋张拉和用弹簧测力计测力的现场布置图。测力计采用行程开关自动控制，当张拉力达到设计要求的拉力值时，卷扬机可自动断电停车。当台座较长，千斤顶的张拉行程不能满足需要时，采用卷扬机张拉较为有效。如无卷扬机可采用倒链和滑轮组进行张拉。

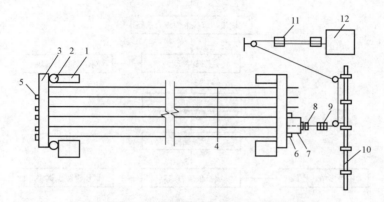

图 4-17　卷扬机张拉单根预应力筋示意图

1—台座；2—放张装置；3—横梁；4—预应力筋；5—镦头；6—垫块；

7—销片夹具；8—张拉夹具；9—弹簧测力计；10—固定梁；11—滑轮组；12—卷扬机

4. 台座式千斤顶

多根钢筋成组张拉时，因一次张拉吨位大，可采用台座式千斤顶四横梁（或三横梁）装置进行张拉，如图 4-18 所示。四横梁式张拉装置由两根台座前后横梁、两根拉力架横梁和两根大螺钉杆、台座式千斤顶和台座组成。千斤顶横卧放置，与横梁、大螺杆等组成张拉架。钢筋张拉前，先用测力扳手对每根钢筋进行初应力调整，待其均匀后开始张拉，当达到规定张拉力时拧紧大螺母即可锚固。这种装置用钢量多，钢筋初应力调整很费时，千斤顶张拉行程较小，满足不了长线台座的需要，需几次回油，工效低。但一次张拉的吨位大，如 YT120 型最大张拉力为 1200kN，YT300 型最大张拉力可达到 3000kN。

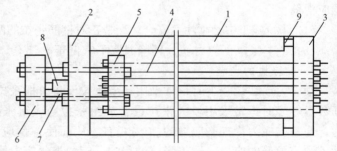

图 4-18　台座式千斤顶成组张拉示意图

1—传力柱（或台座）；2，3—台座前、后横梁；4—预应力筋；

5，6—拉力架横梁；7—大螺钉杆；8—台座式千斤顶；9—放张装置

二、先张法施工工艺

先张法预应力混凝土构件在台座上生产时，其工艺流程如图 4-19 所示，施工中可按具

体情况适当调整。部分施工工艺及其要求可参照其他章节里的内容，这里主要阐述几个与预应力混凝土施工相关的问题。

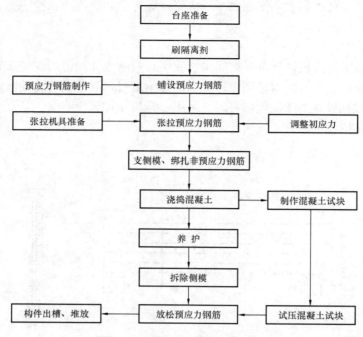

图 4-19　先张法施工工艺流程图

（一）预应力筋的张拉

1. 预应力筋张拉的一般要求

（1）张拉前安放好预应力筋，并根据设计要求进行预应力筋的张拉。

（2）预应力筋表面不应有油污，台面不应采用废机油作隔离剂，以保证混凝土与预应力筋有良好的黏结。

（3）台座法张拉中，为避免台座承受过大的偏心压力，应先张拉靠近台座截面重心处的预应力筋。

（4）张拉施工中必须注意安全。严禁正对钢筋张拉的两端站立人员，防止断筋回弹伤人。

（5）冬季张拉预应力筋，环境温度不宜低于－15℃。

2. 初应力的调整

预应力筋数量较少时，常采用小型张拉设备单根张拉，此时不必调整初应力。当预应力筋数量较多时，常采用较大张拉设备成组张拉。成组张拉时，应先调整各预应力筋的初应力，通常初应力为控制应力的 10％ 左右。从而使各预应力筋长度、松紧一致，以保证张拉后各预应力筋的应力一致。张拉过程中，应抽查预应力值，其偏差不得大于或小于按一个构件全部钢丝预应力总值的 5％。其断丝或滑丝的量不得大于钢丝总数的 3％。

3. 张拉控制应力

预应力筋张拉时的控制应力直接影响预应力的效果。控制应力高，构件建立的预应力值则大。但控制应力过高，预应力筋处于高应力状态，使构件出现裂缝时的荷载与破坏荷载接近，破坏前无明显的预兆，这是不允许的。此外，施工中为减少由于松弛等原因造成的预应力损失，一般要进行超张拉，如果原定的控制应力过高，再加上超张拉就可能使预应力筋的应力超过屈服强度而产生塑性变形，造成预应力值大幅度下降。为此，在进行预应力筋张拉时，必须严格按设计规定的张拉控制应力进行张拉。如设计无规定，则应按规范规定确定控制应力值，表 4 - 1 为先张法预应力筋的张拉控制应力和最大超张拉应力允许值，施工中不得超过该允许值。

表 4 - 1　　　张拉控制应力和最大超张拉应力允许值

钢　　种	控制应力	最大超张拉应力
碳素钢丝、刻痕钢丝、钢绞线	$0.75f_{ptk}$	$0.80f_{ptk}$
冷拔低碳钢丝、热处理钢筋	$0.70f_{ptk}$	$0.75f_{ptk}$
冷拉热轧钢筋	$0.90f_{pyk}$	$0.95f_{pyk}$

注　f_{ptk}—钢筋抗拉强度标准值；f_{pyk}—钢筋屈服强度标准值。

4. 张拉程序

预应力的张拉程序是指如何使预应力筋达到控制应力值的过程，这对施工质量影响较大，在预应力筋张拉前必须确定。如设计中没有具体的张拉程序规定，通常可按下列张拉程序之一进行：

$$0 \rightarrow 105\%\sigma_{con} \xrightarrow{\text{持荷 2min}} \sigma_{con}$$
$$0 \rightarrow 103\%\sigma_{con}$$

式中　σ_{con}——预应力筋的张拉控制应力。

建立上述张拉程序的目的是减少预应力的松弛损失。所谓"松弛"，即钢材在常温、高应力状态下具有不断产生塑性变形的特性。松弛的数值与控制应力和延续时间有关，控制应力高松弛亦大，所以钢丝、钢绞线的松弛损失比冷拉热轧钢筋大；松弛损失还随着时间的延续而增加，但在第 1min 内可完成损失总值的 50% 左右，24h 则可完成 80%。上述张拉程序，如先超张拉 5%σ_{con}，再持荷 2min，可减少 50% 以上的松弛损失。超张拉 3%σ_{con} 是为了弥补设计中预见不到的预应力损失。

5. 实际伸长值的检验

用应力控制张拉时，为了校核预应力值，在张拉过程中应测出预应力筋的实际伸长值。如实际伸长值大于计算伸长值 10% 或小于计算伸长值 5%，应暂停张拉，查明原因并采取措施予以调整后，方可继续张拉。

张拉预应力筋的计算伸长值 ΔL，可按下式计算

$$\Delta L = \frac{PL}{A_sE_s} \qquad (4-3)$$

式中　P——预应力筋的张拉力，N；
　　　A_s——预应力筋的截面面积，mm^2；
　　　L——预应力筋的长度，mm；
　　　E_s——预应力筋的弹性模量。

预应力筋的实际伸长值，宜在初应力约为 10%σ_{con} 时开始量测，但必须加上初应力以内的推算伸长值。

6. 预应力筋的锚固

张拉完毕锚固时，张拉端的预应力筋回缩量不得大于设计规定值；锚固后，预应力筋对设计位置的偏差不得大于 5mm，或不大于构件截面短边长度的 4%。

（二）混凝土施工

为减少预应力的损失，在设计混凝土配合比时，应考虑减少混凝土的收缩和徐变。

混凝土收缩是水泥在硬化过程中脱水凝结和硬化过程中形成的毛细孔压缩的结果。混凝土徐变是荷载长期作用下混凝土的塑性变形，因水泥石内凝胶体的存在而产生。因而，混凝土的收缩和徐变与水泥品种、用量、水灰比、骨料孔隙率和振捣密实程度有关。

浇灌混凝土时，应振捣密实，振动器不应碰撞预应力筋，混凝土未达到一定强度时，不允许碰撞和踩动预应力筋。

构件采用叠层生产时，应待下层构件的混凝土强度达到 $8\sim10N/mm^2$ 后，方可浇筑上层构件的混凝土。一般当平均温度高于 20℃时，每 2d 可叠浇一层，气温较低时，可采取早强措施，以缩短养护时间，加速台座周转。

需要进行湿热养护预应力混凝土构件时，应采取正确的养护制度，以减少由于温差引起的预应力损失。在台座法生产采用湿热养护时，当温度升高后，预应力筋膨胀而台座长度并无变化，因而将引起预应力筋应力减小。如在这种情况下混凝土逐渐硬结，则在混凝土硬化前预应力筋由于温度升高而引起的应力降低将永远不能恢复，形成温差应力损失。为减少温差应力损失，应使浇筑的混凝土达到一定强度（$10N/mm^2$）前，将温度升高限制在一定范围（一般不超过 20℃）。用机组流水法钢模制作预应力构件，因湿热养护时钢模与预应力筋同样伸缩，故不引起温差预应力损失。但应控制升温和降温的速度，防止构件混凝土的胀缩引起的裂缝，参见第三章相关内容。

（三）预应力筋的放张

放张预应力筋时，混凝土强度必须达到设计要求。如设计未说明时，不得低于设计混凝土强度等级的 75%。

1. 放张顺序

预应力筋的放张顺序，如设计未说明时，应符合下列规定：

（1）轴心受预压构件（如压杆、桩等），所有预应力筋应同时放张。

（2）偏心受预压构件（如梁等），应先同时放张预压应力较小区域的预应力筋，再同时放张预压应力较大区域的预应力筋。

（3）如不能按（1）、（2）项放张时，应分阶段、对称、相互交错地放张，以防止在放张过程中构件发生翘曲、裂纹及预应力筋断裂等现象。

2. 放张方法

配筋不多的中小型预应力混凝土构件，可采用剪切、锯割和加热熔断等方法逐根进行放张；配筋较多或预应力值较大的预应力混凝土构件，应同时放张。同时放张的方法通常可采用油压千斤顶、楔块或砂箱等放张工具。

图 4-20 为楔块放张预应力筋的示意图。

图 4-21 为 1600kN 砂箱放张预应力筋的构造图。砂箱由钢制外套箱及活塞套箱组成，外套箱内径比活塞套箱外径大 2mm，内装石英砂或铁砂。当张拉预应力筋时，箱内砂被压实，承担着横梁的反力。放松预应力筋时，将出砂口打开，砂慢慢流出，便可慢慢放松预应力筋。采用砂箱放张，能控制放张速度，工作可靠，施工方便。箱中应采用干砂，并有一定级配。例如砂的细度应将通过 50 号及 30 号标准筛，按 6：4 的级配使用，这样既可保证砂不易因压碎而造成流不出的现象，又可减少砂的空隙率，从而减少砂的压缩值，减少预应力损失。

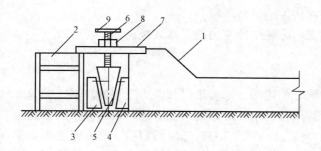

图 4-20　楔块放张预应力筋示意图

1—台座；2—横梁；3，4—钢垫块；5—钢楔块；

6—螺杆；7—承力板；8—螺母；9—手柄

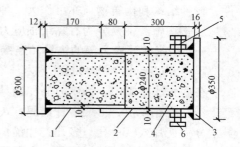

图 4-21　1600kN 砂箱构造图

1—活塞套箱；2—外套箱；3—套箱底板；4—砂；

5—进砂口（φ25 螺钉）；6—出砂口（φ16 螺钉）

砂箱的承载能力主要取决于筒壁厚度（t），其值可按下式计算

$$t \geqslant \frac{pr}{f} \tag{4-4}$$

$$p = \frac{N}{A}\tan^2\left(45° - \frac{\varphi}{2}\right)$$

式中　p——筒壁所受侧压力，N/mm^2；

　　　　N——砂箱所受正压力（即横梁对砂箱的压力），N；

　　　　A——砂箱活塞面积，mm^2；

　　　　φ——砂的内摩擦角；

　　　　r——砂箱的内半径，mm；

　　　　f——筒壁钢板强度设计值，N/mm^2。

第三节　后　张　法

后张法施工是在混凝土构件或块体制作时，在放置预应力筋的部位预先留有孔道，待混凝土达到规定强度后孔道内穿入预应力筋，并用张拉机具夹持预应力筋将其张拉至设计规定的控制应力，然后借助锚具将预应力筋锚固在构件端部，最后进行孔道灌浆。如图 4-22 所示，为预应力后张法构件生产的示意图。

后张法的特点是直接在构件上张拉预应力筋，构件在张拉过程中完成混凝土的弹性压缩。因此不直接影响预应力筋有效预应力值的建立。锚具是预应力构件的一个组成部分，永久留在构件上，称作工作锚具，不能重复使用。

后张法适宜于现场生产大型预应力构

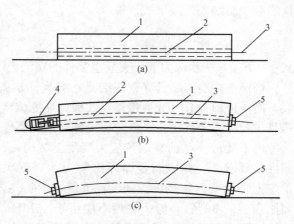

图 4-22　预应力混凝土后张法生产示意图

（a）制作混凝土构件；（b）张拉预应力筋；

（c）预应力筋的锚固与孔道灌浆

1—混凝土构件；2—预留孔道；3—预应力筋；

4—张拉千斤顶；5—锚具

件、特种结构和构筑物，亦可作为一种预制构件的拼装手段。

后张法施工主要分为有黏结预应力施工与无黏结预应力施工两大类。

一、后张法预应力筋的锚具和连接器

（一）锚具和连接器的性能要求

在后张法施工中，预应力筋和锚具是配套使用的。随着现代预应力工程的发展，锚具和连接器发展亦较快，形成多种锚固方式、适用各种条件的系列产品。通常按锚固方法不同锚具常分为夹片式（单孔与多孔夹片锚具）、支承式（镦头锚具、螺母锚具）、锥塞式（钢质锥形锚具）和握裹式（挤压锚具、压花锚具）四大类型。设计与施工单位应根据结构要求、产品技术性能和张拉方法等选用合适的锚具。

锚具的性能应符合行业标准《预应力筋用锚具、夹具和连接器》（GB/T 14370—2015）的规定。其中，预应力筋—锚具组装件的锚固性能是评定锚具是否合格、安全可靠的指标。

在预应力筋强度等级已确定的条件下，预应力筋—锚具组装件的静载锚固性能试验结果，应同时满足锚具效率系数 $\eta_a \geqslant 0.95$ 和预应力筋总应变 $\varepsilon_{apu} \geqslant 2.0\%$ 两项要求。

锚具效率系数 η_a 是预应力筋—锚具组装件的实际拉断力与预应力筋的理论拉断力之比，由预应力筋—锚具组装件静载试验结果，按下式计算

$$\eta_a = \frac{F_{apu}}{\eta_p F_{pm}} \tag{4-5}$$

式中　F_{apu}——预应力筋—锚具组装件的实测极限拉力；

F_{pm}——预应力筋的实际平均极限抗拉力，由预应力筋试件实测破断荷载平均值计算得出；

η_p——预应力筋的效率系数，按下列规定取用：预应力筋—锚具组装件中预应力筋为 1~5 根时，$\eta_p = 1.0$；6~12 根时，$\eta_p = 0.99$；13~19 根时，$\eta_p = 0.98$；20 根以上时，$\eta_p = 0.97$。

夹具的静载锚固性能试验结果应满足夹具效率系数 $\eta_g \geqslant 0.92$，由预应力筋—夹具组装件静载试验结果，按下式计算

$$\eta_g = \frac{F_{gpu}}{F_{pm}} \tag{4-6}$$

式中　F_{gpu}——预应力筋—夹具组装件的实测极限拉力。

当预应力筋—锚具（或连接器）组装件达到实测极限拉力 F_{apu} 时，应由预应力筋的断裂，而不应由锚具（或连接器）的破坏导致试验的终结。预应力筋拉应力未超过 $0.8f_{ptk}$ 时，锚具主要受力零件应在弹性阶段工作，脆性零件不得断裂。

用于受静、动荷载的预应力混凝土结构，其预应力筋—锚具组装件，除应满足静载锚固性能要求外，尚应满足循环次数为 200 万次的疲劳性能试验要求。疲劳应力上限应为预应力钢丝或钢绞线抗拉强度标准值 f_{ptk} 的 65%（当为精轧螺纹钢筋时，疲劳应力上限为屈服强度的 80%），应力幅度不应小于 80MPa。对于主要承受较大动荷载的预应力混凝土结构，要求所选锚具能承受的应力幅度可适当增加，具体数值可由工程设计单位根据需要确定。

在抗震结构中，预应力筋—锚具组装件还应满足循环次数为 50 次的周期荷载试验。组装件用钢丝或钢绞线时，试验应力上限应为 $0.8f_{ptk}$，用精轧螺纹钢筋时，应力上限应为其屈服强度的 90%，应力下限应为相应强度的 40%。

另外，锚具应满足分级张拉、补张拉和放松拉力等张拉工艺的要求。锚固多根预应力筋的锚具，除应具有整束张拉的性能外，尚宜具有单根张拉的可能性。

（二）单根粗钢筋锚具和连接器

根据构件的长度和张拉工艺的要求，单根预应力钢筋可在一端或两端张拉。一般张拉端均采用螺丝端杆锚具；而固定端除了采用螺丝端杆锚具外，还可采用帮条锚具或镦头锚具。

1. 螺丝端杆锚具

螺丝端杆锚具由螺丝端杆、螺母和垫板三部分组成。常用型号有 LM18～LM36，分别适用于直径为 18～36mm 的 HRB335、HRB400 级预应力钢筋，如图 4-23 所示。

螺丝端杆锚具长度一般为 320mm，当为一端张拉或预应力筋的长度较长时，螺杆的长度应增加 30～50mm。螺丝端杆与预应力筋用对焊连接。预应力筋若采用冷拉钢筋时，对焊应在冷拉前进行，以避免由于焊接影响冷拉钢筋的强度。

2. 帮条锚具

帮条锚具由帮条和衬板组成。帮条采用与预应力筋同级别的钢筋，衬板采用普通低碳钢钢板。帮条锚具的三根帮条应成 120°均匀布置，并垂直于衬板与预应力筋焊接牢固。如图 4-24 所示。预应力筋需冷拉时，帮条的焊接也应在冷拉前进行。

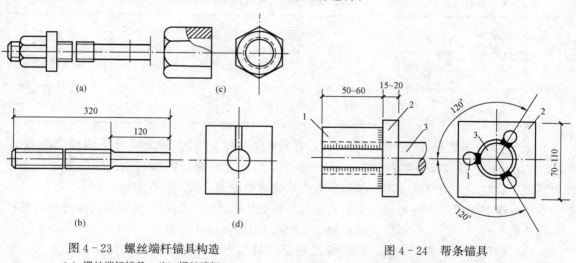

图 4-23　螺丝端杆锚具构造
（a）螺丝端杆锚具；（b）螺丝端杆；
（c）螺母；（d）垫板

图 4-24　帮条锚具
1—帮条；2—衬板；3—预应力筋

3. 镦头锚具

用于单根粗钢筋的镦头锚具一般直接在预应力筋端部热镦、冷镦或锻打成型。将镦头卡在承力钢板的槽口或钻孔中进行锚固，参见图 4-12。

4. 精轧螺纹钢筋锚固体系

精轧螺纹钢筋锚固体系主要指精轧螺纹钢筋锚具和连接器。

（1）精轧螺纹钢筋锚具。精轧螺纹钢筋锚具是利用与精轧螺纹钢筋的螺纹相适宜的特制螺母锚固的一种支承式锚具。它包括螺母和垫板两部分，如图 4-25 所示。相关尺寸见表 4-2。

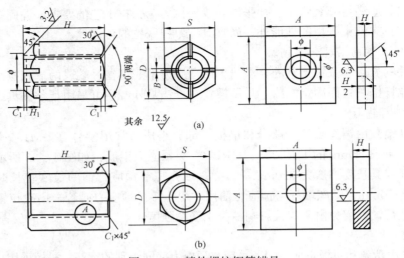

图 4 - 25　精轧螺纹钢筋锚具

(a) 锥面螺母与垫板；(b) 平面螺母与垫板

表 4 - 2　　　　　　　　　精轧螺纹钢筋的锚具尺寸　　　　　　　　　　　　　mm

钢筋直径（mm）	分类	螺　母				垫　板			
		D	S	H	H_1	A	H	ϕ	ϕ'
25	锥面	57.1	50	65	15	110	25	30	55
	平面				—				—
32	锥面	67	58	72	18	130	32	38	70
	平面				—				—

螺母分平面螺母和锥面螺母两种。螺母的材料用 45 号钢，经调质热处理其硬度 HRB215±15，其抗拉强度为 $750\sim860\text{N/mm}^2$。锥面螺母通过锥体与锥孔的配合，使预应力筋能正确对中；为增强锥面螺母对预应力筋的夹持能力，锥面处作开缝处理。

垫板根据螺母的不同相应分为平面垫板与锥面垫板两种。垫板边长应等于螺母最大外径加两倍垫板厚度，以承担螺母给垫板沿 45°方向向四周传递的压力。

（2）精轧螺纹钢筋连接器。精轧螺纹钢筋连接器为一带内螺纹的套筒，如图 4 - 26 所示。相关尺寸见表 4 - 3。连接器材料、螺纹要求与精轧螺纹钢筋相同。

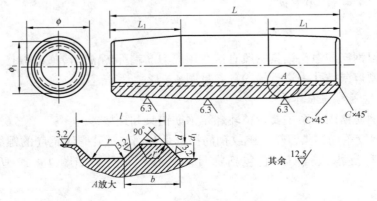

图 4 - 26　精轧螺纹钢筋连接器

表 4 - 3					精轧螺纹钢筋连接器尺寸						
公称直径 d_0(mm)	ϕ	ϕ'	L	L_1	d	d_1	l	b	r	c
					(mm)						
25	50	38	132	45	25.5	29.7	12	8	1.5	1.6
32	60	46	160	60	32.5	37.5	16	9	2.0	2.0

5. 冷轧螺纹锚具

冷轧螺纹锚具，又称轧丝锚具，是用冷滚压的方法在光圆钢筋的端部滚压出一定长度的螺纹，并配有螺母。这种方法加工的螺纹，其外径大于原钢材外径，而螺纹内径仅略小于原钢材直径，由于考虑冷加工强化作用，可仍按原钢材直径使用。图 4 - 27 为张拉端冷轧螺纹锚具构造示意图。固定端采用内埋式螺母，并与锚垫板合一，为增强螺母对预应力筋的夹持能力，并保证预应力筋位置，螺母做成锥形。

（三）钢筋束和钢绞线束锚具和连接器

钢筋束和钢绞线束能够建立较大的预应力值，在现代预应力工程中应用较为广泛，与其相适应的锚具常采用夹片式和握裹式两大类型。

1. 夹片式锚具

夹片式锚具是利用锚孔和夹片来锚固预应力筋的一种楔紧式锚具。根据预应力筋的设置数量常有单孔夹片和多孔夹片两类。主要用于预应力筋的张拉端。

（1）单孔夹片式锚具。单孔夹片式锚具由锚环与夹片组成，如图 4 - 28 所示。适用于锚固单根无黏结预应力钢筋或钢绞线，也可用作先张法施工的夹具。

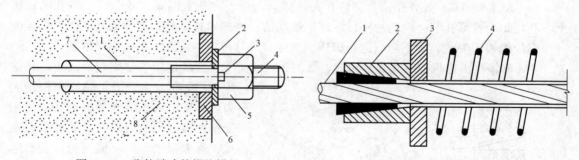

图 4 - 27　张拉端冷轧螺纹锚具

1—孔道；2—垫圈；3—排气槽；4—冷轧螺纹头；
5—螺母；6—锚垫板；7—预应力筋；8—混凝土构件

图 4 - 28　单孔夹片锚固体系

1—钢绞线；2—单孔夹片锚具；
3—承压钢板；4—螺旋筋

（2）JM 型锚具。JM 型锚具为单孔夹片式锚具。现已发展为 10 余个品种，分别适用于光圆钢筋束、螺纹钢筋束和钢绞线束，如 JM12 型锚具可用于锚固 3～6 根直径为 12mm 的钢筋或 3～6 束直径为 12mm 的钢绞线；JM15 型锚具则可锚固直径为 15mm 的钢筋或钢绞线。JM 型锚具由锚环和夹片组成，其构造如图 4 - 29 所示。

JM 型锚具性能好，锚固时钢筋束或钢绞线束被单根夹紧，不受直径误差的影响，且预应力筋是在呈直线状态下被张拉和锚固，受力性能好。为此，为适应小吨位高强钢丝束的锚固，近年来还发展了锚固 6～7 根 $\phi5$ 碳素钢丝的 JM5 - 6 和 JM5 - 7 型锚具，其原理完全相同。

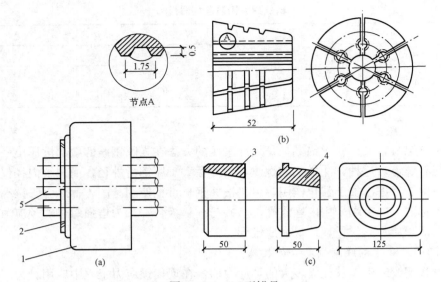

图 4 - 29　JM 型锚具

（a）JM 型锚具装配图；（b）JM 型锚具夹片；（c）JM 型锚具锚环

1—锚环；2—夹片；3—圆锚环；4—方锚环；5—钢筋或钢绞线

JM12 型锚具是一种利用楔块原理锚固多根预应力筋的锚具，既可作为张拉端的锚具，又可作为固定端的锚具或作为重复使用的工具锚。

JM12 型锚具宜选用相应的 YC - 60 型穿心式千斤顶来张拉预应力筋。

（3）XM 型锚具。XM 型锚具属多孔夹片锚具，是一种新型锚具，是在一块多孔的锚板上，利用每个锥形孔装一副夹片夹持一根钢绞线的一种楔紧式锚具。这种锚具的优点是任何一根钢绞线锚固失效，都不会引起整束锚固失效，并且每束钢绞线的根数不受限制。

XM 型锚具由锚板与三片夹片组成，如图 4 - 30 所示。它既适用于锚固钢绞线束，又适用于锚固钢丝束；既可锚固单根预应力筋，又可锚固多根预应力筋。当用于锚固多根预应力筋时，既可单根张拉、逐根锚固，又可成组张拉、成组锚固。另外，它既可用作工作锚具，又可用作工具锚具。近年来随着预应力混凝土结构和无黏结预应力结构的发展，XM 型锚具已得到广泛应用。实践证明，XM 型锚具具有通用性强、性能可靠、施工方便、便于高空作业的特点。该锚具广泛应用于现代预应力混凝土工程。

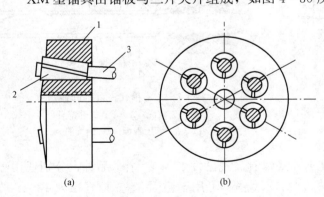

图 4 - 30　XM 型锚具

（a）XM 型锚具装配图；（b）XM 型锚具锚板

1—锚板；2—夹片（三片）；3—钢绞线

XM 型锚具的锚板上的锚孔沿圆周排列，夹片采用三片式，按 120°均分开缝，沿轴向有倾斜偏转角，倾斜偏转角的方向与钢绞线的扭角相反，以确保夹片能夹紧钢绞线或钢丝束的每一根外围钢丝，形成可靠的锚固。

XM 型锚具在充分满足自锚条件下，夹片的锥面选用了较大的锥角，使 XM 锚具可作为工作锚与工具锚使用。当用作工具锚时，可在夹片和锚板之间涂抹一层能在极大压强下保持润滑性能的固体润滑剂（如石墨、石蜡等），当千斤顶回程时，用锤轻轻一击，即可松开脱落。用作工作锚时，具有连续反复张拉的功能，可用行程不大的千斤顶张拉任意长度的钢绞线。

（4）QM 型及 OVM 型锚具。QM 型锚具也属于多孔夹片锚具，由锚板与夹片组成，如图 4 - 31 所示。根据钢绞线根数，可选用不同孔数的锚板。适用锚固直径为 12.7mm，12.9mm，15.2mm 和 15.7mm 等，强度为 1570～1860MPa 的各类钢绞线或钢丝束，互换性好。QM 型锚固体系配有专门的工具锚，以保证每次张拉后退锚方便，并减少安装工具锚所花费的时间。

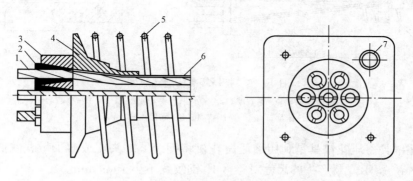

图 4 - 31 QM 型锚具构造示意图

1—钢绞线；2—夹片；3—锚板；4—喇叭形铸铁锚垫板；

5—螺旋筋；6—金属波纹管预应力孔道；7—灌浆孔

OVM 型锚具是在 QM 型锚具的基础上，将夹片改为二片式，并在夹片背部上部锯有一条弹性槽，以提高锚固性能。适用于强度 1860MPa、直径 12.7mm，15.7mm，3～55 根钢绞线或钢筋束。

（5）BM 型锚具。BM 型锚具是一种新型的夹片式扁型群锚，简称扁锚。它是由扁锚头、扁型垫板、扁型喇叭管及扁型管道等组成，其构造如图 4 - 32 所示。

扁锚的优点是：张拉槽口扁小，可减小混凝土板厚，便于梁的预应力筋按实际需要切断后锚固，可节约钢材；钢绞线单根张拉，施工方便。这种锚具特别适用于空心板、低高度箱梁以及桥面横向预应力等施工中。

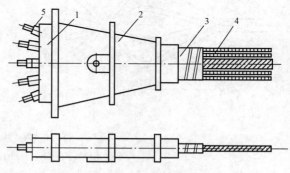

图 4 - 32 扁锚的构造示意图

1—扁锚锚板；2—扁型垫板与喇叭管；

3—扁型波纹管；4—钢绞线；5—夹片

2. 握裹式锚具

钢绞线束的固定端的锚具除了可以采用与张拉端相同的锚具外，还可选用握裹式锚具。握裹式锚具有挤压锚具与压花锚具两类。

（1）挤压锚具。挤压锚具是在钢绞线端头安装挤压套筒利用液压压头机将套筒挤过模孔后，使其产生塑性变形形成对钢绞线的锚固。套筒内衬有硬钢丝螺旋圈，在挤压后硬钢丝全部脆断，一半嵌入外钢套，一半压入钢绞线，从而增加钢套筒与钢绞线之间的摩阻力。锚具下设有钢垫板与螺旋筋。挤压锚具构造见图4-33。这种锚具既可埋在混凝土结构中，也可安装在结构之外，对有黏结预应力钢绞线和无黏结预应力钢绞线均适用，应用范围广泛。

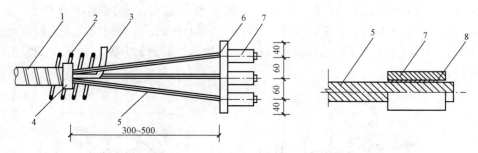

图4-33　挤压锚具构造示意图
1—金属波纹管；2—螺旋筋；3—排气管；4—约束圈；5—钢绞线；
6—锚垫板；7—挤压锚具；8—硬钢丝螺旋圈

（2）压花锚具。压花锚具是利用液压压花机将钢绞线端头压成梨形散花状的一种锚具，如图4-34（a）所示。梨形头的尺寸对于 ϕ^s15 钢绞线不小于 $\phi95mm\times150mm$。多根钢绞线梨形头应分排埋置在混凝土内，为提高压花锚具四周混凝土及散花头根部混凝土抗裂强度，在散花头的头部配置构造筋，在散花头的根部配置螺旋筋，压花锚距构件截面边缘不小于300mm。第一排压花锚的锚固长度，对 ϕ^s15 钢绞线不小于900mm，每排相隔至少300mm。多根钢绞线压花锚具构造如图4-34（b）所示。压花锚具适用于固定端锚固空间较大且有足够锚固长度的预应力混凝土结构或构件。

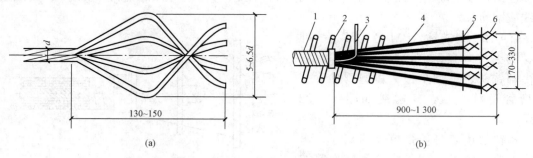

（a）　　　　　　　　　　　　　　　　　　（b）

图4-34　压花锚具构造示意图
（a）单根钢绞线压花锚具；（b）多根钢绞线压花锚具
1—波纹管；2—螺旋筋；3—排气管；4—钢绞线；5—构造筋；6—压花锚具

3. 连接器

钢筋束和钢绞线束连接器，按使用部位不同可分为锚头连接器与接长连接器。

（1）锚头连接器。锚头连接器设置在构件端部，用于锚固前段钢绞线束，并连接后段束。锚头连接器的构造如图4-35所示，其连接体是一块增大的锚板。锚板中部的锥形孔用于锚固前段束，锚板外周边的槽口用于挂住后段束的挤压头。连接器外包喇叭形白铁护套，并沿连接体外圆绕上打包钢条一圈，用打包机打紧钢条固定挤压头。

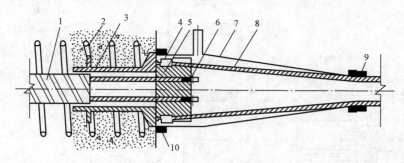

图 4-35　锚头连接器构造图

1—波纹管；2—螺旋筋；3—铸铁喇叭管；4—挤压锚具；5—连接体；
6—夹片；7—白铁护套；8—钢绞线；9—钢环；10—打包钢条

（2）接长连接器。接长连接器设置在孔道的直线区段，用于接长预应力筋。接长连接器与锚头连接器的不同处是将锚板上的锥形孔改为孔眼，两段钢绞线的端部均用挤压锚具固定。张拉时连接器应有足够的活动空间。接长连接器的构造如图 4-36 所示。

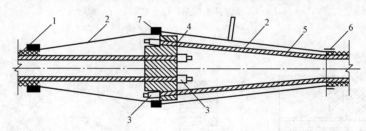

图 4-36　接长连接器构造图

1—波纹管；2—白铁护套；3—挤压锚具；
4—锚板；5—钢绞线；6—钢环；7—打包钢条

（四）钢丝束锚具和连接器

钢丝束一般由几根到几十根直径 3～5mm 相互平行的碳素钢丝组成。目前常用的锚具有锥塞式锚具和支承式锚具两大类型，如钢质锥形锚具、钢丝束镦头锚具和锥形螺杆锚具等。

1. 钢质锥形锚具

钢质锥形锚具由锚环和锚塞组成，如图 4-37 所示，用于锚固以锥锚式双作用千斤顶张拉的钢丝束。锚环内孔的锥度应与锚塞的锥度一致，锚塞上刻有细齿槽，夹紧钢丝防止滑动。锥形锚具的主要缺点是当钢丝直径误差较大时，易产生单根滑丝现象，且滑丝后很难补救，如用加大顶锚力的办法来防止滑丝，过大的顶锚力易使钢丝咬伤。此外，钢丝锚固时呈辐射状态，弯折处受力较大。

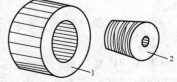

图 4-37　钢质锥形锚具

1—锚环；2—锚塞

2. 钢丝束镦头锚具

镦头锚具常用于锚固 12～54 根 ϕ5 碳素钢丝束。分为 DM5A 型和 DM5B 型，DM5A 型用于张拉端，DM5B 型用于固定端，其构造如图 4-38、图 4-39 所示。

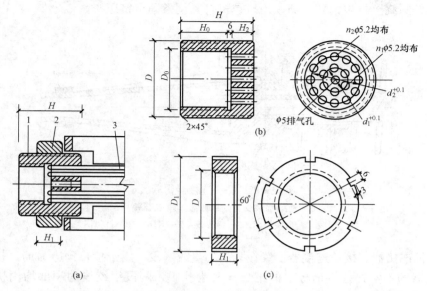

图 4-38　DM5A 型锚具

（a）DM5A 型锚具装配图；（b）锚杯；（c）螺母

1—锚环；2—螺母；3—钢丝束

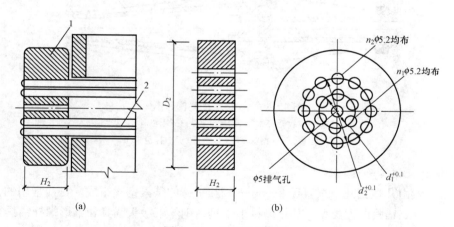

图 4-39　DM5B 型锚具

（a）DM5B 型锚具装配图；（b）锚板

1—DM5B 型锚具锚板；2—钢丝束

镦头锚具的滑移值不应大于 1mm。镦头锚具的镦头强度，不得低于钢丝规定抗拉强度的 98%。

锚环与锚板用 45 号钢制作，先经调质热处理后再进行机械加工。螺母用 30 号钢制作，锚环的内外壁均有螺纹，内螺纹用于连接张拉螺杆，外螺纹用于拧紧螺母锚固钢丝束。锚环和锚板四周钻孔，以固定镦头钢丝，孔数和间距由钢丝根数而定。钢丝用 LD-10 型液压冷镦器进行镦头。钢丝束一端可在制束时将头镦好，另一端则待穿束后镦头，故构件孔道端部要设置扩孔。

张拉时，张拉螺杆一端与锚环内螺纹连接，另一端与拉杆式千斤顶的拉头连接，当张拉到控制应力时，锚环被拉出，则拧紧锚环外螺纹上的螺母加以锚固。

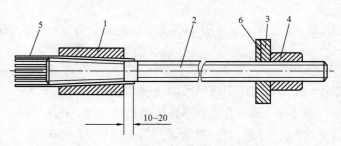

3. 锥形螺杆锚具

锥形螺杆锚具用于锚固 14、16、20、24 和 28 根 $\phi5$ 的碳素钢丝束。它由锥形螺杆、套筒、螺母等组成，如图 4-40 所示。锥形螺杆

图 4-40　锥形螺杆锚具
1—套筒；2—锥形螺杆；3—垫板；4—螺母；
5—碳素钢丝束；6—排气孔

和套筒均由 45 号钢制成。锥形螺杆锚具与 YL-60、YL-90 拉杆式千斤顶配套使用，YC-60、YC-90 穿心式千斤顶亦可应用。

二、后张法预应力筋的制作

后张法预应力施工对预应力筋的要求较严格，一般应在穿筋前进行预应力筋的制作。按预应力筋的种类不同其制作工艺也各有不同，但不论采用何种类型的预应力筋均应对其下料长度进行严格的计算，以保证按设计要求施加足够的预应力值。

（一）单根粗钢筋制作

单根粗钢筋预应力筋的制作，包括配制、对焊等工序。若采用冷拉钢筋时，钢筋对焊后应进行预应力筋的冷拉。预应力筋的下料长度应考虑锚具种类、对焊接头或镦粗头的压缩量、张拉伸长值、构件（或孔道）长度等因素。

螺丝端杆外露在构件孔道外的长度，根据垫板厚度、螺母高度和拉伸机与螺丝端杆连接所需长度确定，一般为 120~130mm。固定端用帮条锚具和镦头锚具时，其长度视锚具尺寸而定。

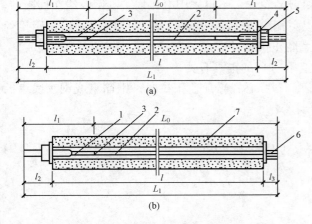

图 4-41　单根粗钢筋下料长度计算简图
（a）两端采用螺丝端杆锚具；
（b）一端用螺丝端杆另一端用帮条锚具
1—螺丝端杆；2—钢筋；3—对焊接头；
4—垫板；5—螺母；6—帮条锚具；7—混凝土构件

预应力钢筋下料长度的计算通常有以下两种情况，如图 4-41 所示。

（1）两端采用螺丝端杆锚具的预应力筋，预应力筋的成品长度如图 4-41（a）所示。

$$L_1 = l + 2l_2$$

预应力筋钢筋部分的成品长度为

$$L_0 = L_1 - 2l_1$$

预应力筋钢筋部分的下料长度 L 为

$$L = L_0 + nl_0 \qquad (4-7)$$

（2）一端用螺丝端杆，另一端用帮条锚具时，预应力筋的成品长度如图 4-41（b）所示。

$$L_1 = l + l_2 + l_3$$
$$L_0 = L_1 - l_1$$

$$L = L_0 + nl_0 \qquad (4-8)$$

（3）若采用冷拉钢筋时，预应力筋钢筋部分的下料长度 L 为

$$L = \frac{L_0}{1 + \gamma - \delta} + nl_0 \qquad (4-9)$$

式中 L_1——预应力筋的成品长度，mm；

L_0——预应力筋钢筋部分的成品长度，mm；

L——预应力筋钢筋部分的下料长度，mm；

l——构件的孔道长度，mm；

l_1——螺丝端杆锚具长度，mm；

l_2——螺丝端杆锚具伸出构件外的长度，mm；

l_3——帮条或镦头锚具长度（包括垫板厚度 h），mm；

l_0——每个对焊接头的压缩长度（约等于钢筋直径 d），mm；

n——对焊接头的数量；

γ——钢筋的冷拉率（由试验确定）；

δ——钢筋冷拉的弹性回缩率（由试验确定）。

在不同场合下，用拉伸机张拉时，l_2 的计算取值为

张拉端 $l_2 = 2H + h + 5\text{mm}$

锚固端 $l_2 = H + h + 10\text{mm}$

式中 H——螺母厚度，mm；

h——垫板厚度，mm。

（二）钢筋束或钢绞线束制作

钢筋束、热处理钢筋和钢绞线是呈盘状供应。长度较长，不需要对焊接长。其制作工序是：开盘→下料→编束。

下料时，预应力筋的切断宜采用切断机或砂轮锯，不得采用电弧切割。钢绞线在切断前，在切口两侧各 50mm 处，应用铅丝绑扎，以免钢绞线松散。编束是将钢绞线理顺后，用铅丝每隔 1.0m 左右绑扎成束，在穿筋时应注意防止扭结。

预应力筋的下料长度，主要与张拉设备和选用的锚具有关。

（1）当采用夹片式锚具（JM 型、XM 型）、穿心式千斤顶张拉时，钢筋束或钢绞线束的下料长度 L 如图 4-42 所示，按下列公式计算

两端张拉时

$$L = l_0 + 2(l_1 + l_2 + l_3 + 100) \qquad (4-10)$$

一端张拉时

$$L = l_0 + 2(l_1 + 100) + l_2 + l_3 \qquad (4-11)$$

式中 l_0——构件的孔道长度，mm；

l_1——夹片式工作锚具厚度，mm；

l_2——穿心式千斤顶长度，mm；

l_3——夹片式工具锚具厚度，mm。

（2）当采用 KT-Z 型锚具、锥锚式双作用千斤顶张拉时，钢筋束或钢绞线的下料长度（L）如图 4-43 所示，按下列公式计算

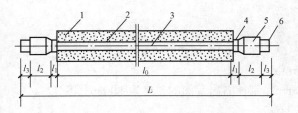

图 4-42　钢筋束或钢绞线束下料长度计算简图

1—混凝土构件；2—孔道；3—钢筋束或钢绞线束；

4—夹片式工作锚具；5—穿心式千斤顶；

6—夹片式工具锚具

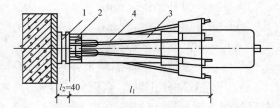

图 4-43　KT-Z 型锚具和锥锚式双作用

千斤顶张拉端安装示意图

1—KT-Z 型锚具；2—钢垫块；

3—锥锚式双作用千斤顶；4—预应力筋

两端张拉时

$$L = l_0 + 2(l_1 + l_2) \tag{4-12}$$

一端张拉时

$$L = l_0 + l_1 + l_2 + l_3 \tag{4-13}$$

式中　l_0——构件的孔道长度，mm；

l_1——张拉端预应力筋束预留长度，根据张拉设备类型确定，mm；

l_2——锚具外露长度，mm，$l_2 = 40$mm；

l_3——非张拉端预应力筋束预留长度，mm，$l_3 = 80$mm。

（三）钢丝束制作

钢丝束的制作，随锚具形式的不同制作方式也有差异，一般包括调直、下料、编束和安装锚具等工序。

用钢质锥形锚具锚固的钢丝束，其制作和下料长度计算基本同钢筋束。

用镦头锚具和锥形螺杆锚具锚固的钢丝束，其下料长度应力求精确。对直的或一般曲率的钢丝束，下料长度的相对误差要控制在 $L/5000$ 以内，且不大于 5mm，以使钢丝束张拉锚固后螺母位于锚杯的中部。为此，钢丝应在应力状态下切断下料，下料的控制应力为 300N/mm^2。如采用的是矫直回火的钢丝，放盘后钢丝是直的，则不必应力下料。

采用镦头锚具时，钢丝下料长度，取决于锚具（是 A 型或 B 型锚具）以及张拉方式（一端张拉或两端张拉）。图 4-44 为一端张拉示意图，钢丝的下料长度 L 按下式计算

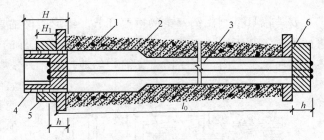

图 4-44　采用镦头锚具时钢丝下料长度计算简图

1—混凝土构件；2—孔道；3—钢丝束；

4—锚杯；5—螺母；6—锚板

$$L = l_0 + 2(h + \delta) - K(H - H_1) - \Delta L - c \tag{4-14}$$

式中　l_0——构件的孔道长度，mm；

h——锚杯底部厚度或锚板厚度，mm；

δ——钢丝镦头留量，mm，一般取 $2d$，d 为钢丝直径；

K——系数，一端张拉时取 0.5，两端张拉时取 1.0；

H——锚杯高度，mm；

H_1——螺母高度，mm；

ΔL——钢丝束张拉伸长值，mm；

c——张拉时构件混凝土弹性压缩值，mm。

采用锥形螺杆锚固时，套筒的长度常为100mm，钢丝露出套筒的长度取20mm（图4-40），则钢丝的下料长度 L 如图4-45所示，按下式计算

$$L = l_0 + 2l_2 - 2l_1 + (100 + 20) \tag{4-15}$$

式中 l_0——构件的孔道长度，mm；

l_1——锥形螺杆长度，mm，一般采用380mm；

l_2——螺杆外露长度，mm，$l_2 = 120 \sim 150$mm。

编束前，必须对同一束钢丝直径进行测量，使同束钢丝直径相对误差控制在0.1mm以内，以保证成束钢丝与锚具的可靠连接。为防止钢丝扭结，必须进行钢丝编束。编束应在平整场地上进行，先把钢丝理顺放平，然后在其全长中每隔1m左右用22号铅丝编成帘子状，如图4-46所示，再每隔1m左右放一个按端杆直径制成的钢丝弹簧圈作为衬圈，并将编好的钢丝帘绕衬圈围成圆束绑扎牢固。

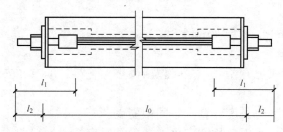

图4-45 采用锥形螺杆锚具时钢丝下
料长度计算简图

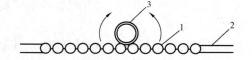

图4-46 钢丝束的编束
1—钢丝；2—铅丝；3—衬圈

安装锚具是制作钢丝束的重要环节。锥形螺杆锚具与拉杆式千斤顶共同使用时的安装方法如图4-47所示。安装时先把钢丝套在锥形螺杆的锥体部分，使钢丝均匀整齐地贴紧锥体，然后戴上套筒，用手锤将套筒均匀地打紧，并使端杆中心与套筒中心在同一直线上，最后用拉杆式千斤顶使端杆锥体进入套筒并使套筒发生变形，使钢丝和锥形锚具的套筒、端杆锚成整体，这个过程称作"预顶"。预顶用的力应为张拉力的110%～130%。由于锥形螺杆锚具外径较大，为了缩小构件孔道直径，一般仅在构件两端将孔道局部扩大，因此，钢丝束锚具一端可事先安装，另一端则要将钢丝束穿入孔道后才进行安装。

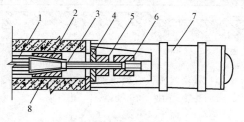

图4-47 锥形螺杆锚具与拉杆式千斤顶的安装示意图
1—钢丝束；2—套筒；3—锥形螺杆；4—垫板；5—螺母；
6—千斤顶连接螺母；7—拉杆式千斤顶；8—预应力混凝土构件

三、后张法的张拉机械

张拉机械分为电动张拉机械和液压张拉机械两大类，前者多用于先张法，如电动螺杆张拉机、张拉卷扬机等。液压张拉机械可用于先张法，也可用于后张法，主要由液压千斤顶、

电动油泵与压力表组成。

液压千斤顶按机械类别不同可分为拉杆式、穿心式、前卡式、锥锚式和台座式千斤顶。按张拉吨位大小分为小吨位（≤250kN）、中吨位（>250kN、<1000kN）和大吨位（≥1000kN）千斤顶。选用时，应根据所采用的预应力筋的品种、锚具类型和张拉力大小确定。

（一）拉杆式千斤顶（代号 YL）

拉杆式千斤顶是一种单作用千斤顶，由主油缸、主缸活塞、回油缸、回油活塞、连接器、传力架、活塞拉杆等组成。适用于张拉带螺丝端杆锚具、锥形螺杆锚具、钢丝镦头锚具等锚具的预应力筋。如图 4-48 所示为拉杆式千斤顶张拉时的工作示意图。

张拉前，先将连接器旋在预应力筋的螺丝端杆上，相互连接牢固。千斤顶由传力架支承在构件端部的钢板上。张拉时，高压油进入主油缸、推动主缸活塞及拉杆，通过连接器和螺丝端杆，预应力筋被拉伸。千斤顶拉力的大小可由油泵压力表的读数直接显示。当张拉力达到规定值时，拧紧螺丝端杆上的螺母，此时张拉完成的预应力筋被锚固在构件的端部。锚固

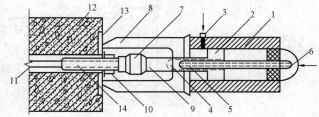

图 4-48 拉杆式千斤顶张拉原理示意图

1—主油缸；2—主缸活塞；3—进油孔；4—回油缸；5—回油活塞；6—回油孔；7—连接器；8—传力架；9—拉杆；10—螺母；11—预应力筋；12—混凝土构件；13—预埋铁板；14—螺丝端杆

后回油缸进油，推动回油活塞工作，千斤顶脱离构件，主缸活塞、拉杆和连接器回到原始位置。最后将连接器从螺丝端杆上卸掉，卸下千斤顶，张拉结束。

目前常用的一种千斤顶是 YL60 型拉杆式千斤顶，最大张拉力 600kN，张拉行程150mm。另外，还生产 YL400 型和 YL500 型千斤顶，其张拉力分别为 4000kN 和 5000kN，主要用于张拉力较大的钢筋张拉。

（二）穿心式千斤顶（代号 YC）

穿心式千斤顶是利用双液压缸张拉预应力筋和顶压锚具的双作用千斤顶。穿心式千斤顶适用于张拉带 JM 型锚具、XM 型锚具的预应力筋。配上撑脚与拉杆后，也可作为拉杆式千斤顶张拉带螺母锚具和镦头锚具的预应力筋。图 4-49 为 JM 型锚具和 YC60 型千斤顶的安装示意图。穿心式千斤顶系列产品有 YC20D、YC60 与 YC120 型千斤顶。

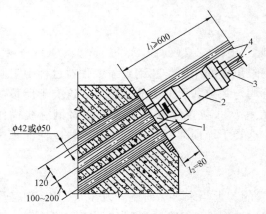

图 4-49 YC60 型千斤顶和 JM 型锚具的安装示意图

1—工作锚；2—YC60 型千斤顶；
3—工具锚；4—预应力筋束

YC60 型千斤顶在后张法施工中使用较为广泛，其构造如图 4-50 所示，主要由张拉油缸、顶压油缸、顶压活塞、穿心套、保护套、端盖堵头、连接套、撑套、回弹弹簧和动、静密封圈等组成。该千斤顶具有双作用，即张拉与顶锚两个作用。其工作原理是：张拉预应力筋时，张拉缸油嘴进油、顶压缸油嘴回油，顶压油缸、连接套和撑套连成一体右移顶住锚

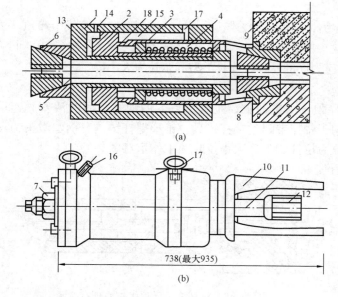

图 4-50　YC60 型千斤顶

(a) 构造与工作原理；(b) 加撑脚后的外貌

1—张拉油缸；2—顶压油缸（即张拉活塞）；3—顶压活塞；4—弹簧；
5—预应力筋；6—工具锚；7—螺母；8—锚环；9—构件；10—撑脚；
11—张拉杆；12—连接器；13—张拉工作油室；14—顶压工作油室；
15—张拉回程油室；16—张拉缸油嘴；17—顶压缸油嘴；18—油孔

环；张拉油缸、端盖螺母及堵头和穿心套连成一体带动工具锚左移张拉预应力筋；顶压锚固时，在保持张拉力稳定的条件下，顶压缸油嘴进油，顶压活塞、保护套和顶压头连成一体右移将夹片强力顶入锚环内；此时张拉缸油嘴回油、顶压缸油嘴进油、张拉缸液压回程。最后，张拉缸、顶压缸油嘴同时回油，顶压活塞在弹簧力作用下回程复位。

（三）大孔径穿心式千斤顶

大孔径穿心式千斤顶又称群锚千斤顶，是一种具有大口径的穿心孔，利用单液缸张拉预应力筋的单作用千斤顶。这种千斤顶是近年来广泛用于张拉大吨位钢绞线束；配上撑脚与拉杆后，也可作拉杆式千斤顶使用。

大孔径穿心千斤顶有三大系列产品：YCD 型、YCQ 型、YCW 型千斤顶，每个系列产品又有多种规格。

1. YCD 型千斤顶

YCD 型千斤顶是为了张拉多孔锚具预应力筋设计的大孔径穿心式千斤顶，可同时张拉多根钢绞线或钢丝束。其型号主要有：YCD120 型、YCD200 型和 YCD250 型。千斤顶的前端安装液压顶压器（与多孔锚具配套），后端安装工具锚。张拉时活塞杆带动工具锚与钢绞线移动；锚固时，采用液压顶压器或弹性顶压器。

2. YCQ 型千斤顶

YCQ 型千斤顶的主要型号有：YCQ100 型、YCQ200 型、YCQ350 型和 YCQ500 型。其主要特点是不用顶锚，用限位板代替顶压器。限位板的作用是在钢绞线束张拉过程中限制工作锚夹片的外伸长度，以保证在锚固时夹片有均匀一致和所期望的内缩值。这类千斤顶造价低、操作方便，但锚具的自锚性能要求高。在每次张拉控制油压值或需要将钢绞线锚住时，只要打开截止阀，钢绞线即被锚固。另外，这类千斤顶配有专门的工具锚，以保证张拉端锚固后退楔方便。

3. YCW 型千斤顶

YCW 型千斤顶是在 YCQ 型基础上发展而来的。近年来，又研制开发了 YCWB 型轻量化千斤顶，主要型号有：YCW100B 型、YCW150B 型、YCW250B 型和 YCW400B 型。其特点是体积小、重量轻、强度高、密封性好，是 YCWA 型千斤顶的换代产品。

（四）前置内卡式千斤顶（代号 YDC）

前置内卡式千斤顶是一种新型的张拉单根预应力筋专用设备，是将工具锚安装在千斤顶前端的一种穿心式千斤顶。主要型号有：YDC100N-100（200）型、YDC150N-100（200）型和 YDC250N-100（200）型等。

前置内卡式千斤顶由外缸、活塞、内缸、顶压器、前后端盖和工具锚等组成，其构造如图4-51所示。张拉时，高压油从进油口进入，活塞杆与顶压器顶在工具锚的锚环上不动，外缸和后盖带着内缸向后移，并带着工具锚夹片后移夹紧钢绞线。随着高压油不断作用，内缸继续后移，完成钢绞线的张拉工作。张拉后回油，在油缸复位时，顶压器中的顶楔环顶住工具锚夹片，使夹片松开被夹紧的钢绞线，千斤顶退出，一次张拉完成。

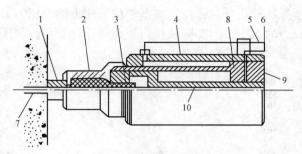

图4-51 前置内卡式千斤顶构造示意图

1—锚具；2—顶压器；3—工具锚；4—外缸；5—回油口；
6—进油口；7—预应力筋；8—活塞；9—后盖；10—内缸

前置内卡式千斤顶的主要特点是：设置在千斤顶内前端的工具锚不仅能自动夹紧和松开预应力筋，而且使张拉端预应力筋外露长度由700mm减少至250mm，从而节省钢材。这种千斤顶自重仅20kg左右，张拉力为180～230kN，张拉行程为160mm，配套的电动小油泵额定压力为40～50N/mm²，适用于张拉单根钢绞线或钢丝束，在无黏结预应力筋张拉中得到广泛使用。

（五）锥锚式千斤顶（代号YZ）

锥锚式千斤顶是具有张拉、顶锚和退楔功能的三作用千斤顶，用于张拉带锥形锚具的钢丝束。主要型号有：YZ38型、YZ60型、YZ85型和YZ150型等。

锥锚式千斤顶由张拉油缸、顶压油缸、退楔装置、楔形卡环、退楔翼片等组成，其构造如图4-52所示。张拉时从A油嘴进油，张拉缸被压移，张拉缸带动卡盘张拉预应力筋。预应力筋张拉完毕后，改由B油嘴进油，顶压油缸进油顶压顶杆，将锚塞顶入锚环中。张拉缸、顶压缸同时回油，在弹簧力的作用下复位。

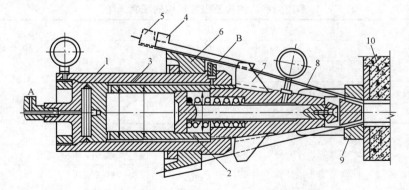

图4-52 锥锚式千斤顶构造示意图

1—张拉缸；2—顶压缸；3—退楔缸；4—楔块（张拉时位置）；5—楔块（退出时位置）；
6—锥形卡环；7—退楔翼片；8—钢丝；9—锥形锚具；10—混凝土构件；A，B—油嘴

（六）张拉设备标定

使用千斤顶张拉预应力筋时，张拉力的大小是通过油泵上的油压表读数控制的。油压表读数反映千斤顶张拉缸活塞单位面积上的油压力。在理论上压力表读数乘以活塞面积，为张拉力的大小。但实际张拉力要比理论计算小，原因是一部分张拉力被油缸与活塞之间摩擦力所抵消。摩擦力大小与油封新旧、油缸与活塞精度等许多因素有关，难以计算确定油表读数的理论值。因此，一般采用标定（即千斤顶校验）方法，直按测定千斤顶的实际张拉力 N 与油压表读数 P 之间的关系值，即 P 与 N 的关系曲线，如图 4-53 所示为 YC60 型千斤顶校正曲线，供实际张拉时使用。

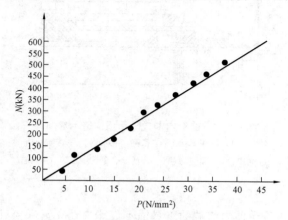

图 4-53 YC60 型千斤顶校正曲线

千斤顶的标定必须同配套使用的高压油泵和压力表一起进行，即"配套标定"。经标定的千斤顶和油压表也应采用"配套使用"，这样方能准确地控制预应力筋的张拉力。

千斤顶的标定一般在试验机上进行（校验时千斤顶活塞运行方向应与实际工作状态一致）。有条件时，也可采用测力计标定方法（如压力传感器、弹簧测力计和水银测力计等）试验机和测力计准确度不低于 ±0.2%，压力表精确度不低于 1.5 级。

一般千斤顶标定期限不应超过半年。若千斤顶经过拆卸修理，油压表受过碰撞出现失灵现象，或互换了油压表，或张拉中预应力筋发生多根断裂，或出现张拉伸长值误差较大等情况，张拉设备都必须重新配套校正，方能继续使用。

（七）配套使用

锚具、夹具和连接器的选用应根据钢筋种类以及结构要求、产品技术性能和张拉施工方法等选择，张拉机械则应与锚具配套使用。在后张法施工中锚具及张拉机械的合理选择十分重要，工程中可参考表 4-4 进行选用。

表 4-4 预应力筋、锚具及张拉机械的配套选用

预应力筋品种	锚 具 形 式			张拉机械
	固 定 端		张拉端	
	安装在结构之外	安装在结构之内		
钢绞线及钢绞线束	夹片锚具 挤压锚具	压花锚具 挤压锚具	夹片锚具	穿心式
钢丝束	夹片锚具	挤压锚具	夹片锚具	穿心式
			镦头锚具	拉杆式
	镦头锚具		锥塞锚具	
		镦头锚具		锥锚式、拉杆式
	挤压锚具			
精轧螺纹钢筋	螺母锚具		螺母锚具	拉杆式

四、后张法施工工艺

后张法施工步骤是先制作构件，预留孔道；待构件混凝土达到规定强度后，在孔道内穿放预应力筋，预应力张拉并锚固；最后进行孔道灌浆。对于块体拼装的构件，尚应增加块体验收、拼装、立缝灌浆和焊接连接等工序。后张法施工工艺流程图，如图 4-54 所示。与后张法预应力施工有关的主要包括孔道的留设、预应力筋的穿筋和张拉以及孔道灌浆等内容。

（一）构件孔道留设

孔道留设是有黏结预应力后张法构件制作中的关键工作。孔道留设方法主要有：钢管抽芯法、胶管抽芯法和预埋波纹管法。钢管抽芯法和胶管抽芯法所使用的钢管或橡胶管可重复使用，因而造价低，但施工较麻烦，且因管子规格的限制，一般只用于长度适中的中、小型预应力构件的留孔。预埋波纹管为一次性埋入构件，造价较高，但施工简单，孔道的规格不受限制。

1. 钢管抽芯法

钢管抽芯法是预先将钢管埋设在模板内孔道位置处，在混凝土浇筑过程中和浇筑之后，每间隔一定时间慢慢转动钢管，使之不与混凝土黏结，待混凝土初凝后、终凝前抽出钢管，即形成孔道。该法只可留设直线孔道。

钢管要平直，表面要光滑，安放位置要准确。一般间距不大于 1m 用钢筋井字架固定钢管位置。每根钢管的长度最好不超过 15m，以便于旋转和抽管，较长构件则用两根钢管，中间用套管连接，如图 4-55 所示。

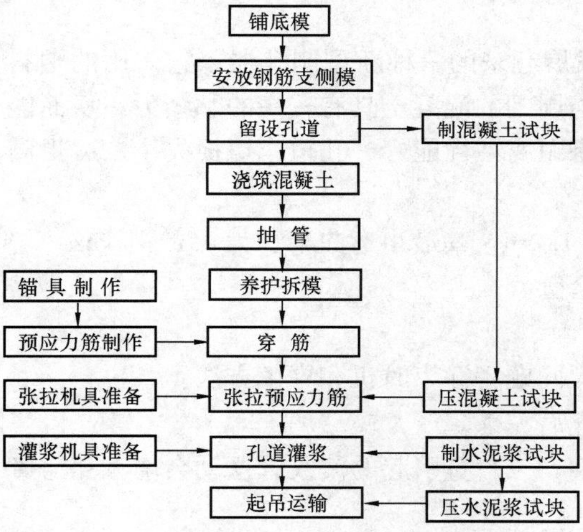

```
铺底模
  ↓
安放钢筋支侧模
  ↓
留设孔道 ──→ 制混凝土试块
  ↓
浇筑混凝土
  ↓
抽管
  ↓
养护拆模

锚具制作
  ↓
预应力筋制作 ──→ 穿筋
  ↓
张拉机具准备 ──→ 张拉预应力筋 ──→ 压混凝土试块
  ↓
灌浆机具准备 ──→ 孔道灌浆 ──→ 制水泥浆试块
  ↓
起吊运输 ──→ 压水泥浆试块
```

图 4-54　后张法施工工艺流程图

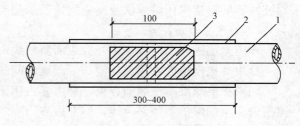

图 4-55　钢管的连接
1—钢管；2—铁皮套筒；3—硬木塞

掌握抽管时间很重要，过早会坍孔，太晚则抽管困难。一般在初凝后、终凝前，以手指按压混凝土不粘浆又无明显印痕时则可抽管。为保证顺利抽管，混凝土的浇筑顺序要密切配合。

抽管顺序宜先上后下，抽管可用人工或卷扬机，抽管要边抽边转，速度均匀，与孔道成一直线。

由于孔道灌浆的需要，在浇筑混凝土时，构件的两端及跨中应留设灌浆孔或排气孔，孔距一般不宜大于 12m，孔径一般为 20mm。灌浆孔或排气孔可用木塞或铁皮管预埋留设。

2. 胶管抽芯法

胶管有布胶管和钢丝网胶管两种。用间距不大于 0.5m 的钢筋井字架固定位置，浇筑混凝土前，胶管内充入压力为 $0.6 \sim 0.8 \text{N/mm}^2$ 的压缩空气或压力水，此时胶管直径增大 3mm 左右，待浇筑的混凝土初凝后，放出压缩空气或压力水，管径缩小而与混凝土脱离，便于抽出。钢丝网胶管质硬、具有一定弹性，留孔方法与钢管一样，只是浇筑混凝土后不需转动，由于其有一定弹性，抽管时在拉力作用下断面缩小易于拔出。

采用胶管抽芯留孔，不仅可留直线孔道，而且可留曲线孔道。

3. 预埋波纹管法

波纹管是为预应力混凝土施工特制的带波纹的管状制品。按其所用的材料主要有：金属波纹管和塑料波纹管两大类，多种内径规格。波纹管与混凝土有良好的黏结力，且在其规定的最小弯曲半径内可以形成各种形式的孔道，在现代预应力混凝土施工中应用广泛。

（1）金属波纹管。金属波纹管（又称螺旋管）是用冷轧钢带或镀锌钢带在卷管机上压波后螺旋咬合而成。有单波纹和双波纹；截面形状有圆形和扁形；按照径向刚度有标准形和增强型。

标准型圆形波纹管用途最广；扁型波纹管仅用于板类构件；增强型波纹管可代替钢管用于竖向预应力孔道；镀锌波纹管可用于腐蚀性介质的环境或使用期较长的情况。

金属波纹管安装时，用间距为 0.8～1.2m 的钢筋支托固定，钢筋支托应与箍筋焊牢。波纹管固定后，必须用铁丝扎牢，以防浇筑混凝土时波纹管上浮造成质量事故。在安装过程中，应尽量避免波纹管反复弯曲，以防管壁开裂，同时应防止电焊烧伤波纹管壁。

金属波纹管的连接，采用大一号同型波纹管，接头管的长度为 200～300mm，其两端用密封胶带封闭。

（2）塑料波纹管。塑料波纹管是前几年国外发展起来的一种新型制孔器。它采用的塑料为聚丙烯或高密度聚乙烯。管道外表面的螺旋肋与周围的混凝土具有较高的黏结力，从而能将预应力传递到管道外的混凝土。塑料波纹管具有耐腐蚀性能好、孔道摩擦损失小、可提高后张预应力结构的抗疲劳性能等优点。

塑料波纹管安装时，钢筋支托的间距为 0.8～1.0m，其最小弯曲半径为 0.9～1.5m。塑料波纹管的连接采用熔焊法或高密度聚乙烯塑料套管。

（二）预应力筋穿筋

预应力筋的穿筋简称穿束，穿束需要解决两大问题：穿束时机和穿束方法。

穿束时机是指处理穿束与浇筑混凝土之间的先后关系。

如果在浇筑混凝土之前穿束，穿束要占用工期，束自重引起的波纹管摆动会增大孔道摩擦损失。束端保护不当易生锈，但穿束省力。

如果在浇筑混凝土之后穿束，则穿束工作可在混凝土养护期内进行，不占用工期，并且便于通孔，或高压水清孔，穿束后即可张拉，易于防锈，但穿束比较费力。

穿束方法要根据一次穿入的数量分整束穿和单根穿。钢丝束应整束穿，钢绞线宜采用整束穿，也可以单根穿，穿束工作可由人工和卷扬机穿束，或采用穿束机穿束。

对长度不大于 60m 曲线束人工穿束方便；对束长大于 60m 的预应力筋，采用卷扬机穿束，钢绞线与卷扬机的钢丝绳之间用特制的牵引头连接，每次牵引 2～3 根钢绞线。卷扬机宜用慢速，每分钟约 10m，电动机功率为 1.5～2kW。采用穿束机穿束适用于大型桥梁与构筑物单根钢绞线的情况。

（三）预应力筋张拉

预应力筋张拉前，应提供构件或结构混凝土的强度检验报告。当混凝土的立方体强度满足设计要求后，方可施加预应力。如设计无要求时，不应低于设计混凝土标准强度的 75%。用块体拼装的预应力构件，其拼装主缝处混凝土或砂浆的强度，在设计无规定时，不应低于块体混凝土设计标准强度的 40%，且不低于 15N/mm²。

锚具进场后应经检验合格后，方可使用；张拉设备应事先配套标定，按标定的 P - N 曲线进行张拉。

预应力筋与锚具的连接、安装位置应正确，张拉设备安装应使张拉力的作用线与孔道中心线相适应。

1. 预应力筋张拉方式

（1）一端张拉。张拉设备放置在预应力筋一端的张拉方式。适用于长度不大于30m的直线预应力筋和锚固损失影响长度 $L_f \geqslant L/2$（L 为预应力筋长度）的曲线预应力筋。

（2）两端张拉。张拉设备放置在顶应力筋两端的张拉方式。适用于长度大于30m的直线预应力筋和锚固损失影响长度 $L_f < L/2$ 的曲线预应力筋。当张拉设备不足或由于张拉顺序安排的关系，也可以先在一端张拉完成后，再移至另一端张拉，补足张拉力后锚固。

（3）分批张拉。对配有多束预应力筋的构件或结构采用分批进行张拉的方式。由于后批预应力筋张拉所产生的混凝土弹性压缩对先批张拉的预应力筋造成预应力损失，所以，先批张拉的预应力筋应加上该弹性压缩损失值或将弹性压缩损失平均统一增加到每根预应力筋的张拉力内。

先批张拉的预应力筋需增加的应力为 $n\sigma_{pc}$，n 为预应力筋弹性模量（E_s）与混凝土弹性模量（E_c）之比；σ_{pc} 为张拉后批预应力筋时，对先批张拉的预应力筋重心处混凝土产生的法向应力，按下式计算

$$\sigma_{pc} = \frac{(\sigma_{con} - \sigma_1)A_p}{A_n} \qquad (4-16)$$

式中　　σ_{con}——张拉控制应力；

σ_1——预应力筋第一批预应力损失（包括锚具变形和孔道摩擦损失）；

A_p——第二批张拉的预应力筋截面面积；

A_n——构件（结构）混凝土净截面面积（近似取毛面积）。

（4）分段张拉。在多跨连续梁、板分段施工时，预应力筋需要采用逐段进行张拉的方式。对大跨度多跨连续梁，在第一段混凝土浇筑与预应力筋张拉锚固后，第二段预应力筋利用锚头连接器接长，以形成预应力筋。

（5）补偿张拉。早期预应力损失基本完成后，再进行张拉的方式称为补偿张拉。采用这种补偿张拉方式可克服弹性压缩损失，减少应力松弛损失、混凝土收缩徐变损失等，以达到预期的预应力效果。

2. 预应力筋张拉顺序

当构件配置多根预应力筋时，应在预应力筋张拉前预先确定张拉顺序，即各预应力筋的张拉先后次序。在确定张拉顺序时，应以保证混凝土不产生超应力、构件不扭转与侧弯、结构不变位为主要原则。因此，采用对称张拉是确定张拉顺序的重要措施，同时，还应考虑尽量减少张拉设备的移动次数。

如图4-55所示，为预应力混凝土屋架下弦杆钢丝束的张拉顺序。钢丝束长度不大于32m时，采用一端张拉方式。如图4-56（a）所示预应力筋为两束，用两台千斤顶分别设置在构件两端，对称张拉一次完成；如图4-56（b）预应力筋为4束，需要分两批张拉，用两台千斤顶分别张拉对角线上的2束，然后张拉另两束。由分批张拉引起的预应力损失，统一增加到张拉力内。

如图4-57所示，为双跨预应力混凝土框架梁钢绞线束的张拉顺序。钢绞线束双跨曲线

筋长度达 40m，采用两端张拉方式。图中 4 束钢绞线分两批张拉，两台千斤顶分别设置在梁的两端，按左右对称各张拉一束，待两批 4 束一端张拉后，再分批在另一端补张拉。这种张拉顺序，可以减少先批张拉预应力筋的弹性压缩损失。

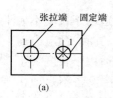

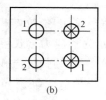

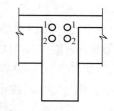

图 4-56　屋架下弦杆预应力筋张拉顺序　　　　　　图 4-57　框架梁预应力筋张拉顺序
(a) 2 束预应力筋；(b) 4 束预应力筋　　　　　　　　1，2—预应力筋分批张拉顺序
1，2—预应力筋分批张拉顺序

对平卧叠浇的预应力混凝土构件，上层构件的重量产生的水平摩阻力，会阻止下层构件在预应力筋张拉时混凝土弹性压缩的自由变形，待上层构件起吊后，由于摩阻力影响消失会增加混凝土弹性压缩的变形，从而引起预应力损失。该损失值随构件形式、隔离层和张拉方式而不同。为便于施工，可采取逐层加大超张拉的办法来弥补该预应力损失，但底层超张拉值不宜比顶层张拉力大 5%，并且要保证底层构件的控制应力不超过表 4-4 中的最大超张拉应力允许值。如隔离层的隔离效果好，也可采用同一张拉应力值。

3. 预应力筋张拉程序

预应力筋的张拉程序，主要根据构件类型，预应力筋锚固体系，松弛损失等因素确定。为减少预应力筋的松弛损失，预应力筋的张拉程序一般与先张法相同。

4. 张拉伸长值校核

预应力筋张拉时，通过伸长值的校核，可以综合反映张拉力是否符合要求，孔道摩擦损失是否偏大，以及预应力筋是否有异常现象。

预应力筋张拉伸长值的量测，应在建立初应力之后进行。初应力一般以 $10\% \sigma_{con}$ 作为量测起点，其实际伸长值 ΔL 按下式计算

$$\Delta L = \Delta L_1 + \Delta L_2 - C \tag{4-17}$$

式中　ΔL_1——从初应力至最大张拉力之间的实测伸长值；

　　　ΔL_2——初应力以下的推算伸长值；

　　　C——施加预应力时后张法混凝土构件的弹性压缩值。

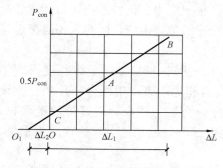

初应力以下推算伸长值 ΔL_2 可根据弹性范围内张拉力与伸长值成正比的关系，用计算法或图解法确定。

采用图解法时，以伸长值为横坐标，张拉力为纵坐标，将各级张拉力的实测伸长值标在图上，绘成张拉力与伸长值关系曲线 CAB，然后延长此线，与横坐标交于 O_1 点，则 OO_1 段即为推算伸长值 ΔL_2，如图 4-58 所示，此法比计算法准确。

图 4-58　推算伸长值图解法

（四）孔道灌浆

在浇筑混凝土之前需设置灌浆孔、排气孔、排水

孔与泌水管。灌浆孔或排气孔一般设置在构件两端及跨中处，也可设置在锚具或铸铁喇叭管处，孔距不宜大于 12m。灌浆孔用于进水泥浆。排气孔是为了保证孔道内气流通畅以及水泥浆充满孔道，不形成死角。灌浆孔或排气孔在跨内高点处应设在孔道上侧方，在跨内低点处应设在孔道下侧方。排水孔一般设在每跨曲线孔道的最低点，开口向下，主要用于排除灌浆前孔道内冲洗用水或养护时进入孔道内的水分。泌水管应设在每跨曲线孔道的最高点处，开口向上，露出梁面的高度一般不小于 500mm。泌水管用于排除孔道灌浆后水泥浆的泌水，并可二次补充水泥浆。泌水管一般与灌浆孔统一设置。

预应力筋张拉后，应随即进行孔道灌浆，尤其是钢丝束，张拉后应尽快进行灌浆，以防锈蚀与增加结构的抗裂性和耐久性。

灌浆宜用强度等级不低于 42.5 号的普通硅酸盐水泥或矿渣硅酸盐水泥调制的水泥浆，对空隙大的孔道，水泥浆中可掺适量的细砂，但水泥浆和水泥砂浆的强度等级不低于 M20，且应有较大的流动性和较小的干缩性和泌水性（搅拌后 3h 的泌水率宜控制在 2%）。水灰比一般为 0.40～0.45。

由于纯水泥浆的干缩性和泌水性都较大，凝结后往往形成月牙空隙，故在灰浆中可适量掺入 0.05‰～0.1‰ 的铝粉或 0.25% 的木质素磺酸钙，以提高孔道灌浆的饱满度和密实度。

灌浆前，用压力水冲洗和润湿孔道。灌浆过程中，可用电动或手动灰浆泵进行灌浆，水泥浆应均匀缓慢地注入，不得中断。灌满孔道并封闭气孔后，宜再继续加注至 0.5～0.6MPa，并稳定一段时间，以确保孔道灌浆的密实性。对不掺外加剂的水泥浆，或较大的孔道以及预埋管孔道，可采用两次灌浆法来提高灌浆的密实性。

灌浆顺序应先下后上。直线孔道灌浆应从构件的一端灌到另一端；曲线孔道灌浆应由最低点注入水泥浆，至最高点排气孔排尽空气并溢出浓浆为止。

第四节　无黏结预应力混凝土

无黏结预应力混凝土是指配有无黏结预应力筋靠锚具传力的一种预应力混凝土。

无黏结预应力混凝土结构的主要施工工序为：将无黏结预应力筋准确定位，并与普通钢筋一起绑扎形成钢筋骨架，然后浇筑混凝土；待混凝土达到预期强度后（一般不低于混凝土设计强度的 75%）进行张拉（一端锚固一端张拉或两端同时张拉）；张拉完成后，在张拉端用锚具将预应力筋锚固，形成无黏结预应力结构。

这种后张法预应力混凝土的工艺特点是：避免了预留孔道、穿预应力筋以及压力灌浆等施工工序，施工方便，预应力筋易弯成所需的曲线形状，摩擦损失小，但对锚具要求高。适用于曲线配筋的结构或在大面积预应力楼板中应用。

一、无黏结预应力筋

无黏结预应力筋应满足在施加预应力后沿全长与周围混凝土不黏结。为此预应力筋通常由预应力钢材、涂料层和包裹层组成，如图 4-59 所示。

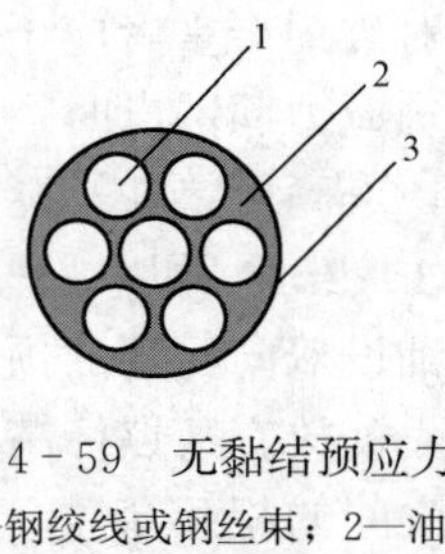

无黏结预应力筋的高强钢材常采用 7 根直径 5mm 的碳素钢丝束或由 7 根直径为 5mm 或 4mm 的钢丝铰合而成的钢绞线。

涂料层的作用是使预应力筋与混凝土隔离，减少张拉时摩

图 4-59　无黏结预应力筋
1—钢绞线或钢丝束；2—油脂；
3—聚乙烯塑料套管

阻损失，防止预应力筋腐蚀等。一般选用1号或2号建筑油脂作为涂料层。

外包层的作用是保护防腐油脂并防止预应力筋与混凝土黏结。外包层材料可采用高压聚乙烯或聚丙烯塑料制作，采用塑料注塑机注塑成形，壁厚一般为0.8～1.0mm。

无黏结预应力束的制作一般有：缠纸工艺、挤压涂层工艺两种制作方法。缠纸工艺是在缠纸机上连续作业，完成编束、涂油、镦头、缠塑料布和切断等工序。挤压涂层工艺主要是钢丝通过涂油装置涂油，涂油钢丝束通过塑料挤压机涂刷塑料薄膜，再经冷却筒槽成型塑料套管。这种无黏结束挤压涂层工艺与电线、电缆包裹塑料套管的工艺相似，具有效率高、质量好、设备性能稳定的特点。

无黏结预应力筋应堆放在通风干燥处。露天堆放应搁置在板架上，并加以覆盖，以防烈日暴晒造成油脂流淌。

二、无黏结预应力筋锚具

无黏结预应力筋的张拉可采用一端锚固一端张拉或两端同时张拉两种张拉方式，预应力筋的锚具应与张拉方式及所采用的预应力筋相适应。

无黏结预应力筋的锚固端常采用内埋式，其锚具可选用镦头锚具或挤压锚具，如图4-60所示。装配时锚具应在模板上就位固定，并配置螺旋钢筋。采用镦头锚具时钢丝镦头必须与锚板贴紧；采用挤压锚具时锚具应与承压钢板贴紧。

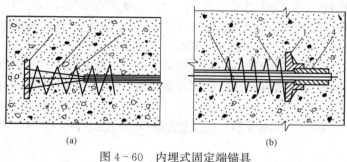

(a)　　　　　　　　　　　　　　(b)

图4-60　内埋式固定端锚具

（a）镦头锚具；（b）挤压锚具

1—锚板；2—预应力筋；3—螺旋筋；4—挤压锚具

无黏结预应力筋的张拉端锚具，常选用夹片式锚具或镦头锚具，如图4-61所示。装配时可采用凸出式或凹入式做法。端头的预埋承压钢板应垂直于预应力筋，螺旋筋应紧靠预埋钢板。凹入式的做法，是利用塑料套模形成凹口，锚具埋在板端混凝土内。

三、预应力筋铺设

预应力筋铺设前，应逐根检查外包层的完好程度，对有轻微破损者，可用塑料胶带修补，对破损严重者应予以报废。

预应力筋铺设时，应严格按设计要求的位置、曲线形状正确就位并固定牢靠。铺放曲线筋时，矢高可垫铁马凳控制，马凳高度应根据设计要求的预应力筋的曲率确定。马凳间距通常为1～2m，并用铁丝与预应力筋扎紧。

铺设双向配筋的预应力筋时，应根据双向配筋交叉点的标高差，确定预应力筋的铺设顺序。先铺放交叉点标高低的预应力筋，然后再铺放标高较高的预应力筋，这样可以避免预应力筋之间的相互穿插。其施工顺序是依次放置钢筋马凳，然后按顺序铺设预应力筋，预应力筋就位后，进行调整波峰高度及其水平位置，经检查无误后，用铅丝将预应力筋与非预应力

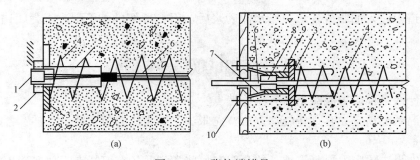

图 4-61　张拉端锚具

（a）镦头锚具；（b）夹片式锚具

1—锚杯；2—螺母；3—承压板；4—螺旋筋；5—塑料护套；

6—预应力筋；7—塑料套模；8—夹片；9—锚环；10—固定螺钉

钢筋绑扎牢固，防止预应力筋在浇筑混凝土施工过程中移位。

四、预应力张拉

无黏结预应力筋的张拉与普通后张法预应力筋的张拉方法相似。张拉程序一般采用 0→103%σ_{con} 进行锚固。由于无黏结预应力筋多为曲线配筋，张拉时多采用两端同时张拉。无黏结预应力筋的张拉顺序，应根据其铺设顺序，先铺设的先张拉，后铺设的后张拉。

无黏结预应力筋一般长度大，有时又呈曲线形布置，如何减少其摩阻损失值是一个重要的问题。影响摩阻损失值的主要因素是润滑介质、包裹物和预应力筋截面形式。摩阻损失值，可用标准测力计或传感器等测力装置进行测定。施工时，为降低摩阻损失值，宜采用多次重复张拉工艺。

五、锚头端部的处理

无黏结预应力筋由于一般采用镦头锚具，锚头部位的外径比较大，因此，钢丝束两端应在构件上预留有一定长度的孔道，其直径略大于锚具的外径。钢丝束张拉锚固以后，其端部便留下孔道，并且该部分钢丝没有涂层，为此应有严格的密封防护措施，防止水气进入，锈蚀预应力筋。

无黏结预应力筋锚头端部处理，目前常采用两种方法：第一种方法是在孔道中注入油脂并加以封闭，如图 4-62 所示。第二种方法是在孔道内注入环氧树脂水泥砂浆，其抗压强度不低于 35MPa。灌浆时同时将锚头封闭，防止钢丝锈蚀，同时也起一定的锚固作用，如图 4-63 所示。

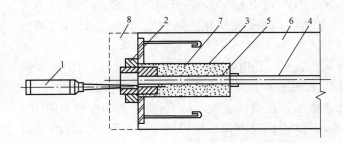

图 4-62　锚头端部处理方法一

1—油枪；2—锚具；3—端部孔道；4—有涂层的无黏结预应力筋；5—无涂层的端部钢丝；6—构件；7—注入孔道的油脂；8—混凝土封闭

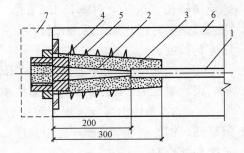

图 4-63　锚头端部处理方法二

1—有涂层的无黏结预应力筋；2—无涂层的端部钢丝；3—环氧树脂水泥砂浆；4—锚具；5—端部加固螺旋钢筋；6—构件；7—混凝土封闭

预留孔道中注入油脂或环氧树脂水泥砂浆后，用 C30 级的细石混凝土封闭锚头部位。

复习思考题

4-1　什么是预应力混凝土？有哪些特点？

4-2　混凝土预应力有哪些施加方法？先张法、后张法的施工特点怎样？各适用于什么情况？

4-3　先张法预应力混凝土施工的台座有哪些类型？各有何特点？如何选用？需作哪些验算？

4-4　先张法张拉设备有几种？常用夹具有哪些？

4-5　先张法预应力筋的张拉有何要求？控制应力是如何确定的？

4-6　先张法预应力筋的张拉程序如何？各有何目的？

4-7　何谓超张拉？为什么要规定超张拉的最大限值？

4-8　先张法施工中预应力筋何时放松？有何要求？如何放松？

4-9　后张法主要工艺过程是哪些？

4-10　后张法预应力锚具有哪些类型？如何选用？对锚具有哪些要求？锚具锚固性能如何确定？有何要求？

4-11　预应力混凝土用千斤顶有哪些类型？如何选用？它与锚具类型如何配套？千斤顶校验有哪些方法？

4-12　在后张法施工中为何要计算预应力筋的下料长度？如何计算？

4-13　后张法施工中如何进行孔道的留设？各适用于何种类型的孔道？

4-14　后张法预应力筋如何进行分批张拉？其目的如何？

4-15　为什么要进行孔道灌浆？对灌浆材料有何要求？如何进行灌浆？

4-16　何谓无黏结预应力混凝土？有何特点？

4-17　无黏结预应力筋的锚具怎样设置？

4-18　无黏结预应力筋的铺设和张拉有哪些特殊的施工要求？

4-19　简述无黏结预应力筋的锚头处理方法。

4-20　某厂房 30m 跨预应力混凝土屋架，下弦孔道长 29.8m，两端为螺丝端杆锚具，螺丝端杆长 370mm，外露长 150mm，实测钢筋冷拉率为 4%，弹性回缩率 0.4%。预应力筋由三段钢筋对焊，加上两端螺杆共计 4 个焊头，每个焊头烧化压缩留量为 20mm，试计算钢筋下料长度。

4-21　预应力混凝土吊车梁采用后张法施工，孔道长 6m，预应力筋为冷拉 HRB400 级钢筋束，组成为 6Φ12。试选择锚具和张拉机械并计算预应力筋的下料长度和张拉力。

4-22　预应力混凝土屋架采用后张法施工，孔道长 23.80m，预应力筋为冷拉 RRB400 级钢筋，钢筋直径 28mm，每根长度为 9m。试选择锚具和张拉机械并计算预应力筋的下料长度和张拉力。

第五章 砌 筑 工 程

第一节 概 述

砌体结构是指用砖或石材等块体材料通过胶结材料黏结成一定形状和尺寸，并能够承担荷载或起到一定的维护作用的工程结构体系。

一、砌体结构的应用及特点

在我国由砌体结构组成的砖石建筑有着悠久的历史，很早就有"秦砖汉瓦"之说，目前在土木工程中仍占有相当的比重。其应用主要表现在如下方面：

（1）承重。由砌体结构组成的墙体能够承担较大的压力，在房屋结构中广泛地应用于承重墙，形成了低层和多层的混合结构体系，如住宅楼、办公楼等建筑。在构筑物中，如烟囱、水塔等，也大量使用砌体结构。

（2）围护。砌体结构的保温、隔热、防火以及隔音性能良好。在房屋建筑中常用于外墙和内墙，如我国北方地区砖混结构常采用外墙 37、内墙 24 的做法，其外墙承重、保温，内墙承重、分隔。

（3）其他应用。除上述作用外，砌体结构还被应用于挡土墙、水坝以及建筑施工中的各种支撑中。

这种结构虽然取材方便、施工简单、成本低廉，但它的施工仍以手工操作为主，劳动强度大、生产率低，而且烧制黏土砖占用大量农田，因而采用新型墙体材料，改善砌体施工工艺是砌筑工程改革的重点。

二、砌体结构的施工内容

砌筑工程则是指砌体结构的施工，其施工内容主要包括：块材准备、砂浆制备、材料运输、脚手架搭设、砌体砌筑等施工过程。

第二节 砌筑材料准备与运输

砌筑所用的材料由块材和胶结材料两大部分组成。砌筑工程所用的材料在施工中应有产品的合格证书、产品性能检测报告，块材、水泥、钢筋、外加剂等尚应有材料主要性能的进场复验报告。严禁使用国家明令淘汰的材料。

一、砌筑块材

砌体用块材种类繁多，各地区的使用也不尽相同，一般主要包括：烧结砖（如普通黏土砖、多孔砖等），蒸压砖（如灰砂砖、粉煤灰砖等），石材（毛石、料石）以及各种砌块等。下面介绍几种较常采用的砌筑块材。

（一）砖

砌筑用砖按规格和尺寸不同可分为：普通砖、模数砖、多孔砖以及空心砖等。

砌筑用砖的主要技术指标是抗压强度。根据砖的抗压极限强度和抗折极限强度，砖的强度等级划分为 MU30，MU25，MU20，MU15，MU10，MU7.5 共 6 个等级。

砖在砌筑前应检验其品种、强度等级是否符合设计要求，砖的规格应一致，无翘曲、断裂现象。用于清水墙、柱表面的砖，应边角整齐，色泽均匀。对于特殊结构尚应进行内在品质的检验，如冻融试验、石灰爆裂试验等。

常温下砌砖，对普通黏土砖、空心砖的含水率宜控制在 10％～15％，一般应提前 0.5～1d 浇水润湿，避免砖吸收砂浆中过多的水分而影响黏结力，并可除去砖面上的粉末。但浇水过多会产生砌体走样或滑动。

（二）砌块

随着我国墙体改革的深入和发展，砌块的应用越来越普及。根据不同地区的特点，充分利用各地区的资源，形成了多种材质和不同规格的砌块类型。较常采用的如粉煤灰硅酸盐砌块、粉煤灰加气混凝土砌块、空心混凝土砌块以及各种废渣（如煤矸石、矿渣）等材料制成的砌块。砌块的规格主要分：小型砌块（其主规格砌块尺寸一般为 365mm，240mm 和 115mm 等），中型砌块（其主规格砌块高度为 380～980mm）以及大型砌块（其主规格砌块高度大于 980mm）。

混凝土砌块的强度取决于混凝土的强度及空心率，根据砌块的抗压强度不同，混凝土砌块的强度等级划分为 MU20，MU15，MU10，MU7.5，MU5，MU3.5 等多个等级。

施工所用砌块的产品龄期不应小于 28d。工地上应保持砌块表面干净，避免黏结黏土、脏物。气候干燥时，砌块应先稍加喷水润湿。但轻骨料混凝土砌块、灰砂砖、粉煤灰砖不宜浇水过多，其含水率控制在 5％～8％为宜。砌块表面有浮水时，不得施工。

砌块在砌筑前应检验其品种、规格、强度等级是否符合设计要求；砌块表面是否平整，有无裂纹、爆裂等缺陷；砌块棱角应分明，有无缺棱、掉角等现象。

二、砌筑用胶结材料

砌筑用胶结材料即砌筑砂浆（也称灰浆）是砌体结构重要的组成部分，其作用主要表现在三个方面：一是把各个块体胶结在一起形成一个整体；二是在砂浆硬结后各层砌块可以通过它均匀地传递压力；三是由于砂浆填满了砖石间的缝隙，对房屋起保暖、隔热作用。

（一）砌筑砂浆的分类和用料

砌筑砂浆根据砂浆组成材料的不同有：水泥砂浆（水泥、砂和水）、混合砂浆（水泥、石灰膏、砂和水）、白灰砂浆（石灰膏、砂和水）、黏土砂浆（黏土、砂和水）、石灰黏土砂浆（石灰膏、黏土、砂和水）。砂浆的使用应根据结构的性质、部位以及使用环境等多种因素确定。水泥砂浆和混合砂浆可用于砌筑潮湿环境和强度要求较高的砌体；石灰砂浆仅可用于砌筑干燥环境中以及强度要求不高的砌体，不宜用于潮湿环境的砌体及基础；黏土砂浆和石灰黏土砂浆仅使用在低矮或不受力的砌体中。

砌筑砂浆的主要技术指标是其抗压强度，以砂浆的强度等级来划分，常用的强度等级有：M1，M2.5，M5，M7.5，M10 等，特殊需要时可用 M15，M20 号砂浆。

水泥进场使用前，应分批对其强度、安定性进行复验。水泥出厂超过三个月（快硬硅酸盐水泥超过一个月）时，应复查试验，并按其结果使用。不同品种的水泥，不得混合使用。水泥砂浆的最少水泥用量不宜小于 200kg/m³。

砂浆用砂不得含有有害杂物。砂的含泥量，对水泥砂浆和强度等级不小于 M5 的水泥混合砂浆，不应超过 5％；对强度等级小于 M5 的水泥混合砂浆，不应超过 10％。

块状生石灰熟化石灰膏，应用 6mm 筛网进行过滤，熟化时间不得少于 7d；不得采用脱水硬化的石灰膏。消石灰粉不得直接使用于砌筑砂浆中。

拌制砂浆用水，水质应符合混凝土拌和用水标准。

凡在砂浆中掺有外加剂等，对外加剂应经检验和试配，符合要求后，方可使用。

（二）砌筑砂浆的技术要求

（1）砌筑用砂浆的种类、强度等级应符合设计要求。

（2）砂浆的保水性。保水性能较好的砂浆水分不易被砖吸走，且易使砌体灰缝饱满均匀、密实，并能提高水硬性砂浆的强度。为改善砂浆的保水性，可在砂浆中掺石灰膏、粉煤灰、磨细生石灰粉等无机塑化剂或皂化松香（微沫剂）等有机塑化剂。

（3）砂浆应有适宜的稠度。砌筑实心砖、墙、柱时，宜为 7～10cm；砌筑空心砖墙、柱时，宜为 6～8cm；砌筑空斗墙、筒拱时，宜为 5～7cm。

（4）砂浆的搅拌。砂浆一般用砂浆搅拌机拌和，要求拌和均匀，拌和时间一般为 2min。对掺入外加剂或有机塑化剂的砂浆拌和时间不得小于 3min。

（5）砂浆的使用。砂浆应随拌随用。常温下，水泥砂浆和混合砂浆应分别在拌和后 3h 和 4h 内用完；气温高于 30℃时，应分别在拌后 2h 和 3h 内用完。砂浆经运输、储放后如有泌水现象，应在砌筑前再次拌和。不得使用过夜的砂浆。

（6）砂浆的检验。砂浆应作强度检验。每一层楼或每 250m³ 砌体中各种强度等级的砂浆，每台搅拌机至少检查一次，每次至少留一组（6 块）试块，如砂浆强度等级或配合比变更，还应另作试块，作抗压试验。

三、砌筑材料的运输

砌筑用材料均为散状材料，在施工中必须解决运输问题。另外，砌筑工程施工中各种预制构件、脚手架、脚手板等材料较多，解决运输问题是加快施工进度，降低工程成本的关键。

砌筑材料的运输包括：水平运输和垂直运输。水平运输一般采用手推车或机动翻斗车；垂直运输主要采用井架、龙门架和塔式起重机（参见第九章）等；砂浆的运输还可以采用砂浆泵。

（一）井架

井架是砌筑工程施工中最常见的垂直运输工具之一，其稳定性好、运输量大。井架构成的材料一般有：木、型钢和工具式钢管等。工地上井架多采用钢管脚手架部件，根据运输材料的尺寸和重量需要，搭设成 4 柱、6 柱或 8 柱，内设吊篮，以卷扬机为动力。如图 5-1 所示，为 6 柱井架，起重量 1～1.5t，吊篮平面尺寸为 3.6～1.3m，搭设高度可达 30m。型钢井架稳定性优于钢管井架，起重量和搭设高度较大。如图 5-

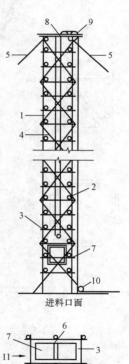

进料口面

六柱井架平面

图 5-1 六柱井架基本构造图
1—立杆；2—大横杆；3—小横杆；4—剪刀撑；
5—缆风绳；6—导轨；7—吊篮；8—天轮梁；
9—天轮；10—地轮；11—进料口

2 所示，为普通型钢井架，搭设高度可达 60m，并可利用井架设置起重拔杆。

井架搭设高度，一般应比建筑檐口高出 3～6m，带拔杆的井架，其拔杆交接点应高于建筑物的檐口，同时，交接点以上的井架高度应大于或等于拔杆长度，拔杆长度一般为 5～10m，工作幅度 2.5～5m，起重量 0.5～1.5t。井架高度在 15m 以内时，应设缆风绳一道 4 根，超过 15m 时，每增加 10m，要增设缆风绳一道，缆风绳宜用直径 9mm 钢丝绳或直径 8mm 钢筋。与地面夹角 45°。当设附着杆与建筑物拉结时，无需拉缆风绳。

（二）龙门架

龙门架是由两根立柱和横梁（也称天梁）组成的门形架。在门架上装滑轮、导轨、吊篮、安全装置、起重锁、缆风绳等部件构成一个完整的龙门架运输设备，如图 5-3 所示。

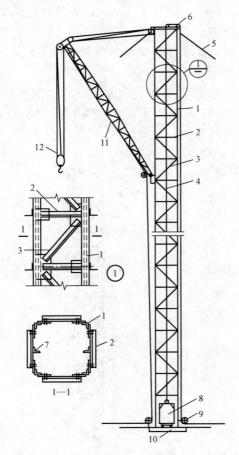

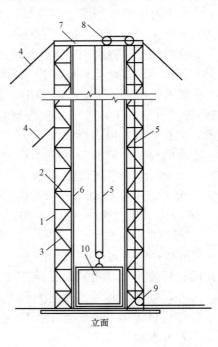

图 5-2　普通型钢井架构造图

1—角钢立柱；2—水平撑；3—斜撑；4—钢丝绳；
5—缆风绳；6—天轮；7—导轨；8—吊篮；
9—地轮；10—垫木；11—起重杆；12—吊钩

图 5-3　龙门架构造示意图

1—立杆；2—水平撑；3—斜撑；4—缆风绳；
5—钢丝绳；6—导轮；7—天梁；8—天轮；
9—地轮；10—吊篮；11—龙门架立柱

龙门架的搭设高度一般为 10～30m，起重量 0.5～1.2t。为保证使用安全，龙门架高度在 12m 以内者，设缆风绳一道；高度在 12m 以上者每增高 5～6m 增设一道缆风绳，每道不少于 6 根。龙门架塔高度可达 20～35m。

　　龙门架不能作水平运输。如果选用龙门架作垂直运输方案，则地面或楼面上的水平运输应同时考虑，常采用手推车等运输工具。

第三节　砌 筑 用 脚 手 架

　　脚手架是建筑施工中不可缺少的空中作业工具，无论结构施工还是室外装修施工，以及设备安装都需要根据操作要求搭设脚手架。

一、砌筑用脚手架的作用、要求和类型

　　砌筑用脚手架是砌筑过程中为堆放材料和工人操作需要所搭设的架子。施工时，每砌完一个可砌高度（不利用脚手架时能砌的高度，一般为 1.2～1.4m）后，就必须搭设相应高度的脚手架（称一步架），以便在脚手架上继续进行砌筑。

　　（一）脚手架的作用

　　（1）使施工作业人员在不同部位进行操作。

　　（2）能堆放及运输一定数量的建筑材料。

　　（3）保证施工作业人员在高空操作时的安全。

　　（二）脚手架的基本要求

　　（1）有适当的宽度（或面积）、步架高度、离墙距离，能满足工人操作、材料堆放和运输的要求。

　　（2）有足够的强度、刚度和稳定性，保证施工期间在规定的天气条件和允许荷载作用下，脚手架不变形、不倾倒、不摇晃，确保施工安全。

　　（3）脚手架的构造要简单，搭拆和搬运方便，能多次周转使用。

　　（4）因地制宜，就地取材，尽量利用自备和可租赁的脚手架材料，节省脚手架费用。

　　脚手架的宽度一般为 1.5～2m，每步架高 1.2～1.4m。脚手架使用应符合规定；荷载不应超过 $2.7kN/m^2$；应有可靠的安全防护措施。

　　（三）脚手架的类型

　　脚手架的分类方式较多，比较常用的有如下几种：

　　（1）按脚手架的用途分：操作用脚手架，防护用脚手架，承重、支撑用脚手架。

　　（2）按脚手架材料分：木脚手架，竹脚手架，金属（钢、铝）脚手架等。

　　（3）按脚手架搭设位置分：外脚手架和里脚手架等。

　　（4）按脚手架结构形式分：外脚手架的多立杆式、框式、悬吊式、挑梁式、升降式脚手架以及里脚手架的折叠式、支柱式、伞脚折叠式和组合式操作平台等不同的结构类型。

二、外脚手架

　　外脚手架是搭设在建筑物外部（沿周边）的一种脚手架，可用于外墙砌筑、装饰等施工作业。常用的有多立杆式脚手架、门式脚手架等。

　　（一）多立杆式脚手架

　　多立杆式脚手架所用材料有木、竹和钢管。目前，房屋结构施工中广泛采用的是工具式钢管脚手架，如图 5-4 所示。其主要构件有立杆、纵向水平杆（也称大横杆）、横向水平杆（也称小横杆）、剪刀撑、横向斜撑、抛撑、连墙杆等。

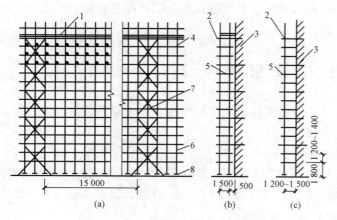

图 5-4　工具式钢管脚手架

（a）正立面图；（b）双排侧立面图；（c）单排侧立面图
1—脚手板；2—连墙杆；3—墙体；4—大横杆；
5—小横杆；6—立杆；7—剪刀撑；8—底座

1. 脚手架基本工具

钢管脚手架的基本工具包括：钢管杆件、扣件、底座以及脚手板等。

（1）钢管杆件。钢管杆件是钢管脚手架的主要组成，用来制作立杆、大横杆、小横杆、剪刀撑和斜撑等。钢管采用外径 48mm、壁厚 3.5mm 的 Q235 钢焊接钢管，也可采用同规格的无缝钢管。为适应脚手架宽度要求，用于立杆、大横杆、剪刀撑和斜撑的钢管长度宜为 4.0～6.5m；用于小横杆的钢管长度应为 1.8～2.2m。钢管内外必须进行防锈处理。

（2）扣件。扣件用于钢管杆件之间的连接，其基本形式有三种，如图 5-5 所示。

1）直角扣件。用来连接两根垂直相交的杆件（如立杆与大横杆等）。

2）旋转扣件。用来连接两根任意角度相交的杆件（如立杆与剪刀撑等）。

3）对接扣件。用于两根杆件的对接，如立杆、大横杆等的接长。

（3）底座。底座套在立杆的下端，用来传递立杆的荷载。底座用钢管和钢板焊接形成，如图 5-6 所示。

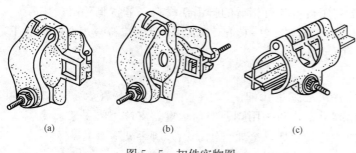

图 5-5　扣件实物图
（a）直角扣件；（b）旋转扣件；（c）对接扣件

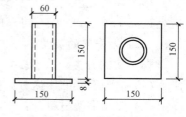

图 5-6　底座构造图

（4）脚手板。脚手板铺设在脚手架的施工作业面上，以便施工人员工作和临时堆放零星施工材料。

常用的脚手板有：冲压钢板脚手板、木脚手板和竹脚手板等，施工时可根据各地区的资源就地取材选用。每块脚手板的宽度不小于 200mm，厚度不小于 50mm，重量不宜大于 30kg。冲压钢板脚手板构造如图 5-7 所示。

2. 钢管脚手架的搭设

（1）脚手架搭设顺序。

摆放纵向扫地杆→逐根树立杆（随即与纵向扫地杆扣紧）→安放横向扫地杆（与立杆或纵向

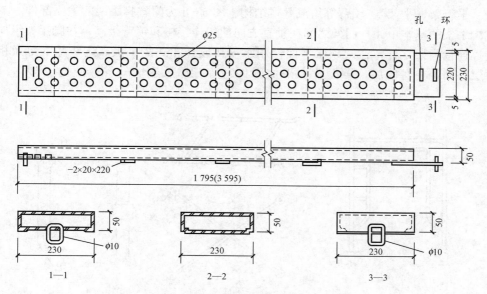

图 5-7　冲压钢板脚手板构造图

扫地杆扣紧）→安装第一步大横杆和小横杆→安装第二步大横杆和小横杆→加设临时抛撑（上端与第二步大横杆扣紧，在设置二道连墙杆后可拆除）→安装第三、四步大横杆和小横杆；设置连墙杆→安装横向斜撑→接立杆→加设剪刀撑→铺脚手板→安装护身栏杆和挡脚板→挂安全网。

（2）脚手架搭设注意事项。

1）搭设高度：单排脚手架不大于 25m；双排脚手架不大于 50m。高层建筑需大于 50m 时应分段搭设。

2）搭设前地基面填土要夯实处理，并设置底座和垫板。

3）严禁 $\phi48$ 与 $\phi51$ 钢管和配件混合使用。

4）立杆接长位置要错开，连接杆、剪力撑设置不能滞后两个步架。

5）脚手板对接两端必须设置横杆。

其他事项参见施工验收规范，在此不一一赘述。

3. 脚手架的拆除

（1）拆架时应划出作业区域标志，并设置围栏，专人管理。

（2）拆除应逐层由上而下，后装先拆，先装后拆。

（3）拆下的杆、配件不得抛扔，松开扣件的杆件应随即撤下，不得挂在架上。

（二）门式钢管脚手架

门式脚手架是由门形或梯形的钢管框架作为基本构件，与连接杆、附件和各种多功能配件组合而成的脚手架，统称为框架式钢管脚手架。它结构合理，尺寸标准，安全可靠。可用来搭设各种用途的施工作业架子，如外脚手架、里脚手架、活动工作台、各种承重支撑、临时库房以及其他用途的作业架子。

门式钢管脚手架的搭设高度：当两层同时作业的施工总荷载不超过 $3kN/m^2$ 时，可以搭设 60m 高；当总荷载为 $3\sim5kN/m^2$ 时，则限制在 45m 以下。

门式钢管脚手架是由门式框架（门架）、交叉支撑（剪刀撑）、连接棒、挂扣式脚手板或水平架（平行架、平架）、锁臂等组成基本结构。图5-8为门式脚手架的主要部件，图5-9为门式脚手架的基本单元。门架之间在垂直方向使用连接棒和锁臂接高，在脚手架纵向使用交叉支撑连接门架立杆，在架顶水平面使用水平架或挂扣式脚手板。这些基本单元相互连接，逐层叠高，左右伸展，再设置水平加固件、剪刀撑及连墙杆等，便构成整体门式脚手架。

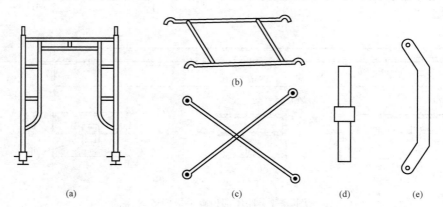

图5-8　门式脚手架的主要部件
（a）门架；（b）水平梁架；（c）剪刀撑；（d）连接棒；（e）锁臂

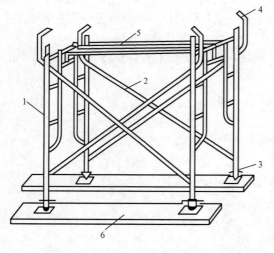

图5-9　门式脚手架的基本单元
1—门架；2—剪刀撑；3—螺旋基脚；
4—锁臂；5—水平梁架；6—垫板

（三）碗扣式钢管脚手架

碗扣式脚手架是采用定型钢管杆件和碗扣式接头连接的一种承插式钢管脚手架。它不仅承载力大，加工容易，接头构造合理，杆件搬运方便，拼装简单省力，而且结构受力稳定可靠，避免了螺栓作业，不易丢失、损坏零散扣件，使用安全方便，适用性强。但也存在设置位置固定，难以适用复杂尺寸，杆件较重等缺点。碗扣式脚手架的应用，提高了我国脚手架的技术水平，现已广泛应用于房屋建筑、桥梁工程、大跨度结构工程等多种工程施工中，取得了显著的经济效益。

1. 碗扣式钢管脚手架的节点构造

（1）立杆与横杆的连接。碗扣式钢管脚手架立杆和顶杆采用 $\phi48\times3.5$mm 钢管，每隔0.6m设一套碗扣接头；定型横杆的两端焊有横杆接头，并实现杆件的系列化和标准化，如图5-10（a）所示。

连接时，只需将横杆接头插入立杆上的下碗扣圆槽内，再将上碗扣沿限位销扣下，并顺时针旋转，靠上碗扣螺旋面使之与限位销顶紧（可使用锤子敲击几下即可达到扣紧要求），从而将横杆与立杆牢固地连在一起，形成框架结构，如图5-10（b）所示。碗扣式接头的拼装完全避免了螺栓作业，克服了拧紧螺栓的人为感觉操作因素。

（2）斜杆接头节点构造。碗扣接头可同时连接四根横杆，并且横杆可以互相垂直，也可以倾斜一定的角度。斜杆是在钢管的两端铆接斜杆接头而成。同横杆接头一样可装在下碗扣内，形成斜杆节点。斜杆可绕斜杆接头转动，如图 5-11 所示。

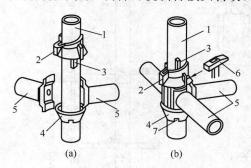

图 5-10 碗扣接头构造

（a）连接前；（b）连接后

1—立杆；2—上碗扣；3—限位销；4—下碗扣；

5—横杆；6—铁锤；7—流水槽

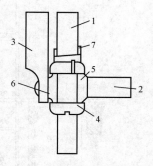

图 5-11 斜杆接头节点构造

1—立杆；2—横杆；3—斜杆；

4—下碗扣；5—横杆接头；

6—斜杆接头；7—限位销

2. 碗扣式钢管脚手架的搭设

碗扣式钢管脚手架的搭设顺序为：

安放立杆底座或立杆可调底座→树立杆、安放扫地杆→安装底层（第一步）横杆→安装斜杆→接头销紧→铺放脚手板→安装上层立杆→紧立杆连接销→安装横杆→设置连墙杆→设置人行梯→设置剪刀撑→挂设安全网。

（四）悬挑式外脚手架

1. 悬挑式外脚手架的应用

在建筑施工中悬挑式外脚手架一般应用在以下三种情况：

（1）±0.000 以下结构工程回填土不能及时回填，而主体结构工程必须立即进行，否则将影响工期。

（2）高层建筑主体结构四周为裙房，脚手架不能直接支承在地面上。

（3）超高层建筑施工，脚手架搭设高度超过了架子的容许搭设高度，因此将整个脚手架按容许搭设高度分成若干段，每段脚手架支承在由建筑结构向外悬挑的结构上。

2. 悬挑式外脚手架的构造

悬挑式外脚手架根据悬挑支承结构的不同，分为支撑杆式悬挑脚手架和挑梁式悬挑脚手架两类。

（1）支撑杆式悬挑脚手架。支撑杆式悬挑脚手架是直接利用脚手架杆作为支承结构来搭设脚手架。其搭设高度一般在 4 层楼高 12m 左右。

1）支撑杆式双排悬挑脚手架。如图 5-12（a）所示悬挑脚手架的支承结构为内、外两排立杆上加设斜撑杆，斜撑杆一般采用双钢管，而水平横杆加长后一端与预埋在建筑物结构中的铁环焊牢，脚手架的荷载通过斜杆和水平横杆传递到建筑物上。

如图 5-12（b）所示悬挑脚手架的支承结构是采用下撑上拉的方法，在脚手架的内、外两排立杆上分别加设斜撑杆。斜撑杆的下端支承在建筑的梁或楼板上，并且内排立杆的斜撑杆的支点比外排立杆斜撑杆的支点高一层楼。斜撑杆上端用双扣件与脚手架的立杆连接。

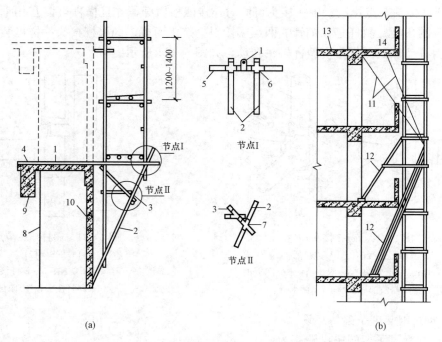

图 5-12　支撑杆式双排悬挑脚手架构造图

1—水平横杆；2—双斜撑杆；3—加强短杆；4—预埋铁环；5—大横杆；6—直角扣件；
7—回转扣件；8—柱；9—梁；10—外墙板；11—吊杆；12—斜撑；13—楼板；14—阳台

除了斜撑杆，还设置了拉杆，以增强脚手架的承载能力。

2）支撑杆式单排悬挑脚手架。如图 5-13（a）所示悬挑脚手架的支承结构为从窗门挑出横杆，斜撑杆支撑在下一层的窗台上。如无窗台，则可先在墙上留洞或预埋支托铁件，以支承斜撑杆。

如图 5-13（b）所示悬挑脚手架的支承结构是从同一窗口挑出横杆和伸出斜撑杆，斜撑杆的一端支撑在楼面上。

（2）挑梁式悬挑脚手架。挑梁式悬挑脚手架是采用固定在建筑物结构上的悬挑梁（或架），以此为支座搭设脚手架，一般为双排脚手架。其搭设高度一般控制在 6 个楼层（20m）以内，可同时进行 2～3 层作业，是目前较常用的脚手架形式。

1）下撑挑梁式。

如图 5-14 所示是下撑挑梁式悬挑脚手架支承结构。它是在主体结构上预埋型钢挑梁，并在挑梁的外端加焊斜撑压杆组成挑架。各根挑梁之间的间距不大于 6m，并用两根型钢纵梁相连，然后在纵梁上搭设扣件式钢管脚手架。

当挑梁的间距超过 6m 时，可用型钢制作的托架，如用图 5-15 来代替图 5-14 中的挑梁、斜撑压杆组成的挑架，但在这种形式下挑梁的间距也不宜大于 9m。

2）斜拉挑梁式。如图 5-16 所示为斜拉挑梁式悬挑脚手架，它是以型钢作挑梁，其端头用钢丝绳（或钢筋）作拉杆斜拉。

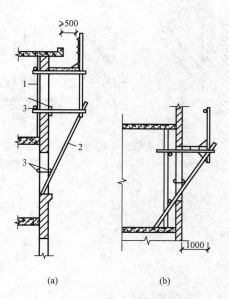

图 5-13 支撑杆式单排悬挑脚手架构造图
(a) 形式一；(b) 形式二
1—立杆；2—斜杆；3—栏墙杆

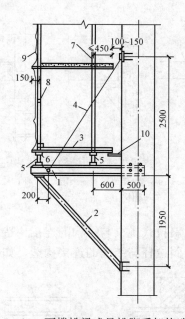

图 5-14 下撑挑梁式悬挑脚手架构造图
1—工字钢挑梁；2—斜撑压杆（φ89×5）；
3—横梁；4—吊杆（φ18）；5—纵梁；
6—支座固定件；7—立杆；8—安全栏杆；
9—安全网；10—楼面密封

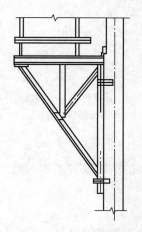

图 5-15 型钢托架

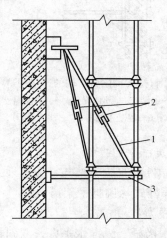

图 5-16 斜拉挑梁式悬挑脚手架构造图
1—钢丝绳拉杆；2—紧固螺栓；3—水平挑梁

3. 悬挑式外脚手架与结构的连接

悬挑式外脚手架应与结构形成稳定的连接，将脚手架上的荷载传递到建筑结构上，保证脚手架的稳定和安全使用。

（1）支撑式挑梁与结构的连接构造，如图 5-17 所示。

（2）支撑杆下端与结构的连接构造，如图 5-18 所示。

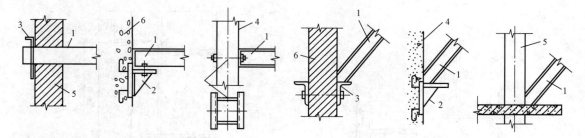

图 5-17　支撑式挑梁与结构的连接构造
1—挑梁；2—托架；3—钢销；4—柱；
5—墙体；6—混凝土结构

图 5-18　支撑杆下端与结构的连接构造
1—斜撑；2—托架；3—钢支托；4—混凝土结构；
5—柱；6—墙体

（3）斜拉式挑梁与结构的连接构造，如图 5-19 所示。

（4）斜拉杆与结构的连接构造，如图 5-20 所示。

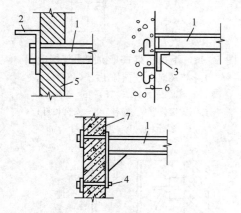

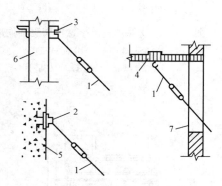

图 5-19　斜拉式挑梁与结构的连接构造
1—挑梁；2—钢销；3—预埋支座；4—锚固螺栓；
5—墙体；6—混凝土结构；7—柱（墙）

图 5-20　斜拉杆与结构的连接构造
1—斜拉杆；2—预埋铁件；3—角钢夹具；4—楼板结构；
5—混凝土墙体；6—柱；7—窗口

4. 悬挑脚手架的搭设

悬挑式扣件钢管脚手架与一般落地式扣件钢管脚手架的搭设要求基本相同。

（1）支撑杆式悬挑脚手架搭设。

搭设顺序为：

安放水平横杆→纵向水平杆→双斜杆→内立杆→加强短杆→外立杆→脚手板→栏杆→安全网→上一步架的横向水平杆→连墙件→水平横杆与预埋环焊接。

按上述搭设顺序一层一层搭设，每段搭设高度以 6 步为宜，并在下面支设安全网。

（2）挑梁式悬挑脚手架搭设。

搭设顺序为：

安置型钢挑梁（架）→安装斜撑压杆、斜拉吊杆（绳）→安放纵向钢梁→搭设脚手架或安放预先搭好的脚手架。

按上述搭设顺序一层一层搭设，每段搭设高度以 12 步为宜。

三、里脚手架

里脚手架搭设于建筑物内部地面或楼面上的脚手架，用于内外墙的砌筑和室内装修施工。里脚手架的搭设高度小，用料少，但装拆频繁，故要求轻便灵活、结构简单、装拆方便。常用的结构型式有折叠式、支柱式、门式等多种形式，有时还可以用工具式钢管脚手架、碗扣式脚手架以及门形脚手架等支撑多种形式的里脚手架。

（一）折叠式里脚手支架

图 5-21 为角钢制作的折叠式里脚手支架。使用时，两支架上铺设脚手板，支架间距一般为 1.8～2.0m。可以设两步，第一步高 1m，第二步高 1.65m。

（二）支柱式里脚手架

支柱式里脚手架的支撑采用钢制支柱，支柱上设置横杆和脚手板。支柱间距：砌墙时不超过 2m，装饰时不超过 2.5m。

图 5-22 为套管式支柱。套管插在立管中，用销孔调节高度。在套管顶端凹槽内搁置横杆，横杆上铺脚手板。其搭设高度一般为 1.57～2.17m。

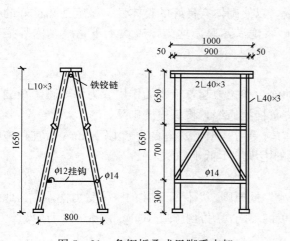

图 5-21 角钢折叠式里脚手支架

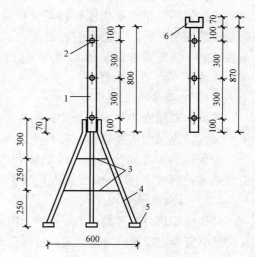

图 5-22 套管式支柱
1—ϕ50×3立管；2—ϕ10销孔；3—ϕ12拉杆；
4—ϕ18支脚；5—垫板；6—槽口板

四、脚手架的安全使用要求

脚手架的施工大部分属于高空作业，所以确保脚手架使用安全是施工中的重要问题，现将有关脚手架总的安全要求简要归纳如下：

（1）脚手架所用材料和加工质量必须符合规定要求，不得使用不合格产品。

（2）确保脚手架具有稳定的结构和足够的承载力。普通脚手架的构造应符合前述有关规定。特殊工程、重荷载、施工荷载显著偏于一侧或高 30m 以上等脚手架必须进行设计和计算。

（3）认真处理好地基，确保地基具有足够的承载力，避免脚手架发生整体或局部沉降。

（4）严格按要求搭设脚手架，搭设完毕后应进行质量检查和验收合格后才能使用。

（5）严格控制使用荷载，确保有较大的安全储备。一般搭法的多立杆式脚手架其使用均布荷载不得超过 2.7kN/m²；框组式脚手架使用均布荷载不得超过 1.8kN/m² 或作用于脚手板跨中集中荷载 1.9kN；悬挂式脚手架不超过设计值。

（6）要有可靠的安全防护措施。如按规定设置挡板、围栅或安全网；必须有良好的防电、避雷装置以及接地设施；做好楼梯、斜道等防滑措施等。

（7）六级以上大风、大雪、大雨、大雾天气下应暂停在脚手架上作业。

（8）因故闲置一段时间或发生大风、大雨雪等灾害性天气后，重新使用脚手架时必须认真检查加固后才能使用。

第四节 砖 砌 体 施 工

在我国随着墙体改革的深入和发展，普通黏土砖构成的砌体结构已经不再建造。但由于砖砌体技术相对比较成熟，且造价较低，所以部分地区采用灰砂砖、粉煤灰砖或淤泥质砖等材料制成块材，沿用砖砌体施工技术。下面简要介绍其施工要点。

一、砖砌体砌筑的一般要求

砖砌体的质量主要由原材料质量和砌筑质量来决定，在进行砌体施工时除应采用符合质量要求的原材料外，还必须有良好的砌筑质量，以使砌体有良好的整体性、稳定性和良好的受力性能。为此要求砖砌体灰缝横平竖直，砂浆饱满，厚薄均匀，砖块上下错缝，内外搭砌，接槎牢固，墙面垂直。

（一）砖砌体的灰缝

砖砌体灰缝对砌体承担压力，减少砌体的剪力和拉力起着重要的作用。为保证砌体灰缝横平竖直，砌筑时应将砌体基础找平，并按皮数杆拉通线，将每皮砖砌平。

为保证砖块之间的黏结，使块体和砂浆均匀受力，水平灰缝的厚度以 10mm 为宜，施工时通常控制在 8～12mm 范围内；水平灰缝的饱满度不低于 80%。

（二）砖砌体的组砌方式

砖砌体砌筑时应遵循"上下错缝，内外搭砌"的原则，以保证砌体的整体受力性能。为此在砌筑前应确定砌体的组砌方式。根据砌体厚度的不同常用的组砌方式，如图 5-23 所示。

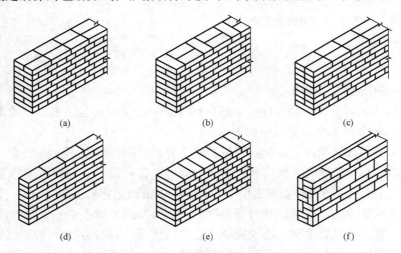

（a）   （b）   （c）

（d）   （e）   （f）

图 5-23 砖砌体的组砌方式

（a）一顺一丁；（b）梅花丁；（c）三顺一丁；（d）全顺式；（e）全丁式；（f）两平一侧

（三）砖砌体的接槎

砖墙的转角处和交接处应同时砌筑，对不能同时砌筑又必须留槎的临时间断处，应砌成斜槎，斜槎长度不小于墙高的2/3，如图5-24（a）所示。如临时间断处留斜槎确有困难时，除转角处，可留直槎，但必须砌成凸槎，并设拉结钢筋，如图5-24（b）所示。拉结钢筋的数量为每1/2砖不小于一根，钢筋直径不小于ϕ4mm（工程中常用ϕ6mm的钢筋）。间距沿墙高不大于500mm，埋入长度从墙的留槎处起，每边均不小于500mm，钢筋末端应做成90°弯钩。应注意抗震设防地区建筑物不得留直槎。

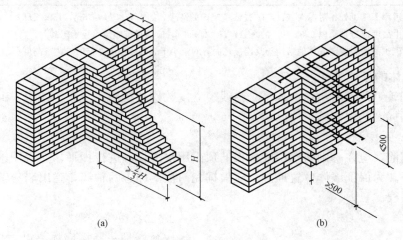

图5-24　砖墙的接槎
（a）斜槎；（b）直槎

（四）墙体构造柱

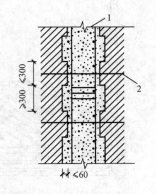

为提高砌体结构的整体性，部分墙体交接处应设置钢筋混凝土构造柱，构造柱与墙体的连接处应砌成马牙槎，从每层柱脚开始，先退后进，每一马牙槎沿高度方向的尺寸不宜超过300mm，并沿墙高每500mm设2ϕ6拉结钢筋，钢筋每边伸入墙内不宜小于1m。施工时应先砌墙后浇构造柱，如图5-25所示。

（五）柱和墙的允许自由高度

为保证砌体的稳定性，对尚未安装楼板或屋面的墙和柱，当可能遇大风时，其允许自由高度不得超过表5-1的规定。否则应采用临时支撑等加固措施。

图5-25　墙体构造柱
1—构造柱混凝土；2—拉结钢筋

表5-1			柱和墙的允许自由高度			m
墙（柱）厚（mm）	砌体密度＞1600（kg/m³）			砌体密度1300～1600（kg/m³）		
	风载（kN/m²）			风载（kN/m²）		
	0.3（约7级风）	0.4（约8级风）	0.5（约9级风）	0.3（约7级风）	0.4（约8级风）	0.5（约9级风）
190	—	—	—	1.4	1.1	0.7
240	2.8	2.1	1.4	2.2	1.7	1.1

续表

墙（柱）厚 （mm）	砌体密度＞1600（kg/m³）			砌体密度 1300～1600（kg/m³）		
	风载（kN/m²）			风载（kN/m²）		
	0.3（约7级风）	0.4（约8级风）	0.5（约9级风）	0.3（约7级风）	0.4（约8级风）	0.5（约9级风）
370	5.2	3.9	2.6	4.2	3.2	2.1
490	8.6	6.5	4.3	7.0	5.2	3.5
620	14.0	10.5	7.0	11.4	8.6	5.7

注　1. 本表适用于施工处相对标高（H）在10m范围内的情况。如 10m＜H≤15m，15m＜H≤20m 时，表中的允许自由高度应分别乘以 0.9，0.8 的系数；H＞20m 时，应通过抗倾覆验算确定其允许自由高度。

　　2. 当所砌筑的墙有横墙或其他结构与其连接，而且间距小于表列限值的 2 倍时，砌筑高度可不受本表的限制。

二、砖砌体的砌筑工艺

砖砌体砌筑工艺一般包括：抄平、弹线、立皮数杆、摆砖、盘角、挂线、砌筑、勾缝以及楼层轴线和标高的引测等工序。

1. 抄平、弹线

墙体砌筑前，应在基础防潮层或楼板的顶面用水准仪等进行抄平，然后用水泥砂浆或细石混凝土找平。为保证墙体位置准确，应根据龙门板上标志的轴线，弹出墙身轴线、边线及门窗洞口位置线。

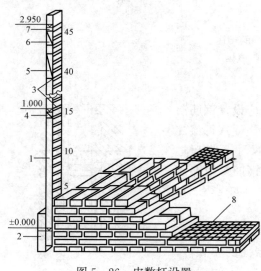

图 5 - 26　皮数杆设置

1—皮数杆；2—木桩；3—窗口；4—窗台砖；
5—窗顶过梁；6—圈梁；7—楼板；8—防潮层

2. 立皮数杆

皮数杆是一层楼墙体高度方向的标志杆，如图 5 - 26 所示。皮数杆上划有每皮砖和灰缝的厚度，门窗洞口、过梁、楼板、梁底标高位置，用以控制砌体的竖向尺寸。皮数杆一般立在墙体的转角处，若墙体长度较大，每隔 10～15m 应立一根。立皮数杆时，应使皮数杆上的±0.000 与房屋的±0.000（或楼面）相吻合。

3. 摆砖

在放好线的基面上按确定的组砌方式用干砖试摆，也称摆砖摆底。通过试摆砖核对所弹出的墨线在门洞、窗口、墙垛等处是否符合砖的模数，以便借助灰缝进行调整，尽可能减少砍砖，并使砖墙灰缝均匀，组砌得当。

4. 盘角、挂线

墙角是确定墙面的主要依据，砌筑时应根据皮数杆在墙角处先砌 3～5 皮砖，称盘角（也称把大角），如图 5 - 26 所示。然后拉准线砌中间墙身。挂线规定为：24 及 24 以下的墙厚挂单线，24 以上的墙厚挂双线。

5. 砌筑、勾缝

砌筑操作方法主要有："三一"砌筑法、铺灰挤砖法和满口灰法等。为保证砌筑质量要求，施工中一般采用"三一"砌筑法，即一铲灰、一块砖、一揉压的砌筑方法。

如墙面为清水墙应对砖的灰缝进行勾缝。勾缝要求横平竖直，色泽深浅一致。

6. 楼层轴线引测

为了保证各层墙身轴线的重合和施工方便，在弹墙身线时，应根据龙门板上的标志将轴线引测到房屋的底层外墙面上，做好标志。二层以上的各层墙的轴线，可用经纬仪或垂球根据一层的标志引测到楼面上，并应根据施工图的尺寸用钢尺进行校核。

7. 楼层标高引测

各层标高一般用皮数杆控制向上引测。当精度要求较高时，应在底层砌到一定高度后，用水准仪根据龙门板上的±0.000标高，在室内墙角引测出标高控制点（一般比室内地坪高200～500mm左右），然后根据该控制点弹出水平线，用以控制底层过梁、圈梁及楼板的标高。第二层墙体砌到一定高度后，先从底层水平线用钢尺往上量出第二层水平线的第一个标志，然后以此标志为准，定出各墙面的水平线，以控制第二层的标高。

第五节 中小型砌块砌体施工

用砌块代替黏土砖作为墙体材料，是我国墙体改革的一个重要途径。近几年来各地因地制宜，充分利用地方材料和工业废料为原材料，制作了多种形式和规格的建筑砌块，其中中小型砌块组砌灵活、施工简便，被广泛地应用于建筑物墙体结构，既可以用于承重墙，也可以用于填充墙。

一、砌块排列图

由于砌块的规格较多，为调节砌块墙的灰缝和进行材料的准备，在砌块墙吊装前应先根据施工的部位绘制砌块排列图，以指导吊装施工。

1. 砌块排列图

砌块排列图按每片墙体分别绘制，通常以墙体的立面图表示，若立面图表达不够完整，可配以墙体平面图表示。砌块排列图，如图5-27所示。其绘制方法如下：

（1）用1∶50或1∶30的比例绘制出纵横墙的立面图。

（2）将过梁、楼板、圈梁、门窗洞口等墙体上的结构和构造标示在图上。

（3）按主规格砌块划分墙体的皮数（即标示水平灰缝线）。

（4）按砌块错缝搭接等构造要求设置副规格砌块（即标示竖向灰缝线）。

（5）局部嵌砖。

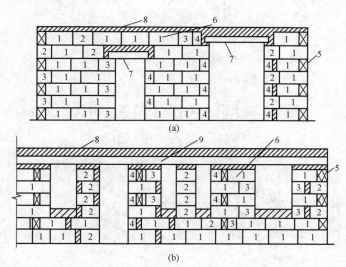

图5-27 砌块排列图

(a) 内隔墙；(b) 纵墙

1—主规格砌块；2～4—副规格砌块；5—顶砌砌块；
6—顺砌砌块；7—过梁；8—嵌砖；9—圈梁

2. 砌块排列的技术要求

（1）按设计要求从墙体的垫层上开始排列；排列时尽可能采用主规格为主，以减少砌块种类，并应注明砌块编号以及嵌砖和过梁等部位。

（2）空心砌块的排列应使上、下皮砌块孔洞的壁、肋垂直对齐以提高砌块墙的强度。凡遇到两墙垂直交接、墙上有预留孔洞以及建筑物的墙脚处等，应按模数处理。

（3）尽量考虑不嵌砖或少嵌砖，必须嵌砖时，应尽量分散、均匀布置，且砖的强度等级不低于砌块的强度等级。

（4）砌体水平灰缝的厚度，当配有钢筋时，一般为 20～25mm；垂直灰缝宽为 20mm，当垂直灰缝宽大于 30mm，应用 C20 以上的细石混凝土灌实，当垂直灰缝宽度大于或等于 150mm 时，应用整砖嵌入。

（5）当构件布置位置与砌块位置发生矛盾时，应先满足构件布置。

（6）砌块排列时，上、下皮应错缝搭接，搭接长度一般为砌块长度的 1/2，不得小于砌块高度的 1/3，且不应小于 150mm。如不满足搭接要求，应在水平灰缝内设 3φ4 的钢筋网片，网片长度不小于 600mm，予以补强。

（7）外墙转角及纵横墙交接处，应交错搭接，如图 5-28 所示；否则，应在交接处水平灰缝中设置 2φ6 或 3φ4 柔性钢筋拉结网片，如图 5-29 所示。

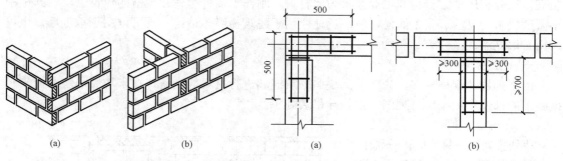

图 5-28　砌块墙的搭接
（a）外墙转角；（b）纵横墙交接

图 5-29　砌块墙的钢筋网柔性拉结
（a）外墙转角；（b）纵横墙交接

（8）对于混凝土空心砌块，在墙体转角和纵横墙交接处应使砌块孔洞，上下对准贯通，插入 2φ12 钢筋，并浇筑混凝土形成构造小柱，如图 5-30 所示。

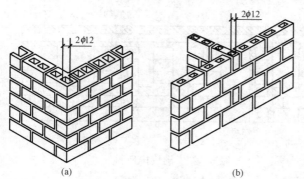

图 5-30　空心砌块的构造小柱
（a）外墙转角；（b）纵横墙交接

二、砌块砌筑施工工艺

砌块施工前应编制施工方案，以确定施工机具设备、施工方法、施工顺序以及相关的技术措施。砌块砌筑的主要工序为：弹线找平、铺灰、砌块就位、校正、灌缝、嵌砖等。

1. 铺灰

砌块安装前，与砖墙施工相同，应弹出墙体中心线、安装边线以及门窗洞口等标志线，以控制墙体施工位置。

水平缝应控制在 8～12mm，采用稠度良好的水泥混合砂浆或水泥砂浆，稠度 5～7cm，铺灰应平整饱满，长度 3～5m，炎热天气或寒冷季节应适当缩短。

2. 砌块就位

小型砌块可直接由人工安装就位。中型砌块应采用小型起重机械吊装就位，如带起重臂的井架、少先吊、台灵架等。用起重机械吊装就位应确定起重机械的安装顺序，常用的吊装顺序有：一是由建筑物（或施工段）的四周，向机械所在位置逐渐合拢的合拢法；二是由建筑物（或施工段）的一端，向另一端逐渐推进的连续吊装法；三是由机械所在位置为安装起点，整个建筑物（或施工段）循环安装，最后到机械所在位置结束的循环作业法。

3. 校正

用托线板和线锤在门窗或转角处挂线吊直，检查砌块垂直度；拉准线检查砌块水平度；每层砌块均应用 2m 托线板靠正、吊直；并随时检查竖向灰缝，防止游丁走缝现象。

4. 灌缝

竖向灰缝应随砌随灌。灰缝厚度宜控制在 8～12mm。中型砌块，当竖缝宽超过 30mm 时，应采用不低于 C20 细石混凝土灌实。灌缝时用灌缝夹板夹牢，用瓦刀和竹片将砂浆或细石混凝土灌入，并捣实。

5. 嵌砖

出现较大的竖缝（大于 110mm）或过梁、圈梁找平时，可用镶砖。嵌砖用的红砖一般不低于 MU10，镶嵌前砖应浇水湿润。砖应平砌，任何情况下不得竖砌或斜砌。砖与砌块间的灰缝应控制在 15～35mm 内。

嵌砖的上皮砖口与砌块必须找齐，不得高于或低于砌块口，避免上皮砌块断裂损坏。嵌砖的最后一皮和安放有檩条、梁、楼板等构件下的砖层，均需用丁砖镶砌。两砌块间凡不足 145mm 的竖缝，不得嵌砖，应用与砌块强度相同的细石混凝土灌注。

6. 质量检验

砌块砌筑过程中，应对砂浆和细石混凝土随时进行检验。在每一楼层 250m³ 砌体中，每种强度等级的砂浆或细石混凝土应至少制作一组试块。任意一组试块的强度最低值，对砂浆和细石混凝土分别不得低于设计强度等级的 75% 和 85%；同一强度等级的砂浆和细石混凝土的平均强度不得低于设计强度值。另外，应对砌体的轴线、标高、垂直度以及水平灰缝的平直度等方面进行检验。

复习思考题

5-1　简述砌筑工程常用的材料及其要求。对砂浆制备和使用有什么要求？砂浆强度检验怎样规定的？

5-2　多层砖混结构施工，垂直运输机械主要有哪些？其使用特点各如何？

5-3　井架、龙门架有哪些主要的构造组成？怎样布置龙门架及井架？其安装、使用应注意什么问题？

5-4　简述砌筑用脚手架的作用及基本要求。

5-5　什么是可砌高度和一步架高？

5－6　简述外脚手架的类型、构造。各有何特点？适用范围怎样？外脚手架的搭设、使用应注意什么问题？

5－7　常用里脚手架有哪些？其构造特点怎样？

5－8　悬挑式脚手架有哪些构造做法？如何与结构进行拉结的？简述其安装方法。

5－9　简述脚手架的安全使用要点。

5－10　砖砌体砌筑质量有哪些要求？影响砌体质量的因素是哪些？

5－11　什么是砂浆饱满度？对砂浆饱满度有什么要求？如何检查？影响砂浆饱满度的因素有哪些？用什么砌筑法易使砂浆饱满？

5－12　砖墙砌体临时间断处的接槎方式有几种？各有什么要求？

5－13　砖墙砌体有哪几种组砌形式？各有何特点？

5－14　减少砌体沉降及不均匀沉降应注意哪些问题？措施有哪些？

5－15　砖砌体的每日砌筑高度如何规定的？为什么？

5－16　砌筑过程中柱和墙允许自由高度如何确定？

5－17　简述砖墙施工工艺过程。

5－18　什么是皮数杆？有何作用？应标示哪些内容？如何布置？

5－19　砖砌体砌筑时应检查哪几方面的问题？如何检查？

5－20　什么是砌块排列图？有何作用？如何绘制砌块排列图？

5－21　简述砌块排列的基本技术要求。

5－22　简述砌块砌筑的施工工艺。

第六章　地下结构工程

近年来，随着城市地下交通的发展，以及能源、水利水电建设的需要，地下工程领域越来越广、数量越来越多、规模越来越大、埋藏越来越深，地下工程施工技术的掌握显得越发重要和迫切。本章主要介绍几种较常见的地下施工方法。

第一节　岩石掘进机施工

在岩石中开凿交通隧道或矿山巷道时，除采用常规的钻眼爆破法外，还可采用掘进机施工。掘进机能够直接截割、破碎工作面岩石，同时完成装载、转运岩石工作，并具有调动行走和喷雾除尘的功能，有的还具有支护功能。

掘进机按其结构特征和工作机构破岩方式的不同，分为全断面掘进机和部分断面掘进机两大类。前者可一次截割出所需断面（圆形），主要用于岩石平洞的开挖掘进；后者一次仅能截割断面的一部分，需要工作机构多次摆动才能掘出所需断面，断面形状不受限制，一般适用于硬度较小的煤、半煤岩和软岩巷道，故煤矿应用较多。本节以全断面掘进机为例介绍其设备组成和相关的施工原理和方法。

一、全断面掘进机施工工艺

全断面岩石隧道掘进机通常简称为隧道掘进机，是一种用于圆形断面隧（巷）道、采用滚压式切削盘在全断面范围内破碎岩石，集破岩、装岩、转载、支护于一体的大型综合掘进机械。它具有驱动动力大、能在全断面上连续破岩、生产能力大、效率高、操作自动化程度高等特点，具有快速、一次性成洞、衬砌量少等优点。

全断面岩石隧道掘进机利用圆形的刀盘破碎岩石，故又称刀盘式掘进机。刀盘的直径多为 $3\sim10$m，刀盘直径为 $3\sim5$m 时，适用于小型水利水电隧道工程和矿山巷道工程；刀盘直径为 5m 以上时适应于大型的隧道工程。

掘进机的基本施工工艺是刀盘旋转破碎岩石，岩渣由刀盘上的铲斗运至掘进机的上方，靠自重下落至溜渣槽，进入机头内的运渣胶带机，然后由带式输送机转载到矿车内，利用电机车拉到洞外卸载。掘进机在推力的作用下向前推进，每掘够一个行程便根据情况对围岩进行支护。全断面掘进机施工工艺流程如图 6-1 所示。

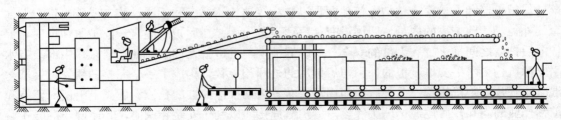

图 6-1　全断面掘进机施工工艺流程示意图

二、全断面岩石掘进机的类型与结构

全断面掘进机按掘进的方式分为全断面一次掘进式（又称一次成洞）和分次扩孔掘进式（又称两次成洞）；按掘进机是否带有护壳分为敞开式和护盾式。

掘进机的结构部件分为机构和系统两大类。机构包括刀盘、护盾、支撑、推进、主轴、机架及附属设施设备等，系统包括驱动、出渣、润滑、液压、供水、除尘、电气、定位导向、信息处理、地质预测、支护、吊运等，它们各具功能、相辅相成，构成有机整体，完成开挖、出渣和成洞功能。

不同类型的掘进机，在刀具、刀盘、大轴、刀盘驱动系统、刀盘支承、掘进机头部机构、司机室以及出渣、液压、电气系统等方面大体相似。从掘进机头部向后的机构和结构、衬砌支护系统，敞开式掘进机和双护盾式掘进机有较大的区别。

1. 敞开式 TBM

敞开式 TBM 是一种用于中硬岩及硬岩隧道掘进的机械。由于围岩比较好，掘进机顶护盾后的洞壁岩石可以裸露在外，故称为敞开式。敞开式掘进机的主要类型有 Robbins、Jarva MK27/8.8、Wirth 780 - 920H、Wirth TB880E 等。其中 Robbins $\phi 8.0$m 型，主要由三大部分组成：切削盘、切削盘支承与主梁、支撑与推进总成。切削盘支承和主梁是掘进机的总骨架，两者联为一体，为所有其他部件提供安装位置；切削盘支承分顶部支承、侧支承、垂直前支承，每侧的支承用液压缸定位；主梁为箱形结构，内置出渣胶带机，两侧有液压、润滑、水气管路等。

敞开式 TBM 的支撑分主支撑和后支撑。主支撑由支撑架、液压缸、导向杆和靴板组成，靴板在洞壁上的支撑力由液压油缸产生，并直接与洞壁贴合。主支撑的作用一是支撑掘进机中后部的重量，保证机器工作时的稳定；二是承受刀盘旋转和推进所形成的扭矩与推力。后支撑位于掘进机的尾部，用于支撑掘进机尾部的机构。

2. 护盾式 TBM

护盾式 TBM 按其护壳的数量分有单护盾、双护盾和三护盾三种，我国以双护盾掘进机为多。双护盾为伸缩式，以适应不同的地层，尤其适用于软岩且破碎、自稳性差或地质条件复杂的隧道。

与敞开式掘进机不同，双护盾式掘进机没有主梁和后支撑，除了机头内的主推进油缸外，还有辅助油缸。辅助推进油缸只在水平支撑油缸不能撑紧洞壁进行掘进作业时使用，辅助油缸推进时作用在管片上。护盾式掘进机只有水平支撑没有 X 形支撑。

刀盘支承用螺栓与上、下刀盘支承体组成掘进机机头。与机头相连的是前护盾，其后是伸缩套、后护盾、盾尾等构件，它们均用优质钢板卷成。前护盾的主要作用是防止岩渣掉落、保护机器和人员安全、增大接地面积以减小接地比压，有利于通过软岩或破碎带。伸缩套的外径小于前护盾的内径，四周设有观察窗，其作用是在后护盾固定、前护盾伸出时，保护前后护盾之间推进缸和人员的安全。后护盾前端与推进缸及伸缩套油缸连接；中部装有水平支撑机构，水平支撑靴板的外圆与后护盾的外圆相一致，构成了一个完整的盾壳；后部与混凝土管片安装机相接。后护盾内四周留有布置辅助推进油缸的孔位，盾壳上沿四周留有超前钻作业的斜孔。盾尾通过球头螺栓与后护盾连接，以利于安装和调向，其尾部与混凝土管片搭接。

3. 扩孔式全断面掘进机

当隧道断面过大时，会带来电能不足、运输困难、造价过高等问题。在隧道断面较大、采用其他全断面掘进机一次掘进技术经济效果不佳时就可采用扩孔式全断面掘进机。扩孔式全断面掘进机是先采用小直径 TBM 先行在隧道中心用导洞导通，再用扩孔机进行一次或两次扩孔。为保证掘进机支撑有足够的撑紧力，导洞的最小直径为 3.3m，扩孔的孔径一般不超过导洞孔径的 2.5 倍。对于直径 6m 以上的隧道，除在松软破碎的围岩中作业的护盾式掘进机外，设备制造商比较主张先打 ϕ4m 左右的导洞，再用扩孔机扩。国外施工过的一条隧道，先用直径 3.5m 的掘进机开挖，然后用扩挖机扩大到 10.46m；另一隧道用的开孔机直径为 4.5m，扩孔直径 10.8m。

导洞内一般不考虑临时支护或者只在表面喷一层混凝土；如果必须设置锚杆时，则应在扩孔机前面将其拆除，除非采用非金属锚杆。采用扩孔机掘进的优点是：中心导洞可探明地质情况，以作安全防范；扩孔时不存在排水问题，通风也大为简化；打中心导洞速度快，可早日贯通或与辅助通道接通；扩孔机后面的空间大，有利于紧后进行支护作业；扩孔机容易改变成孔直径，以便于在不同的工程项目中重复使用。

三、全断面岩石掘进机的后配套系统

全断面岩石掘进机的后配套系统是实现 TBM 快速掘进的重要组成部分，也是实现 TBM 机械化和程序化的一个整体。后配套系统包括出渣运输系统、支护系统、通风系统、液压系统、供电系统、降温系统、防尘系统、供水系统以及生活服务设施、小型维修等。

根据使用掘进机的地质条件和选用机型的不同，TBM 后配套系统按出渣运输方式的不同有下列几种类型：

（1）轨行门架型。这是目前世界上普遍采用的、常规的后配套形式，与出渣列车（斗车和电机车）相配合形成轨行式出渣系统。它由一系列轨行门架串接而成，其数量根据一个掘进行程、后配套设备和临时支护的数量、规格确定。轨行门架形式分有平台车和无平台车两种。有平台车型，门架固定在台车上，台车的滚轮在仰拱轨道上行走，平台上铺设单股道或双股道，供出渣列车通行。无平台车型取消了平台车，门架直接放置在仰拱块的轨道上。门架内主要用于车辆的通行，门架的两侧用于安设液压泵站、供电、供气、排水设备及喷混凝土、打锚杆等支护设施。门架顶部主要安装皮带输送机和通风除尘管道。

（2）连续带式输送机型。带式输送机结构单一、运渣快捷，与 TBM 平行作业，能与 TBM 的快速掘进相匹配。在隧道施工断面布置时，输送机固定在洞壁一侧，在洞底铺设轨道向洞内供应各类材料。

（3）无轨轮胎型。这种出渣系统设备单一、易于管理，但由于存在轮胎型斗车不能直接在圆形底板上行走、运输车辆废气污染、不能与掘进机平行作业等问题，目前应用很少，只能用在较大断面隧道且有一些特殊要求的场合。

四、全断面岩石隧道掘进机的选择

决定使用掘进机开挖后，还要确定隧道的总体开挖方案，如隧道的施工顺序、方向与开挖方式等。方案确定后再对掘进机设备进行选型，选择掘进机的形式、台数、直径等。总体开挖方案和掘进机机型应根据隧道的直径与长度、隧道的条数、所穿过的地层类型、岩石硬度、涌水量、设备供应、施工工期等条件确定。掘进机设备的配置应尽量做到合理化、标准化，选用时应因地制宜，在充分调研的基础上经过技术经济比较后合理选择。

掘进机设备选型应遵循下列原则：

（1）安全性、可靠性、实用性、先进性、经济性相统一。一般应按照安全性、可靠性、适用性第一，兼顾技术先进性和经济性的原则进行。经济性从两方面考虑，一是完成隧道开挖、衬砌的成洞总费用；二是一次性采购掘进机设备的费用。

（2）满足隧道外径、长度、埋深和地质条件，沿线地形以及洞口条件等环境条件。

（3）满足安全、质量、工期、造价及环保要求。

（4）考虑工程进度、生产能力对机器的要求，以及配件供应、维修能力等因素。

掘进机设备选型时首先根据地质条件确定掘进机的类型；然后根据隧道设计参数及地质条件确定主机的主要技术参数；最后根据生产能力与主机掘进速度相匹配的原则，确定配套设备的技术参数与功能配置。

五、全断面岩石隧道掘进机施工

1. 施工准备

掘进机施工具有速度快、效率高的特点，因此，施工前充分的准备工作非常重要，施工的准确放线定位、机械设备的调试保养、各种施工材料的配备、施工记录表格的配备，都应当有充分的准备，以避免影响正常作业和施工进度。

（1）技术准备。掘进施工前应熟悉和复核设计文件和施工图，熟悉有关技术标准、技术条件、设计原则和设计规范。应根据工程概况、工程水文地质情况、质量工期要求、资源配备情况，编制实施性施工组织设计，对施工方案进行论证和优化，并按相关程序进行审批，施工前必须制定工艺实施细则，编制作业指导书。

（2）设备、设施准备。按工程特点和环境条件配备好试验、测量及监测仪器。长大隧道应配置合理的通风设施和出渣方式，选择合理的洞内供料方式和运输设备，并达到环境保护的要求，供电设备必须满足掘进机施工的要求，掘进机施工用电和生活、办公用电分开，并保证两路电源正常供应。管片、仰拱块预制厂应建在洞口附近，保证管片、仰拱块制作、养护空间，并预留好管片、仰拱块存放场地。

（3）材料准备。掘进机施工前必须满足施工所需要的各种材料，应当结合进度、地质制订合理的材料供应计划。做好钢材、木材、水泥、砂石料和混凝土等材料的试验工作，所有原材料必须有产品合格证，且经过检验合格后方能使用。隧道施工前应结合工程特点积极进行新材料、新技术、新工艺的推广应用工作，积极推进材料本地化。

（4）作业人员准备。隧道施工作业人员应专业齐全、满足施工要求，人员须经过专业培训、持证上岗。

（5）施工场地布置。隧道洞外场地应包括主机及后配套拼装场、混凝土搅拌站、预制车间、预制块（管片）堆放场、维修车间、料场、翻车机及临时渣场、洞外生产房屋、主机及后配套存放场、职工生活房屋等，其临时占地面积为 40 000～53 333m²，洞外场地开阔时可适当放大。

施工场地布置应进行详尽的总平面规划设计，要有利于生产、文明施工、节约用地和保护环境。实现统筹规划，分期安排，便于各项施工活动有序进行，避免相互干扰。保证掘进、出渣、衬砌、转运、调车等需要，满足设备的组装和初始条件。

施工场地临时工程布置包括：确定弃渣场的位置和范围；有轨运输时，洞外出渣线、备料线、编组线和其他作业线的布置；汽车运输道路和其他运输设施的布置；确定掘进机的组装和配件储存场地；确定风、水、电设施的位置；确定管片、仰拱块预制厂的位置；确定砂、石、水泥等材料、机械设备配件存放或堆放场地；确定各种生产、生活等房屋的位置；场内供、排水系统的布置。弃渣场地要符合环境保护的要求，不得堵塞沟槽和挤压河道，渣堆坡脚采用重力式挡土墙挡护，拼装场应位于洞口，场地应用混凝土硬化，强度满足承载力要求。组装场地的长度至少等于掘进机长度、牵引设备和转运设备总长、调转轨道长度和机动长度之和。

（6）预备洞、出发洞。隧道洞口一定长度内围岩一般不太好，掘进机的长度比较大，TBM 正式工作前需要用钻爆法开挖一定深度的预备洞和出发洞。预备洞是指自洞口挖掘到围岩条件较好的洞段，用于机器撑靴的撑紧；出发洞是由预备洞再向里按刀盘直径掘出用以 TBM 主机进入的洞段。如秦岭 1 号线隧道预备洞为 300m，出发洞为 10m。

2. 掘进作业

掘进机在进入预备洞和出发洞后即可开始掘进作业。掘进作业分掘进机始发及起始段施工、正常推进和到达掘进三个阶段。

（1）掘进机始发及起始段施工。掘进机空载调试运转正常后开始掘进机始发施工。开始推进时通过控制推进油缸行程使掘进机沿始发台向前推进，因此，始发台必须固定牢靠，位置正确。刀盘抵达工作面开始转动刀盘，直至将岩面切削平整后，开始正常掘进。在始发掘进时，应以低速度，低推力进行试掘进，了解设备对岩石的适应性，对刚组装调试好的设备进行试机作业。在始发磨合期，要加强掘进参数的控制，逐渐加大推力。推进速度要保持相对平稳，控制好每次的纠偏量。灌浆量要根据围岩情况、推进速度、出渣量等及时调整。始发操作中，司机需逐步掌握操作的规律性，班组作业人员逐步掌握掘进机作业工序，在掌握掘进机的作业规律后，再加大掘进机的有关参数。

始发时要加强测量工作，把掘进机的姿态控制在一定的范围内，通过管片、抑拱块的铺设，掘进机本身的调整来达到状态的控制。

掘进机始发进入起始段施工，一般根据掘进机的长度、现场及地层条件将起始段定为 50～100m，起始段掘进是掌握、了解掘进机性能及施工规律的过程。

（2）正常掘进。掘进机正常掘进的工作模式一般有三种：自动扭矩控制、自动推力控制和手动控制模式。应根据地质情况合理选用。在均质硬岩条件下，选择自动控制力模式；在节理发育或软弱围岩条件下，选择自动控制扭矩模式；掌子面围岩软硬不均，如果不能判定围岩状态，选择手动控制模式。

掘进机推进时的掘进速度及推力应根据地质情况确定，在破碎地段严格控制出渣量，使之与掘进速度相匹配，避免出现切土面前方大范围坍塌。

掘进过程中，观察各仪表显示是否正常；检查风、水、电、润滑系统、液压系统的供给是否正常；检查气体报警系统是否处于工作状态和气体浓度是否超限。

施工过程中要进行实际地质的描述记录、相应地段岩石物理特性的实验记录、掘进参数和掘进速度的记录并加以图表化，以便根据不同地质状况选择和及时调整掘进参数，减少刀具过大的冲击荷载。硬岩情况下选择刀盘高速旋转掘进，正常情况下，推进速度一般为额定值的 75% 左右。节理发育的软岩状况下作业，掘进推力较小，采用自动扭矩控制模式时要密切观察扭矩变化和整个设备振动的变化，当变化幅度较大时，应减少刀盘推力，保持一定的贯入度，并时刻观察石渣的变化，尽最大可能减少刀具漏油及轴承的损坏。节理发育且硬度变化较大的围岩，推进速度控制在 30% 以下。节理较发育、裂隙较多，或存在破碎带、断层等地质情况下作业，以自动扭矩控制模式为主选择和调整掘进参数，同时应密切观察扭矩变化、电流变化及推进力值和围岩状况，控制扭矩变化范围在10%以下，降低推进速度、控制贯入度指标。在硬岩情况下，刀盘转速一般为6r/min左右，进入软弱围岩过渡段后期时，调整为3~6r/min，完全进入软弱围岩时维持在2r/min左右。

在掘进过程中发现贯入度和扭矩增加时，适时降低推力，对贯入度有所控制，这样才能保持均衡的生产效率，减少刀具的消耗。硬岩时，贯入度一般为9~12mm，软弱围岩一般为3~6mm。扭矩在硬岩情况下一般为额定值的50%，软弱围岩时为80%左右。

在软弱围岩条件下的掘进，应特别注意支撑靴的位置和压力变化。撑靴位置不好，会造成打滑、停机，直接影响掘进方向的准确，如果由于机型条件限制而无法调整撑靴位置时，应对该位置进行预加固处理。此外，撑靴刚撑到洞壁时极易陷塌，应观察仪表盘上撑靴压力值下降速度，注意及时补压，防止发生打滑。硬岩时，支撑力一般为额定值，软弱围岩中为最低限定值。

掘进机推进过程中必须严格控制推进轴线，使掘进机的运动轨迹在设计轴线允许偏差范围内。双护盾掘进机自转量应控制在设计允许值范围内，并随时调整。双护盾掘进机在竖曲线与平曲线段施工应考虑已成环隧道管片竖、横向位移对轴线控制量的影响。

掘进中要密切注意和严格控制掘进机的方向。掘进机方向控制包括两个方面：一是掘进机本身能够进行导向和纠偏，二是确保掘进方向的正确。导向功能包含方向的确定、方向的调整、偏转的调整。掘进机的位置采用激光导向系统确定，激光导向、调向油缸、纠偏油缸是导向、调向的基本装置。在每一循环作业前，操作司机应根据导向系统显示的主机位置数据进行调向作业。采用自动导向系统对掘进机姿态进行监测。定期进行人工测量，对自动导向系统进行复核。

当掘进机轴线偏离设计位置时，必须进行纠偏。掘进机开挖姿态与隧道设计中线及高程的偏差控制在±50mm内。实施掘进机纠偏不得损坏已安装的管片，并保证新一环管片的顺利拼装。

掘进机进入溶洞段施工时，利用掘进机的超前钻探孔，对机器前方的溶洞处理情况进行探测。每次钻深20m，两次钻探间搭接2m。在探测到前方的溶洞都已经处理过后，再向前掘进。

（3）到达掘进。到达掘进是指掘进机到达贯通面之前50m范围内的掘进。掘进机到达终点前，要制定掘进机到达施工方案，做好技术交底，施工人员应明确掘进机适时的桩号及刀盘距贯通面的距离，并按确定的施工方案实施。

到达前必须做好以下工作：检查洞内的测量导线，在洞内拆卸时应检查掘进机拆卸段支护情况；检查到达所需材料、工具；检查施工接收导台。做好到达前的其他工作，如接收台检查、滑行轨的测量等，要加强变形监测，及时与操作司机沟通。

掘进机掘进至离贯通面100m时，必须做一次掘进机推进轴线的方向传递测量，以逐渐调整掘进机轴线，使误差在规定的范围内。到达掘进的最后20m要根据围岩情况确定合理的掘进参数，要求低速度、小推力和及时支护或回填灌浆，并做好掘进姿态的预处理工作。做好出洞场地、洞口段的加固。应保证洞内、洞外联络畅通。

3. 支护作业

隧道支护按支护时间分初期支护和二次衬砌支护，按支护形式有锚喷支护、钢拱架支护、管片支护和模筑混凝土支护。

（1）初期支护。初期支护紧随着掘进机的推进进行。可用锚喷、钢拱架或管片进行支护，具体参数按设计图纸执行。地质条件很差时还要进行超前支护或加固。因此，为适应不同的地质条件，应根据掘进机类型和围岩条件配备相应的支护设备。敞开式掘进机一般需配置超前钻机及注浆设备、钢拱架安装机、锚杆钻机、混凝土喷射泵、喷射机械手，以及起吊、运输和铺设预制混凝土仰拱块的设备。敞开式掘进机在软弱破碎围岩掘进时必须进行初期支护，以满足围岩支护抗力，确保施工安全。双护盾掘进机一般配置多功能钻机、喷射机、水泥浆注入设备、管片安装机、管片输送器等。

喷锚支护的工艺及技术要求与平洞基本相同。钢架安装利用刀盘后面的环形安装器及顶升装置完成，钢架安装允许偏差：钢架间距允许偏差为±10cm，横向和高程偏差为±5cm，垂直度偏差为±2°。钢架与喷射混凝土应形成一体，沿钢架外缘每隔2m应用钢楔或混凝土预制块与初喷层顶紧，钢架与围岩间的间隙必须用喷混凝土充填密实，钢架必须被喷射混凝土覆盖，厚度不得小于4cm。

管片支护时，其安装顺序与技术要求与盾构施工基本相同。管片拼装成环时，应逐片初步拧紧连接螺栓，脱出盾尾后再次拧紧。逐块拼装管片时，应确保相邻两管片接头的环面平整、内弧面平整、纵缝密贴。封顶成环后进行测量，并按能测得的数据作圆环校正，再次测量并做好记录。最后拧紧所有纵、环向螺栓。拼装过程中，遇有管片损坏，应及时使用规定材料修补。

混凝土仰拱施工：混凝土仰拱是隧道整体道床的一部分，也是TBM后配套承重轨道的基础，同时又是机车运输线路的铺设基础。TBM每掘进一个循环需要铺设一块仰拱拱块。仰拱拱块在洞外预制，用机车运入后配套系统，在铺设区转正方向，用仰拱吊机起吊，移到已铺好的仰拱拱块前就位。拱块铺设前要对地板进行清理，做到无虚渣、无积水、无杂物，铺设后进行底部灌注。

（2）模筑混凝土衬砌。模筑衬砌必须采用拱墙一次成型法施工，施工时中线、水平、断面和净空尺寸应符合设计要求。衬砌不得侵入隧道建筑限界。衬砌材料的标准、规格、要求等，应符合设计规范规定。防水层应采用无钉铺设，并在二次衬砌灌注前完成。衬砌的施工缝和变形缝应做好防水处理。混凝土灌注前及灌注过程中，应对模板、支架、钢筋骨架、预埋件等进行检查，发现问题应及时处理，并做好记录。

顶部混凝土灌注时，按封顶工艺施作，确保拱顶混凝土密实。模筑衬砌背后需填充注浆时，应预留注浆孔。模筑衬砌应连续灌注，且必须进行高频机械振捣。拱部必须预留注浆孔，并及时进行注浆回填。

隧道的衬砌模板形式和结构、混凝土的灌注方法与技术要求等与平洞相同。

4. 出渣与运输

掘进机施工，掘进岩渣的运出、支护材料的运进及人员的进出，不仅数量大，而且十分频繁，运输工作跟不上则会直接影响施工速度。尤其是长隧道及特长隧道，更为突出。掘进机施工的隧道内，常用的运输方式是有轨列车运输、无轨车辆运输、带式输送机运输，选择时应根据隧道长度、工期、运输能力、运输干扰程度、污染情况、隧道基底形式、运输组织方式等因素进行综合比选确定。

有轨运输是最普通的运输方式，在直径较大的隧道内，有利于使用较多的调车设备，可使用多组列车在单轨或双轨上运行，既可运输渣石、材料、也可运送人员，因此最为常用；无轨车辆运输适应性强，在短隧道内使用方便；带式运输机运输可靠、能力大，维修费用低、连续运输，但其适应性和机动性不如轨道运输，安装时需留出一条开阔的运送人员、材料的通道。

有轨运输时，应采用无渣道床；洞外应根据需要设调车、编组、卸渣、进料、设备维修等线路；运输线路应保持平稳、顺直、牢固，设专人按标准要求进行维修和养护；应根据现场卸渣条件确定采用侧翻式或翻转式卸渣形式。

有轨运输应符合下列安全规定：机车牵引不得超载；车辆装载高度不得大于矿车顶面50cm，宽度不得大于车宽；列车连接必须良好，编组和停留时，必须有刹车装置和防溜车装置；车辆在同一轨道行驶时，两组列车的间距不得小于100m；轨道旁临时堆放材料，距钢轨外缘不得小于80cm，高度不得大于100cm；车辆运行时，必须鸣笛或按喇叭，并注意瞭望，严禁非专职人员开车、调车和搭车，以及在运行中进行摘挂作业；采用内燃机车牵引时，应配置排气净化装置，并符合环保要求。

牵引设备的牵引能力应满足隧道最大纵坡和运输重量的要求，车辆配置应满足出渣、进料及掘进进度的要求，并考虑一定的余量。

掘进机由斜井进入隧道施工时，井身纵坡宜设计为缓坡，出渣可采用皮带运输，人、料可采用有轨运输。若受地形条件限制，斜井坡度较大时，出渣宜采用皮带运输，人、料运输应进行有轨运输与无轨运输比较。

采用皮带机出渣时，应按掘进机的最高生产能力进行皮带机的选型。皮带机机架应坚固，平、正、直。皮带机全部滚筒和托辊必须与输送带的传动方向成直角。运输皮带必须保持清洁；设专人检查皮带的跑偏情况并及时调整；严格按照技术要求设置出渣转载装置。

5. 通风除尘工作

掘进机施工时隧道通风的作用主要是排出人员呼出的气体、掘进机的热量、破碎岩石的粉尘和内燃机等发生的有害气体等。通风方式一般多采用风筒压入式通风，新鲜空气经过风筒直接送到开挖面，空气质量好，可采用由化纤增强塑胶布制成的柔性风筒。

掘进机施工的通风分为一次通风和二次通风。一次通风是指洞口到掘进机后面的通风，二次通风是指掘进机后配套拖车后部到掘进机施工区域的通风。一次通风采用软风筒，用洞口风机将新鲜风压入掘进机后部；二次通风管采用硬质风筒，在拖车两侧布置，将一次通风经接力增压、降温后继续向前输送，送风口位置布置在掘进机的易发热部件处。

掘进机工作时产生的粉尘是从切削部与岩石的结合处释放出来的，必须采用在切削部附近将粉尘收集，通过排风管将其送到除尘机处理。另外，粉尘还需用高压水进行喷洒。

第二节　盾　构　施　工

盾构施工技术自 1825 年由布鲁诺尔首创于英国伦敦的泰晤士河的水底隧道工程以来，已约 190 年的历史。它因具有对环境影响小，不受地表环境限制，地表占地面积小，施工质量好，安全性高，机械化程度高，对地层的适应性强，技术经济优越等诸多优点。在国内外浅埋软土地层修建城市地铁、大型供引水工程等隧道中得以广泛应用，尤其是城市地铁隧道，应用最为普遍。

我国盾构技术在近 20 多年来发展迅猛。近几年相继建成的武汉长江隧道（ϕ11.38m，2008 年）、上海长江隧道（ϕ15.43m，2009 年）、南京首条过江隧道（ϕ14.93m，2010 年），标志着我国采用盾构法修建隧道的技术已达到国际先进水平。

一、盾构施工基本原理

盾构一词中，盾有遮盖、保护之意，构是建造的意思，故盾构是指在有保护的情况下进行建造施工。盾构施工的主要设备是盾构机，以盾构机为核心的一套完整的建造隧道的施工方法称为盾构法。盾构机是由外形与隧道断面相同，但尺寸比隧道外形稍大的钢筒或框架压入地层中构成保护掘削机的外壳和壳内各种作业机械、作业空间组成的组合体。盾构机是一种既能支承地层压力，又能在地层中推进的施工机具。

盾构机种类繁多，形式各异。目前应用最多、技术最先进的是土压平衡式盾构机和泥水平衡式盾构机，严格意义上讲，这两种盾构机也属于全断面掘进机（TBM），但它与上节中的全断面岩石掘进机在功能和结构上有所不同，应注意区分。开挖面的稳定方法是二者相异的主要方面，岩石掘进机不具备泥水压、土压等维护开挖面稳定的功能，盾构机主要应用于土层，通常定义中的 TBM 是指全断面岩石掘进机，以岩石地层为掘进对象；在其推进方式上二者也不完全相同，盾构机的推进完全依靠千斤顶并作用在管片环上来提供推进反力，TBM 则主要利用作用在已砌筑洞壁上的撑靴摩擦力提供推进反力（壁后岩体可为撑靴提供足够的反力）。

盾构机形式不同，施工工艺及原理也不完全相同，下面以常用的土压平衡式盾构机施工予以说明，如图 6-2 所示。

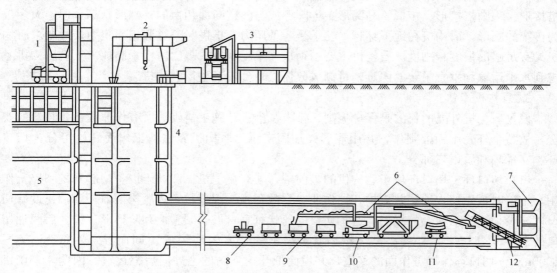

图 6-2 土压平衡式盾构机施工工艺流程示意图

1—渣土储仓及卸土料斗；2—龙门吊车；3—泥浆处理设备；4—竖井；5—车站；6—皮带运输机；
7—盾构机；8—电瓶车；9—运土斗车；10—泥浆泵；11—管片运输车；12—螺旋输送机

（1）先在待掘隧道的一端建造竖井（工作井）或基坑（工作坑），以供盾构机安装就位。地铁隧道工作井（坑）可单独修建也可结合车站修建。在井壁上预留出隧道口，并进行洞口加固。

（2）盾构机从竖井或基坑的墙壁预留孔处出发，在地层中沿着设计轴线向另一端竖井或基坑的设计预留孔洞推进。

（3）盾构机的前端安装有开挖土体的装置，推进过程中不断从开挖面排出适量的土方，并通过车辆运输到竖井底，由吊车提到地面卸渣。

（4）盾构机外壳由钢筒组成，在钢筒中段内沿周边安装若干只顶进所需的千斤顶。盾构机推进中所受到的地层阻力通过千斤顶传至盾构机尾部已拼装的管片环上。盾构机以管片环为反力座圈、依千斤顶的活塞杆伸出向前推进。一次推进长度根据管片环的宽度确定。

（5）钢筒尾部是具有一定空间的壳体，每推进一环距离，就在盾尾支护下拼装一环管片，盾尾内可安置数环由管片拼成的隧道衬砌环。

（6）由于盾尾钢筒外径大于衬砌外径，盾尾随着盾构机的推进，在衬砌与围岩之间就会留下一定的环形空间。为防止隧道及地面下沉，应及时向盾尾后的空隙中压注浆体。

（7）盾构机进入接收端竖井并拆除或转入下一相邻区间隧道继续施工。

盾构法是一项综合性的施工技术，除土方开挖、正面支护和隧道衬砌结构安装等主要作业外还需要其他施工技术措施密切配合才能顺利施工。这些措施主要有地下水的降低、防止隧道及地面沉陷的土壤加固、隧道内的运输、衬砌与地层间的充填、衬砌的防水与堵漏、开挖土方的运输及处理方法、施工测量、变形监测、合理的施工布置等。

二、盾构机的构造

1. 盾构机的基本构成

盾构机由通用机构（外壳、掘削机构、挡土机构、推进机构、管片拼装机构、附属机构等部件）和专用机构组成。专用机构因机种的不同而不同。盾构机的外形主要有圆形、双圆搭接形、三圆搭接形、矩形、马蹄形、半圆形或与隧道断面相似的特殊形状等，但绝大多数为传统的圆形。盾构机在地下穿越，要承受各种压力，推进时要克服正面阻力，故要求盾构机具有足够的强度和刚度。盾构机主要用钢板（单层厚板或多层薄板）制成。大型盾构机考虑到水平运输和垂直吊装的困难，可制成分体式，到现场进行就位拼装。

2. 盾构机壳体

设置盾构机外壳的目的是保护掘削、排土、推进、施工衬砌等所有作业设备、装置的安全，故整个外壳用钢板制作，并用环形梁加固支承。盾构机壳体从工作面开始可分为切口环、支承环和盾尾三部分。

（1）切口环。切口环位于盾构机的最前端，装有掘削机械和挡土设备，起开挖和挡土作用，施工时最先切入地层并掩护开挖作业。全敞开式、部分敞开式盾构切口环前端还设有切口以减少切入时对地层的扰动，通常切口的形状有垂直形、倾斜形和阶梯形三种。后两种切口的上半部分较下半部突出，呈帽檐状，突出的长度因地层的不同而异，通常为 300～1000mm。切口环保持工作面的稳定，并由此把开挖下来的土砂向后方运输。因此，采用机械式、土压式、泥水加压式盾构机时，应根据开挖下来的土砂状态确定切口环的形状、尺寸。切口环的长度主要取决于盾构机正面支承、开挖的方法。对于机械式盾构机，切口环长度应由各类盾构所需安装的设备确定；泥水平衡盾构机在切口环内安置有切削刀盘、搅拌器和吸泥口；土压平衡盾构机安置有切削刀盘、搅拌器和螺旋输送机；网格式盾构机安置有网格、提土转盘和运土机械的进口。在局部气压、泥水加压、土压平衡盾构机中，因切口内压力高于隧道内压力，所以在切口环处还需布设密封隔板及人行舱的进出闸门。

（2）支承环。支承环紧接于切口环，是一个刚性很好的圆形结构，是盾构机的主体构造部件。因要承受作用于盾构机上的全部荷载，所以该部分的前方和后方均设有环状梁和支柱。在支承环内沿周边布置有推进千斤顶，中间布置拼装机及部分液压设备、动力设备、操纵控制台。支承环的长度应不小于固定千斤顶所需的长度，对于有刀盘的盾构机还要考虑安装切削刀盘的轴承装置、驱动装置和排土装置的空间。

（3）盾尾。盾尾主要用于掩护管片的安装工作。盾尾末端设有密封装置，以防止水、土及压注材料从盾尾与衬砌间隙进入盾构机内。盾尾长度要满足上述各项工作的要求。盾尾厚度应尽量薄，以减小地层与衬砌间形成的建筑空隙，从而减少压浆工作量，对地层扰动范围也小，有利于施工，但盾尾也需承担土压力，在遇到纠偏及隧道曲线施工时，还有一些难以估计的载荷出现，所以其厚度应综合上述因素来确定。盾尾密封装置要能适应盾尾与衬砌间的空隙，由于施工中纠偏的频率很高，因此，要求密封材料富有弹性、耐磨、防撕裂等，其最终目的是要能够止水。止水形式有多种，目前常用的是多道、可更换的盾尾密封装置，密封材料有橡胶和钢丝两种，盾尾的密封道数根据隧道埋深、水位高低来定，一般取2～3道。

橡胶密封时，中间的 U 形密封用于管片安装前与后面的 L 形密封形成组合密封。采用钢丝时，由于钢丝束内充满了油脂，钢丝又为优质弹簧钢丝，使其成为一个既有塑性又有弹性的整体，油脂保护钢丝免于生锈损坏。使用钢丝束密封效果较佳，一次推进可达 500m 左右，在砂性土中盾尾损坏较快，而在黏性土中则使用寿命较长。盾尾的长度主要根据管片宽度及环数来确定，对于土压式、泥水式盾构机，还要根据盾尾密封的结构来确定。为满足管片拼装、修正千斤顶和曲线段施工等要求，必须有一定的富余量。

3. 推进系统

推进系统包括设置在盾构机外壳内侧环形中梁上的推进千斤顶群及控制设备，其中千斤顶是使盾构机在土层中向前推进的关键性构件，施工中要进行推力的计算。

（1）推力的确定。盾构机的推进是靠安装在支承环内侧的千斤顶的推力作用在管片上，进而通过管片产生的反推力使盾构前进的。各盾构千斤顶顶力之和就是盾构机的总推力。推进时的实际总推力可由推进千斤顶的油压读数求出。盾构机的装备推力必须大于各种推进阻力的总和，否则盾构机无法向前推进。

（2）千斤顶的选择与布设方式。

1）千斤顶的选择。千斤顶的选择和配置应根据盾构机的灵活性，管片的构造、拼装管片的作业条件等来决定。选择千斤顶应注意以下事项：

①千斤顶要尽可能轻，直径宜小不宜大，且经久耐用，易于维修保养和更换方便。

②采用高液压系统，使千斤顶机构紧凑。目前使用的液压系统压力值为 30～40MPa。

③一般情况下，千斤顶应等间距地设置在支撑环的内侧，紧靠盾构机外壳。在一些特殊情况下，也可考虑非等间距设置。

④千斤顶的伸缩方向应与盾构隧道轴线平行。

2）千斤顶的推力及数量。一般情况下，选用的每只千斤顶的推力范围是：中小口径盾构机每只千斤顶的推力为 600～1500kN，大口径盾构机每只千斤顶的推力为 2000～4000kN。千斤顶的数量根据盾构机直径、要求的总推力，管片的结构、隧道轴线的情况综合考虑。

3）千斤顶的最大伸缩量。千斤顶的最大伸缩量应考虑到盾尾管片拼装及曲线施工等因素，通常取管片宽度加上 100～200mm 富余量。另外，成环管片有一块封顶块，若采用纵向全插入封顶时，在相应的封顶块位置应布置双节千斤顶，其行程约为其他千斤顶的两倍，以满足拼装成环的需要。

4）千斤顶的推进速度。千斤顶的推进速度需根据地质条件和盾构机形式来定，一般取50～100mm/min，且可无级调速。为提高工作效率，千斤顶的回缩速度要求越快越好。

5）撑挡的设置。通常在千斤顶伸缩杆的顶端与管片的交界处设置一个可使千斤顶推力均匀地作用在管环上的自由旋转的接头构件，即撑挡。千斤顶伸缩杆的中心与撑挡中心的偏离允许值一般为 30～50mm。

4. 掘削机构

人工掘削式盾构机掘削机构是指鹤嘴锄、风镐、铁锹等；半机械式盾构机掘削机构是指铲斗、掘削头；机械式、封闭式（土压式、泥水式）盾构机掘削机构即为切削刀盘。

（1）刀盘的构成及功能。切削刀盘即做转动或摇动的盘状掘削器，由切削地层的刀具、稳定掘削面的面板、出土槽口、转动或摇动的驱动机构、轴承机构等构成。刀盘设置在盾构机的最前方，既能掘削地层的土体，又能对掘削面起一定支承作用，从而保证掘削面的稳定。

（2）刀盘与切口环的位置关系。刀盘与切口环的位置关系有三种形式，即刀盘位于切口环内，适用于软弱地层；刀盘外沿突出切口环，适用于土质范围较宽；刀盘与切口环对齐，适用范围居中。

（3）刀盘的形状。刀盘的纵断面形状有垂直平面形、突心形、穹顶形、倾斜形和缩小形五种。垂直平面形刀盘以平面状态掘削、稳定掘削面；突心形刀盘的中心装有突出的刀具，掘削的方向性好，且利于添加剂与掘削土体的拌和；穹顶形刀盘设计中引用了岩石掘进机的设计原理，主要用于巨砾层和岩层的掘削；倾斜形刀盘的倾角接近于土层的内摩擦角，利于掘削的稳定，主要用于砂砾层的掘削；缩小形刀盘主要用于挤压式盾构机。

刀盘的正面形状有轮辐形和面板形两种。轮辐形刀盘由辐条及布设在辐条上的刀具构成，属敞开式，其特点是刀盘的掘削扭矩小，排土容易，土舱内土压可有效地作用到掘削面上，多用于机械式盾构机及土压盾构机。面板式刀盘由辐条、刀具、槽口及面板组成属封闭式。面板式刀盘的特点是辐条与面板在同一平面内，面板直接支承掘削面，利于掘削面的稳定。另外，多数情况下面板上都装有槽口开度控制装置，当停止掘进时可使槽口关闭，防止掘削面坍塌。控制槽口的开度还可以调节土砂排出量，控制掘进速度。面板式刀盘对泥水式和土压式盾构机均适用。

（4）刀盘的支承方式。掘削刀盘的支承方式可分为中心支承式、周边支承式和中间支承式三种，以中心支承式、中间支承式居多。支承方式与盾构直径、土质对象、螺旋输送机、土体黏附状况等多种因素有关，确定支承方式时必须综合考虑各种因素的影响。

5. 排土系统

盾构施工的排土系统因机器类型的不同而异。机械式盾构机的排土系统由铲斗、滑动导槽、漏斗、皮带传送机或螺旋传送机、排泥管构成。铲斗设置在掘削刀盘背面，可把掘削下来的土砂铲起倒入滑动导槽，经漏斗送给皮带传输机、螺旋传输机、排泥管。

手掘式盾构掘出的土经胶带输送机装入斗车，由电机车牵引到洞口或工作井底部，再垂直提升到地面。

土压式盾构的排土系统由螺旋输送机、排土控制器及盾构机以外的泥土运出设备构成，盾构机后方的运输方式与手掘式类似或相同。

　　泥水盾构施工的排土系统为送排泥水系统，泥水送入系统由泥水制作设备、泥水压送泵、泥水输送管、测量装置及泥水舱壁上的注入口组成；泥水排放系统由排泥泵、测量装置、中继排泥泵、泥水输送管及地表泥水储存池构成。

　　6. 管片拼装机构

　　管片拼装机构设置在盾构机的尾部，由举重臂和真圆保持器构成。

　　(1) 举重臂。举重臂是在盾尾内把管片按照设计所需的位置安全、迅速拼装成管环的装置。拼装机在钳捏住管片后，还必须具备沿径向伸缩、前后平移和360°（左右叠加）旋转等功能。

　　举重臂为油压驱动方式，有环式、空心轴式、齿轮齿条式等，一般常用环式拼装机。这种举重臂如同一个可自由伸缩的支架，安装在具有支承滚轮的能够转动的中空圆环上的机械手。该形式中间空间大，便于安装出土设备。

　　(2) 真圆保持器。当盾构机向前推进时，管片拼装环（管环）就从盾尾部脱出，管片受到自重和土压的作用会产生横向变形，使横断面成为椭圆形，已成环管片与拼装环在拼装时就会产生高低不平，给安装纵向螺栓带来困难。因此，就需要使用真圆保持器，使拼装后管环保持正确（真圆）位置。

　　真圆保持器支柱上装有可上、下伸缩的千斤顶和圆弧形的支架，它在动力车架的伸出梁上是可以滑动的。当一环管片拼装成环后，就将真圆保持器移到该管片环内，当支柱的千斤顶使支架圆弧面密贴管片后，盾构机即可推进。

　　7. 挡土机构

　　挡土机构是为了防止掘削时掘削面坍塌和变形，确保掘削面稳定而设置的机构，该机构因盾构机种类的不同而不同。

　　全敞开式盾构机挡土机构是挡土千斤顶；半全敞开式网格盾构挡土机构是网格式封闭挡土板；机械盾构机挡土机构是方盘面板；闭胸式盾构机、泥水平衡盾构机的挡土机构是泥水舱内的加压泥水和刀盘面板；土压平衡盾构机的挡土机构是土舱内的掘削加压土和刀盘面板。此外，采用气压法施工时由压缩空气提供的压力也可起挡土作用，保持开挖面稳定。开挖面支撑上常设有土压计，以监测开挖面土体的稳定性。

　　8. 驱动机构

　　驱动机构是指向刀盘提供必要旋转扭矩的机构。该机构由带减速机的油压马达或电动机，通过副齿轮驱动装在掘削刀盘后面的齿轮或销锁机构。有时为了得到更大的旋转力，也有的利用油缸驱动刀盘旋转。油压式对启动和掘削砾石层较为有利；电动机式噪声小、维护管理容易，也可相应减少后方台车的数量。驱动液压系统由高压油泵、油马达、油箱、液压阀及管路等组成。

　　三、盾构机推进作业

　　盾构机进入隧洞100m左右时即开始正常的推进作业。推进作业包括工作面掘削、掘进管理、姿态控制、壁后注浆等工作。

　　1. 推进开挖方法

　　推进开挖方法因盾构机的种类不同而异，大体可分为以下三类：

　　(1) 敞开式挖土。手掘式及半机械式盾构机都属于敞开开挖形式。借助挖掘工具或机械挖土，开挖方式从上到下逐层进行。若土层地质较差，还可借助支撑进行开挖，每环要分数次开挖、推进。敞开掘进对正面障碍处理方便，并便于超挖，配合盾构机操作，提高盾构机的纠偏效果。

（2）挤压式开挖。挤压式开挖根据盾构机的形式有全挤压、局部开口挤压和网格挤压等。由于靠挤压掘进，所以开挖可不出土或少出土或全出土。挤压式开挖，由于挤压的作用，正面土体会向四周运动，周围土体挤压密实，易造成地面隆起，也有部分土体挤向盾尾及下部。故隧道轴线须避开地面建筑物。挤压开挖时，由于正面土体受到盾构机推力作用，部分土体被挤向后面填充盾尾与衬砌之间的空隙，故可以不压浆。

（3）机械切削式开挖。机械切削式开挖方式是利用刀盘的旋转来切削土体，这是机械式盾构机所用的开挖方式。它利用镶嵌在刀盘上的刀具切削土体。刀具根据其结构和作用不同，分为滚刀、切刀（又称刮刀）、先行刀、周边刮刀、仿形刀等。滚刀和切刀是两种切土原理不同的基本刀具；先行刀超前切刀布置，先切削地层，以保护切刀并避免其先切削到砾石或块石地层；周边刮刀也称铲刀，安装在刀盘外圈，用于清除边缘部分的渣土，防止渣土沉积，防止刀盘外缘的间接磨损、确保刀盘的直径；仿形刀安装在刀盘的外缘上，当机器纠偏、拐弯时，在需要扩挖的位置将刀具伸出切土。

根据土质的好坏，大刀盘可分为刀架间无封板及有封板两种；前者适用于土质条件好的地层。用大刀盘切削正面土体再配备运土的机械设备，就是一个完整的盾构掘进施工工艺。这种掘进方法较难排除正面的障碍且较难进行盾构超挖纠偏，有封板的刀盘切削更是如此。

2. 开挖控制

盾构机正常推进过程中，开挖控制十分重要，是掘进管理（又称掘进控制）的重要内容。开挖控制的目的是确保开挖面稳定。在确保开挖面稳定的同时，构筑隧道结构，维持隧道线形，及早填充盾尾空隙。因此，开挖控制、一次衬砌、线形控制和壁后注浆构成了盾构机掘进控制的"四要素"。

开挖控制的关键是掘进速度的控制。掘进速度快慢与开挖面的稳定有很大关系，在封闭式盾构中尤为重要。封闭式盾构速度控制的核心是排土量与工作面压力的平衡关系，控制的要点是排土速度和排土量。

（1）土压平衡式盾构机的开挖控制。土压平衡式盾构机的开挖控制以土压和渣土的塑流化改良为主，辅以排土量和推进参数控制。为了确保掘削面的稳定，必须保持舱内压力适当。一般来说，压力不足易使掘削面坍塌；压力过大易出现地层隆起和发生地下水喷射。通过排土机构的机械控制可以调整排土量，使之与挖土量保持平衡，以避免地面沉降或对附近建（构）筑物造成影响。

1）排土速度控制。控制方法主要有以下两种：

①先设定盾构机的推进速度，然后根据容积计算来控制螺旋输送机的转速。这种方法在松软黏土中使用比较多。此时，还要将切削扭矩和盾构机的推力值等作为管理数据。

②先设定盾构机的推进速度，再根据切削密封舱内所设的土压计的数值和切削扭矩的数值来调整螺旋输送机的转速和螺旋式排土机的转速。这种管理方法是将切削密封舱内的设定土压 P 和设定切削扭矩 T 作为基准值，同盾构机推进时发生的土压 P' 和切削扭矩 T' 的数值作比较，如果 $P>P'$，$T>T'$，则降低螺旋输送机和螺旋式排土机的转速，减少排土量。反之，应提高排土机转速，增加排土量。

掘削土压靠设置在隔板上下部土压计的测定结果间接推算舱内土压。土压要根据掘削面的掘削状况调节,掘削面的状况需根据排土量的多少和实际探查掘削面周围地层的状况来判定。

2) 排土量控制。排土量控制分为重量控制和容积控制两种。重量控制有检测运土车重量、用计量漏斗检测排土量等控制方法;容积控制一般采用比较单位掘进距离的出渣车数的方法和根据螺旋输送机转数推算的方法。我国目前多采用容积控制方法。

3) 塑流化改良控制。土压平衡盾构机掘进时,理想的土层特性是:塑性变形好,流塑至软塑状,内摩擦力小,渗透性低。细颗粒含量低于 30% 的土砂层或砂卵石地层,必须加泥或加泡沫等改良材料,以提高塑性流动性和止水性改良材料,必须具有流动性、易与开挖土砂混合、不离析、无污染等特性。一般使用的改良材料有矿物系(如膨润土泥浆)、界面活性剂系(如泡沫)、高吸水性树脂系和水溶性高分子系四类,可单独或组合使用。我国目前常用前两类。

土仓内土砂的塑性流动性状况,一般可根据排土的黏稠性状(根据经验)、输送效率(按螺旋输送机转速计算的排土量与按盾构机推进速度计算的排土量进行比较)、盾构机械负荷变化情况等方面进行判断。

(2) 泥水加压平衡盾构机的开挖控制。泥水加压平衡盾构法施工的开挖控制以泥水压和泥浆性能控制为主,辅以排土量控制。

1) 掘进速度控制。开挖速度控制的好坏直接影响开挖面水压稳定、掘削量管理和送排泥泵控制,也影响着同步注浆状态的好坏。正常情况下,掘进速度应设定为 2～3cm/min。如遇到障碍物,掘进速度应低于 1cm/min。速度控制过程中应注意以下几点:

①开始推进和结束推进之前速度不宜过快。每环掘进开始时,应逐步提高掘进速度防止启动速度过大。掘进中千斤顶的推力应控制在装备推力的 50% 以下。

②一环掘进过程中,速度值应尽量保持恒定,减少波动。

③推进速度的快慢必须满足每环掘进注浆量的要求,保证同步注浆系统始终处于良好工作状态。

④正常掘进时的扭矩应小于装备扭矩的 50%～60%。

⑤调整掘进速度的过程中,应保持开挖面稳定。

2) 压力控制。要保证开挖面的稳定,控制好掘进速度,必须对开挖面泥水压力、密封舱内的土压力进行必要的检测和管理。开挖面泥水压力的管理是通过设定泥水压力和控制推进时开挖面的泥水压力等环节实施的。

设定的泥水压力是为保证开挖面的稳定所必需的泥水压力,包括开挖面水压力、开挖面静止土压力和变动压力。变动压力为施工因素的附加压力,在一般的泥水加压平衡盾构机中,作用于开挖面的变动压力换算成泥水压力,大多设定为 20kPa 左右,如果将开挖面泥水压力设定得过大,则它同地下水压力之间的压差就会增大,有出现漏泥和地面冒浆的危险。盾构推进时开挖面的泥水压力控制是通过设于挡土板上的开挖面水压力检测装置测出泥水压力,并通过自动控制回路将其控制为设定泥水压力。

3) 排土量控制。排土量控制方法有容积控制与干砂量控制两种。

4) 泥浆性能控制。在泥水盾构法施工中,泥水起着两方面的重要作用:一是依靠泥水压力在开挖面形成泥膜或渗透区域,开挖面土体强度提高,同时泥水压力平衡了开挖面土压和水压,达到了开挖面稳定的目的;二是泥水作为输送介质,担负着将所挖出的土砂运送到地面的任务。因此，泥水性能控制是泥水式盾构施工最重要的要素之一。泥水性能主要包括：比重、黏度、pH 值、过滤特性和含砂率，这些参数需现场检测。

3. 线形控制

隧道的线形控制主要是盾构机的姿态控制，包括推进方向和自身扭转。通过线形控制使构建的衬砌机构几何中心线线形顺滑，且其偏离误差在容许范围之内。

（1）推进方向控制。盾构机的推进方向（偏转角和倾角）控制有以下方法：

1）合理使用千斤顶。如调整不同千斤顶的组数、调整不同区域千斤顶的油压等，使其千斤顶合力位置与外力合力位置组成一个有利于纠偏的力偶，从而调整其高程位置及平面位置。在用千斤顶编组施工时应注意：千斤顶的只数应尽量多，以减少对已完成隧道管片的施工应力；管片纵缝处要用骑缝千斤顶，以保证成环管片的环面平整；纠偏数值不得超过操作规程的规定值。

2）调整开挖面阻力。当利用千斤顶编组或区域油压调整无法达到纠偏目的时，可采用调整开挖面阻力，也就是人为地改变阻力的合力位置，从而得到一个理想的纠偏力偶，来达到控制盾构机轴线的目的。这种方法纠偏效果较好，但各种不同的盾构机形式，有不同的方法。敞开式挖土盾构机可采用超挖，挤压式盾构机可调整其进土孔位置和扩大进土孔。

（2）盾构机自转的控制。盾构机在推进过程中会发生自转现象，自转会使设备操作、液压系统运转不正常，衬砌拼装困难，给隧道测量带来不便，影响测量精度。

盾构机产生自转的原因主要有：土质不均匀，盾构机两侧的土体有明显差别，土体对盾构机的侧向阻力不一；施工中为了纠正轴线，对某一处超挖过量，造成盾构机两侧阻力不一；刀盘顺着一个方向使用过多；盾构机制作误差（千斤顶位置与轴线不平行、盾壳不圆）等。

盾构机自转后纠正的方法：在盾构机有少量自转时，可用盾构机内的举重臂、转盘、大刀盘等大型旋转设备的使用方向来纠正。当自转量较大时，则采用压重的方法，使其形成一个纠旋转力偶。

4. 壁后注浆

随着盾构机的推进，盾尾将逐渐前行，从而在管片和土体之间留下一圈环向空隙，施工中应及时对这些空隙进行注浆充填。

（1）注浆的作用。注浆的作用有三个方面：一是抑制隧道周边地层松弛，防止和减小地表变形，这是最主要的目的；二是改善衬砌的受力状况，及早使管片安定，减少隧道自身的沉降；三是增加衬砌接缝的防水性能，形成有效的防水层。

（2）注浆方式。壁后注浆按与盾构机推进的时间和注浆目的不同可分为一次注浆、二次注浆和堵水注浆。

1）一次注浆。一次注浆分为同步注浆、即时注浆和后方注浆。同步注浆是在盾构机向前推进、盾尾空隙形成的同时进行注浆，分为从设在盾尾中的注浆管注入和从管片注浆孔注入两种方式。一般盾构直径较大或在冲积黏性土和砂质土中掘进多采用同步注浆。当一环掘进结束后从管片注浆孔注入时为即时注浆。掘进数环后从管片注浆孔注入时称为后方注浆，后方注浆适用于自稳性较好的地层。

2）二次注浆。二次注浆是在同步注浆结束以后，通过管片吊装孔对管片背后进行补强注浆，以提高同步注浆的效果，提高管片背后土体的密实度。尤其是在同步注浆后地表沉降依旧很大，或已拼装成形管片有渗水现象时，二次注浆就显得尤为重要。

3）堵水注浆。为提高管片背后注浆层的防水性及密实度，在富水地区考虑前期注浆受地下水影响以及浆液固结率的影响，必要时在二次注浆结束后再进行堵水注浆。

（3）注浆浆液。盾构壁后注入材料主要有：水泥、石灰膏、黏土、粉煤灰、水玻璃、黄砂等。注浆浆液的选择受土质条件、工法的种类、施工条件、价格等因素影响，故应在掌握浆液特性的基础上，按实际条件选用最合适的浆液材料。注浆材料应具备不发生离析、不丧失流动性、注浆后体积不减小、阻水性高、具有均匀的高于地层土压的早期强度、不污染环境等性能。

通常使用的浆液有单液型和双液型。单液浆又分惰性浆液（石灰＋粉煤灰）和砂浆浆液（水泥＋粉煤灰），工程中一般采用惰性浆液。

根据施工经验，在砂砾层、砂层中，60％使用双液型浆液。如果土体稳定，即无需要求壁后注浆一定与掘进同时进行时，多使用单液浆。当地层是不稳定的淤泥层易塌方的砂层时，应采用可以同步注入的浆液。在泥水盾构中，还应考虑浆液对掘削泥水物影响（浆液窜入刀盘开挖舱内）的条件，故较多使用双液瞬凝型浆液，如水泥—水玻璃浆液。对于砂砾层地下水含量大的地层来说，选定不易被水稀释的浆液也至关重要。

（4）注入量和注入压力。壁后注入量受渗漏损失、压力大小、土层性质、超挖、壁后注浆的种类等多种因素的影响，这些因素的影响程度目前尚不明确。一般来说，使用双液型浆液时，注入量多为理论空隙量的150％～200％，少量也有超过250％的情况。施工中如果发现注入量持续增多，必须检查超挖、漏失等因素。而注入量低于预定注入量时，可能是注入浆液的配合比、注入时期、注入地点、注入机械不当或出现故障所致，必须认真检查并采取相应的措施。

壁后注浆必须以一定的压力压送浆液，才能使浆液很好地遍及管片的外侧，其压力大小大致等于地层阻力强度加上0.1～0.2MPa，一般为0.2～0.4MPa。与先期注入的压力相比，后期注入的压力要比先期注入的大0.05～0.1MPa，并以此作为压力管理的标准。

地层阻力强度是地层的固有值，它是浆液可以注入地层的压力最小值。地层阻力强度因土层条件及掘削条件的不同而不同，通常在0.1～0.2MPa以下，但也有高达0.4MPa的情形。

（5）注浆设备。壁后注浆设备基本上由材料储存设备、计量设备、拌浆机、储浆槽（料斗、搅拌器）、注浆泵（压送泵、注入泵）、注入输浆管、注入控制装置、记录装置等构成，随注入方式的不同其构成也不同。

四、盾构隧道衬砌

盾构隧道施工时，一般在盾构机推进的同时进行一次衬砌，在推进结束后再根据需要进行二次衬砌。

1. 盾构隧道衬砌结构

盾构法隧道的横断面应用最多的是圆形。圆形隧道断面可均匀地承受各方向外部压力，施工中盾构机易于推进，便于管片的制作与拼装，盾构机即使发生转动，对断面的利用也没有影响。

根据隧道的功能、外围土层的特点、隧道受力等条件，隧道的衬砌结构有单层结构和双层结构。盾构法隧道一般为预制管片装配式的单层结构，在满足工程使用要求的前提下，应优先采用。单层预制装配式衬砌的施工工艺简单，施工周期短，投资省。

双层结构多为在管片衬砌内再整体套砌一层混凝土（或钢筋混凝土）内衬。双层衬砌施工周期长，造价贵，且止水效果在很大程度上取决于外层衬砌的施工质量、渗漏情况等，所以只有当隧道功能有特殊要求时，才选用双层衬砌。如当隧道穿越松软含水地层，为防水、防蚀、增加衬砌的强度和刚度、修正施工误差时，多采用双层衬砌；如电力、通信等隧道对防渗漏要求严格，而进排水隧道要求减小内壁粗糙系数，且它一经运营后就无法检修，若外层衬砌有漏点，衬砌外侧土体随水渗入流失，时间一长，可能会危及结构本身，此时用双层衬砌的较多。

2. 衬砌管片类型

衬砌管片的分类方式较多，可以按位置、形状、断面形式以及制作材料等进行分划，下列为按制作材料的不同来划分的。

（1）球墨铸铁管片。球墨铸铁管片强度高，易铸成薄壁结构，管片重量轻搬运安装方便，管片精度高，外形准确，防水性能好。但加工设备要求高、造价大，特别是有脆性破坏的特性，不宜承受冲击荷载，因此现在已较少采用。该管片还需翻砂成型后用大型金属切削机械加工。

（2）钢管片。主要用型钢或钢板焊接加工而成，其强度高，延性好，运输安装方便，精度稍低于球墨铸铁管片。但在施工应力作用下易变形，在地层内也易锈蚀，造价也不低，所以采用的也不多，仅在如平行隧道的联络通道口部的临时衬砌等特殊场合使用。

（3）钢筋混凝土管片。20世纪60年代以来，盾构隧道衬砌结构逐渐推广应用拼装式钢筋混凝土管片。该管片有一定强度，加工制作比较容易，耐腐蚀，造价低，是目前最常用的管片形式。但较笨重，在运输、安装施工过程中易损坏。

（4）复合管片。用复合管片有填充混凝土钢管片和扁钢加筋混凝土管片两种主要形式。填充混凝土钢管片以钢管片的钢壳为基本结构，在钢壳中用纵向肋板设置间隔，经填充混凝土后成为简易的复合管片结构。与原有钢管片相比有制作容易，经济性能好，可省略二次衬砌等优点。扁钢加筋混凝土管片（FBRC）是通过在管片内设置扁钢，以控制矩形和椭圆形等特殊断面管片厚度和钢筋用量，谋求降低制作成本为目的而开发出来的管片结构。由于使用扁钢作为主筋，与以往的管片相比，可以增加主筋的有效高度，其结构性能较好。

（5）挤压混凝土衬砌。挤压混凝土衬砌（ECL），指不采用常规管片而通过在盾尾现场浇筑混凝土来进行衬砌的隧道施工法，是开挖与衬砌同时进行的施工法的总称。因该施工法是在盾构机推进的同时对新拌混凝土加压，构成与地层紧密结合的衬砌体，所以得到密实、质量高的衬砌体，能控制对周围围岩的影响。这类衬砌的施工速度比拼装衬砌快，防水效果更好，造价也低。

3. 管片拼装

管片拼装是建造隧道重要工序之一，管片与管片之间可以采用螺栓连接或无螺栓连接形式，管片拼装后形成隧道，所以拼装质量直接影响工程的质量。

（1）隧道管片拼装按其整体组合，可分为通缝拼装和错缝拼装。

1）通缝拼装：各环管片的纵缝对齐的拼装，这种拼法在拼装时定位容易，纵向螺栓容易穿，拼装施工应力小；但容易产生环面不平，并有较大累计误差，而导致环向螺栓难穿，环缝压密量不够。

2）错缝拼装：即前后环管片的纵缝错开拼装，一般错开1/3～1/2块管片弧长。用此法建造的隧道整体性较好，施工应力大容易使管片产生裂缝，纵向穿螺栓困难，纵缝压密差；但环面较平整，环向螺栓比较容易穿。

（2）针对盾构机有无后退，可分先环后纵和先纵后环拼装。

1）先环后纵：采用敞开式或机械切削开挖的盾构机施工时，盾构机后退量较小，则可采用先环后纵的拼装工艺。即先将管片拼装成圆环，拧好所有环向螺栓，穿进纵向螺栓后再用千斤顶整环纵向靠拢，然后拧紧纵向螺栓，完成一环的拼装工序。采用该种拼装，成环后环面平整，圆环的椭圆度易控制，纵缝密实度好。但如前一环环面不平，则在纵向靠拢时，对新成环所产生的施工应力就大。

2）先纵后环：用挤压或网格盾构机施工时，其盾构机后退量较大，为不使盾构后退，减少对地面的变形，则可用先纵后环的拼装工艺。即缩回一块管片位置的千斤顶，使管片就位，立即伸出缩回的千斤顶，这样逐块拼装，最后成环。用此种方法拼装，其环缝压密好，纵缝压密差，圆环椭圆度较难控制，主要可防止盾构后退。但对拼装操作带来较多的重复动作，拼装也较困难。

（3）按管片的拼装顺序，可分先下后上及先上后下拼装。

1）先下后上：用举重臂拼装是从下部管片开始拼装，逐块左右交叉向上拼。这样拼装安全，工艺也简单，拼装所用设备少。

2）先上后下：小盾构施工中，可采用拱托架拼装，即先拼上部，使管片支承于拱托架上。此拼装方法安全性差，工艺复杂，需有卷扬机等辅助设备。

（4）封顶管片的拼装形式有径向楔入、纵向插入两种。径向楔入时其半径方向的两边线必须呈内八字形或者至少是平行，受荷后有向下滑动的趋势，受力不利。采用纵向插入式的封顶块受力情况较好，在受荷后，封顶块不易向内滑移；其缺点是在封顶块管片拼装时，需要加长盾构千斤顶行程。故也可采用一半径向楔入和另一半纵向插入的方法以减少千斤顶行程。目前所采用的管片拼装工艺可归纳为：先下后上、先纵后环、左右交替、纵向插入、封顶成环。

4. 衬砌防水措施

（1）衬砌管片自身防水。管片自身防水主要靠提高混凝土抗渗能力和管片制作精度实现。管片制作时一般要求管片几何尺寸的误差不应大于±1mm。钢筋混凝土管片的抗渗等级应根据隧道埋深及地下水压力确定，一般要求达到S4～S8，混凝土级配需选用干硬性密实级配，且可掺入塑化剂调整级配，增加混凝土的和易性，严格控制水胶比，一般不大于0.4。浇筑、养护、堆放和运输中应严格执行质量管理。

（2）管片接缝防水。管片之间的接缝是隧道防水的薄弱环节。对于单层衬砌而言，接缝防水构造是隧道衬砌构造永久组成部分。选用的防水材料要求有较高的耐老化性能。在承受接头紧固压力和千斤顶推力产生的接缝往复变形后，仍有良好的弹性复原力和防水能力，且便于施工。管片衬砌的接缝防水主要包括密封垫防水、嵌缝防水和螺栓孔防水。

1）密封垫防水。目前已普遍使用弹性密封橡胶条防水，并以黏结力强、延伸性好、耐久、能适应一定量变形的防水材料嵌缝。弹性密封垫防水条由天然橡胶、合成橡胶等制作，近年来又采用了防水性能好的遇水膨胀橡胶。防水条在管片拼装前粘贴于接缝面的预留沟槽内。

2）嵌缝防水。嵌缝防水作业一般在管片拼装完成和变形已达到相对稳定时进行，是以接缝密封垫防水作为主要防水措施的补充措施。管片内弧面边缘留有嵌缝槽，嵌缝材料可选用乳胶水泥、环氧树脂和焦油聚氨酯材料等。近几年研制成功的遇水膨胀嵌缝膏是一种较好的嵌缝材料。

3）螺栓孔防水。管片上的螺栓孔也易渗漏水，需要采取措施加以密封。常见的做法是在螺栓上穿上由合成树脂或合成橡胶类材料制作的圆环形密封垫，然后拧紧螺母，使其充填或覆盖螺孔壁与螺杆之间的空隙，堵塞漏水通道。

5. 隧道的二次衬砌

盾构隧道二次衬砌多用于管片补强、防蚀、防渗、正中心线偏离、防震、使内表面光洁和隧道内部装饰等。

二次衬砌多采用现浇混凝土在一次衬砌结构内浇筑。但也有使用内插管（钢管或铸铁管等），在其与一次衬砌之间使用填充材料而形成二次衬砌的工程实例。

采用现浇混凝土时，根据隧道使用要求，可分成浇筑底板混凝土、浇筑120°下拱混凝土、浇筑240°下拱混凝土和浇筑360°全内衬混凝土四种形式。

现浇混凝土施工的基本方法和工艺和平洞模筑混凝土施工基本相同。首先组立模板，再浇筑混凝土。浇筑混凝土分段进行。

盾构隧道全内衬混凝土时，多采用钢模台车结合泵送混凝土施工。混凝土可现场搅拌，也可使用商品混凝土。如果现场搅拌，可把混凝土搅拌机设置在工作井井口，拌好的混合料用溜管注入井下储料斗或直接注入隧道内的搅拌车，再运入台模浇筑点。采用商品混凝土时，混凝土搅拌车运送到井口卸料，通过溜管注入井。隧道内水平运输使用 50～100kN 电机车。

根据隧道使用要求，内衬预埋件设置在内衬混凝土结构内，其中有给排水管线、电缆支架、照明线、通信线等。施工前，按设计要求，对有规律分布的预埋件可在台模上开孔，用螺栓固定在台模模板背面；对无规律的预埋件可固定在台模上，也可在扎筋时固定在钢筋上，但必须固定牢靠，尺寸准确，便于以后寻找。

内衬混凝土浇筑完成后，必须对所有浇筑机具进行清洗（包括混凝土输送管道），对外漏砂浆进行全面清除。由于隧道内温度一般为 20～25℃，混凝土养护时间超过 6h 后便可松开模板。

第三节 顶 管 施 工

顶管施工是继盾构施工之后发展起来的一种土层地下工程施工方法，主要用于地下进水管、排水管、煤气管、电信电缆管等管道的铺设施工。它不需要开挖覆层，并且能够穿越公路、铁道、河川、地面建筑物、地下构筑物以及各种地下管线等，是一种常用的敷设地下管道的非开挖施工方法。

一、概述

1. 顶管施工基本原理

顶管施工方法较多，但各种方法中除土体开挖方法不同外，其他工艺基本相同。下面以机械顶管说明顶管法施工的基本原理。

顶管施工一般是先在工作坑内设置支座和安装液压千斤顶，借助千斤顶将掘进机和已成管道从工作坑内沿着隧道轴线，穿过土层一直推到接收坑。与此同时，随着掘进机的推进，在工作坑内将预制好的管节逐步顶入地层。可见，这是一种边开挖地层，边将管段接长顶进的管道埋设方法。顶管施工工艺流程如图6-3所示。

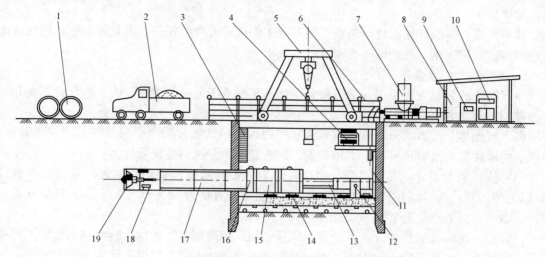

图6-3 顶管施工工艺流程示意图

1—预制的混凝土管；2—运输车；3—扶梯；4—主顶油泵；5—行车；6—安全护栏；7—润滑注浆系统；
8—操纵房；9—配电系统；10—操纵系统；11—后座；12—测量系统；13—主顶油缸；14—导轨；
15—弧形顶铁；16—环形顶铁；17—已顶入的混凝土管；18—运土车；19—顶管掘进机

施工时，先构筑顶管工作井（始发井和接收井），作为一段顶管的起点和终点，工作井中有一面井壁设有预留孔作为顶管出口，其对面井壁是承压壁，承压壁前侧安装有顶管的千斤顶和承压垫板（即钢后靠），千斤顶将管顶机顶进工作井预留孔，顶管机开始挖土和出土。随着掘进机的推进，在工作井内逐节将预制管节按设计轴线顶入土层中，直至接收井，施工完成一段管道。为进行较长距离的顶管施工，可在管道沿程中设置一至数个接力顶进系统（称为中继环）作为接力顶进，并在管道外周压注润滑泥浆。

顶管施工可用于直线管道，也可用于曲线等管道。顶管的直径多在3.0m以下。

整个顶管施工系统主要由工作基坑、掘进机（或工具管）、顶进装置、顶铁、后座墙、管节、中继环、出土系统、注浆系统，以及通风、供电、测量等辅助系统组成。其中最主要的是顶管机和顶进系统。顶管机是掘进用的机器，安装在所顶管道的最前端，是决定顶管成败的关键设备。在手掘式顶管施工中不用顶管机而只用一支工具管。不管哪种形式，其功能都是取土和确保管道顶进方向的正确性。

顶进系统包括主顶进系统和中继顶进系统，主顶进系统布置在工作井内，用于预进沿程管节；中继顶进系统布置在中继间内，对沿程管道进行分段接力顶进。

采用顶管机施工时，所使用的挖掘机械、工作面开挖方式及排土方式与盾构隧道施工基本相同，区别较大的是形成衬砌的方法。盾构法是在隧洞内开挖面附近进行管片组装衬砌，而顶管法则是在工作井内利用顶进机械将预制的管节依次顶入洞内。由于顶管的推进动力装置放在始发井内，故其推力要大于同直径的盾构隧道，预管的管节长度为2~4m，对同直径的管道工程，采用顶管法施工的成本比盾构法施工要低。

顶管法的优点是：与盾构法相比，接缝大为减少，容易达到防水要求；管道纵向受力性能好，能适应地层的变形；对地表交通的干扰少；工期短、造价低、人员少；施工时噪声和震动小；在小型、短距离顶管，使用人工挖掘时，设备少，施工准备工作量小，不需二次衬砌，工序简单。

其不足是：需要详细的现场调查，需开挖工作坑，多曲线顶进、大直径顶进和超长距离顶进困难，纠偏困难，处理障碍物困难。

2. 顶管施工的分类

顶管施工的分类方法很多，每一种分类都只是侧重于某一个方面，难以概全。下面介绍几种常用的分类方法：

（1）按土体开挖方式分，有采用人工开挖的普通顶管法，采用机械开挖的机械顶管法，采用水射流冲蚀的水射顶管法，采用夯击、钻头施工的挤压钻挖顶管法。

（2）按口径大小分，有大口径、中口径、小口径和微型顶管四种。大口径多指净直径2m以上的顶管，人可以在其中直立行走；小口径顶管直径为500～1000mm，人只能在其中爬行；微型顶管的直径通常在500mm以下。

（3）按一次顶进的长度分，有普通距离顶管和长距离顶管。根据《给水排水管道工程施工及验收规范》（GB 50268—2008），将一次顶进长度300m以上的顶管称为长距离顶管。

（4）按制作管节的材料分，有钢筋混凝土顶管、钢管顶管以及其他管材的顶管。

（5）按管子顶进的轨迹分，有直线顶管和曲线顶管。

二、手掘式顶管施工

手掘式顶管施工是最早采用的一种顶管施工方式。由于它在特定的土质条件下和采用一定的辅助措施后便可施工，故具有操作简便，设备少，成本低，进度快等优点。

由于顶管的应用范围多为穿越道路、河川、地面建筑物、构筑物等，顶进距离比较短；即使管道距离长，也往往与盾构法施工类似，将其分割成若干个区间分段顶进，每段长度只有数十米或百余米，而且管道的直径绝大多数在2.0m以下，只要土质不是特别松软，比较适合于采用人工挖掘。故手掘式顶管较机械顶管更为普遍。

1. 工具管

工具管是手掘式顶管中常用的附属工具，置于所顶管子的最前端，具有掘进、防塌、出泥、导向纠偏及安全保护等作用。工具管大多用钢板焊接而成，其结构主要由切土刃角、纠偏装置、承插口等组成。

工具管的种类很多，从结构上分主要有一段式和两段式。一段式工具管与混凝土管之间的结合不太可靠，常会产生渗漏现象；发生偏斜时纠偏效果不好；千斤顶直接顶在其后的混凝土管上，第一节管容易损坏。但一段式结构简单，加工制作容易，故顶进距离较短、断面相对较大时应用较多。有的施工现场甚至不设纠偏千斤顶和法兰圈，中间设两道加强肋，尾部直接套在后面的管节上，结构更为简单。

两段式工具管由前后两段构成，之间安装有纠偏千斤顶，后壳体与后面的正常管节连接在一起。前面的切口可为与管轴线垂直的平端刃口、与轴线倾斜的全斜刃口、阶梯状折线式刃口等。由于工具管为圆形，顶进中很容易发生旋转，为减少和防止工具管的自身旋转，可在前壳体内上部设置一块或多块水平隔板，形成网格，以增加抗旋转力矩。

设置纠偏油缸时，通常按上下、左右对称安装 4 只，最好采用既可顶也可拉的双作用油缸。

还有一种挤压式工具管，工具管的前端切口的刃脚放大，由此可减小开挖面，采用挤土顶进，结构与盖板式挤压盾构机类似。这种顶管适用于软黏土中，而且土深度要求比较大。另外，在极软的土层可采用网格式挤压工具管（原理与网格式盾构机类似）。

开挖面的稳定是手掘式顶管成功的关键。因此，用这种工具管必须谨慎从事，仔细查清顶管穿越地层的工程地质和水文地质情况。尤其对暗浜、地下储水体、沼气层和危险性障碍物等，在符合稳定的基本条件时，才可考虑采用手掘式工具管。软弱黏土灵敏度高，开挖面土体受到开挖顶进的施工扰动后，抗剪强度减少，裸露面积较大的开挖面容易发生剥落和坍塌现象，顶管外径大于 1.4m 时，在开挖面要加网格式支撑或设有正面支撑千斤顶支撑。在埋深较大或地面超载较大而土壤抗剪强度较低，稳定条件较差时，应考虑安设较严密的正面支撑或施加适当压力的气压，以确保工程安全。

工具管的外径应比所顶管子的外径大 10～20mm，以便在正常管节外侧形成环形空间，注入润滑浆液，减少推进时的摩擦阻力。

2. 施工工艺

（1）用主顶油缸把手掘式工具管放在基坑导轨上。为使工具管比较稳定地进入土中，最好与第一节混凝土管等后续管连在一起。当工具管进入洞口止水圈后，即可从工具管内破洞。洞口一般用砖砌而成，破碎时将其敲碎即可。

（2）用主顶油缸慢慢将工具管切入土中。由于工具管尚未完全进入隧洞中，必须严格控制工具管的姿态。检测工具管的水平状态是否与基坑导轨保持一致，以保证出工作井的方向准确。通常将开始的 5～10m 内的顶进称为初始顶进，初始顶进中应尽量少用纠偏油缸进行校正方向。

工具管的中心线和高程测量：出工作井过程中，以及进入接收井前 30m，每顶进 0.3m，测量不少于一次；管道进入土层正常顶进时，每 1.0m 测量一次。

（3）工人进入工具管内进行挖掘，每挖够一节管段长度，便启动主顶千斤顶进行推进。然后再在千斤顶前装入一节管子。如此反复进行，直至接收井。

工具管接触或切入土层后，自上而下分层开挖。在容许超挖的稳定土层中正常顶进时，管下部 135°的范围内不得超挖；管顶以上超挖量不得大于 15mm；管前超挖根据具体情况确定，并制定安全保护措施。

（4）挖掘下来的土，大多采用人力车推出或拉出管外，利用小绞车提升到地面。

（5）初始顶进过程中要特别注意加强测量工作。如出现误差，尽量用挖土来校正。

（6）工具管内不能设注浆孔。第一环注浆孔应设在工具管后的管子上，且装有可以关闭的截止阀。由于手掘式工具管前是敞开的，如注浆压力过高或距离工具管太近，会发生跑浆现象。

（7）掘进时要防止有毒、有害气体引发中毒以及涌水现象。

（8）初始顶进时，如果工作面出现大量塌顶或涌土，要采用注浆等辅助方法进行加固后再顶进，不可进行强顶，以免因顶部卸载而使管节方向发生上仰。

手掘式顶管适用于能自稳的土体中。施工时，采用手工的方法来破碎工作面的土层，破碎辅助工具主要有镐、锹以及冲击锤等。如果在含水量较大的砂土中，需采用降水或注浆等辅助措施。

3. 出渣运输

手掘式顶管的装渣一般都采用人工作业，用铁锹装土于车中运出。运渣方式根据管道直径大小不同，有多种方式。下面是常用的几种，可根据具体情况选用。

（1）对于直径 1.0m 左右的小直径顶管，管内无法进入较大车辆，多采用自制的四轮平板小拖车出渣。拖车上放置一个土筐或簸箕斗，拖车两端各拴一根长绳，由洞内外人员拉进拉出。渣土出洞后倒入双轮推车提到井口卸于弃渣场，集中用卡车运走。这是最为简单实用的出土方式。井口的提升架多用钢管搭成三脚架，上挂一滑轮，利用小绞车提升。

（2）人员基本能够在管内直立行走时，一般利用双轮手推车进洞运土，小车推至工作井井底后利用小绞车提至井口，推至卸土场卸渣。

（3）管道直径较大时，可在井底以下设置容积较大的可以翻转的土斗，洞内双轮小推车将土推出后即卸在土斗内，用绞车提至井口卸载于储渣仓内或直接卸于运输车辆上运走。

（4）有条件时，可将可翻转的无轮土斗放置在有轮子的平车上，利用洞内外的小绞车或小电瓶车拉进拉出。土斗出洞后直接提至井口卸载。此时，洞内需铺设轨道。

三、机械式顶管施工

机械式顶管是采用顶管机进行开挖土体并推进的施工方法。根据围护开挖面稳定的方式不同，顶管机又可分为泥水式、泥浆式、土压式、气压式等。顶管机的类型很多，结构大多与盾构机类似，本节主要介绍目前使用较多的泥水平衡式顶管机和土压平衡式顶管机。

1. 泥水平衡顶管机

泥水平衡顶管施工是利用泥水平衡式顶管机进行顶管作业，是一种较常采用的机械式顶管施工工艺，其施工原理与泥水平衡式盾构机相同。泥水平衡式顶管机按平衡对象分为两种，一种是泥水仅起平衡地下水的作用，土压力则由机械方式来平衡；另一种是同时具有平衡地下水压力和土压力的作用。

（1）泥水平衡式顶管机结构。泥水平衡工具管正面设刀盘，并在其后设密封舱，在密封舱内注入稳定正面土体的泥浆，刀盘切下的泥土沉在密封舱下部的泥水中，然后由水力运输管道运至地面泥水处理装置。泥水平衡式工具管主要由大刀盘装置、纠偏装置、泥水装置、进排泥装置等组成。在前、后壳体之间有纠偏千斤顶，在掘进机上下部安装进、排泥管。

泥水平衡式顶管机的结构形式有多种，如刀盘可伸缩的顶管机、具有破碎功能的顶管机、气压式顶管机等。

（2）泥水平衡式顶管系统。泥水平衡式顶管施工的完整系统由顶管机、进排泥系统、混水处理系统、主顶系统、测量系统、起吊系统、供电系统等组成。泥水平衡顶管施工与其他形式的顶管相比，增加了进排泥系统和泥水处理系统。进排泥系统包括管路、泥泵、各种阀门、流量计和压力表等。泥水处理是指顶进过程中排放出来的泥水二次处理，即泥水分离。泥水处理通常采用沉淀法、过滤法和离心处理法等。不同成分的泥浆有不同的处理方式，含砂成分多的可用自然沉淀法，黏土层中的泥水处理比较困难，需添加絮凝剂。泥浆处理设备主要有振动筛、泥水分离器、旋流器等。

泥水平衡式顶管施工比较适用于靠近江河湖海处的场合，它不仅可以解决水源，而且泥水的处理也比较容易解决。泥水平衡式顶管施工过程中，应注意以下问题：

1）掘进机停止工作时，要防止泥水从土层中或洞口及其他地方流失，避免挖掘面失稳。

2）应注意观察地下水压力的变化，并及时采取相应的措施和对策。

3）随时注意挖掘面的稳定情况，经常检查泥水的浓度和相对密度、进排泥管的流量和压力，看其是否正常。

2. 土压平衡顶管机

土压平衡顶管机的平衡原理与土压平衡盾构相同。与泥水顶管施工相比，其最大的特点是排出的土或泥浆一般不需再进行二次处理，具有刀盘切削土体、开挖面土压平衡、对土体扰动小、地面和建筑的沉降较小等特点。

土压平衡顶管机按泥土仓中所充的泥土类型分为：泥土式、泥浆式和混合式三种；按刀盘形式分为：带面板刀盘式和无面板刀盘式；按有无加泥功能分为：普通式和加泥式；按刀盘的机械传动方式分为：中心传动式、中间传动式和周边传动式；按刀盘的多少分为：单刀式和多刀式。下面简要介绍单刀式土压平衡顶管机的组成和原理。

（1）单刀盘式土压平衡顶管机结构。单刀盘式土压平衡顶管机（又称为泥土加压式顶管机），具有广泛的适应性、高度的可靠性和先进的技术性，是目前国内应用较多的顶管机。

单刀盘式土压平衡顶管机结构主要包括：刀盘及驱动装置、前壳体、纠偏油缸组、刀盘驱动电机、螺旋输送机、操纵台、后壳体等组成。没有刀盘面板，刀盘后面设有许多根搅拌棒。这种结构的顶管机在国内已自成系列，适用于 1.2～1.3m 口径的混凝土管施工，在软土、硬土中都可采用，并且可与盾构机通用，可在覆土厚度为 0.8 倍管道外径的浅埋土层中施工。

（2）单刀盘式土压平衡顶管机的工作原理。这种顶管机的工作原理是：先由工作井中的主顶进油缸推动顶管机前进，同时大刀盘旋转切削土体，切削下的土体进入密封土仓与螺旋输送机中，并被挤压形成具有一定土压的压缩土体；经过螺旋输送机的旋转，输送出切削的土体。密封土仓内的土压力值可通过螺旋输送机的出土量或顶管机的前进速度来控制，使此土压力与切削面前方的静止土压力和地下水压力保持平衡，从而保证开挖面的稳定，防止地面的沉降或隆起。由于大刀盘无面板，其开口率接近 100％，所以，设在隔仓板上的土压计所测得的土压力值近似于切削面的土压力。

根据顶管机开挖面不同地层的特性，通过向刀盘正面和土仓内加入清水、黏土浆（或膨润土浆）、各种配比与浓度的泥浆或发泡剂等添加材料，使一般难以施工的硬黏土、砂土、含水砂土和砂砾土改变成具有塑性、流动性和止水性的泥状土，不仅能被螺旋输送机顺利排出，还能顶住开挖面前的土压力和地下水压力，保持刀盘前面的土体稳定。

3. 顶管机类型的选择

合理选择顶管机的型式，是整个工程成败的关键。顶管机类型和管道顶进方法的选择，应根据管道所处土层性质、管径、地下水位、附近地上与地下建（构）筑物和各种设施等因素，经技术经济比较后确定，并应符合下列规定：

（1）在黏性土或砂性土层，且无地下水影响时，宜采用手掘式或机械挖掘式顶管法；当土质为砂砾土时，可采用具有支撑的工具管或注浆加固土层的措施。

（2）在软土层且无障碍物的条件下，管顶以上土层较厚时，宜采用挤压式或网格式顶管法。

（3）在黏性土层中必须控制地面隆陷时，宜采用土压平衡顶管法。

（4）在粉砂土层中且需要控制地面隆陷时，宜采用加泥式土压平衡或泥水平衡顶管法。

（5）在顶进长度较短、管径小的金属管时，宜采用一次顶进的挤密土层顶管法。

四、施工作业

1. 施工准备工作

（1）地面准备工作。顶进施工前，按实际情况进行施工用电、用水、通风、排水及照明等设备的安装。为满足工程的施工要求，管节、止水橡胶圈、电焊条等工程用料应准备有足够的数量。建立测量控制网，并经复核、认可。顶管施工前，对参加施工的全体人员按阶段进行详细的技术交底，按工种分阶段进行岗前培训，考核合格方可上岗操作。

（2）工作井。工作井是顶管施工的必需工程，顶管顶进前必须按设计掘砌好。工作井施工应编制专项施工方案。

（3）洞门。与盾构法类似，要重视洞门的封堵和加固，不论是始发井或是接收井。在施工工作井时，一般预先将洞门用砖墙及砖墙与钢筋混凝土相结合的形式进行封堵。在始发井，为防止始顶时土体坍塌涌入井内，采用砖封门时，应在砖封门前先施工一排钢板桩，钢板桩的入土深度在洞圈底部以下 200mm。

（4）测量放样。根据始发井和接收井的洞中心连线，定出顶进轴线，布设测量控制网，并将控制点放到井下，定出井内的顶进轴线与轨面标高，指导井内机架与主顶的安装。

（5）后座墙组装。组装后的后座墙要具有足够的强度和刚度。

（6）导轨安装。导轨选用钢质材料制作，两导轨安装牢固、顺直、平行、等高，其纵坡与管道设计坡度一致。在安放基坑导轨时，其前端应尽量靠近洞口。左右两边可以用槽钢支撑。如果在底板上预埋好钢板的情况下，导轨应与预埋钢板焊接在一起。

（7）主顶架安装。主顶架位置按设计轴线进行准确放样，安装时按照测量放样的基线，吊入井下就位。基座中心按照管道设计轴线安置，并确保牢固稳定。千斤顶安装时固定在支架上，并与管道中心的垂线对称，其合力的作用点在管道中心的垂线上。油泵应与千斤顶相匹配。

（8）止水装置安装。为防止工具管进出洞过程中洞口外土体涌入工作井，并确保顶进过程中润滑泥浆不流失，在工作井洞门圈上安装止水装置。止水装置采用帘布有止水橡胶带，用环板固定，插板调节。

2. 顶管始发段施工

一般将洞口里面的 5～10m 作为始发段。全部设备安装就位，经过检查并试运转合格后可进行初始顶进（称为出井施工）。始发段的施工要点如下：

（1）拆除封门。拔出封门用的钢板桩。拔除前，应详细了解现场情况和封门图纸，制定拔桩顺序和方法。钢板桩拔除前应凿除砖墙，工具管应顶进至距钢板桩 10cm 处的位置，并保持最佳工作状态，钢桩拔除后应能立即顶进至洞门内。钢板桩拔除应按由洞门一侧向另一侧依次拔除的原则进行。

（2）参数控制。需要控制的施工参数主要包括：土压力、顶进速度和出土量。为了有效地控制轴线，始发初期，宜将土压力值适当提高，同时加强动态管理，及时调整。顶进速度不宜过快，一般控制在 10mm/min 左右。出土量应根据不同的封门形式进行控制，加固区一般控制在 105% 左右，非加固区一般控制在 95% 左右。

（3）管节连接。为防止顶管机突然"磕头"，应将工具管与前三节管节连接牢靠。

（4）工具管开始顶进 5～10m 的范围内，每顶进 300mm，水平轴线和高程测量应不少于一次；允许偏差为：轴线位置 3mm，高程 0～3mm；当超过允许偏差时，应进行纠正。

3. 正常顶进施工

管子顶进 10m 左右后即转入正常顶进。顶进的基本程序是：安装顶铁→开动油泵→待活塞伸出一个行程后→关油泵→活塞收缩→在空隙处加上顶铁→再开油泵→到推进够一节管子长度后→下放下一节管道→再开始顶进，如此周而复始。

(1) 顶铁安装。分块拼装式顶铁应有足够的刚度，并且顶铁的相邻面相互垂直。安装后的顶铁轴线应与管道轴线平行、对称，顶铁与导轨之间的接触面不得有泥土、油污。更换顶铁时，先使用长度大的顶铁，拼装后应锁定。顶进时工作人员不得在顶铁上方及侧面停留，并随时观察顶铁有无异常现象。顶铁与管口之间采用缓冲材料衬垫，顶力接近管节材料的允许抗压强度时，管口应增加 U 形或环形顶铁。

(2) 采用手掘式顶管时，将地下水位降至管底以下不小于 0.5m 处，并采取措施防止其他水源进入顶管管道。顶进时，工具管接触或切入土层后，自上而下分层开挖。

(3) 顶进时地层变形控制。顶管引起地层变形的主要因素有：工具管开挖面引起的地层损失；工具管纠偏引起的地层损失；工具管后面管道外周空隙因注浆填充不足引起的地面损失；管道在顶进中与地层摩擦而引起的地层扰动；管道接缝及中继间缝中泥水流失而引起的地层损失。所以在顶管施工中要根据不同土质、覆土厚度及地面建筑物等情况，配合监测信息的分析，及时调整土压力值；同时要求坡度保持相对的平稳，控制纠偏量，减少对土体的扰动。根据顶进速度控制出土量和地层变形，从而将轴线和地层变形控制在最佳状态。

(4) 施工参数控制。正常顶进时，土压力的理论计算相对较烦琐，结合实践施工经验，实际土压力的设定值应介于上限值与下限值之间。顶进速度一般情况下控制在 20～30mm/min，如遇正面障碍物，应控制在 10mm/min 以内。严格控制出土量，防止超挖及欠挖。为防止土层沉降，顶进过程中应及时根据实际情形对土压力作相应调整，待土压力恢复至设计值后，方可进行正常顶进。

(5) 管节顶进纠偏。在中长距离顶管施工中，实现管节按顶进设计轴线顶进，纠偏是关键。要严格按实际情况和操作规程进行，坚持勤测量、勤纠偏、微纠偏原则。应及时调节顶管机内的纠偏千斤顶，使其回到正常状态。纠偏时应采用小角度，在顶进中逐渐纠偏。应严格控制大幅度纠偏，勿使管道形成大的弯曲，防止造成顶进困难，接口变形等。

在工具管中无纠偏千斤顶时，常采用超、欠挖方法纠偏，必要时辅以木杠、千斤顶等进行校正。挖土校正法即在管子偏向一侧少挖土，而在另一侧超挖一些，强制管子在前进中向另一侧偏移，此方法适用于偏差为 10～20mm 时的纠偏。

在正常施工时，由于种种原因，顶管头及管节会产生自身旋转。在发生旋转后，施工人员可根据实际情况利用顶管机的刀盘正反转来调节机头和管节的自身旋转，必要时可在管节旋转反方向加压铁块。

顶管遇到下列情况时应采取措施进行处理：工具管前方遇到障碍、后背墙变形严重、顶铁发生扭曲现象、管位偏差过大且校正无效、顶力超过管端的容许顶力、油泵及油路发生异常现象、接缝中漏泥浆、地层和地面建物变形量超过控制容许值等。

顶进管节视主顶千斤顶行程确定是否用垫块，为保证主顶的顶力均匀地作用于管节上，必须使用"O"形受力环。当一节管节顶进结束后，放下一节管节，在对接拼装时应确保止水密封圈充分入槽并受力均匀，必要时可在管节承口涂刷黄油。对接完成并检查合格后，可继续顶进施工。

为防止顶管产生"磕头"和"抬头"现象，顶进过程中应加强顶管机姿态的测量。一旦出现"磕头"和"抬头"现象，应及时利用纠偏千斤顶来调整。

（6）压浆。为减少土体与管壁间的摩阻力，应在管道外壁注润滑泥浆，并保证泥浆的稳定，泥浆应进行性能测试，使其性能满足施工要求。

（7）管道断面布置。在管道内需要压浆的管节上布置压浆环管。在管道上方安装照明灯及风筒，在管道底部铺设电机车轨道、人行走道板。同时在管道右下侧安装压浆总管及电缆等。

（8）设备维修及保养。为确保顶管机正常顶进，正常施工期间必须经常对机械、电器设备等进行检修，保证其在顶进时具有良好的性能和工作状态。

4. 顶管接收段施工

（1）准备工作。顶管机到达接收井前应做好封门，封门一般采用砖砌封门。

在常规施工中，对接收井洞口土体一般不作处理。但若洞口土体含水量过高，则应对洞口外侧土体采取注浆、井点降水等措施进行加固。

在顶管机切口到达接收井前 30m 左右时，作一次定向测量，精确测定顶管机的里程，计算出切口与洞门之间的距离；校核顶管机的姿态，以便对其进行调整；其后，每顶进300mm，要进行一次管道水平轴线和高程测量。

顶管机到达前应安装好基座，基座位置应与顶管机靠近洞门时的姿态相吻合。顶管机进入基座时会改变基座的正常受力状态，从而造成基座变形、整体扭转等。因此，应根据顶管机切口靠近洞口时的实际姿态，对基座作准确定位与固定，同时将基座的导向钢轨接至顶管机切口下部的外壳处。

当顶管机切口距封门 2m 左右时，在洞门中心及下部两侧设置应力释放孔，在孔外安装球阀，以便根据需要实时开闭。

（2）施工参数的控制。随着顶管机切口距洞门的距离逐渐缩短，应降低土压力的设定值，确保封门结构稳定，避免封门产生过大变形而引起泥水流入井内等严重后果。在顶管机切口距洞口 6m 左右，土压降为最低限度，以维持正常施工的条件。

为控制顶进轴线、保护刀盘，正面水压设定值应偏低，速度不宜过快，尽量将顶进速度控制在 10mm/min 以内。待顶管机切口距封门外壁 500mm 时，停止压注第 1 中继间至第一节管节之间的润滑泥浆。

为避免工具管切口内土体涌入接收井内，在工具管进入洞门前应尽量挖空正面土体。

（3）封门拆除。拆除封门前应详细了解施工现场情况和封门结构，分析可能发生的各类情况，准备相应措施。拆除前顶管机应保持最佳工作状态，一旦拆除立刻顶进至接收井内。为防止封门发生严重漏水现象，在管道内应准备好聚氨酯堵漏材料，便于随时通过第一节管节的压浆孔压注聚氨酯。

拆除封门后，应迅速连续顶进管节，尽量缩短顶管机顶出洞门的时间。

（4）洞门建筑空隙封堵。顶管机完全进入接收井后，洞圈和管节间的建筑空隙是泥水流失的主要通道。待第一节管节伸出洞门 500mm 左右时，应及时用厚 16mm 的环形钢板将洞门上的预留钢板与管节上的预留钢套焊接牢固，同时在环形钢板上等分设置若干个注浆孔，压注足量的浆液填充建筑空隙。

5. 施工测量

建立施工顶进轴线的观测台，用它指导顶管的正确施工。按三等水准连测两井之间的进出洞门高程，计算顶进设计坡度。一般 200m 左右的顶管可只设一个观察台，在观察台架设 J2 型经纬仪，测算出顶管头（切口）尾的平面和高程偏离值。

顶管施工初次放样的正确性，对顶进尤为重要。由于顶管后靠顶进中要产生变化，测量台的布置应牢靠地固定在工作井底板预埋铁板上，与顶进机架和后靠不相连接，并经常复测，消除工作井位移产生的测量偏差，以确保顶管施工测量的正确性。

顶进过程中，应对管道水平轴线和高程、顶管机的姿态等进行测量。正常顶进时，每顶进 1.0m，测量应不少于 1 次；每顶入一节管，水平轴线和高程测量不应少于 3 次。距离较长的顶管宜采用计算机辅助的导线法（自动测量导向系统）进行测量。

复习思考题

6-1　全断面掘进机分哪几种类型？适用条件是什么？

6-2　试述采用全断面掘进机施工隧道时的整个工艺过程及主要技术要点。

6-3　全断面掘进机的结构主要由哪些部分和系统组成？

6-4　盾构法施工地下工程有何特点？叙述盾构法施工的基本原理。

6-5　盾构机的基本构造有哪些？各组成部分的主要功能是什么？

6-6　盾构机与全断面岩石掘进机有哪些区别（不同点和相同点）？

6-7　泥水盾构和土压盾构的开挖控制方法和内容有哪些？

6-8　如何了解和控制盾构机在推进过程中发生的偏向？发生偏向后又如何进行纠偏？

6-9　壁后注浆的目的是什么？注浆方式有哪些？注入压力、注入量如何确定？

6-10　盾构衬砌拼装的方法及原则是什么？衬砌防水的主要内容有哪些？

6-11　盾构法施工导致地层变形的原因有哪些？地表沉降监测的内容有哪些？

6-12　试阐述顶管法施工基本原理。

6-13　手掘式顶管的施工工艺和要求是什么？

6-14　机械顶管施工和盾构施工有何区别？

6-15　顶管始发和到达施工有哪些具体要求和措施？

6-16　简述顶管施工中的施工测量要求。如何进行施工测量？

第七章 建筑防水工程

建筑防水工程的施工，是建筑施工技术的重要组成部分，也是保证建筑物和构筑物不受浸蚀，内部空间不受危害的分项工程施工。防水工程质量的优劣，不仅关系到建（构）筑物的使用寿命，而且直接影响到人们生产、生活环境和卫生条件。严重的渗漏，不仅危害着建筑物，也威胁着人们的健康和安全，甚至会造成较大的经济损失。因此，建筑防水工程的质量，除了考虑设计的合理性、防水材料的正确选择外，还要注意其施工工艺及施工质量。

第一节 概 述

一、建筑防水的分类、基本要求

（一）建筑防水工程的分类

防水工程按照其构造做法可以分为两大类，即结构自防水和使用不同材料做成防水层防水。其中按所用的不同防水材料又可分为刚性防水材料（如涂抹防水砂浆、浇筑掺有外加剂的细石混凝土或预应力混凝土等）和柔性防水材料（如铺设不同档次的防水卷材，涂刷各种防水涂料等）。

按建（构）筑物工程部位可划分为：地下防水、屋面防水等。

（二）建筑防水工程的基本要求

建筑防水工程整体质量的要求是：不渗不漏，保证排水畅通，使建筑物具有良好的防水和使用功能。

建筑防水工程的质量优劣与防水材料、防水设计、防水施工以及维修管理等密切相关，因此必须高度重视。

二、建筑防水材料

（一）防水卷材

主要防水卷材的分类参见表 7-1。

表 7-1　　　　　　　　　　　　　主要防水卷材分类表

类别	品种名称
高聚物改性沥青类防水卷材	弹性体改性沥青防水卷材
	改性沥青聚乙烯胎防水卷材
	自黏聚合物改性沥青防水卷材
合成高分子类防水卷材	三元乙丙橡胶防水卷材
	聚氯乙烯防水卷材
	聚乙烯丙纶复合防水卷材
	高分子自黏胶膜防水卷材

高聚物改性沥青防水卷材是以合成高分子聚合物改性沥青为涂盖层，纤维织物或纤维胎为胎体，同时以粉状、粒状、片状或薄膜材料为覆盖材料而制成的可卷曲条状防水材料。它具有高温不流淌、低温不脆裂、抗拉强度高、延伸率大等特点，能较好地适应基层开裂及伸缩变形的要求。

合成高分子卷材是以合成橡胶、合成树脂为基料，加入适量的化学助剂和填充料等，经混炼、压延或挤出等工序加工而成的可卷曲的长条状防水材料。该卷材具有抗拉强度高、断裂伸长率大、耐热性能好、低温柔性大、耐老化、耐腐蚀、适应变形能力强、有较长的防水耐用年限、可以冷施工等优点，可采用冷粘法或自粘法施工。

各种防水材料及制品均应符合设计要求，具有质量合格证明，进场前应该按照规范要求进行抽样复检，严禁使用不合格产品。

（二）防水涂料

防水涂料按涂料形成液态的方式不同分为溶剂型、反应型和水乳型三类。主要防水涂料的分类见表 7-2。

表 7-2　　　　　　　　　　　　　　主要防水涂料的分类

类　别		材　料　名　称
高聚物改性沥青防水涂料	溶剂型	再生橡胶沥青涂料、氯丁橡胶沥青涂料等
	水乳型	再生橡胶沥青涂料、丁苯胶乳沥青涂料、氯丁胶乳沥青涂料、PVC 煤焦油涂料等
合成高分子防水涂料	水乳型	硅橡胶涂料、丙烯酸酯涂料、AAS 隔热涂料等
	反应型	聚氨酯防水涂料、环氧树脂防水涂料等

（1）溶剂型涂料，是以各种有机溶剂使高分子材料等溶解成液态的涂料，如氯丁橡胶涂料等，这类涂料的优点是成膜迅速，缺点是易燃、有毒等。

（2）反应型涂料，是以一个或两个液态组分构成的涂料，涂刷后经化学反应形成固态涂膜，如聚氨基甲酸酯橡胶类涂料，这类涂料的优点是成膜时无体积收缩，涂刷一遍即可获得所要求的涂膜厚度，缺点是现场配制必须精确、均匀，质量不易保证。

（3）水乳型涂料是以水为分散介质使高分子材料及沥青材料等形成乳状液，涂刷后水分蒸发而成膜，如丙烯酸酯乳液等。这类涂料的优点是无味、无毒、无燃烧危险，操作简便，尤其可在较潮湿的基层上施工，是一种较有发展前途的防水涂料，其缺点是低温下成膜困难（不能在 5℃下低温施工），涂料与基层的黏结力差。

（三）水泥砂浆防水

水泥砂浆防水层是一种刚性防水层．它是用普通水泥砂浆或在砂浆中掺入一定量防水剂，进行分层涂抹而达到防水抗渗的目的。水泥砂浆防水层可分为刚性多层抹面水泥砂浆防水层和掺外加剂的水泥砂浆防水层两种。掺外加剂的水泥砂浆防水层又可分为掺无机盐防水剂的水泥砂浆防水层和聚合物水泥砂浆防水层。

（四）防水混凝土

防水混凝土是以自身壁厚及其憎水性和密实性来达到防水目的。防水混凝土可分为普通防水混凝土、外加剂防水混凝土和膨胀水泥防水混凝土三种，防水混凝土的适用范围参见表 7-3。

表 7 - 3　　　　　　　　　　　　　　**防水混凝土的适用范围**

种　　类		最高抗渗压力（MPa）	特　　点	适　用　范　围
普通防水混凝土		>3.0	施工简单，材料来源广泛	适用于一般工业、民用建筑及公共建筑的地下防水工程
外加剂防水混凝土	引气剂防水混凝土	>2.2	抗冻性好	适用于北方高寒地区、抗冻性要求较高的防水工程及一般防水工程，不适用于抗压强度＞20MPa 或耐磨性要求较高的防水工程
	减水剂防水混凝土	>2.2	拌和物流动性好	适用于钢筋密集或振捣困难的薄壁型防水构筑物，也适用于对混凝土凝结时间（促凝或缓凝）和流动性有特殊要求的防水工程（如泵送混凝土工程）
	三乙醇胺防水混凝土	>3.8	早期强度高，抗渗标号高	适用于工期紧迫，要求早强及抗渗性较高的防水工程及一般防水工程
	氯化铁防水混凝土	>3.8		适用于水中结构的无筋少筋、厚大防水混凝土工程及一般地下防水工程，砂浆修补抹面工程在接触直流电源或预应力混凝土及重要的薄壁结构上不宜使用
	膨胀剂防水混凝土	>3.8	密实性好、抗裂性好	适用于地下工程和地上防水构筑物

第二节　地下建筑防水工程

　　地下防水工程是防止地下水对地下构筑物或建筑物基础的长期浸透，保证地下构筑物或地下室使用功能正常发挥的一项重要工程。由于地下工程常年受到地表水、潜水、上层滞水、毛细管水等的作用，所以，对地下工程防水的处理比屋面防水工程要求更高，防水技术难度更大。而如何正确选择合理有效的防水方案就成为地下防水工程中的首要问题。

　　地下工程的防水等级分 4 级，各级标准应符合表 7 - 4 的规定。

表 7 - 4　　　　　　　　　　　　　　**地下工程防水等级标准**

防水等级	防水标准
一级	不允许渗水，结构表面无湿渍
二级	不允许漏水，结构表面可有少量湿渍； 房屋建筑地下工程：总湿渍面积不应大于总防水面积（包括顶板、墙面、地面）的 1/1000；任意 100m² 防水面积上的湿渍不超过 2 处，单个湿渍的最大面积不大于 0.1m²
三级	有少量漏水点，不得有线流和漏泥砂； 任意 100m² 防水面积上的漏水或湿渍点数不超过 7 处，单个漏水点的最大漏水量不大于 2.5L/d，单个湿渍的最大面积不大于 0.3m²
四级	有漏水点，不得有线流和漏泥砂； 整个工程平均漏水量不大于 2L/(m² · d)；任意 100m² 防水面积上的平均漏水量不大于 4L/(m² · d)

（一）防水混凝土的施工

防水混凝土结构是指以本身的密实性而具有一定防水能力的整体式混凝土或钢筋混凝土结构。它兼有承重、围护和抗渗的功能，还可满足一定的耐冻融及耐侵蚀要求。

防水混凝土结构工程质量的优劣，除取决于合理的设计、材料的性质及配合成分以外，还取决于施工质量的好坏。因此，对施工中的各主要环节，如混凝土搅拌、运输、浇筑、振捣、养护等，均应严格遵循施工及验收规范和操作规程的各项规定进行施工。

防水混凝土所用模板，除满足一般要求外，应特别注意模板拼缝严密，支撑牢固。在浇筑防水混凝土前，应将模板内部清理干净。如若两侧模板需用对拉螺栓固定时，应在螺栓或套管中间加焊止水环，螺栓加堵头，如图 7 - 1 所示。

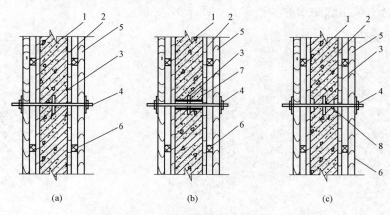

图 7 - 1　螺栓穿墙止水措施

（a）螺栓加焊止水环；（b）套管加焊止水环；（c）螺栓加堵头

1—防水建筑；2—模板；3—止水环；4—螺栓；5—水平加劲肋；6—垂直加劲肋；

7—预埋套管（拆模后将螺栓拔出，套管内用膨胀水泥砂浆封堵）；

8—堵头（拆模后将螺栓沿平凹坑底割去，再用膨胀水泥砂浆封堵）

钢筋不得用铁丝或铁钉固定在模板上，必须采用相同配合比的细石混凝土或砂浆块作垫块，并确保钢筋保护层厚度符合规定，不得有负误差。如结构内设置的钢筋确需用铁丝绑扎时，均不得接触模板。

防水混凝土的配合比应通过试验选定。选定配合比时，应按设计要求的抗渗标号提高 0.2MPa。防水混凝土的抗渗等级不得小于 S6，所用水泥的强度等级不低于 32.5 级，石子的粒径宜为 5～40mm，宜采用中砂，防水混凝土可根据抗裂要求掺入钢纤维或合成纤维。其掺合料、外加剂的掺量应经试验确定，其水灰比不大于 0.55。地下防水工程所使用的防水材料应有产品合格证书和性能检测报告，材料的品种、规格、性能等应符合现行国家产品标准和设计要求，不合格的材料不得在工程中使用。配制防水混凝土要用机械搅拌，先将砂、石、水泥一次倒入搅拌筒内搅拌 0.5～1.0min，再加水搅拌 1.5～2.5min。如掺外加剂应最后加入。外加剂必须先用水稀释均匀，掺外加剂防水混凝土的搅拌时间应根据外加剂的技术要求确定。对厚度≥250mm 的结构，混凝土坍落度宜为 10～30mm。厚度＜250mm 或钢筋稠密的结构，混凝土坍落度宜为 30～50mm。拌好的混凝土应在半小时内运至现场，于初凝前浇筑完毕，如运距较远或气温较高时，宜掺缓凝减水剂。防水混凝土拌合物在运输后，如出现离析，必须进行二次搅拌，当坍落度损失后，不能满足施工要求时，应加入原水灰比的水泥浆或二次掺减水剂进行搅拌，严禁直接加水。混凝土浇筑时应分层连续浇筑，其自由倾落高度不得大于 1.5m。混凝土应用机械振捣密实，振捣时间为 10～30s，以混凝土开始泛浆和不冒气泡为止，并避免漏振、欠振和超振。混凝土振捣后，须用铁锹拍实，等混凝土初凝后用铁抹子压光，以增加表面致密性。

防水混凝土应连续浇筑，尽量不留或少留施工缝。必须留设施工缝时，宜留在下列部位：墙体水平施工缝不应留在剪力与弯矩最大处或底板与侧墙的交接处，应留在高出底板表面不小于 300mm 的墙体上；拱（板）墙结合的水平施工缝，宜留在拱（板）墙接缝线以下 150～300mm 处，水平施工缝的形式有凹缝、凸缝、阶梯形缝和平缝；墙体有预留孔洞时，施工缝距孔洞边缘不应小于 300mm；垂直施工缝应避开地下水和裂隙水较多的地段，并宜与变形缝相结合。施工缝防水的构造形式如图 7-2 所示。

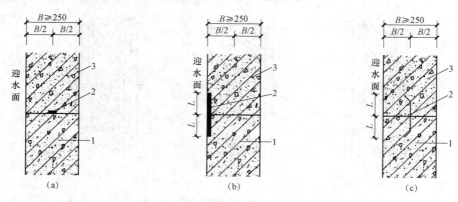

图 7-2　施工缝防水构造

（a）防水基本构造（一）；（b）防水基本构造（二）；（c）防水基本构造（三）

1—先浇混凝土；2—遇水膨胀止水条；3—后浇混凝土

外贴止水带 $L \geqslant 150$；外涂防水涂料 $L = 200$；外抹防水砂浆 $L = 200$

钢板止水带 $L \geqslant 100$；橡胶止水带 $L \geqslant 125$；钢边橡胶止水带 $L \geqslant 120$

施工缝浇灌混凝土前，应将其表面浮浆和杂物清除干净，先铺净浆，再铺 30～50mm 厚的 1：1 水泥砂或涂刷混凝土界面处理剂，并及时浇灌混凝土；垂直施工缝可不铺水泥砂浆，选用的遇水膨胀止水条，应牢固地安装在缝表面或预留槽内，且该止水条应具有缓胀性能，其 7d 的膨胀率不应大于最终膨胀率的 60%，如采用中埋式止水带时，应位置准确，固定牢靠。

防水混凝土终凝后（一般浇后 4～6h），即应开始覆盖浇水养护，养护时间应在 14d 以上，冬期施工混凝土入模温度不应低于 5℃，宜采用综合蓄热法、蓄热法、暖棚法等养护方法，并应保持混凝土表面湿润，防止混凝土早期脱水。如采用掺化学外加剂方法施工时，能降低水溶液的冰点，使混凝土在低温下硬化，但要适当延长混凝土搅拌时间，振捣要密实，还要采取保温保湿措施，不宜采用蒸汽养护和电热养护。地下构筑物应及时回填分层夯实，以避免由于干缩和温差产生裂缝。防水混凝土结构须在混凝土强度达到设计强度等级 40% 以上时方可在其上面继续施工，达到设计强度等级 70% 以上时方可拆模。拆模时，混凝土表面温度与环境温度之差，不得超过 15℃，以防混凝土表面出现裂缝。

防水混凝土浇筑后严禁打洞，因此，所有的预留孔和预埋件在混凝土浇筑前必须埋设准确。对防水混凝土结构内的预埋铁件、穿墙管道等防水薄弱之处，应采取措施，仔细施工。

　　拌制防水混凝土所用材料的品种、规格和用量，每工作班检查不应少于两次；混凝土在浇筑地点的坍落度，每工作班至少检查两次；防水混凝土抗渗性能，应采用标准条件下养护混凝土抗渗试件的试验结果评定，试件应在浇筑地点制作。连续浇筑混凝土每 500m³ 应留置一组抗渗试件，一组为 6 个试件，每项工程不得少于两组。

　　防水混凝土的施工质量检验，应按混凝土外露面积每 100m² 抽查 1 处，每处 10m²，且不得不少于 3 处，细部构造应全数检查。

　　防水混凝土的抗压强度和抗渗压力必须符合设计要求，其变形缝、施工缝、后浇带、穿墙管道、埋设件等的设置和构造均要符合设计要求，严禁有渗漏。防水混凝土结构表面的裂缝宽度不应大于 0.2mm，并不得贯通，其结构厚度不应小于 250mm，迎水面钢筋保护层厚度不应小于 50mm。

　　（二）水泥砂浆防水层的施工

　　刚性抹面防水根据防水砂浆材料组成及防水层构造不同可分为两种：掺外加剂的水泥砂浆防水层与刚性多层抹面防水层。掺外加剂的水泥砂浆防水层，近年来已从掺用一般无机盐类防水剂发展至用聚合物外加剂改性水泥砂浆，从而提高水泥砂浆防水层的抗拉强度及韧性，有效地增强了防水层的抗渗性，可单独用于防水工程，获得较好的防水效果。刚性多层抹面防水层主要是依靠特定的施工工艺要求来提高水泥砂浆的密实性，从而达到防水抗渗的目的，适用于埋深不大，不会因结构沉降、温度和湿度变化及受振动等产生有害裂缝的地下防水工程，可用于结构主体的迎水面或背水面，在混凝土或砌体结构的基层上采用多层抹压施工，但不适用于环境有侵蚀性、持续振动或温度高于 80℃ 的地下工程。

　　水泥砂浆防水层所采用的水泥强度等级不应低于 32.5 级，宜采用中砂，其粒径在 3mm以下，外加剂的技术性能应符合国家或行业标准一等品及以上的质量要求。

　　刚性多层抹面防水层通常采用四层或五层抹面做法。一般在防水工程的迎水面采用五层抹面做法，如图 7-3 所示，在背水面采用四层抹面做法（少一道水泥浆）。

　　施工前要注意对基层的处理，使基层表面保持湿润、清洁、平整、坚实、粗糙，以保证防水层与基层表面结合牢固，不空鼓和密实不透水。施工时应注意素灰层与砂浆层应在同一天完成。施工应连续进行，尽可能不留施工缝，一般顺序为先平面后立面。分层做法如下：第一层，在浇水湿润的基层上先抹1mm 厚素灰（用铁板用力刮抹 5～6 遍），再抹 1mm 找平。第二层，水泥砂浆层在素灰层初凝后终凝前进行，使砂浆压入素灰层 0.5mm 并扫出横纹。第三层，在第二层凝固后进行，做法同第一层。第四层，同第二层做法，抹后在表面用铁板抹压5～6 遍，最后压光。第五层，在第四层抹压两遍后刷水泥浆一遍，随第四层压光。水泥砂浆铺抹时，采用砂浆收水后二次抹

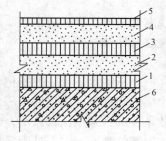

图 7-3　五层做法构造
1、3—素灰层 2mm；
2、4—砂浆层 4～5mm；
5—水泥浆 1mm；6—结构层

光，使表面坚固密实。防水层的厚度应满足设计要求，一般为 18～20mm 厚，聚合物水泥砂浆防水层厚度要视施工层数而定。施工时注意素灰层与砂浆层应在同一天完成，防水层各层之间应结合牢固，不空鼓。每层宜连续施工尽可能不留施工缝，必须留施工缝时，应采用阶梯坡形槎，如图 7-4 所示。接槎处应先抹一层水泥浆后再继续施工，接槎处离开阴阳角处不小于 200mm，防水层的阴阳角应做成圆弧形。

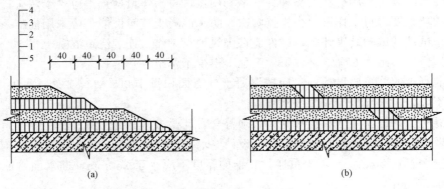

图 7 - 4   防水层留槎与接槎方法

(a) 留槎方法；(b) 接槎方法

1、3—素灰层；2、4—砂浆层；5—结构基层

水泥砂浆防水层不宜在雨天及 5 级以上大风中施工，冬季施工不应低于 5℃，夏季施工不应在 35℃ 以上或烈日照射下施工。

如采用普通水泥砂浆做防水层，铺抹的面层终凝后应及时进行养护，且养护时间不得少于 14d。

对聚合物水泥砂浆防水层未达硬化状态时，不得浇水养护或受雨水冲刷，硬化后应采用干湿交替的养护方法。

（三）卷材防水层的防水

卷材防水层是用沥青胶结材料粘贴卷材而成的一种防水层，属于柔性防水层。其特点是具有良好的韧性和延伸性，能适应一定的结构振动和微小变形，对酸、碱、盐溶液具有良好的耐腐蚀性，是地下防水工程常用的施工方法，采用改性沥青防水卷材和高分子防水卷材，抗拉强度高，延伸率大，耐久性好，施工方便。但由于沥青卷材吸水率大，耐久性差，机械强度低，直接影响防水层质量，而且材料成本高，施工工序多，操作条件差，工期较长，发生渗漏后修补困难。

1. 铺贴方案

地下防水工程一般是把卷材防水层设置在建筑结构的外侧迎水面上称为外防水，这种防水层的铺贴法可以借助土压力压紧，并与结构一起抵抗有压地下水的渗透和侵蚀作用，防水效果良好，采用比较广泛。卷材防水层用于建筑物地下室，应铺设在结构主体底板垫层至墙体顶端的基面上，在外围形成封闭的防水层，卷材防水层为一至二层，防水卷材厚度应满足表 7 - 5 的规定。

表 7 - 5   防水卷材厚度

防水等级	设防道数	合成高分子卷材	高聚物改性沥青防水卷材
一级	三道或三道以上设防	单层：不应小于 1.5mm； 双层：每层不应小于 1.2mm	单层：不应小于 4mm； 双层：每层不应小于 3mm
二级	二道设防		
三级	一道设防	不应小于 1.5mm	不应小于 4mm
	复合设防	不应小于 1.2mm	不应小于 3mm

阴阳角处应做成圆弧或135°折角，其尺寸视卷材品质而定，在转角处、阴阳角等特殊部位，应增贴1~2层相同的卷材，宽度不宜小于500mm。

外防水的卷材防水层铺贴方法，按其与地下防水结构施工的先后顺序分为外贴法和内贴法两种。

（1）外贴法。在地下建筑墙体做好后，直接将卷材防水层铺贴在墙上，然后砌筑保护墙（图7-5）。其施工程序是：首先浇筑防水结构的底面混凝土垫层；并在垫层上砌筑永久性保护墙，墙下干铺卷材一层，墙高不小于结构底板厚度，另加200~500mm；在永久性保护墙上用石灰砂浆砌临时保护墙，墙高为150mm×（卷材层数+1）；在永久性保护墙上和垫层上抹1:3水泥砂浆找平层，临时保护墙上用石灰砂浆找平；待找平层基本干燥后，即在其上满涂冷底子油，然后分层铺贴立面和平面卷材防水层，并将顶端临时固定。在铺贴好的卷材表面做好保护层后，再进行防水结构的底板和墙体施工。需防水结构施工完成后，将临时固定的接槎部位的各层卷材揭开并清理干净，再在此区段的外墙外表面上补抹水泥砂浆找平层，找平层上满涂冷底子油，将卷材分层错槎搭接向上铺贴在结构墙上。卷材接槎的搭接长度，高聚物改性沥青卷材为150mm，合成高分子卷材为100mm，当使用两层卷材时，卷材应错槎接缝，上层卷材应盖过下层卷材，并应及时做好防水层的保护结构。

（2）内贴法。在地下建筑墙体施工前先砌筑保护墙，然后将卷材防水层铺贴在保护墙上，最后施工并浇筑地下建筑墙体（图7-6）。其施工程序是：先在垫层上砌筑永久保护墙，然后在垫层及保护墙上抹1:3水泥砂浆找平层，待其基本干燥后满涂冷底子油，沿保护墙与垫层铺贴防水层。卷材防水层铺贴完成后，在立面防水层上涂刷最后一层沥青胶时，趁热粘上干净的热砂或散麻丝，待冷却后，随即抹一层10~20mm厚1:3水泥砂浆保护层。在平面上可铺设一层30~50mm厚1:3水泥砂浆或细石混凝土保护层。最后进行需防水结构的施工。

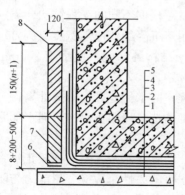

图7-5 外贴法

1—垫层；2—找平层；3—卷材防水层；

4—保护层；5—构筑物；6—油毡；

7—永久保护墙；8—临时性保护墙

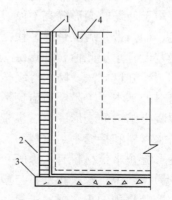

图7-6 内贴法

1—卷材防水层；2—永久保护墙；

3—垫层；4—尚未施工的构筑物

2. 施工要点

铺贴卷材的基层必须牢固、无松动现象；基层表面应平整干净；阴阳角处，均应做成圆弧形或钝角。铺贴卷材前，应在基面上涂刷基层处理剂，当基面较潮湿时，应涂刷湿固化型胶黏剂或潮湿界面隔离剂。基层处理剂应与卷材和胶黏剂的材性相容，基层处理剂可采用喷涂法或涂刷法施工，喷涂应均匀一致，不露底，待表面干燥后，再铺贴卷材。铺贴卷材时，每层的沥青胶，要求涂布均匀，其厚度一般为 1.5～2.5mm。外贴法铺贴卷材应先铺平面，后铺立面，平、立面交接处应交叉搭接；内贴法宜先铺垂直面，后铺水平面。铺贴垂直面时应先铺转角，后铺大面。墙面铺贴时应待冷底子油干燥后自下而上进行。卷材接槎的搭接长度，高聚物改性沥青卷材为 150mm，合成高分子卷材为 100mm，当使用两层卷材时，上下两层和相邻两幅卷材的接缝应错开 1/3～1/2 幅宽，并不得互相垂直铺贴。在立面与平面的转角处，卷材的接缝应留在平面距立面不小于 600mm 处。在所有转角处均应铺贴附加层并仔细粘贴紧密。粘贴卷材时应展平压实。卷材与基层和各层卷材间必须黏结紧密，搭接缝必须用沥青胶仔细封严。最后一层卷材贴好后，应在其表面均匀涂刷一层 1～1.5mm 的热沥青胶，以保护防水层。铺贴高聚物改性沥青卷材应采用热熔法施工，在幅宽内卷材底表面均匀加热，不可过分加热或烧穿卷材，只使卷材的粘接面材料加热呈熔融状态后，立即与基层或已粘贴好的卷材粘接牢固，但对厚度小于 3mm 的高聚物改性沥青防水卷材不能采用热熔法施工。铺贴合成高分子卷材要采用冷粘法施工，所使用的胶黏剂必须与卷材材性相容。

如用模板代替临时性保护墙时，应在其上涂刷隔离剂。从底面折向立面的卷材与永久性保护墙的接触部位，应采用空铺法施工，与临时性保护墙或围护结构模板接触的部位，应临时贴附在该墙上或模板上，卷材铺好后，其顶端应临时固定。当不设保护墙时，从底面折向立面的卷材的接槎部位应采取可靠的保护措施。

（四）结构细部构造防水的施工

1. 变形缝

地下结构物的变形缝是防水工程的薄弱环节，防水处理比较复杂。如处理不当会引起渗漏现象，从而直接影响地下工程的正常使用和寿命。为此，在选用材料、做法及结构形式上，应考虑变形缝处的沉降、伸缩的可变性，并且还应保证其在形态中的密闭性，即不产生渗漏水现象。用于伸缩的变形缝宜不设或少设，可根据不同的工程结构、类别及工程地质情况采用诱导缝、加强带、后浇带等替代措施。用于沉降的变形缝宽度宜为 20～30mm，用于伸缩的变形缝宽度宜小于此值，变形缝处混凝土结构的厚度不应小于 300mm，变形缝的防水措施可根据工程开挖方法、防水等级按规定选用。

对止水材料的基本要求是：适应变形能力强；防水性能好；耐久性高；与混凝土黏结牢固等。防水混凝土结构的变形缝，后浇带等细部构造应采用止水带，遇水膨胀橡胶腻子止水条等高分子防水材料和接缝密封材料。

常见的变形缝止水带材料有：橡胶止水带、塑料止水带、氯丁橡胶止水带和金属止水带（如镀锌钢板等）。其中，橡胶止水带与塑料止水带的柔性、适应变形能力与防水性能都比较好，是目前变形缝常用的止水材料；氯丁橡胶止水带是一种新型止水材料，具有施工简便、防水效果好、造价低且易修补的特点；金属止水带一般仅用于高温环境条件下无法采用橡胶止水带或塑料止水带的场合。金属止水带的适应变形能力差，制作困难。对环境温度高于50℃处的变形缝，可采用 2mm 厚的紫铜片或 3mm 厚不锈钢金属止水带，在不受水压的地下室防水工程中，结构变形缝可采用加防腐掺合料的沥青浸过的松散纤维材料，软质板材等填塞严密，并用封缝材料严密封缝，墙的变形缝的填嵌应按施工进度逐段进行，每 300～500mm 高填缝一次，缝宽不小于 30mm。不受水压的卷材防水层，在变形缝处应加铺两层抗拉强度高的卷材；在受水压的地下防水工程中，温度经常<50℃，在不受强氧化作用时，

变形缝宜采用橡胶或塑料止水带；当有油类侵蚀时，应选用相应的耐油橡胶或塑料止水带，止水带应整条，如必须接长，应采用焊接或胶接，止水带的接缝宜为一处，并应设在边墙较高位置上，不得设在结构转角处。止水带埋设位置应准确，其中间空心圆环与变形缝的中心线应重合。止水带应妥善固定，顶、底板内止水带应成盆状安设，宜采用专用钢筋套或扁钢固定，止水带不得穿孔或用铁钉固定，损坏处应修补，止水带应固定牢固、平直，不能有扭曲现象。

变形缝接缝处两侧应平整、清洁、无渗水，并涂刷与嵌缝材料相容的基层处理剂，嵌缝应先设置与嵌缝材料隔离的背衬材料，并嵌填密实，与两侧黏结牢固，在缝上粘贴卷材或涂刷涂料前，应在缝上设置隔离层后才能进行施工。

止水带的构造形式通常有埋入式、可卸式、粘贴式等，目前采用较多的是埋入式。根据防水设计的要求，有时在同一变形缝处，可采用数层、数种止水带的构造形式。如图7-7所示为埋入式橡胶（或塑料）止水带的构造图，图7-8、图7-9分别是可卸式橡胶止水带变形构造和粘贴式氯丁橡胶板变形缝构造图。

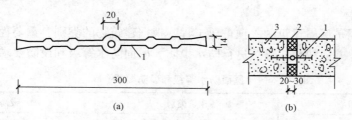

图7-7　埋入式橡胶（或塑料）止水带的构造

（a）橡胶止水带；（b）变形缝构造

1—止水带；2—沥青麻丝；3—构筑物

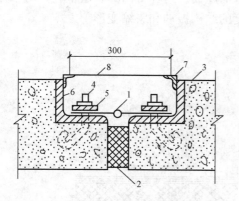

图7-8　可卸式橡胶止水带变形构造

1—橡胶止水带；2—沥青麻丝；3—构筑物；4—螺栓；

5—钢压条；6—角钢；7—支撑角钢；8—钢盖板

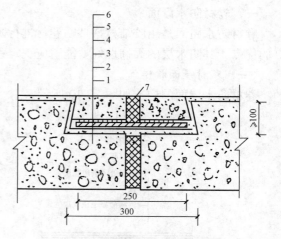

图7-9　粘贴式氯丁橡胶板变形缝构造

1—构筑物；2—刚性防水层；3—胶黏剂；4—氯丁胶板；

5—素灰层；6—细石混凝土覆盖层；7—沥青麻丝

2. 后浇带的处理

后浇带（也称后浇缝）是对不允许留设变形缝的防水混凝土结构工程（如大型设备基础

等）采用的一种刚性接缝。

防水混凝土基础后浇缝留设的位置及宽度应符合设计要求。其断面形式可留成平直缝或阶梯缝，但结构钢筋不能断开；如必须断开，则主筋搭接长度应大于 45 倍主筋直径，并应按设计要求加设附加钢筋。留缝时应采取支模或固定钢板网等措施，保证留缝位置准确、断口垂直、边缘混凝土密实。后浇带需超前止水时，后浇带部位混凝土应局部加厚，并增设外贴式或埋入式止水带。留缝后要注意保护，防止边缘毁坏或缝内进入垃圾杂物。

后浇带的混凝土施工，应在其两侧混凝土浇筑完毕并养护六周，待混凝土收缩变形基本稳定后再进行。但高层建筑的后浇带应在结构顶板浇筑混凝土 14d，再施工后浇带。浇筑前应将接缝处混凝土表面凿毛并清洗干净，保持湿润；浇筑的混凝土应优先选用补偿收缩的混凝土，其强度等级不得低于两侧混凝土的强度等级；施工期的温度应低于两侧混凝土施工时的温度，而且宜选择在气温较低的季节施工；浇筑后的混凝土养护时间不应少于四周。

第三节　屋面防水工程

屋面防水工程是房屋建筑的一项重要工程。根据建筑物的类别、重要程度、使用功能要求确定防水等级，并应按相应等级进行防水设防。屋面防水等级和设防要求应符合表 7-6。

表 7-6　　　　　　　　　　　　　　屋面防水等级和设防要求

防水等级	建筑类别	设防要求
Ⅰ级	重要建筑和高层建筑	两道防水设防
Ⅱ级	一般建筑	一道防水设防

防水屋面的常用种类有卷材防水屋面、涂膜防水屋面和刚性防水屋面等。

一、卷材防水屋面

卷材防水屋面是用胶结材料粘贴卷材进行防水的屋面。这种屋面具有重量轻、防水性能好的优点，其防水层的柔韧性好，能适应一定程度的结构振动和胀缩变形。

（一）卷材屋面构造

卷材防水屋面的构造如图 7-10 所示。

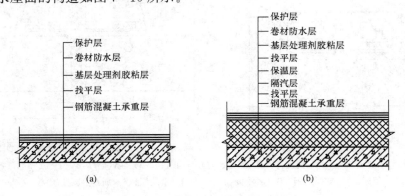

图 7-10　卷材屋面构造层次示意图

(a) 不保温卷材屋面；(b) 保温卷材屋面

（二）卷材防水层施工

1. 基层要求

基层施工质量的好坏，将直接影响屋面工程的质量。基层应有足够的强度和刚度，受荷载时不致产生显著变形。基层一般采用水泥砂浆、细石混凝土或沥青砂浆找平，做到平整、坚实、清洁、无凹凸形及尖锐颗粒。其平整度为：用2m长的直尺检查，基层与直尺间的最大空隙不应超过5mm，空隙仅允许平缓变化，每米长度内不得多于一处。铺设屋面隔汽层和防水层以前，基层必须清扫干净。

屋面及檐口、檐沟、天沟找平层的排水坡度，必须符合设计要求，平屋面采用结构找坡应不小于3%，采用材料找坡宜为2%，天沟、檐沟纵向找坡不应小于1%，沟底落水差不大于200mm，在与突出屋面结构的连接处以及在基层的转角处，均应做成圆弧或钝角，圆弧半径应符合下列要求：沥青防水卷材为100~150mm，高聚物改性沥青防水卷材为50mm，合成高分子防水卷材为20mm。

为防止由于温差及混凝土构件收缩而使防水屋面开裂，找平层应留分格缝，缝宽一般为20mm。缝应留在预制板支承边的拼缝处，其纵横向最大间距，当找平层采用水泥砂浆或细石混凝土时，不宜大于6m；采用沥青砂浆时，则不宜大于4m。分格缝处应附加200~300mm宽的卷材，用沥青胶结材料单边点贴覆盖。

采用水泥砂浆或沥青砂浆找平层做基层时，其厚度和技术要求应符合表7-7的规定。

表7-7　　　　　　　　　　　　　　找平层厚度和技术要求

类别	基层种类	厚度（mm）	技术要求
水泥砂浆找平层	整体混凝土	15~20	1:2.5~1:3（水泥：砂）体积比，水泥强度等级不低于32.5
	整体或板状材料保温层	20~25	
	装配式混凝土板、松散材料保温层	20~30	
细石混凝土找平层	松散材料保温层	30~35	混凝土强度等级不低于C20
沥青砂浆找平层	整体混凝土	15~20	质量比1:8（沥青：砂）
	装配式混凝土板、整体或板状材料保温层	20~25	

2. 基层处理剂

基层处理剂是为了增强防水材料与基层之间的黏结力，在防水层施工前，预先涂刷在基层上的涂料。其选择应与所用卷材的材性相容。常用的基层处理剂有用于沥青卷材防水屋面的冷底子油，用于高聚物改性沥青防水卷材屋面的氯丁胶沥青乳胶、橡胶改性沥青溶液、沥青溶液（即冷底子油）和用于合成高分子防水卷材屋面的聚氨酯煤焦油系的二甲苯溶液、氯丁胶乳溶液、氯丁胶沥青乳胶等。

3. 胶黏剂

卷材防水层的黏结材料，必须选用与卷材相应的胶黏剂。沥青卷材可选用沥青胶作为胶黏剂，沥青胶的标号应根据屋面坡度、当地历年室外极端最高气温按表7-8选用。其性能应符合表7-9规定。

表 7-8　　　　　　　　　　　　　　沥青胶的标号选用表

屋面坡度	历年室外极端最高温度	沥青胶结材料标号
1%～3%	小于 38℃	S-60
	38～41℃	S-65
	41～45℃	S-70
3%～15%	小于 38℃	S-65
	38～41℃	S-70
	41～45℃	S-75
15%～25%	小于 38℃	S-70
	38～41℃	S-80
	41～45℃	S-85

注　1. 油毡层上有板块保护层或整体保护层时，沥青胶标号可按上表降低 5 号。
　　　2. 屋面受其他热影响（如高温车间等），或屋面坡度超过 25% 时，应考虑将其标号适当提高。

表 7-9　　　　　　　　　　　　　　沥青胶的质量要求

标号 / 指标名称	S-60	S-65	S-70	S-75	S-80	S-85
耐热度	用 2mm 厚的沥青胶黏合两张沥青纸，于不低于下列温度（℃）中，在 1：1 坡度上停放 5h 的沥青胶不应流淌，油纸不应滑动					
	60	65	70	75	80	85
柔韧性	涂在沥青油纸上的 2mm 厚的沥青胶层，在（18±2）℃时，围绕下列直径（mm）的圆棒，用 2s 的时间以均衡速度弯成半周，沥青胶不应有裂纹					
	10	15	15	20	25	30
黏结力	用于将两张粘贴在一起的油纸慢慢地一次撕开，从油纸和沥青胶的粘贴面的任何一面的撕开部分，应不大于粘贴面积的 1/2					

高聚物改性沥青卷材可选用橡胶或再生橡胶改性沥青的汽油溶液或水乳液作为胶黏剂，其黏结剪切强度应大于 0.05MPa，黏结剥离强度应大于 8N/10mm。

合成高分子防水卷材可选用以氯丁橡胶和丁基酚醛树脂为主要成分的胶黏剂或以氯丁橡胶乳液制成的胶黏剂，其黏结剥离强度不应小于 15N/10mm，其用量为 $0.4～0.5kg/m^2$。胶黏剂均由卷材生产厂家配套供应。常用合成高分子卷材配套胶黏剂参见表 7-10。

表 7-10　　　　　　　　　　　　　部分合成高分子卷材的胶黏剂

卷材名称	基层与卷材胶黏剂	卷材与卷材胶黏剂	表面保护层涂料
三元乙丙-丁基橡胶卷材	CX-404 胶	丁基黏结剂 A、B 组分（1：1）	水乳型醋酸乙烯-丙烯酸酯共聚，油溶型乙丙橡胶和甲苯溶液
氯化聚乙烯卷材	BX-12 胶黏剂	BX-12 乙组分胶黏剂	水乳型醋酸乙烯-丙烯酸酯共聚，油溶型乙丙橡胶和甲苯溶液
LYX-603 氯化聚乙烯卷材	LYX-603-3（3 号胶）甲、乙组分	LYX-603-2（2 号胶）	LYX-603-1（1 号胶）
聚氯乙烯卷材	FL-5 型（5～15℃时使用）FL-15 型（15～40℃时使用）		

4. 卷材防水层施工

(1) 沥青卷材防水施工。

1) 铺设方向。卷材的铺设方向应根据屋面坡度和屋面是否有振动来确定。当屋面坡度小于 3‰时，卷材宜平行于屋脊铺贴；屋面坡度在 3‰～15‰之间时，卷材可平行或垂直于屋脊铺贴；屋面坡度大于 15‰或屋面受振动时，卷材应垂直于屋脊铺贴。上下层卷材不得相互垂直铺贴。

2) 施工顺序。屋面防水层施工时，应先做好节点、附加层和屋面排水比较集中部位（如屋面与水落口连接处、檐口、天沟、屋面转角处、板端缝等）的处理，然后由屋面最低标高处向上施工。铺贴天沟、檐沟卷材时，宜顺天沟、檐口方向，尽量减少搭接。铺贴多跨和有高低跨的屋面时，应按先高后低、先远后近的顺序进行。大面积屋面施工时，应根据屋面特征及面积大小等因素合理划分流水施工段。施工段的界线宜设在屋脊、天沟、变形缝等处。

3) 搭接方法及宽度要求。铺贴卷材采用搭接法，上下层及相邻两幅卷材的搭接缝应错开。平行于屋脊的搭接应顺流水方向；垂直于屋脊的搭接应顺主导风向。叠层铺设的各层卷材，在天沟与屋面的连接处，应采用叉接法搭接，搭接缝应错开，接缝宜留在屋面或天沟侧面，不宜留在沟底。各种卷材搭接宽度应符合表 7 - 11 的要求。

表 7 - 11　　　　　　　　　　　卷材搭接宽度　　　　　　　　　　　　mm

铺贴方法 卷材种类		短边搭接		长边搭接	
		满粘法	空铺、点粘、条粘法	满粘法	空铺、点粘、条粘法
沥青防水卷材		100	150	70	100
高聚物改性沥青防水卷材		80	100	80	100
合成高分子防水卷材	胶黏剂	80	100	80	100
	胶黏带	50	60	50	60
	单缝焊	60，有效焊接宽度不小于 25			
	双缝焊	80，有效焊接宽度 $10 \times 2 +$ 空腔宽			

4) 铺贴方法。沥青卷材的铺贴方法有浇油法、刷油法、刮油法、撒油法等四种。通常采用浇油法或刷油法。要求在干燥的基层上满涂沥青胶，应随浇涂随铺卷材。铺贴时，卷材要展平压实，使之与下层紧密黏结，卷材的接缝，应用沥青胶赶平封严。对容易渗漏水的薄弱部位（如天沟、檐口、泛水、水落口处等），均应加铺 1～2 层卷材附加层。

5) 屋面特殊部位的铺贴要求。天沟、檐沟、檐口、水落口、泛水、变形缝和伸出屋面管道的防水构造，必须符合设计要求。天沟、檐沟、檐口、泛水和立面卷材收头的端部应裁齐，塞入预留凹槽内，用金属压条，钉压固定，最大钉距不应大于 900mm，并用密封材料嵌填封严，凹槽距屋面找平层不小于 250mm，凹槽上部墙体应做防水处理。

水落口杯应牢固地固定在承重结构上，如为铸铁制品，所有零件均应除锈，并刷防锈漆；天沟、檐沟铺贴卷材应从沟底开始。如沟底过宽，卷材纵向搭接时，搭接缝必须用密封材料封口，密封材料嵌填必须密实、连续、饱满、黏结牢固，无气泡，不开裂脱落。沟内卷材附加层在与屋面交接处宜空铺，空铺宽度不小于 200mm，其卷材防水层应由沟底翻上至沟外檐顶部，卷材收头应用水泥钉固定并用密封材料封严，铺贴檐口 800mm 范围内的卷材应采取满粘法。

铺贴泛水处的卷材应采取满粘法，防水层贴入水落口杯内不小于 50mm，水落口周围直径 500mm 范围内的坡度不小于 5%，并用密封材料封严。

变形缝处的泛水高度不小于 250mm，伸出屋面管道的周围与找平层或细石混凝土防水层之间，应预留 20mm×20mm 的凹槽，并用密封材料嵌填严密。在管道根部直径 500mm 范围内，找平层应抹出高度不小于 30mm 的圆台。管道根部四周应增设附加层，宽度和高度均不小于 300mm。管道上的防水层收头应用金属箍紧固，并用密封材料封严。

6）排汽屋面的施工。卷材应铺设在干燥的基层上。当屋面保温层或找平层干燥有困难而又急需铺设屋面卷材时，则应采用排汽屋面。排汽屋面是整体连续的，在屋面与垂直面连接的地方，隔汽层应延伸到保温层顶部，并高出 150mm，以便与防水层相连，要防止房间内的水蒸气进入保温层，造成防水层起鼓破坏，保温层的含水率必须符合设计要求。在铺贴第一层卷材时，采用条粘、点粘、空铺等方法使卷材与基层之间留有纵横相互贯通的空隙作排汽道（图 7-11），排汽道的宽度 30～40mm，深度一直到结构层。对于有保温层的屋面，也可在保温层上的找平层上留槽作排汽道，并在屋面或屋脊上设置一定的排汽孔（每 36m²左右一个）与大气相通，这样就能使潮湿基层中的水分蒸发排出，防止了卷材起鼓。排汽屋面适用于气候潮湿，雨量充沛，夏季阵雨多，保温层或找平层含水率较大，且干燥有困难的地区。

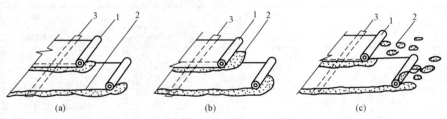

图 7-11　排汽屋面卷材铺法
(a) 空铺法；(b) 条粘法；(c) 点粘法
1—卷材；2—沥青胶；3—附加卷材条

（2）高聚物改性沥青卷材防水施工。高聚物改性沥青防水卷材，是指对石油沥青进行改性，提高防水卷材使用性能，增加防水层寿命而生产的一类沥青防水卷材。对沥青的改性，主要是通过添加高分子聚合物实现，其分类品种包括：塑性体沥青防水卷材、弹性体沥青防水卷材、自黏结卷材、聚乙烯膜沥青防水卷材等。使用较为普遍的是 SBS 改性沥青卷材、APP 改性沥青卷材、PVC 改性沥青卷材和再生胶改性沥青卷材等。其施工工艺流程与普通沥青卷材防水层相同。

依据高聚物改性沥青防水卷材的特性，其施工方法有冷粘法、热熔法和自粘法之分。在立面或大坡面铺贴高聚物改性沥青防水卷材时，应采用满粘法，并宜减少短边搭接。

1）冷粘法施工。冷粘法施工是利用毛刷将胶粘剂涂刷在基层或卷材上，然后直接铺贴卷材，使卷材与基层、卷材与卷材黏结的方法。施工时，胶黏剂涂刷应均匀、不露底、不堆积。空铺法、条粘法、点粘法应按规定的位置与面积涂刷胶黏剂。铺贴卷材时应平整顺直，搭接尺寸准确，接缝应满涂胶黏剂，辊压黏结牢固，不得扭曲，破折溢出的胶黏剂随即刮平封口；也可采用热熔法接缝。接缝口应用密封材料封严，宽度不应小于 10mm。

2）热熔法施工。热熔法施工是指利用火焰加热器熔化热熔型防水卷材底层的热熔胶进行粘贴的方法。施工时，在卷材表面热熔后（以卷材表面熔融至光亮黑色为度）应立即滚铺卷材，使之平展，并辊压黏结牢固。搭接缝处必须以溢出热熔的改性沥青胶为度，并应随即刮封接口。加热卷材时应均匀，不得过分加热或烧穿卷材。

3）自粘法施工。自粘法施工是指采用带有自粘胶的防水卷材，不用热施工，也不需涂刷胶结材料，而进行黏结的方法。铺贴前，基层表面应均匀涂刷基层处理剂，待干燥后及时铺贴卷材。铺贴时，应先将自粘胶底面隔离纸完全撕净，排除卷材下面的空气，并辊压黏结牢固，不得空鼓。搭接部位必须采用热风焊枪加热后随即粘贴牢固，溢出的自粘胶随即刮平封口。接缝口用不小于10mm 宽的密封材料封严。对厚度小于3mm 的高聚物改性沥青防水卷材，严禁采用热熔法施工。

（3）合成高分子卷材防水施工。合成高分子卷材的主要品种有：三元乙丙橡胶防水卷材、氯化聚乙烯—橡胶共混防水卷材、氯化聚乙烯防水卷材和聚氯乙烯防水卷材等。其施工工艺流程与前述相同。

其施工方法一般有冷粘法、自粘法和热风焊接法三种。

1）冷粘法、自粘法。冷粘法、自粘法施工要求与高聚物改性沥青防水卷材基本相同，但冷粘法施工时搭接部位应采用与卷材配套的接缝专用胶黏剂，在搭接缝粘合面上涂刷均匀，并控制涂刷与粘合的间隔时间，排除空气，辊压黏结牢固。

2）热风焊接法。热风焊接法是利用热空气焊枪进行防水卷材搭接粘合的方法。焊接前卷材铺放应平整顺直，搭接尺寸正确；施工时焊接缝的结合面应清扫干净，无水滴、油污及附着物。先焊长边搭接缝，后焊短边搭接缝，焊接处不得有漏焊、缺焊、焊焦或焊接不牢的现象，也不得损害非焊接部位的卷材。

5. 保护层施工

卷材铺设完毕，经检查合格后，应立即进行保护层的施工，及时保护防水层免受损伤，从而延长卷材防水层的使用年限。常用的保护层做法有以下几种：

（1）涂料保护层。保护层涂料一般在现场配制，常用的有铝基沥青悬浮液、丙烯酸浅色涂料或在涂料中掺入铝粉的反射涂料。保护层施工前防水层表面应干净无杂物。涂刷方法与用量按各种涂料使用说明书操作，基本和涂膜防水施工相同。涂刷应均匀、不漏涂。

（2）绿豆砂保护层。在沥青卷材非上人屋面中使用较多。施工时在卷材表面涂刷最后一道沥青胶，趁热撒铺一层粒径为3～5mm 的绿豆砂（或人工砂），绿豆砂应撒铺均匀，全部嵌入沥青胶中。为了嵌入牢固，绿豆砂须经预热至100℃ 左右干燥后使用。边撒砂边扫铺均匀，并用软辊轻轻压实。

（3）细砂、云母或蛭石保护层。主要用于非上人屋面的涂膜防水层的保护层，使用前应先筛去粉料，砂可采用天然砂。当涂刷最后一道涂料时，应边涂刷边撒布细砂（或云母、蛭石），同时用软胶辊反复轻轻滚压，使保护层牢固地黏结在涂层上。

（4）混凝土预制板保护层。混凝土预制板保护层的结合层可采用砂或水泥砂浆。混凝土板的铺砌必须平整，并满足排水要求。在砂结合层上铺砌块体时，砂层应洒水压实、刮平；板块对接铺砌，缝隙应一致，缝宽10mm 左右，砌完后洒水轻拍压实。板缝先填砂一半高度，再用1：2 水泥砂浆勾成凹缝。为防止砂子流失，在保护层四周500mm 范围内，应改用低强度等级水泥砂浆做结合层。采用水泥砂浆做结合层时，应先在防水层上做隔离层，隔离层可采用热砂、干铺卷材、铺纸筋灰或麻刀灰、黏土砂浆、白灰砂浆等多种方法施工。预制块体应先浸水湿润并阴干。摆铺完后应立即挤压密实、平整，使之结合牢固。预留板缝（10mm）用 1：2 水泥砂浆勾成凹缝。

上人屋面的预制块体保护层，块体材料应按照楼地面工程质量要求选用，结合层应选 1：2 水泥砂浆。

（5）水泥砂浆保护层。水泥砂浆保护层与防水层之间应设置隔离层。保护层所用水泥砂浆配合比一般为 1：2.5～3（体积比）。

保护层施工前，应根据结构情况每隔 4～6m 用木模设置纵横分格缝。铺设水泥砂浆时应随铺随拍实，并用刮尺刮平。排水坡度应符合设计要求。

立面水泥砂浆保护层施工时，为使砂浆与防水层黏结牢固，可事先在防水层表面粘上砂粒或小豆石，然后再做保护层。

（6）细石混凝土保护层。施工前应在防水层上铺设隔离层，并按设计要求支设好分格缝木模，设计无要求时，分格面积不大于 36m²，分格缝宽度为 20mm。一个分格内的混凝土应连续浇筑，不留施工缝。振捣宜采用铁辊滚压或人工拍实，以防破坏防水层。拍实后随即用刮尺按排水坡度刮平，初凝前用木抹子提浆抹平，初凝后及时取出分格缝本模，终凝前用铁抹子压光。

细石混凝土保护层浇筑后应及时进行养护，养护时间不应少于 7d。养护期满即将分格缝清理干净，待干燥后嵌填密封材料。

二、涂膜防水屋面

涂膜防水屋面是在屋面基层上涂刷防水涂料，经固化后形成一层有一定厚度和弹性的整体涂膜从而达到防水目的的一种防水屋面形式。其典型的构造层次如图 7-12 所示。这种屋面具有施工操作简便、无污染、冷操作、无接缝、能适应复杂基层、防水性能好、温度适应性强、容易修补等特点。适用于防水等级为Ⅲ级、Ⅳ级的屋面防水；也可作为Ⅰ级、Ⅱ级屋面多道防水设防中的一道防水层。

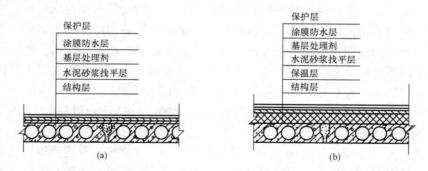

图 7-12　涂料防水屋面构造图
（a）无保温层涂膜屋面；（b）有保温层涂膜屋面

（一）基层要求

涂膜防水层要求基层的刚度大，空心板安装牢固，找平层有一定强度，表面平整、密实，不应有起砂、起壳、龟裂、爆皮等现象。表面平整度用 2m 直尺检查，其基层与直尺的最大间隙不应超过 5mm，间隙仅允许平缓变化。基层与凸出屋面结构连接处及基层转角处应做成圆弧形或钝角。按设计要求做好排水坡度，不得有积水现象。施工前应将分格缝清理干净，不得有杂物和浮灰。对屋面的板缝处理应遵守有关规定。待基层干燥后方可进行涂膜施工。

（二）涂膜防水层施工

涂膜防水施工的一般工艺流程是：基层表面清理、修理→喷涂基层处理剂→特殊部位附加增强处理→涂布防水涂料及铺贴胎体增强材料→清理与检查修理→保护层施工。

基层处理剂常用涂膜防水材料稀释后使用，其配合比应根据不同防水材料按要求配置。

涂膜防水必须由两层以上涂层组成，每层应涂刷 2～3 遍，且应根据防水涂料的品种，分层分遍涂布，不能一次涂成，并待先涂刷的涂层干燥成膜后，方可涂刷后一遍涂料，其总厚度必须达到设计要求。涂膜厚度选用应符合表 7-12 规定。

表 7-12 涂膜厚度选用表

屋面防水等级	设防道数	高聚物改性沥青防水涂料	合成高分子防水涂料
Ⅰ级	三道或三道以上设防	—	不应小于 1.5mm
Ⅱ级	二道设防	不应小于 3mm	不应小于 1.5mm
Ⅲ级	一道设防	不应小于 3mm	不应小于 2mm
Ⅳ级	一道设防	不应小于 2mm	—

涂料的涂布顺序为：先高跨后低跨，先远后近，先立面后平面。同一屋面上先涂布排水较集中的水落口、天沟、檐口等节点部位，再进行大面积涂布。涂层应厚薄均匀、表面平整，不得有露底、漏涂和堆积现象。两涂层施工间隔时间不宜过长，否则易形成分层现象。涂层中夹铺增强材料时，宜边涂边铺胎体。胎体增强材料长边搭接宽度不得小于 50mm，短边搭接宽度不得小于 70mm。当屋面坡度小于 15% 时，可平行屋脊铺设。屋面坡度大于15% 时，应垂直屋脊铺设。采用二层胎体增强材料时，上下层不得互相垂直铺设，搭接缝应错开，其间距不应小于幅宽的 1/3。找平层分格缝处应增设胎体增强材料的空铺附加层，其宽度以 200～300mm 为宜。涂膜防水层收头应用防水涂料多遍涂刷或用密封材料封严。在涂膜未干前，不得在防水层上进行其他施工作业。涂膜防水屋面上不得直接堆放物品。涂膜防水屋面的隔汽层设置原则与卷材防水屋面相同。

涂膜防水屋面应设置保护层。保护层材料可采用细砂、云母、蛭石、浅色涂料、水泥砂浆或块材等。采用水泥砂浆或块材时，应在涂膜与保护层之间设置隔离层。当用细砂、云母、蛭石时，应在最后一遍涂料涂刷后随即撒上，并用扫帚轻扫均匀、轻拍粘牢。当用浅色涂料作保护层时，应在涂膜固化后进行。

三、刚性防水屋面施工

刚性防水屋面是指利用刚性防水材料作防水层的屋面。主要有普通细石混凝土防水屋面、补偿收缩混凝土防水屋面、块体刚性防水屋面、预应力混凝土防水屋面等。与卷材及涂膜防水屋面相比，刚性防水屋面所用材料易得、价格便宜、耐久性好、维修方便，但刚性防水层材料的表观密度大、抗拉强度低、极限拉应力变小、易受混凝土或砂浆的干湿变形、温度变形和结构变位而产生裂缝。主要适用于防水等级为Ⅲ级的屋面防水，也可用作Ⅰ、Ⅱ级屋面多道防水设防中的一道防水层，不适用于设有松散材料的保温屋面以及受较大震动或冲击和坡度大于 15% 的建筑屋面。

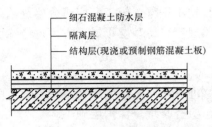

图 7-13　细石混凝土防水屋面构造

刚性防水屋面的一般构造形式如图 7-13 所示。

（一）基层要求

刚性防水屋面的结构层宜为整体现浇的钢筋混凝土。当屋面结构层采用装配式钢筋混凝土板时，应用强度等级不小于 C20 的细石混凝土灌缝，灌缝的细石混凝土宜掺加膨胀剂。当屋面板板缝宽度大于 40mm 或上窄下宽时，板缝内必须设置构造钢筋，板端缝应进行密封处理。

（二）隔离层施工

在结构层与防水层之间宜增加一层低强度等级砂浆、卷材、塑料薄膜等材料，起隔离作用，使结构层和防水层变形互不受约束，以减少防水混凝土产生拉应力而导致混凝土防水层开裂。

1. 黏土砂浆（或石灰砂浆）隔离层施工

预制板缝填嵌细石混凝土后板面应清扫干净，洒水湿润，但不得积水。按石灰膏∶沙∶黏土＝1∶2.4∶3.6（或石灰膏∶砂＝1∶4）配制的材料拌和均匀，砂浆以干稠为宜，铺抹的厚度约 10～20mm，要求表面平整、压实、抹光，待砂浆基本干燥后，方可进行下道工序施工。

2. 卷材隔离层施工

用 1∶3 水泥砂浆将结构层找平，并压实抹光养护，再在干燥的找平层上铺一层 3～8mm 干细砂滑动层，并在其上铺一层卷材，搭接缝用热沥青胶胶结，也可以在找平层上直接铺一层塑料薄膜。

做好隔离层继续施工时，要注意对隔离层加强保护。混凝土运输不能直接在隔离层表面进行，应采取垫板等措施；绑扎钢筋时不得扎破表面，浇捣混凝土时更不能振疏隔离层。

（三）分格缝的设置

为防止大面积的刚性防水层因温差、混凝土收缩等影响而产生裂缝，应按设计要求设置分格缝。其位置一般应设在结构应力变化较突出的部位，如结构层屋面板的支承端、屋面转折处、防水层与突出屋面结构的交接处，并应与板缝对齐。分格缝的纵横间距一般不大于 6m。

分格缝的一般做法是在施工刚性防水层前，先在隔离层上定好分格缝位置，再安放分格条，然后按分隔板块浇筑混凝土，待混凝土初凝后，将分格条取出即可。分格缝处可采用嵌填密封材料并加贴防水卷材的办法进行处理，以增加防水的可靠性。

（四）防水层施工

1. 普通细石混凝土防水层施工

混凝土浇筑应按先远后近、先高后低的原则进行，一个分格缝内的混凝土必须一次浇筑完毕，不得留施工缝。细石混凝土防水层厚度不小于 40mm，应配双向钢筋网片，间距 100～200mm，但在分隔缝处应断开，钢筋网片应放置在混凝土的中上部，其保护层厚度不小于 10mm。混凝土的质量要严格保证，加入外加剂时，应准确计量，投料顺序得当，搅拌均匀。混凝土搅拌应采用机械搅拌，搅拌时间不少于 2min，混凝土运输过程中应防止漏浆和离析。混凝土浇筑时，先用平板振动器振实，再用滚筒滚压至表面平整、泛浆，然后用铁抹子压实抹平,并确保防水层的设计厚度和排水坡度。抹压时严禁在表面洒水、加水泥浆或撒干水泥。待混凝土初凝收水后,应进行二次表面压光,或在终凝前三次压光成活,以提高其抗渗性。混凝土浇筑 12～24h 后应进行养护,养护时间不应少于 14d。养护初期屋面不得上人。施工时的气温宜在 5～35℃,以保证防水层的施工质量。

2. 补偿收缩混凝土防水层施工

补偿收缩混凝土防水层是在细石混凝土中掺膨胀剂拌制而成,硬化后的混凝土产生微膨胀,以补偿普通混凝土的收缩,它在配筋情况下,由于钢筋限制其膨胀,从而使混凝土产生自应力,起到致密混凝土,提高混凝土抗裂性和抗渗性的作用。其施工要求与普通细石混凝土防水层大致相同。当用膨胀剂拌制补偿收缩混凝土时应按配合比准确称量,搅拌投料时膨胀剂应与水泥同时加入。混凝土连续搅拌时间不应少于 3min。

四、其他防水屋面简介

(一)架空隔热屋面

架空隔热屋面是在屋面增设架空层,利用空气流通进行隔热。架空隔热屋面的防水层做法同前述,施工架空层前,应将屋面清扫干净,根据架空板尺寸弹出砖垛支座中心线。架空屋面的坡度不宜大于 5%,为防止架空层砖垛下的防水层造成损伤,应加强其底面的卷材或涂膜防水层,在砖垛下铺贴附加层。架空隔热层的砖垛宜用 M5 水泥砂浆砌筑,铺设架空板时,应将砂浆刮平,随时扫净屋面防水层上的落灰和杂物,保证架空隔热层气流畅通。架空板应铺设平整、稳固,缝隙宜用水泥砂浆或水泥混合砂浆嵌填,并按设计要求留变形缝。

架空隔热屋面所用材料及制品的质量必须符合设计要求。非上人屋面架空砖垛所使用砖的强度等级不小于 MU10;架空板如采用混凝土预制板时,其强度等级不应小于 C20,且板内宜放双向钢筋网片,严禁有断裂和露筋缺陷。

(二)瓦屋面

瓦屋面防水是我国传统的屋面防水技术。它的种类较多,有平瓦屋面、青瓦屋面、筒瓦屋面、石板瓦屋面、石棉水泥瓦屋面、玻璃钢波形瓦屋面、卷材瓦屋面、薄钢板屋面、金属压型夹心板屋面等。

1. 平瓦屋面

平瓦屋面是采用黏土、水泥等材料制成的平瓦铺设在钢筋混凝土或木基层上进行防水,适用于防水等级为Ⅱ、Ⅲ级以及坡度不小于 20%的屋面。

平瓦屋面与立墙及突出屋面结构等交接处,均应做泛水处理。天沟、檐沟的防水层,采用合成高分子防水卷材、高聚物改性沥青防水卷材、沥青防水卷材、金属板材或塑料板材等材料铺设。

2. 石棉水泥、玻璃钢波形瓦屋面

石棉水泥波瓦、玻璃钢波形瓦屋面适用于防水等级为Ⅳ级的屋面防水。铺设波瓦时,注意瓦楞与屋脊垂直,铺盖方向要与当地常年主导风雨方向相反,以避免搭口缝飘雨漏水。钉挂波瓦时,相邻两波瓦搭接处的每张盖瓦上,都应设一个螺栓或螺钉,并应设在靠近波瓦搭接部分的盖瓦波峰上。波瓦应采用带橡胶衬垫等防水垫圈的镀锌弯钩螺栓固定在金属檩条或混凝土檩条上,或用镀锌螺钉固定在木檩条上。固定波瓦的螺栓或螺钉不应拧得太紧,以垫圈稍能转动为宜。

3. 卷材瓦屋面

卷材瓦是一种新型屋面防水材料，是以玻璃纤维毡为胎基，经浸涂石油沥青后，一面覆盖彩砂矿物粒料，另一面撒以隔离材料，并经切割所制成的瓦片屋面防水材料，适用于防水等级为Ⅱ、Ⅲ级以及坡度不小于 20% 的屋面。

卷材瓦施工时，其基层应牢固平整。如为混凝土基层，卷材瓦应用专用水泥钢钉与冷沥青胶黏结固定在混凝土基层上；如为木基层，铺瓦前应在木基层上铺设一层沥青防水卷材垫毡，用油毡钉铺钉，钉帽应盖在垫毡下面。在卷材瓦屋面与立墙及突出屋面结构等交接处，均应做泛水处理。

4. 金属压型夹心板屋面

金属压型夹心板屋面是金属板材屋面中使用较多的一种，是由两层彩色涂层钢板、中间加硬质自熄性聚氨酯泡沫组成，通过辊轧、发泡、黏结一次成型。它适用于防水等级为Ⅱ、Ⅲ级的屋面单层防水，尤其是工业与民用建筑轻型屋盖的保温防水屋面。

铺设压型钢板屋面时，相邻两块板应顺年最大频率风向搭接，可避免刮风时冷空气贯入室内；上下两排板的搭接长度，应根据板型和屋面坡长确定。所有搭接缝内应用密封材料嵌填封严，防止渗漏。

（三）蓄水屋面

蓄水屋面是屋面上蓄水后利用水的蓄热和蒸发，大量消耗投射在屋面上的太阳辐射热，有效减少通过屋盖的传热量，从而达到保温隔热和延缓防水层老化的目的。蓄水屋面多用于我国南方地区，一般为开敞式。为加强防水层的坚固性，应采用刚性防水层或在卷材、涂膜防水层上再做刚性防水层，并采用耐腐蚀、耐霉烂、耐穿刺性好的防水层材料，以免异物掉入时损坏防水层。蓄水屋面应划分为若干蓄水区以适应屋面变形的需要。根据多年的使用经验，每区的边长不宜大于 10m，在变形缝的两侧应分成两个互不连通的蓄水区，长度超过 40m 的蓄水屋面应做横向伸缩缝一道。蓄水屋面应设置人行通道。考虑到防水要求的特殊性，蓄水屋面所设排水管、溢水口和给水管等，应在防水层施工前安装完毕。并且为使每个蓄水区混凝土的整体防水性好，要求防水混凝土一次浇筑完毕，不得留施工缝。蓄水屋面的所有孔洞应预留，不能后凿。蓄水屋面的刚性防水层完工后，应在混凝土终凝后，即洒水养护，养护好后，及时蓄水，防止干涸开裂，蓄水屋面蓄水后不能断水。

（四）种植屋面

种植屋面是在屋面防水层上覆土或盖有锯木屑、膨胀蛭石等多孔松散材料，进行种植草皮、花卉、蔬菜、水果或设架种植攀缘植物等作物。这种屋面可以有效地保护防水层和屋盖结构层，对建筑物也有很好的保温隔热效果，并对城市环境能起到绿化和美化的作用，有益环境保护和人们的健康。

种植屋面在施工挡墙时，留设的泄水孔位置应准确，且不得堵塞，以免给防水层带来不利，覆盖层施工时，应避免损坏防水层，覆盖材料的厚度和质量应符合设计要求，以防止屋面结构过量超载。

（五）倒置式屋面

倒置式屋面是把原屋面"防水层在上，保温层在下"的构造设置倒置过来，将憎水性或吸水率较低的保温材料放在防水层上，使防水层不易损伤，提高耐久性，并可防止屋面结构内部结露。倒置式屋面的保温层的基层应平整、干燥和干净。

倒置式屋面的保温材料铺设，对松散保温材料应分层铺设，并适当压实，每层虚铺厚度不宜大于 150mm；板块保温材料应铺设平稳，拼缝严密，分层铺设的板块上、下层接缝应错开，板间缝隙用同类材料嵌填密实。

保温材料有松散型、板状型和整体现浇（喷）保温层，其保温层的含水率必须符合设计要求。松散保温材料的质量要求参见表 7-13，板状保温材料的质量要求参见表 7-14。

表 7-13　　　　　　　　　　　　　　　　松散保温材料的质量要求

项 目	膨胀蛭石	膨胀珍珠岩
粒径	3～15mm	≥0.15mm，＜0.15mm 的含量不大于 8%
堆积密度	≤300kg/m³	≤120kg/m³
导热系数	≤0.14W/(m·K)	≤0.07W/(m·K)

表 7-14　　　　　　　　　　　　　　　　板状保温材料的质量要求

| 项 目 | 聚苯乙烯泡沫塑料类 | | 泡沫玻璃 | 微孔混凝土类 | 硬质聚氨酯泡沫塑料 | 膨胀蛭石（珍珠岩制品） |
	挤压	模压				
表观密度（kg/m³）	≥32	15～30	≥150	500～700	≥30	300～800
导热系数［W/(m·K)］	≤0.03	≤0.041	≤0.062	≤0.22	≤0.027	≤0.26
抗压强度（MPa）			≥0.4	≥0.4		≥0.3
在 10% 形变下的压缩应力（MPa）	≥0.15	≥0.06			≥0.15	
70℃，48h 后尺寸变化率（%）	≤2.0	≤5.0	≤0.5		≤5	
吸水率（V/V，%）	≤1.5	≤6	≤0.5		≤3	
外观质量	板的外形基本平整，无严重凹凸不平，厚度允许偏差为 5% 且不大于 4mm					

复习思考题

7-1　常用防水卷材有哪些种类？

7-2　防水涂料如何分类？常用的防水涂料有哪些？

7-3　试述沥青卷材屋面防水层的施工过程。

7-4　试述高聚物改性沥青卷材的冷粘法和热熔法的施工过程。

7-5　简述合成高分子卷材防水施工的工艺过程。

7-6　卷材屋面保护层有哪几种做法？

7-7　试述涂膜防水屋面的施工过程。

7-8　刚性防水屋面的隔离层如何施工？分格缝如何处理？

7-9　补偿收缩混凝土防水层怎样施工？

7-10　地下构筑物的变形缝有哪几种形式？各有哪些特点？

7-11　地下防水层的卷材铺贴方案各具什么特点？

7-12　防水混凝土是如何分类的？各有哪些特点？

7-13　在防水混凝土施工中应注意哪些问题？

7-14　倒置式屋面的保温层应如何施工？

7-15　试述刚性多层防水砂浆防水的施工要点。

第八章 装饰工程

第一节 概　　述

为保护建筑物的主体结构，完善建筑物的使用功能，美化建筑物，采用装饰装修材料或饰物，对建筑物的内外表面及空间进行的各种处理过程，称为建筑装饰装修。

一、建筑装饰的作用

建筑装饰的作用主要表现在：

（1）保护主体结构，提高其耐久性，延长使用寿命。

（2）改善和增强建筑物的保温、隔热、隔音、防潮和防火等功能，满足房屋的使用功能要求。

（3）美化建筑物及其周围的环境，提高建筑艺术效果。

二、建筑装饰的类型

随着国民经济的高速发展，建筑工程以及装饰装修工程也发生了日新月异的变化，新型装饰装修材料和装饰施工工艺更新换代迅速，出现了种类繁多的建筑装饰做法和施工工艺方法，简要归纳如下：

（1）建筑装饰装修工程按工程类别划分通常包括：抹灰工程、门窗工程、吊顶工程、轻质隔墙工程、饰面板（砖）工程、幕墙工程、涂饰工程、裱糊与软包工程和细部工程等。

（2）建筑装饰装修工程按部位划分通常包括：屋面、顶棚、墙（柱）面、楼地面、门窗、阳台、雨篷及其他细部等。

（3）建筑装饰装修工程按材料划分通常包括：基层材料（如水泥砂浆、混合砂浆等抹灰类材料；轻钢龙骨、铝合金龙骨、木龙骨、型钢龙骨等龙骨类材料）、面层材料（如麻刀灰、石膏灰等抹灰类材料；建筑涂料、油漆等涂饰类材料；釉面砖、面砖、天然或人造大理石或花岗石板等饰面类材料；木线条、石膏线条等细部装饰材料）。

三、建筑装饰工程的基本规定

根据国家标准的要求，建筑装饰装修工程应遵循以下基本规定。

（一）设计

（1）建筑装饰装修工程必须进行设计，并出具完整的施工图设计文件。

（2）承担建筑装饰装修工程设计的单位应具备相应的资质，并应建立质量管理体系。由于设计原因造成的质量问题应由设计单位负责。

（3）建筑装饰装修工程设计应符合城市规划、消防、环保、节能等有关规定。

（4）承担建筑装饰装修工程设计的单位应对建筑物进行必要的了解和实地勘察，设计深度应满足施工要求。

（5）建筑装饰装修工程设计必须保证建筑物的结构安全和主要使用功能。当涉及主体和承重结构改动或增加荷载时，必须由原结构设计单位或具备相应资质的设计单位核查有关原始资料，对建筑结构的安全性进行核验确认。

（6）建筑装饰装修工程的防火、防雷和抗震设计，应符合现行国家标准的规定。

（7）当墙体或吊顶内的管线可能产生冰冻或结露时，应进行防冻或防结露设计。

（二）材料

（1）建筑装饰装修工程所用材料的品种、规格和质量，应符合设计要求和国家现行标准的规定，当设计无要求时，应符合国家现行标准的规定。严禁使用国家明令淘汰的材料。

（2）建筑装饰装修工程所用材料的燃烧性能，应符合现行国家标准《建筑内部装修设计防火规范》（GB 50222—2017）、《建筑设计防火规范》（GB 50016—2014）（2018 年版）的规定。

（3）建筑装饰装修工程所用材料应符合国家标准《民用建筑工程室内环境污染控制标准》（GB 50325—2020）中有关建筑装饰装修材料有害物质限量标准的规定。

（4）所有材料进场时，应对品种、规格、外观和尺寸进行验收。材料包装要完好，应有产品合格证书、中文说明书及相关性能的检测报告；进口产品应按规定进行商品检验。

（5）装饰装修材料进场后需要进行复验的材料种类及项目，应符合国家标准的规定；同一厂家生产的同一品种、同一类型的进场材料应至少抽取一组样品进行复验，当合同另有约定时，应按照合同执行。

（6）当国家规定或合同约定应对材料进行鉴定检测，或对材料的质量发生争议时，应进行鉴定检测。

（7）承担建筑装饰装修材料检测的单位应具备相应的资质，并应建立质量管理体系。

（8）建筑装饰装修工程所使用的材料在运输、储存和施工过程中，必须采取有效措施防止损坏、变质和污染环境。

（9）建筑装饰装修工程所使用的材料应按设计要求进行防火、防腐和防虫处理。

（10）现场配制的材料如砂浆、胶黏剂等，应按设计要求或产品说明书配制。

（三）施工

（1）承担建筑装饰装修工程施工的单位应具备相应的资质，并应建立质量管理体系；施工单位应编制施工组织设计，并应经过审查批准；施工单位应按有关的施工工艺标准或经审定的施工技术方案施工，并应对施工全过程实行质量控制。

（2）承担建筑装饰装修工程施工的人员应有相应岗位的资格证书。

（3）建筑装饰装修工程的施工质量应符合设计要求和规范规定，由于违反设计文件和规范规定施工造成的质量问题应由施工单位负责。

（4）建筑装饰装修工程施工中，严禁违反设计文件擅自改动建筑主体、承重结构或主要使用功能，严禁未经设计确认和有关部门批准擅自拆改水、暖、电、燃气、通信等配套设施。

（5）施工单位应遵守有关环境保护的法律法规，并应采取有效措施控制施工现场的各种粉尘、废气、废弃物、噪声、振动等对周围环境造成的污染和危害。

（6）施工单位应遵守有关施工安全、劳动保护、防火和防毒的法律和法规，应建立相应的管理制度，并应配备必要的设备、器具和标识。

（7）建筑装饰装修工程应在集体或基层的质量验收合格后施工。对既有建筑进行装饰装修前，应对基层进行处理并达到规范的要求。

（8）建筑装饰装修工程施工前应有主要材料的样板或做样板间（件），并应经有关各方确认。

（9）墙面采用保温材料的建筑装饰装修工程，所用保温材料的类型、品种、规格及施工工艺应符合设计要求。

（10）管道、设备等的安装及调试应在建筑装饰装修工程施工前完成；当必须同步进行时，应在饰面装修前完成。建筑装饰装修工程不得影响管道、设备等的使用和维修；涉及燃气管道的建筑装饰装修工程必须符合有关安全管理的规定。

（11）建筑装饰装修工程的电器安装应符合设计要求和国家现行标准的规定。严禁不经穿管直接埋设电线。

（12）室内外建筑装饰装修工程施工的环境条件应满足施工工艺的要求。施工环境温度不应低于5℃。当必须在低于5℃气温下施工时，应采取保证工程质量的有效措施。

（13）建筑装饰装修工程施工过程中应做好半成品、成品的保护，防止污染和损坏。

（14）建筑装饰装修工程验收前，应将施工现场清理干净。

第二节　抹　灰　工　程

抹灰工程是指用灰浆（如砂浆、水泥石子浆等）涂抹在房屋建筑的墙、地、顶棚表面上的一种传统做法的装饰工程。我国有些地区把它习惯称为"粉饰"或"粉刷"。

一、抹灰的分类和组成

（一）抹灰的组成

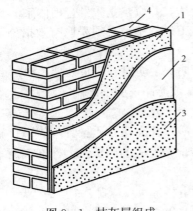

图8-1　抹灰层组成
1—底层；2—中层；3—面层；4—基体

为保证抹灰层的黏结牢固、控制抹灰层表面平整和保证施工质量，抹灰应分层涂抹。如一次涂抹太厚，由于内外收水快慢不同会产生裂缝、起鼓或脱落等缺陷。为此，抹灰层一般由底层、中层（或几遍中层）和面层构成，如图8-1所示。

底层主要起与基体黏结和初步找平的作用，其使用材料根据基体不同而异，厚度一般为5～7mm。

中层主要起找平的作用，使用材料同底层，厚度为5～9mm。

面层是使表面光滑细致，起装饰作用，厚度由面层使用的材料不同而异，麻刀石灰膏罩面，其厚度不大于3mm；纸筋石灰膏或石膏灰罩面，其厚度不大于2mm；水泥砂浆面层和装饰面层不大于10mm。

在抹灰施工中，除控制抹灰层的各分层厚度外，尚应根据抹灰的具体部位及基体材料控制抹灰层的总厚度。如顶棚为板条、空心砖、现浇混凝土时，总厚度不大于15mm；顶棚为预制混凝土板时，总厚度不大于18mm；内墙为普通抹灰时，总厚度不大于18mm；中级抹灰和高级抹灰总厚度分别不大于20mm和25mm；外墙抹灰总厚度不大于20mm；勒脚和突出部位的抹灰总厚度不大于25mm。

另外，混凝土大板或大模板建筑的内墙面和大楼板底面，如平整度较好，垂直偏差少，其表面可以不抹灰，用腻子分遍刮平，待各遍腻子黏结牢固后，进行表面刷浆即可，总厚度一般为 2~3mm。

（二）抹灰的分类

（1）抹灰工程按施工的部位分为内抹灰和外抹灰。

内抹灰通常是指位于室内各部位的抹灰，如楼地面、顶棚、内墙面、墙裙、踢脚线、内楼梯等。

外抹灰是位于室外各部位的抹灰，如外墙、雨篷、阳台、屋面等。

（2）抹灰工程按材料和装饰效果分为一般抹灰、装饰抹灰和特种砂浆抹灰。

一般抹灰是用石灰砂浆、水泥砂浆、水泥混合砂浆、聚合物水泥砂浆和麻刀灰，纸筋灰、石膏灰等材料进行的抹灰施工。一般抹灰按质量要求分为普通抹灰、中级抹灰和高级抹灰三种。

普通抹灰通常由一层底层和一层面层组成。适用于简易住宅、大型设施和非居住的房屋（如汽车库、仓库、锅炉房），以及建筑物中的地下室、储藏室等。

中级抹灰通常由一层底层、一层中层和一层面层组成。适用于一般居住、公用和工业房屋（如住宅、宿舍，教学楼，办公楼），以及高级装修建筑物中的附属用房等。

高级抹灰通常由一层底层、数层中层和一层面层组成。抹灰层表面应光滑、洁净、颜色均匀、无抹纹；分格缝和灰缝应清晰美观。适用于大型公共建筑、纪念性建筑物（如剧院、礼堂、展览馆和高级住宅）以及有特殊要求的高级建筑物等。

装饰抹灰的底层和中层与一般抹灰相同，但面层材料有区别，装饰抹灰的面层材料主要有：水刷石、水磨石、斩假石、干粘石、喷涂、滚涂、弹涂、仿石和彩色抹灰等。

特种砂浆抹灰是指为了满足某些特殊的要求（如保温、耐酸、防水等）而采用保温砂浆、耐酸砂浆、防水砂浆等进行的抹灰。

二、一般抹灰施工

（一）施工顺序

在施工之前应安排好抹灰的施工顺序，目的是保护好成品。一般应遵循的施工顺序是：先室外后室内、先上面后下面、先顶棚后墙地或先地面后顶墙。

先室外后室内，是指先完成室外抹灰，拆除外脚手架，堵上脚手眼再进行室内抹灰。

先上面后下面，是指在屋面工程完成后，室内外抹灰，从上层往下层进行。高层建筑施工，当采取立体交叉流水作业时，也可以采取从下往上施工的方法，但必须采取相应的成品保护措施。

先顶棚后墙地，是指先进行顶棚抹灰，再进行内墙面和地面的抹灰施工。

先地面后顶墙，是指室内抹灰一般可采取先完成地面抹灰，再开始顶棚和墙面抹灰。但应做好地面的成品保护。

另外，室内抹灰一般应在屋面防水工程完工后进行，以防止漏水造成抹灰层损坏及污染。

（二）基层处理

为了使抹灰砂浆与基体表面黏结牢固，防止抹灰层产生空鼓现象，抹灰前应对基层进行必要的处理。

（1）砖石、混凝土基层表面凹凸的部位，用 1∶3 水泥砂浆补平；表面太光的要剔毛，或刮 108 胶水泥浆一道。

（2）基层表面的砂浆污垢及其他杂质应清除干净，并洒水湿润。

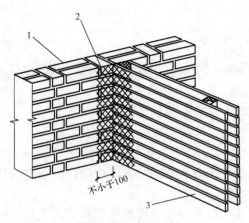

图 8-2　砖木结构基体交接处的处理
1—砖墙；2—抗裂钢丝网；3—板条墙

（3）楼板洞、穿墙管道及墙面脚手眼洞、门窗框与立墙交接缝隙处均应用水泥砂浆或水泥混合砂浆嵌填密实。

（4）不同基层材料相接处应铺设金属抗裂网，如图 8-2 所示；抗裂网的搭接宽度从缝边起每边不得小于 100mm；以防抹灰层因基体温度变化胀缩不一而产生裂缝。

（5）在内墙面的阳角或门洞口侧壁的阳角、柱角等易于碰撞部位，宜用强度较高的 1：2 水泥砂浆制作护角，其高度应不低于 2m，每侧宽度不小于 50mm。

（6）对砖或砌块砌体的基体，应待砌体充分沉实后方抹底层灰，以防砌体沉陷拉裂抹灰层。

（三）抹灰施工工艺

一般抹灰的施工根据其部位不同稍有差别，现以墙面抹灰施工为例说明。墙面抹灰的施工工艺过程主要为：基层处理→墙面浇水→找规矩→设标志或标筋→做护角→抹底层灰→抹中层灰→抹罩面灰→压光。

1. 找规矩

为有效地控制抹灰层的垂直度、平整度和厚度，使其符合抹灰工程的质量标准，抹灰前要找规矩。其方法是：首先用托线板检查墙体表面的平整和垂直情况，根据检查的结果兼顾抹灰总的平均厚度要求，决定墙面抹灰厚度。然后弹准线，将房间用角尺规方，小房间可用一面墙做基线，大房间应在地面上弹出十字线。在距阴角 100mm 处用托线板靠、吊垂直。弹出竖线后，再按抹灰层厚度向里反弹出墙角抹灰准线。并在准线上下两端钉上铁钉，挂上白线作为抹灰饼、冲筋的标准。

2. 设标志或标筋

设标志（也称贴灰饼），其方法是根据规矩，先在距顶棚 150～200mm 处贴上灰饼，再距地面 200mm 处贴下灰饼；先贴两端头，再贴中间处灰饼，如图 8-3 所示。

做标筋（也称冲筋），就是在两灰饼间抹出一条长灰梗来，如图 8-3 所示。灰梗断面成梯形，底面宽约为 100mm，上宽 50～60mm，灰梗两边搓成与墙面角成 45°～60°。抹灰梗时要求比灰饼凸出 5～10mm。然后用刮尺紧贴灰饼左上右下反复地搓刮，直至灰条与灰饼齐平为止，再将两侧修成斜面，以便与抹灰层结合牢固。

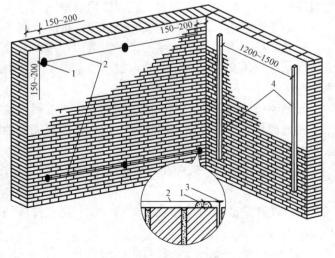

图 8-3　标志与标筋
1—标志；2—引线；3—钉子；4—标筋

3. 抹底层灰

抹底灰的操作包括：装档、刮杠、搓平。底灰装档要分层进行。当标筋完成 2h，达到一定强度（即标筋砂浆七八成干时），就要进行底层砂浆抹灰。底层抹灰要薄，使砂浆牢固地嵌入砖缝内。一般应从上而下进行，在两标筋之间的墙面上将砂浆抹满后，即用长刮尺两头靠着标筋，从上而下进行刮灰，使抹的底层灰比标筋面略低，再用木抹子搓实，并去高补低。且使每遍厚度控制在 7～9mm 范围之内。

4. 抹中层灰

待底层灰凝结后抹中层灰，中层灰每层厚度一般为 5～7mm，中层砂浆同底层砂浆。抹中层灰时，以标筋为准满铺砂浆，然后用大木杠紧贴标筋，将中层灰刮平，最后用木抹子搓平。

5. 抹罩面灰

当中层灰干后，普通抹灰可用麻刀灰罩面，高级抹灰应用纸筋灰罩面，用铁抹子抹平，并分两遍连续适时压实收光，如中层灰已干透发白，应先适度洒水湿润后，再抹罩面灰。

（四）一般抹灰的检查验收

抹灰工程施工完毕后，应按国标进行质量检验和验收。表 8-1 为国标中一般抹灰的部分检验项目的允许偏差和检验方法。

表 8-1   一般抹灰的允许偏差和检验方法

项次	项　目	允许偏差（mm）		检 验 方 法
		普通抹灰	高级抹灰	
1	立面垂直度	4	3	用 2m 垂直检测尺检查
2	表面平整度	4	3	用 2m 靠尺和塞尺检查
3	阴阳角方正	4	3	用直角测尺检查
4	分格条（缝）直线度	4	3	拉 5m 线，不足 5m 拉通线，用钢直尺检查
5	墙裙、勒脚上口直线度	4	3	拉 5m 线，不足 5m 拉通线，用钢直尺检查

三、装饰抹灰施工

装饰抹灰是采用装饰性强的材料，或用不同的处理方法以及加入各种颜料，使建筑具备某种特定的色调和光泽。随着建筑工业生产的发展和人民生活水平的提高，这方面有很大发展，也出现不少新的工艺。

装饰抹灰的底层与一般抹灰要求相同，只是面层根据材料及施工方法的不同而具有不同的形式。下面介绍几种常用的装饰抹灰施工。

（一）水刷石

水刷石主要用于外墙面装饰，其底层与中层的做法同一般抹灰层。水刷石的施工工艺流程为：抹灰中层验收→弹线分格、粘分格条→抹面层水泥石子浆→冲洗→起分格条、修整→养护。

1. 弹线分格、粘分格条

按设计要求进行分格弹线。根据弹线安装 8～10mm 宽的梯形分格木条，用水泥浆在两侧黏结固定，如图 8-4 所示，以防大片面层收缩开裂。

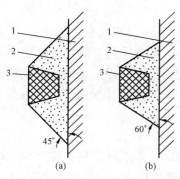

图 8-4 粘分格条

1—基体；2—水泥浆；3—分格条

2. 抹面层水泥石子浆

面层水泥石子浆的配比为：水泥∶石子＝1∶1.25～1.5，稠度为 5～7cm。为增加与底层的黏结，抹浆前，在底层上浇水润湿，然后刮水泥浆一道，水泥浆的水灰比为 0.37～0.40。水泥石子浆面层厚度为 8～12mm，表面用抹子拍平压实，并使石子分布均匀。

3. 冲洗

待面层石子浆收水后，用铁抹子将面层满压一遍，把露出的石子棱尖拍平；用棕刷蘸水自上而下刷掉面层水泥浆，使石子表面完全外露为止；最后用铁抹子拍平，使表面石子大面向外，排列紧密均匀。为使表面洁净，可用喷雾器自上而下喷水冲洗。

4. 起分格条

冲刷面层后，要适时起出分格条，用小线抹子顺线刮平，然后用素水泥浆勾缝并上色。

水刷石的外观质量要求是石粒清晰、分布均匀、色泽一致、平整密实，不得有掉粒和接槎的痕迹。

（二）干粘石

干粘石抹灰工艺是水刷石抹灰的代用工艺技术，即在水泥砂浆黏结层上直接干粘装饰石子的做法。干粘石有水刷石同样的效果，却比水刷石造价低，施工进度快。但不如水刷石坚固、耐久。随着黏结剂在建筑饰面抹灰中的广泛应用，在干粘石的黏结层砂浆中掺入适量粘结剂，并逐渐从手工甩石粒改为机喷石，不仅使黏结层厚度比原来减小，且使黏结更牢固，从而显著提高了装饰层的耐久性。

干粘石一般多用于两层以上楼房的外墙装饰。其施工工艺流程为：抹灰中层验收→粘分格条（同水刷石）→抹石粒黏结层→甩石粒→拍压→养护。

1. 抹石粒黏结层

干粘石的石粒黏结层现在多采用聚合物水泥砂浆，配合比为：水泥∶石灰膏∶砂∶胶黏剂＝1∶1∶2∶0.2，其厚度根据石粒的粒径来选择。小八厘石粒黏结层厚度为 4～5mm；中八厘一般为 5～6mm。

2. 甩石粒

黏结层抹好后，稍停即可往粘结层上甩石粒。此时黏结层砂浆的干湿度很重要。过干，石渣粘不上，过湿，砂浆会流淌。一般以手按上去有窝，但没水迹为好。甩石渣时，要注意甩撒均匀，用力轻重适宜。边角处应先甩，使石渣均匀地嵌入黏结层砂浆中。

3. 拍压

当黏结层上均匀地粘上一层石渣后，开始拍压，即用抹子或橡胶（塑料）滚子轻压赶平，使石渣嵌牢。石渣嵌入砂浆黏结层内深度不小于 1/2 粒径，并同时将突出部分及下坠部分轻轻赶平。使表面平整坚实，石渣大面朝外。拍压时要注意用力适当，用力过大会将灰浆拍出来，造成翻浆糊面，影响美观；用力过小，石渣与砂浆黏结不牢，容易掉粒。并且不要反复拍打、滚压，以防泛水出浆或形成阴印。整个操作时间不应超过 45min，即初凝前完成全部操作。

干粘石的质量要求是表面平整、石粒黏结牢固、分布均匀、不掉石粒、不露浆、不漏粘、颜色一致。

（三）斩假石与仿斩假石

斩假石又称剁斧石，是在石粒砂浆抹灰面层上经斩琢加工制成人造石材状的一种装饰抹灰。斩假石的装饰效果近于花岗石，属中高档外墙装饰，一般多用于外墙面、勒脚、室外台阶、纪念性建筑物的外装饰中。

斩假石的施工工艺流程为：抹灰中层验收→粘分格条（同水刷石）→抹面层石粒浆→养护→剁石→起分格条、修整。

1. 抹面层石粒浆

在分格条分区内先满刮一遍水灰比为 1：0.4 的素水泥浆，随即用 1：1.25 的水泥石粒浆抹面层，其厚度通常为 10mm（与分格条平齐）。然后用铁抹子横竖反复压几遍直至赶平压实，边角无空隙。随后用毛刷蘸水把表面的水泥浆刷掉，露出的石粒应均匀一致。面层石粒浆完成后 24h 开始浇水养护，常温下一般为 5～7d，其强度达到 5MPa，即面层产生一定强度但不太大，剁斧剁得动，且石粒剁不掉为宜。

2. 剁石

斩剁前要按设计要求的留边宽度进行弹线，如设计无要求，每一方格的四边要留出 20～30mm 的边条；斩剁的纹路依设计而定；斩剁的顺序是先上后下，由左到右，先剁转角和四周边缘，后剁大面；为保证剁纹垂直和平行，可在分格内画垂直线控制；剁石的深度以石粒剁掉 1/3 为宜，使剁成的假石成品美观大方。

3. 仿斩假石

剁斧工作量很大，后来出现仿斩假石的新施工方法。其做法与斩假石基本相同，面层厚度一般为 8mm；不同处是表面纹路不是剁出，而是用钢篦子拉出。钢篦子用一段锯条夹以木柄制成。待面层收水后，钢篦子沿导向的长木引条轻轻划纹，随划随移动引条。待面层终凝后，仍按原纹路自上而下拉刮几次，即形成与斩假石相似效果的外表。

斩假石的质量要求是表面剁纹应均匀顺直、深浅一致，应无漏剁处；阳角处应横剁并留出宽窄一致的不剁边条，棱角应无损坏。

（四）装饰抹灰的检查验收

装饰抹灰施工完毕后，应按国标进行质量检验和验收。表 8-2 为国标中装饰抹灰部分检验项目的允许偏差和检验方法。

表 8-2　　　　　　　　　　　　　装饰抹灰的允许偏差和检验方法

项次	项 目	允许偏差（mm）				检 验 方 法
		水刷石	斩假石	干粘石	假面砖	
1	立面垂直度	5	4	5	5	用 2m 垂直检测尺检查
2	表面平整度	3	3	5	4	用 2m 靠尺和塞尺检查
3	阳角方正	3	3	4	4	用直角检测尺检查
4	分格条（缝）直线度	3	3	3	3	拉 5m 线，不足 5m 拉通线，用钢直尺检查
5	墙裙、勒脚上口直线度	3	3	—	—	拉 5m 线，不足 5m 拉通线，用钢直尺检查

第三节　饰面板（砖）工程

饰面板（砖）工程是指用饰面砖、天然或人造石饰面板等安装或粘贴在室内外墙面、柱面等基层上的饰面装饰工程。

饰面砖常用的有：釉面瓷砖、外墙面砖、陶瓷锦砖等。

饰面板常用的有：大理石、花岗岩等天然石板；预制水磨石、人造大理石等人造饰面板以及金属饰面板（如彩色涂层钢板、彩色不锈钢板、镜面不锈钢饰面板、铝合金板等）。

依据饰面板（砖）的板块大小和设计构造做法，饰面板（砖）工程施工方法主要有：粘贴法、挂贴法和干挂法。

一、粘贴法施工工艺

粘贴法施工是指用黏结砂浆、聚合物水泥浆或强力胶等黏结材料，将饰面板（砖）块材黏结在基层表面形成装饰面层的施工做法。这种施工做法施工简便、成本较低，是饰面板（砖）施工中较常用的做法，适用于地面、内墙面、建筑细部及单层或多层外墙面块材较小的饰面板（砖）施工，如地面粘贴地面砖，室内墙面粘贴釉面砖，室外墙面粘贴外墙面砖以及厚度在 10mm 以下、边长小于 400mm 的大理石或花岗石板材等。

现以室内墙面粘贴釉面砖为例说明粘贴法施工工艺。室内墙面粘贴釉面砖的基本构造做法如图 8-5 所示。

（一）材料

1. 水泥

水泥主要使用在基层和黏结层，通常选用 32.5 级或 42.5 级矿渣硅酸盐水泥或普通硅酸盐水泥。水泥应有出厂证明或复验合格单。若出厂日期超过 3 个月而且水泥已结有小块的不得使用；白水泥主要用于擦缝或作黏结层，应选用在 32.5 级以上，并符合设计和规范质量标准的要求。

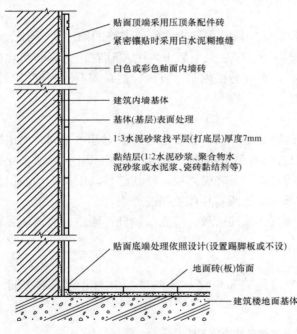

图 8-5　室内墙面粘贴釉面砖的基本构造做法

贴面顶端采用压顶条配件砖

紧密镶贴时采用白水泥糊擦缝

白色或彩色釉面内墙砖

建筑内墙基体

基体（基层）表面处理

1:3 水泥砂浆找平层（打底层）厚度7mm

黏结层（1:2 水泥砂浆、聚合物水泥砂浆或水泥浆、瓷砖黏结剂等）

贴面底端处理依照设计（设置踢脚板或不设）

地面砖（板）饰面

建筑楼地面基体

2. 砂子

砂子应选用中砂，用前过筛，含泥量不大于 3%。

3. 面砖

面砖的表面应光洁、方正、平整、质地坚固，其品种、规格、尺寸、色泽、图案应均匀一致，并符合设计要求。不得有缺楞、掉角、暗痕和裂纹等缺陷。其性能指标均应符合现行国家标准的规定。釉面砖的吸水率不得大于 10%。

4. 石灰膏

石灰膏可用块状生石灰淋制，淋制时必须用孔径 3mm×3mm 的筛网过滤，并储存在沉淀池中。熟化时间，常温下不少于 15d。石灰膏内部不得有未熟化的颗粒和其他杂质。

5. 生石灰粉

磨细生石灰粉，其细度应通过 4900 孔/cm² 筛子，用前应用水浸泡，其时间不少于 3d。

6. 粉煤灰

用作塑化剂的粉煤灰其细度应通过 0.08mm 筛孔，筛余量不大于 5％。

7. 界面剂和矿物颜料

界面剂和矿物颜料应按设计要求配合，其质量应符合规范标准。

（二）施工工艺顺序

室内墙面粘贴釉面砖的施工工艺顺序包括：基层处理→找规矩、贴灰饼与冲筋→抹底层灰→选砖、排砖→弹线、贴标准点→垫底尺、粘贴瓷砖→擦缝。

（三）施工操作要点

上述施工顺序中基层处理以及找规矩、贴灰饼与冲筋同抹灰施工操作要求。

1. 抹底层灰

根据基层材料不同，底层灰的材料和操作也各有不同。

混凝土墙面抹底层灰：先用掺水重 10％的乳液（胶黏剂）的素水泥浆薄薄地刷一道，然后紧跟前面用 1：3 水泥砂浆分层抹底层灰。每层厚度控制在 5～7mm，使底层砂浆与基层黏结牢固。底层砂浆抹平压实后，应将其扫毛或划毛。

加气混凝土抹底层灰：先刷一道掺水重 20％的胶黏剂水溶液，紧跟着用 1：0.5：4 的水泥混合砂浆分层抹底层灰。其厚度控制在 7mm 左右，刮平压实后扫毛或划出纹道，待终凝后浇水养护。

砖墙面抹底层灰：先将砖墙面浇水湿润，然后用 1：3 水泥砂浆分层抹底层灰，其厚度控制在 12mm 左右，在刮平压实后，扫毛或划出纹道，待终凝后浇水养护。

2. 选砖、排砖

内墙瓷砖或釉面砖一般按 1mm 差距分类选出 1～3 个规格，选好后应根据房间大小计划好用料，一面墙或一间房间尽量用同一规格的瓷砖。要求选用方正、平整、无裂纹、棱角完好、颜色均匀、表面无凸凹和扭翘等毛病的瓷砖，不合格的瓷砖不能使用。

排砖是在底层灰有六七成干时，按施工图设计要求排砖，同一方向应粘贴尺寸一致的瓷砖。如果不能满足要求，应将数量较多，规格较大的瓷砖贴在下部，以便上部的瓷砖通过缝隙宽窄来调整找齐。排砖要按粘贴顺序进行排列。一般由阴角开始粘贴，自下而上地进行，尽量使不成整块的瓷砖排在阴角处或次要部位，每面瓷砖不宜有两列非整砖，并且非整砖宽度不宜小于整砖的 1/3。如遇有水池、镜框时，必须以水池、镜框为中心往两边分贴，如图 8-6 所示。

外墙排砖时，应注意防止水的渗透，尤其是突出墙面部分的排砖，如图 8-7 所示。

3. 弹线、贴标准点

待砖层排好后，应在底层砂浆上弹垂直与水平控制线。一般竖线间距为 1m 左右，横线间距根据瓷砖规格尺寸每隔 5～10 块弹一水平控制线，作为确定水平及竖向控制标志。

标准点是用废瓷砖片粘贴在底层砂浆上，粘贴时将砖的棱角翘起，以棱角为粘贴瓷砖表面平整的标准点。标准点一般用水泥混合砂浆粘贴，其配比为水泥：石灰膏：砂＝1：0.1：3。粘贴时，上下用靠尺板找好垂直，横向用靠尺板找平。标准点粘贴好后，在标准点的棱角上拉直线，再在直线上拴活动的水平线，用来控制瓷砖的表面平整度。

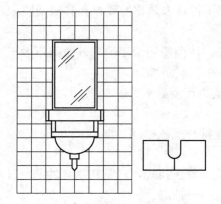

图 8-6　墙面有装饰物处排砖示意图　　　图 8-7　外墙立面凹凸部位排砖做法示意图

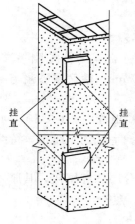

图 8-8　两墙面阳角处
双面挂直示意图

尤其对门口、阳角等处，应根据两面墙面的面砖对缝的做法，两面挂直确定标准点，如图 8-8 所示，为两墙面阳角处双面挂直标准点做法。

4. 垫底尺、粘贴瓷砖

根据计算好的最下一皮砖的下口标高，垫放好尺板作为第一皮砖下口的标准，底尺上皮一般比地面低 10mm 左右，以使地面压住墙面砖。底尺安放必须平稳，底尺的垫点间距一般为 400mm，以保证垫板牢固。

粘贴时，首先将规格一致的瓷砖清理干净，放入净水中浸泡 1h 以上，再取出后擦净水痕，阴干。然后用水泥∶石灰膏∶砂＝1∶0.1∶2.5 的混合砂浆，由下而上地进行粘贴。

粘贴瓷砖的方法是：垫好底尺后，挂线；在瓷砖背面满刮砂浆，其厚度在 6～8mm，紧靠底尺上皮把砖贴在墙上，使灰浆挤满、挤牢，上口以水平线为准，再用小铲的木把轻轻敲瓷砖。贴好底层一皮砖后，再用靠尺板横向靠平，有不平处，用小铲把敲平，有亏灰处应取下瓷砖添灰重贴，不得在砖口处塞灰，否则会发生空鼓。在门口或阳角以及长墙每隔 2m 应先竖向贴一排砖，作为墙面垂直、平整和砖层的标准，然后按此标准向两侧挂线粘贴。

瓷砖粘贴到上口必须平直成一线，上口用一面圆的配件瓷砖压顶封口。如墙面有孔洞，应先用瓷砖对准孔洞，上下左右画好位置，然后用切砖刀裁切，用胡桃钳钳去局部。整面墙不宜一次铺贴到顶，以免塌落。

5. 擦缝

全部瓷砖粘贴完后，应自检一下是否有空鼓、不平、不直等现象，发现不符合要求时，应及时进行补救。然后用清水将砖面洗擦一遍，再用棉丝擦净，最后用长刷子蘸粥状白水泥素浆涂缝，再用麻布将缝子的素浆擦均匀，再把瓷砖表面擦干净即可。在整个粘贴瓷砖工程完成之后，要采取措施防止玷污和损坏。

（四）饰面砖粘贴的检查验收

饰面砖粘贴施工完毕后，应按国标进行质量检验和验收。其质量要求包括：

（1）饰面板的品种、规格、颜色和性能应符合设计要求；

（2）饰面砖粘贴工程的找平、防水、黏结和勾缝材料及施工方法应符合设计要求及国家现行产品标准和工程技术标准；

（3）饰面砖粘贴必须牢固；

（4）满粘法施工的饰面砖工程应无空鼓、裂缝；

（5）饰面板表面应平整、洁净、颜色一致，无裂痕和缺损；

（6）阴阳角处搭接方式、非整砖使用部位应符合设计要求；

（7）墙面突出物周围的饰面砖应整砖割吻合，边缘应整齐；

（8）饰面砖接缝应平直、光滑，填嵌应连续、密实；宽度和深度应符合设计要求；

（9）有排水要求的部位做滴水线（或槽）；

（10）饰面砖粘贴的允许偏差和检验方法见表 8-3。

表 8-3   **饰面砖粘贴的允许偏差和检验方法**

项次	项　目	允许偏差（mm）		检验方法
		内墙面砖	外墙面砖	
1	立面垂直度	3	2	用 2m 垂直检测尺检查
2	表面平整度	4	3	用 2m 靠尺和塞尺检查
3	阴阳角方正	3	3	用直角检测尺检查
4	接缝直线度	3	2	拉 5m 线，不足 5m 拉通线，用钢直尺检查
5	接缝高低差	1	0.5	用钢直尺和塞尺检查
6	接缝宽度	1	1	用钢直尺检查

二、挂贴法施工工艺

挂贴法施工是指在装饰墙面的基体上首先固定钢筋网，将饰面板材挂在钢筋网上，或利用金属锚固件直接将板材锚固到基体上，然后在基体与饰面板材之间的缝隙中灌注细石混凝土或黏结砂浆形成装饰面层的施工做法，又称为湿挂法。这种施工做法由于板材挂在固定钢筋网上，可以将板材自重形成的拉力和剪力通过钢筋网直接传递到基体上，大大提高了板材的稳定性，在规格较大的大理石、花岗石板材饰面施工中较常采用，适用于钢筋混凝土墙体或砖墙为基体的墙面饰面装饰。

挂贴法施工工艺主要有两种做法：绑扎固定灌浆法和金属件锚固灌浆法，如图 8-9、图 8-10 所示。

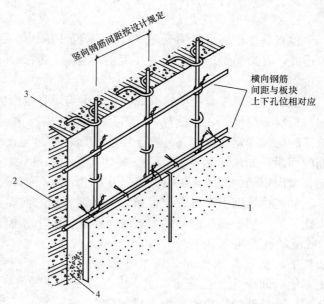

图 8-9 钢筋网片绑扎固定法示意图

1—饰面石材；2—混凝土墙体；3—预埋件；

4—细石混凝土或黏结砂浆灌浆

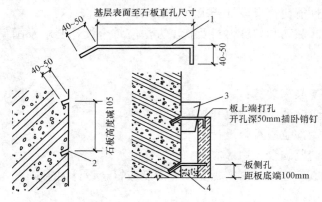

图 8-10　U 形钢钉固定法示意图

1—φ5 不锈钢锚固钉；2—混凝土基体打孔（φ5mm）；

3—木楔（临时固定调整用）；4—细石混凝土或黏结砂浆灌浆

现以钢筋网绑扎固定灌浆法为例说明挂贴法施工工艺如下。

（一）材料

挂贴法施工的粘贴材料参见粘贴法施工，其他材料包括：φ8 或 φ6 钢筋，绑扎钢筋用铁丝，绑扎板材用不锈钢丝或铜丝等的质量，应符合设计要求。

（二）施工工艺顺序

钢筋网绑扎固定灌浆挂贴法施工工艺顺序包括：基层处理→弹线分块、绑扎钢筋网→预拼编号→钻孔、开槽、绑丝→安装饰面板→临时固定→灌浆→清理→嵌缝。

（三）施工操作要点

1. 基层处理

将基层表面的残灰、污垢清理干净，有油污的部位可用 10% 火碱液清洗，干净后再用清水将火碱液清洗干净。

基层应具有足够的刚度和稳定性；并且基体表面应平整粗糙；对于光滑的基体表面应进行凿毛处理。

基层应在板材安装前一天浇水湿透。

2. 弹线分块、绑扎钢筋网

检查基体墙面平整情况，然后在建筑物四周由顶到底挂垂直线，再根据垂直标准，拉水平通线，在边角做出板材安装厚度的标志块，根据标志块做标筋以确定饰面板留缝灌浆的厚度。

按上述找规矩确定的标准线，在水平与垂直范围内根据立面要求画出水平方向及垂直方向的板材分块尺寸，并核对一下墙和柱预留的洞、槽的位置。然后先剔凿出墙面或柱面结构施工时的预埋钢筋，使其外露于墙、柱面，然后连接绑扎（或焊接）φ8 竖向钢筋（竖向钢筋的间距，如设计无要求，可按板材宽度距离设置，一般为 30～50cm），随后绑扎横向钢筋，横向钢筋的间距比板材竖向尺寸小 2～3cm 为宜。

如基体墙面上没有预埋钢筋，绑扎钢筋网之前需要在墙面上用 M10～M16 膨胀螺栓来固定铁件，膨胀螺栓的间距为板面宽；或者用冲击电钻在基体上打出 φ6～φ8mm，深度大于 60mm 的孔，再向孔内打入 φ6～φ8mm 的短钢筋，钢筋外露 50mm 以上并做弯钩。短钢筋的间距为板面宽度。上、下两排膨胀螺栓或插筋的距离为板的高度减去 80～100mm 左右。将同一标高的膨胀螺栓或插筋上连接水平钢筋，水平钢筋可绑扎固定或点焊固定，如图 8-11 所示。

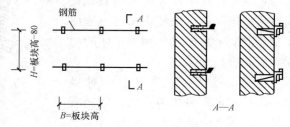

图 8-11　墙上埋入膨胀螺栓或钢筋

3. 预拼编号

为了使板材安装时上、下、左、右颜色花纹一致、纹理通顺、接缝严密吻合，安装前，必须按大样图预拼排号。

一般应先按图样挑出品种、规格、颜色与纹理一致的板料，按设计尺寸，进行试拼，校正尺寸及四角套方，使其合乎要求。遇阳角对接处，应磨边卡角，如图 8‑12 所示。

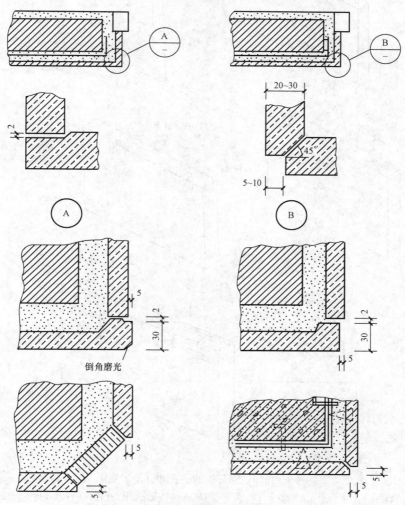

图 8‑12　阳角处磨边对角

预拼号的板材应按施工顺序编号，编号一般由下往上编排。然后竖向堆好备用。

对于有缺陷的板材经过修补后可改小料用，或应用于阴角或靠近地面不显眼部位。

4. 钻孔、开槽、绑丝

为将板材固定绑扎在钢筋网上，板材在安装前需在板材绑扎的位置上钻孔或开槽，如图 8‑13 所示。

四道槽的位置是：板材背面的边角处开两条竖槽，其间距为 30～40mm，板材侧边外的两条竖槽位置上开一条横槽，再在板材背面上的两条竖槽位置下部开一条横槽，如图 8‑13 (e) 所示。

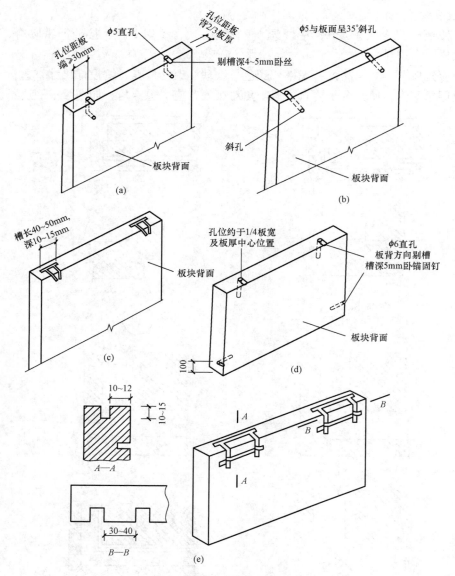

图 8-13　饰面石板的钻孔和开槽示意图
(a) 钻直孔；(b) 钻斜孔；(c) 开绑扎槽（三道槽）；(d) 钻锚固钉孔；(e) 开绑扎槽（四道槽）

板材开好槽后，把备好的不锈钢或铜丝剪成 30cm 长，并弯成 u 形。将 u 形绑丝先套入板材背横槽内，u 形的两条边从两条竖槽内通出后，在板材侧边横槽处交叉。然后再通过两竖槽将绑丝在板材背面扎牢。但要注意不要将绑丝拧得过紧，以防止拧断绑丝或把槽口弄断裂。

5. 安装饰面板

饰面板安装顺序一般由下往上进行，每层板材由中间或一端开始。先将墙面最下层的板材按地面标高线就位，如果地面未做出，就需用垫块把板材垫高至墙面标高线位置。然后使板材上口外仰，把下口不锈钢丝（或铜丝）绑好后，用木楔垫稳。随后用靠尺板检查平整度、垂直度，合格后系紧绑丝，并用木楔挤紧。最下一层定位后，再拉上一层垂直线和水平线来控制上一层安装。上口水平线应到灌浆完后再拆除。

柱面可按顺时针安装，一般先从正面开始。第一层就位后要用靠尺找垂直，用水平尺找平整，用方尺打好阴、阳角。如发现板材规格不准确或板材间隙不匀，应用铅皮加垫，使板材间隙均匀一致，以保持每一层板材上口平直。

6. 临时固定板材

板材安装就位后，用纸或熟石膏将两侧缝隙堵严。

用熟石膏临时封固后，要及时用靠尺板、水平尺检查板面是否平直，保证板与板的交接处四角平直。如发现问题，立即纠正。待石膏硬固后即可进行灌浆。

7. 灌浆

灌浆可采用细石混凝土或水泥砂浆，较常使用 1：2.5 的水泥砂浆，砂浆稠度 10～15cm。

灌浆应分层进行，用铁簸箕将砂浆徐徐倒入板材内侧，不要只从一处灌注，也不能碰动板材，同时检查板材因灌浆是否有移位。第一层浇灌高度为 15cm 左右，即不得超过板材高度 1/3 处。

第一次灌浆后稍停 1～2h，待砂浆初凝无水溢出，并且板材无移动后，再进行第二次灌浆，高度为 10cm 左右，即灌浆高度达到板材的 1/2 高度处。稍停 1～2h，再灌第三次浆，灌浆高度达到离上口 5cm 处，余量作为上层板材灌浆的接口。

当采用浅色的板材时，灌浆应采用白水泥和白石屑，以防透底影响美观。如为柱子贴面，在灌浆前用方木夹具夹住板材，以防止灌浆时板材外胀。

8. 清理

三次灌浆完毕，砂浆初凝后就可清理板材上口余浆，并用棉丝擦干净。隔天再清理第一层板材上口木楔和上口有碍安装上层板材的石膏。以后用相同方法把上层板材下口绑丝拴在第一层板材上口固定的绑丝处，依次进行安装。

9. 嵌缝

嵌缝是全部板材安装完毕后的最后一道工序。首先应将板材表面清理干净，并按板材颜色调制水泥色浆嵌缝，边嵌缝边擦拭清洁，使缝隙密实干净、颜色一致。安装固定后的板材，如面层光泽受到影响，要重新打蜡上光。

三、干挂法施工工艺

干挂法施工是指利用高强度螺栓和耐腐蚀、强度高的金属挂件（扣件、连接件）或利用金属龙骨，将饰面板材固定于建筑物的外表面的做法，石材饰面与结构之间留有 40～50mm 的空腔。

此法免除了灌浆湿作业，可缩短施工周期，减轻建筑物自重，提高抗震性能，增强了石材饰面安装的灵活性和装饰质量。适用于大规格的大理石、花岗石板材安装。

干挂法施工工艺根据其挂件的固定、连接方法不同有多种构造做法，较常采用的主要有两种：板材干挂销针式做法、板材干挂板销式做法。

板材干挂销针式做法是在板材上下端面打孔，插入 φ5mm 或 φ6mm（长度宜为 20～30mm）不锈钢销，同时连接不锈钢舌板连接件，并与建筑结构基体固定，如图 8-14 所示。

板材干挂板销式做法是将上述销针式勾挂石板的不锈钢销改为 ≥3mm 厚（由设计经计算确定）的不锈钢板条式挂件，施工时插入石板的预开槽内，用不锈钢连接件（或本身即呈 L 形的成品不锈钢挂件）与建筑结构体固定，如图 8-15 所示。

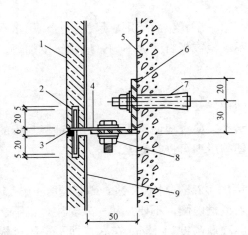
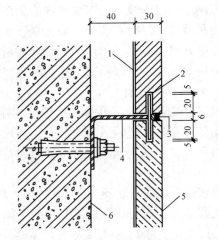

图 8-14　石板材干挂销针式做法示意图
1—饰面石板材；2—不锈钢钢销及石板销孔；
3—耐候密封结构胶；4—舌板；5—钢筋混凝土结构基体；
6—不锈钢连接件（∟50×40×4）；7—膨胀螺栓；
8—连接调节螺栓（M8）；9—玻璃纤维网格布增强层

图 8-15　石板材干挂板销式做法示意图
1—玻璃纤维网格布增强层；
2—不锈钢板条插件及石板插孔；
3—耐候密封结构胶；4—不锈钢挂件；
5—饰面石板材；6—钢筋混凝土结构基体

现以板材干挂销针式做法为例说明干挂法施工工艺如下。

（一）材料

1. 石板材

根据设计要求，确定石板材的品种、颜色、花纹和尺寸规格，并严格控制、检查其抗折、抗拉及抗压强度、吸水率、耐冻融循环等性能。花岗岩板材的弯曲强度应经法定检测机构检测确定。

2. 合成树脂胶黏剂

合成树脂胶黏剂用于粘贴石板材背面的柔性背衬材料，要求具有防水和耐老化性能。

3. 双组分环氧型胶黏剂

双组分环氧型胶黏剂用于挂件与石材间的黏结固定。按固化速度分为快固型（K）和普通型（P）。

4. 中性硅酮耐候密封胶

中性硅酮耐候密封胶用于板材间缝隙的防水密封。进场后应进行黏合力试验和相容性试验。

5. 玻璃纤维网格布

石材的背衬材料。

6. 防水胶泥

用于密封连接件。

7. 防污胶条

用于石材边缘防止污染。

8. 嵌缝膏

用于嵌填石材接缝。

9. 罩面涂料

用于大理石表面防风化、防污染。

10. 不锈钢紧固件

应按同一种类构件的5%进行抽样检查，且每种构件不少于5件。

11. 其他

如膨胀螺栓、连接铁件、连接不锈钢针等以及配套的铁垫板、垫圈、螺帽等的质量，必须符合要求。

（二）工艺顺序

石板材干挂销针式做法施工工艺顺序包括：基层修整→弹线→墙面涂防水剂→打孔→固定连接件→安装板材→调整固定→顶部板安装→嵌缝→清理。

（三）操作要点

1. 墙面修整

混凝土外墙表面如有局部凸出处会影响扣件安装时，要进行凿平修整。

2. 弹线

弹出垂直线和水平线，并根据施工大样图弹出安装板材的位置线和分块线。

板材安装前要事先用经纬仪定出大角的两个面的竖向控制线，最好弹在离大角200mm的位置上，以便随时检查垂直挂线的准确性，保证顺利安装。竖向挂线宜用$\phi 1 \sim \phi 1.2$的钢丝，下边吊沉铁坠。一般40m以下高度沉铁重量为8～10kg，上端挂在专用的挂线角钢架上，角钢架用膨胀螺栓固定在建筑物大角的顶端。

3. 墙面涂防水剂

由于板材与混凝土墙身之间不填充砂浆，为了防止因材料性能或施工质量可能造成渗漏，在外墙面上涂刷一层防水剂，以增强外墙的防水性能。

4. 打孔

石板材打孔应使用台钻，钻头直径4.5mm，形成孔径为5mm，钻孔深度为20mm的钻孔。根据施工大样图的要求，为保证打孔位置准确，石板材应用专用模具固定在台钻上，进行板材打孔，并使将要打孔的小面与钻头垂直，以保证孔的垂直度。成型后，应进行钻孔的位置及孔的垂直度检测，符合要求的板材方能运至现场安装。

5. 固定连接件

在结构墙上打孔、下膨胀螺栓。在基体表面弹好水平线，按施工大样图和板材尺寸，在基体结构墙上做好标记，然后按点打孔，孔深为60～80mm。若遇到结构中的钢筋，可以将孔位在水平方向移位或往上抬高，但位移范围必须在连接铁件可调余量范围内。成孔与墙面垂直，将孔内灰渣挖出后安放膨胀螺栓。然后固定扣件，用扳手拧紧。安装节点图如图8-14所示。连接板上的孔洞均呈椭圆形，以便于安装时调节位置，如图8-16所示。

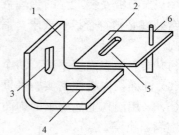

图8-16 组合挂件的三向调节示意图
1—墙上固定件；2—连接板；3—竖向椭圆孔；
4—纵向椭圆孔；5—横向椭圆孔；6—销针

6. 安装板材

底层板材安装：把侧面的连接铁件安好，便可把底层面板靠角上的一块就位。用夹具暂时固定石板材，先将石板材侧孔抹胶，调整钢件，插固定钢针，调整面板并临时固定。依次按顺序安装底层面板，待底层面板全部就位后，检查各板材水平与垂直度以及板缝宽度，满足设计和施工验收规范要求后，固定连接件节点。然后将 1：2.5 的白水泥配制的砂浆，灌于底层面板内 20cm 高，并设排水装置。

上层板材安装：底层板材安装固定完毕后，接着安装上一层连接件，将胶黏剂灌入上层板材下方孔内，再将上层板材对准钢针插入；随后，将胶黏剂灌入该层板材上方孔内，插入连接钢针，并用相应连接件予以固定。如此反复直至板材全部安装完毕。

7. 调整固定

每一层板材暂时固定后，均须调整水平度。如板面上口不平，可在板底的一端下口的连接平钢板上垫一相应的铅皮板或铜丝，也可把另一端下口用以上方法垫一下。而后调整垂直度，可调整面板上口的不锈钢连接件的距墙空隙，直至面板垂直。

8. 顶部板安装

顶部最后一层板材除了按一般板材安装要求安装调整好外，还要在结构与板材的缝隙里吊一通长的 20mm 厚木条，木条上平位置为板材上口下 250mm，吊点可设在连接铁件上，可采用铅丝吊木条。木条吊好后，即在板材与墙面之间的空隙里塞放聚苯板。聚苯板条要宽于空隙，以便堵塞严实，防止灌浆时漏浆，造成蜂窝、孔洞等不良现象。灌浆至板材口下 20mm，以便做压顶盖板。

9. 嵌缝

每一施工段安装好经检查无误后，可清扫拼接缝，填入橡胶条，然后用打胶机进行硅胶涂封。一般硅胶只封平接缝表面或比板面稍凹少许即可。雨天或板材受潮时，不宜涂硅胶。

10. 清理

清理板块表面，用棉丝将石板擦干净。如有余胶等其他黏结杂物，可用开刀轻铲、用棉丝蘸丙酮擦干净。

（四）饰面板安装的检查验收

饰面板安装施工完毕后，应按国标进行质量检验和验收。其质量要求包括：

（1）饰面板的品种、规格、颜色和性能应符合设计要求，木龙骨面板和塑料面板的燃烧性能等级应符合设计要求。

（2）饰面板孔、槽的数量、位置和尺寸应符合设计要求。

（3）饰面板安装工程的预埋件（或后置埋件）、连接件的数量、规格、位置、连接方法和防腐处理必须符合设计要求；后置埋件的现场拉拔强度必须符合设计要求；饰面板安装必须牢固。

（4）饰面板表面应平整、洁净、颜色一致，无裂痕和缺损；石材表面应无泛碱等污染。

（5）饰面板嵌缝应密实、平直，宽度和深度应符合设计要求，嵌填材料色泽应一致。

（6）采用湿作业法施工的饰面工程，石材应进行防碱处理；饰面板与基体之间的灌注材料应饱满、密实。

（7）饰面板上的孔洞应套割吻合，边缘应整齐。

（8）饰面板安装的允许偏差和检验方法见表 8-4。

表 8-4　　　　　　　　　　　　饰面板安装的允许偏差和检验方法

项次	项　目	允许偏差（mm）							检 验 方 法
		石　材			瓷板	木材	塑料	金属	
		光面	剁斧石	蘑菇石					
1	立面垂直度	2	3	3	2	1.5	2	2	用 2m 垂直检测尺检查
2	表面平整度	2	3	—	1.5	1	3	3	用 2m 靠尺和塞尺检查
3	阴阳角方正	2	4	4	2	1.5	3	3	用直角检测尺检查
4	接缝平直度	2	4	4	2	1	1	1	拉 5m 线，不足 5m 拉通线，用钢直尺检查
5	墙裙脚上口平直度	2	3	3	2	2	2	2	拉 5m 线，不足 5m 拉通线，用钢直尺检查
6	接缝高低差	0.5	3		0.5	0.5	1	1	用钢直尺和塞尺检查
7	接缝宽度	1	2	2	1	1	1	1	用钢直尺检查

第四节 涂 饰 工 程

涂饰工程是指将液体涂料涂敷在物体表面，与基体材料黏结形成完整而坚韧的一层薄膜，以此来保护建筑基层免受外界侵蚀。建筑物的装饰和保护方法很多，但采用涂料涂饰建筑物的表面却是一种最简便、经济，日常维修更新方便的方法。

早期使用的涂料，其主要原料是天然油脂和天然树脂，如亚麻仁油、桐油、松香和生漆等，故称为油漆。随着石油化工和有机合成工业的发展，许多涂料不再使用油脂，主要使用合成树脂及其乳液、无机硅酸盐和硅溶胶，故改为涂料工程，油漆仅是涂料的一个分支。

考虑到在建筑工程施工中对"涂料"和"油漆"这些术语的习惯性，故将"涂料"定名为"建筑装饰涂料"，不含"油漆"内容。

一、常用涂料的材料及种类

1. 涂料的材料组成

常用的建筑涂料按其成膜物质的不同，主要由三大部分组成，如图 8-17 所示。主要成膜物质也称黏结剂，是将其他组分黏结成一整体，并在干燥后形成坚韧的保护膜。次要成膜物质即颜料，也是成膜的组成部分，不仅增加涂膜机械强度，提高耐久性和稳定性，并赋予涂膜以绚丽多彩的外观。辅助成膜材料主要包括辅助材料和溶剂，溶剂可调整涂料稠度，达到施工的要求，增加涂料渗透能力，改善黏结性能。为了改善涂料性能，常使用少量辅助材料（如催干剂、增塑剂、稳定剂等），催干剂可加速成膜过程，提高成膜质量。

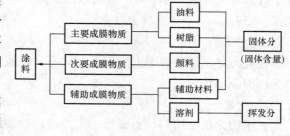

图 8-17　涂料的组成

2. 涂料的种类

涂料品种繁多，分类的方式也各有不同，使用时应按其性质和用途认真选择，并对所有腻子按基层、底涂料和面涂料的性能不同配套使用。

（1）按涂料的用途分。外墙涂料、内墙涂料、地面（或地板）涂料、顶棚涂料。

外墙涂料主要有：合成树脂乳液外墙涂料、溶剂型外墙涂料、外墙无机建筑涂料、复合建筑涂料等。

内墙和顶棚涂料主要有：合成树脂乳液内墙涂料、水溶性内墙涂料等。

（2）按涂料的主要成膜物质分。有机系涂料和无机系涂料。其中有机系涂料又分为：水溶性涂料、乳液型涂料、溶剂型涂料等。

水溶性涂料主要有：聚乙烯醇类内墙涂料、硅酸盐无机涂料等。

溶剂型涂料主要有：丙烯酸酯墙面涂料、丙烯酸酯复合型建筑涂料、聚氨酯系墙面涂料等。

乳液型涂料主要有：合成树脂乳液薄质涂料（简称乳胶漆）、合成树脂乳液厚质涂料、彩色砂壁状外墙涂料、水乳型合成树脂乳液涂料等。

（3）按涂料的功能分。装饰涂料、防火涂料、防水涂料、防腐蚀涂料、防霉涂料等。

（4）按涂层质感分。薄质涂料、厚质涂料、复层涂料、多彩涂料等。

二、建筑装饰涂料施工工艺

建筑装饰涂料一般适用于混凝土表面、水泥砂浆和混合砂浆抹面以及水泥石膏板、加气混凝土板等各种基层面上。其施工工序包括：基层处理、打底子、抹腻子、施涂涂料等主要施工过程。

1. 基层处理

（1）基层表面必须坚固，无酥松、脱皮、起壳、粉化等现象；基层表面的灰尘、油污、溅沫和砂浆流痕等杂物脏迹，必须清除干净。

（2）基层表面的裂缝、毛刺、蜂窝、麻面等经修整后，需用腻子填补嵌实，刮平收净、砂纸磨光。

（3）金属表面应清除灰尘、油渍、鳞皮、锈斑、焊渣、毛刺等；潮湿的金属表面不得施涂。

（4）基层为混凝土或抹灰表面施涂溶剂型涂料时，含水率不得大于 8%；施涂水性和乳液涂料时，含水率不得大于 10%；木材基层应干燥，其含水率不大于 12%。

（5）施涂前半个月左右，应将基层的缺棱掉角处，用 1∶3 的水泥砂浆（或聚合物水泥砂浆）修补。

2. 打底子

在处理好的基层表面上刷底子油一遍（可适当加色），并使其厚薄均匀一致，以保证整个涂料面色泽均匀。

3. 抹腻子

腻子由涂料、填料（石膏粉、大白粉）、水或松香水等拌制而成。抹腻子可使基层表面平整光滑。涂料用腻子，应具有良好的塑性和易涂性，且涂抹后坚实牢固，不起皮开裂。干燥后，应打磨平整光滑，并清理干净。

4. 施涂涂料

根据涂料层的装饰要求、基层的种类以及涂料品种、等级等标准要求不同，涂料的施涂可采用多种施涂方法。常用的涂料施涂方法有：刷涂、喷涂、擦涂、揩涂和滚涂等多种。

（1）刷涂。刷涂法是用刷子蘸涂料刷在物体表面上，顺木纹及光线的方向进行。其优点是设备工具简单，操作方便，节省涂料，适用性较强，但工效低，不适于快干和扩散性不良的涂料施工。

（2）喷涂。喷涂法是用喷枪等工具，借助压缩空气的气流，将涂料喷成雾状散布到物件表面上。

喷涂操作时每层往复进行，纵横交错，一次不能过厚，需几次喷涂，以达到厚而不流。喷嘴应均匀移动，离基面距离控制在 250～350mm，速度为 10～18m/min，气压为 300～400kPa。

喷涂法施工简单，工效高，涂膜分散均匀且平整光滑，干燥快；但耗料多，施工应有防火、通风、防爆等安全措施。

（3）擦涂。擦涂法是用棉花团包纱布蘸涂料在物面上顺木纹擦涂几遍，放置 10～15min，待涂膜稍干再较大面积打圈揩擦，直至均匀发亮为止。此法涂膜光亮，质量好，但较费工时。

（4）揩涂。揩涂法是用布或蚕丝揩成团浸涂料后揩涂物件表面上，来回左右移动，反复搓揩以达到均匀。此法设备工具简单，用料省，但费工时，用手操作易中毒。仅适用于生漆的涂刷施工。

（5）滚涂。滚涂法系用人造皮毛、橡皮或泡沫塑料制成的滚花筒（$\phi40 \times 170 \sim \phi40 \times 250$mm），滚上涂料后，再滚涂于基面上，速度不宜太快。待滚筒上涂料基本用完，再垂直方向滚动，使其赶平涂布均匀。此法涂膜厚薄均匀，不流坠，质感好，适用于墙面滚花涂饰。

在整个涂料施涂过程中，涂料不得任意稀释，最后一遍涂料不宜加催干剂。涂刷时，后一遍涂料应待前一遍涂料干燥后方可进行。

5. 涂饰工程的检查验收

涂饰施工完毕后，应按国标进行质量检验和验收。施涂溶剂型混色涂料和清漆表面质量要求见表 8-5 及表 8-6。

表 8-5　　　　　　　　　　　色漆的涂饰质量和检验方法

项次	项　　　目	普通涂饰	高级涂饰	检 验 方 法
1	颜色	均匀一致	均匀一致	观察
2	光泽、光滑	光泽基本均匀 光滑无挡手感	光泽均匀一致 光滑	观察、手摸检查
3	刷纹	刷纹通顺	无刷纹	观察
4	裹棱、流坠、皱皮	明显处不允许	不允许	观察
5	装饰线、分色线直线度允许偏差（mm）	2	1	拉 5m 线，不足 5m 拉通线，用钢直尺检查

注　无光色漆不检查光泽。

表 8 - 6 清漆的涂饰质量和检验方法

项次	项 目	普通涂饰	高级涂饰	检 验 方 法
1	颜色	基本一致	均匀一致	观察
2	木纹	棕眼刮平、木纹清楚	棕眼刮平、木纹清楚	观察
3	光泽、光滑	光泽基本均匀 光滑无挡手感	光泽均匀一致 光滑	观察、手摸检查
4	刷纹	无刷纹	无刷纹	观察
5	裹棱、流坠、皱皮	明显处不允许	不允许	观察

三、刷浆工程

刷浆是将水性涂料（以水为溶剂）喷刷在抹灰层或物体表面上。

1. 刷浆工程材料

刷浆工程常用的浆料有石灰浆、大白浆、可赛银浆和聚合物水泥浆等。

（1）石灰浆。石灰浆用块状生石灰或生石灰粉加水调制。为了提高附着力，减少沉淀现象，可加入石灰浆用量 0.3%～0.5% 的食盐或明矾或干性油。如配色浆，可再加入耐碱和耐光的颜料，混合均匀后即可。这是一种低档饰面材料。

（2）大白浆。大白浆是用大白粉加水调制而成。为防止掉粉和增加与抹灰面的黏结力，调制时，必须加入胶结料。过去常用的胶结料有龙须菜胶及火碱面胶，两者性能较差。当前采用聚醋酸乙烯乳胶等，在一定程度上提高了大白浆的附着力。在大白粉兑水时掺入颜料，可制成各种色浆。大白浆主要用于要求较高的内墙面、顶棚刷白。

（3）可赛银浆。可赛银浆是用可赛银粉加水调制而成。可赛银粉膜的附着力、耐水及耐磨性能均比大白浆强，还能耐一定程度的酸碱侵蚀。可赛银有各种颜色，可调制成各种色浆。适用于内墙面刷浆。

（4）聚合物水泥浆。在水泥中掺入有机聚合物（如白乳胶、二元乳胶）和水调制而成。可提高水泥浆的弹性、塑性和黏结性，用于外墙刷浆。一般刷后再罩一遍有机硅防水剂，可增加浆面防水、防污染、防风化等能力。

2. 刷浆工程施工工序

室内刷浆工程按质量要求，分为普通和高级两级，其主要操作工序见表 8 - 7；室外刷浆工程的主要操作工序见表 8 - 8。

表 8 - 7 室内刷浆的主要操作工序

项次	工 序 名 称	石灰浆		聚合物水泥浆		大白浆		可赛银浆	
		普通	高级	普通	高级	普通	高级	普通	高级
1	清扫	+	+	+	+	+	+	+	+
2	用乳胶水溶液或聚乙烯醇缩甲醛胶水溶液湿润			+	+				
3	填补缝隙、局部刮腻子	+	+	+	+	+	+	+	+
4	磨平	+	+	+	+	+	+	+	+
5	第一遍满刮腻子						+	+	+
6	磨平					+	+	+	+
7	第二遍满刮腻子						+		+
8	磨平						+		+

续表

项次	工 序 名 称	石灰浆		聚合物水泥浆		大白浆		可赛银浆	
		普通	高级	普通	高级	普通	高级	普通	高级
9	第一遍刷浆	＋	＋	＋	＋	＋	＋	＋	＋
10	复补腻子		＋		＋		＋	＋	＋
11	磨平		＋		＋		＋	＋	＋
12	第二遍刷浆		＋		＋		＋	＋	＋
13	磨浮粉						＋		＋
14	第三遍刷浆		＋				＋		＋

注 1. 表中"＋"号表示应进行的工序。
2. 高级刷浆工程，必要时可增刷一遍浆。
3. 机械喷浆可不受表中遍数的限制，以达到质量要求为准。
4. 湿度较大的房间刷浆，应用具有防潮性能的腻子和浆料。
5. 腻子配比（重量比）：白乳胶∶滑石粉或大白粉∶2%羧甲基纤维素溶液＝1∶5∶3.5。

表 8 - 8　　　　　　　　　　　　室外刷浆的主要操作工序

项次	工 序 名 称	石灰浆	聚合物水泥浆
1	清扫	＋	＋
2	填补缝隙、局部刮腻子	＋	＋
3	磨平	＋	＋
4	用乳胶水溶液或聚乙烯醇缩甲醛胶水溶液湿润		
5	第一遍刷浆	＋	＋
6	第二遍刷浆	＋	＋

注 1. 表中"＋"号表示应进行的工序。
2. 机械喷浆可不受表中遍数的限制，以达到质量要求为准。
3. 腻子配比（重量比）：白乳胶∶水泥∶水＝1∶5∶1。

刷浆工程的基体或基层应干燥。刷浆前应清除基层表面上的灰尘、污垢、溅沫和砂浆流痕。表面的缝隙应用腻子填补齐平，要坚实牢固，不得起皮和裂缝。浆膜干燥前，应防止尘土沾污和热空气的侵袭。刷浆浆料的工作稠度，刷涂时宜小些；喷涂时宜大些。刷浆次序须先顶棚，然后由上而下，且应待第一遍浆干燥后，方可涂刷第二遍，涂层不宜过厚。

3. 刷浆工程的质量检查验收

刷浆工程要求表面颜色均匀，不显刷纹，不脱皮、起泡、咬色、流坠。其质量要求见表 8 - 9。

表 8 - 9　　　　　　　　　　　　刷浆工程质量要求

项次	项 目	普通涂饰	高级涂饰	检 验 方 法
1	颜色	均匀一致	均匀一致	
2	泛碱、咬色	允许少量轻微	不允许	
3	流坠、疙瘩	允许少量轻微	不允许	观　察
4	砂眼、刷纹	允许少量轻微砂眼，刷纹通顺	无砂眼，无刷纹	
5	装饰线、分色线直线度允许偏差（mm）	2	1	拉 5m 线，不足 5m 拉通线，用钢直尺检查

第五节 裱糊和软包工程

裱糊工程分墙纸裱糊和墙布裱糊，是通过胶黏剂将墙纸或墙布裱糊在建筑物基层表面的一种装饰做法。被广泛用于室内墙面、柱面及顶棚等部位的装饰，具有色彩丰富、质感性强、耐用、易清洗的特点。

软包工程是用人造革、锦缎等软包墙面，可起柔软、消声、温暖、美化的作用，适用于防止碰撞和声学要求较高的房间。

一、裱糊工程

（一）裱糊工程材料

裱糊工程的主要材料为墙纸或墙布以及胶黏剂；另外用于基层修补、填平的腻子。若基层吸水能力较快，如纸面石膏板等基层面，应在裱糊前先在基层面上刷一遍底层涂料，作为封闭处理，待涂料层干燥后，再进行裱糊。

1. 墙纸（也称壁纸）

墙纸的种类繁多，大体上可分为以下几类。

（1）普通墙纸（纸基涂塑墙纸）。这类墙纸，是以纸为基底，用高分子乳液涂布面层，再进行印花、压纹等工序制成的卷材。其品种有印花涂塑墙纸、压花涂塑墙纸、复塑墙纸等。裱糊这类墙纸，应先将墙纸用水湿润数分钟。

（2）发泡墙纸。又称浮雕墙纸，是以 $100g/m^2$ 的纸做基材，涂塑 $300\sim400g/m^2$ 掺有发泡剂的聚氯乙烯（PVC）糊状料，印花后，再经加热发泡而成，其表面呈凹凸花纹。

塑料墙纸的规格通常分为：大卷、中卷和小卷。大卷长度50m，宽度 $0.92\sim1.20m$；中卷长度 $20\sim50m$，宽度 $0.76\sim0.90m$；小卷长度 $10\sim12m$，宽度 $0.53\sim0.60m$。

（3）麻草墙纸。这类墙纸，是以纸为基层，以编织的麻草为面层，经复合加工而成的一种新型室内装饰墙纸。它具有阻燃、吸声、散潮湿、不变形等特点。

麻草墙纸的规格一般为：长30m、50m、70m，宽950mm左右。

（4）纺织纤维墙纸。又称花色线墙纸，是目前国际上比较流行的新型墙纸。它由棉、麻、丝等天然纤维或化学纤维制成；还有的用编草、竹丝或麻皮条等天然材料制成。

（5）特种墙纸。也称专用墙纸，是指具有特殊功能的塑料面层墙纸，如耐水墙纸、防火墙纸、抗腐蚀墙纸、抗静电墙纸、金属面墙纸、图景画墙纸、彩色砂粒墙纸、防污墙纸等。

2. 墙布

（1）玻璃纤维墙布。玻璃纤维墙布是以中碱玻璃纤维织成的坯布为基材，以聚丙烯酸甲、乙酯、增塑剂、着色颜料等为原料进行染色及挺括处理，形成彩色坯布。再以醋酸乙酯、醋酸丁酯、环乙酮、聚醋酸乙烯酯及聚氯乙烯树脂配置适量色浆做印花处理等制成。其优点是有布纹质感、耐火、耐潮、不易老化。缺点是盖底能力稍差，涂层一旦被磨破会散落出少量玻璃纤维。适用于一般民用建筑室内装饰。

玻璃纤维墙布的规格一般为：厚度 $0.15\sim0.17mm$，幅宽 $800\sim840mm$。

（2）纯棉装饰墙布。纯棉装饰墙布是以纯棉平布经过处理和印花、涂层等工序制成。具有无光、吸声、耐擦洗、静电小、强度大、蠕变性小等特点，且色调、纹样丰富。适用于住宅、宾馆等公共建筑室内装饰。纯棉装饰墙布主要生产单位是北京印染厂，厚度0.35mm。

（3）化纤装饰墙布。化纤装饰墙布是以化纤布为基材，经一定处理后印花而成。具有无毒、无味、透气、防潮、耐磨、不分层等优点。适用于旅店、办公室、会议室和居民住宅等室内装饰。

化纤装饰墙布的规格一般为：卷长50m，幅宽820～840mm，厚度0.15～0.18mm。

（4）无纺墙布。无纺墙布是采用棉、麻等天然纤维或涤纶、腈纶等合成纤维，经过无纺成型、上树脂、印制彩色花纹而成。具有一定的透气性和防潮性，擦洗不褪色，富有弹性，不易折断，纤维不易老化，不散失，对皮肤无刺激作用。还具有色彩鲜艳、图案雅致、挺括等优点，粘贴也较方便。有棉、麻、涤纶、腈纶等品种和多种花色图案。适用于各种建筑的室内墙面装饰。

无纺墙布的规格一般为：幅宽为850～900mm，厚度0.12～0.18mm。

3. 胶黏剂

裱糊用胶黏剂应根据面层墙纸或墙布材料的特点及要求，选用专用胶黏剂。在没有专用胶黏剂的情况下，可自行配制，但自制胶黏剂应符合施工验收规范及设计的要求。

（二）裱糊施工工艺

裱糊的部位、基层类别及面层材料不同，裱糊施工的工序亦有所不同。现以室内墙纸裱糊为例，简要介绍裱糊施工的做法和基本要求。

墙纸的裱糊施工工艺过程如下：基层处理→墙面分幅和画垂直线→裁纸→润湿→墙纸上墙→对缝→赶大面→整理纸缝→擦净纸面。

1. 基层处理

（1）裱糊墙纸的基层，要求坚固密实，表面平整光洁，无酥松、粉化、孔洞、麻点、飞刺和砂粒，表面颜色应一致。

（2）基层应基本干燥，混凝土和抹灰层的含水率不得大于8%，木材的含水率不大于12%。

（3）基层清扫洁净后，对于局部孔洞、麻点的部位，须先披腻子找平，然后满刮一遍腻子，并用砂纸磨平。

（4）腻子磨平干燥后，满刷一遍用水稀释的胶黏剂作为底胶，使基层吸水不致太快，以免引起胶黏剂脱水而影响墙纸与基层的黏结。

（5）木质、石膏板等基层，应先将基层的接缝、钉眼等用腻子填平。

（6）待底胶干后，在基层上弹水平线或垂直线，作为裱糊第一幅墙纸时的准线。墙纸水平式裱贴时，弹水平线；墙纸竖向裱贴时，弹垂直线。墙面弹线目的是使墙纸粘贴后的花纹、图案、线条纵横贯通。

2. 裁纸

裱糊墙纸时纸幅必须垂直，才能使墙纸之间花纹、图案、纵横连贯一致。分幅拼花裁切时，要照顾主要墙面花纹的对称完整，对缝和搭缝按实际尺寸统筹规划裁纸，纸幅应编号，按顺序粘贴。

3. 墙纸润湿和刷浆

不同的墙纸、墙布湿胀干缩性不一样，对湿胀干缩反应较明显的PVC壁纸，裱糊前应在水中润湿，称为润纸。纸基塑料墙纸裱糊吸水后，在宽度方面能胀出约1％。准备上墙裱糊的塑料墙纸，应先浸水3min，再抖掉余水、静置20min待用。这样，刷浆后裱糊，可避免出现皱褶。但对于湿胀干缩反应不明显的，如无纺贴墙布则不需润纸。纺织纤维壁纸不能在水中浸泡，只需在壁纸背面用湿布稍揩一下即可。

在纸背和基层表面上刷胶要求薄而均匀。

4. 裱糊

墙纸纸面对褶上墙面，纸幅要垂直，先对花、对纹拼缝，由上而下赶平、压实。多余的胶粘剂挤出纸边，及时揩净以保持整洁。

以上先裁边后粘贴拼缝的施工工艺，其缺点是裁时不易平直，粘贴时拼缝费工且不易使缝合拢，易产生的通病是翘边和拼缝明显可见。经实践，可采取先粘贴后裁边的"搭接裁缝"法，即相邻两张墙纸粘贴时，纸边搭接重叠20mm，然后用裁切刀沿搭接的重叠部位中心裁切。再撕去重叠的多余纸边，经滚压平服而成的施工方法。其优点是接缝严密，可达到或超过验收规范的要求。

（三）裱糊工程质量检查验收

裱糊工程的质量应符合以下要求：

（1）墙纸、墙布必须粘贴牢固，表面色泽一致，不得有气泡、空鼓、裂缝、翘边、褶皱和斑污，斜视时无胶痕。

（2）表面平整，无波纹起伏。墙纸、墙布与挂镜线、贴脸板、踢脚板等紧接，不得有缝隙。

（3）各幅拼接要横平竖直，接缝处花纹、图案吻合，不离缝，不搭接。距墙面1.5m处正视不显接缝。

（4）阴、阳角垂直，棱角分明，阴角处搭接顺直，阳角处无接缝。

（5）墙纸、墙布边缘整齐，不得有纸毛、飞刺。

（6）不得有漏贴、补贴和缺层等缺陷。

二、软包工程

人造革、织锦缎墙面的软包工程通常有预制板组装和现场组装两种。预制板多用硬质材料做衬底，现装墙面的衬底多为软质材料。

1. 基层处理

软包墙面的基层在施工前，应按软包的构造设计要求进行处理，一般包括如下内容：

（1）埋木砖。在砖墙或混凝土墙面上，埋入连接软包层的木砖。木砖的间距应根据软包的板面确定，一般为400～600mm。

（2）抹灰、做防潮层。为防止潮气使板面翘曲、织物发霉，应在砌体墙面上先抹20mm厚的1∶3水泥砂浆。然后刷底子油做一毡两油防潮层。

（3）立墙筋。墙筋断面为（20～50）mm×（40～50）mm，用钉子钉于木砖上，并注意找平找直。

2. 五夹板外包人造革或织锦缎做法

（1）将450mm见方的五夹板板边用刨刨平，沿一个方向的两边刨出斜面。

（2）用刨斜边的两边压入人造革或织锦缎，压边长度20～30mm，用钉子钉在木墙筋上。将另两侧不压织物的板边钉于墙筋上。

（3）将人造革或织锦缎拉紧，使其平伏在五夹板上，边缘织物贴于下一条墙筋上 20～30mm，以下一块斜边板压紧织物和该板上包的织物，一起钉于木墙筋上。另一侧不压织物的板边随之钉牢。如此方法安装完整个墙面。

3. 软包工程质量检查验收

（1）软包面料、内衬材料及边框的材质、颜色、图案、燃烧性能等级和木材的含水率应符合设计要求及国家现行标准的有关规定。

（2）软包工程的安装位置及构造做法应符合设计要求。

（3）软包工程的龙骨、衬板、边框应安装牢固，无翘曲，拼缝应平直。

（4）单块软包面料下应有接缝，四周应绷压严密。

 复习思考题

8-1　建筑装饰的主要作用是什么？

8-2　建筑装饰工程的特点是什么？

8-3　一般抹灰分几级，有哪些具体要求？

8-4　抹灰为何要分层施工？一般抹灰各抹灰层的厚度是如何要求的？

8-5　一般抹灰主要工序的施工方法及技术要求是什么？

8-6　简述水刷石、干粘石、斩假石的施工要点。

8-7　简述饰面板粘贴法施工工艺要点。

8-8　简述饰面板挂贴法施工工艺要点。

8-9　简述饰面板干挂法施工工艺要点。

8-10　建筑涂料如何分类？

8-11　建筑涂料主要的施工方法有哪几种？各有什么注意事项？

8-12　聚合物水泥浆刷浆工程施工顺序有哪些？

8-13　裱糊工程常有哪些材料？

8-14　内墙壁纸裱糊施工有哪些要点？

8-15　简述人造革或织锦缎软包工程施工工艺要点。

第九章　装配式建筑工程

第一节　概　　述

装配式建筑是指把传统建造方式中的大量现场作业工作转移到工厂进行，在工厂加工制作好建筑用构件和配件（如楼板、墙板、楼梯、阳台等），运输到建筑施工现场，通过可靠的连接方式在现场装配安装而成的建筑。装配式建筑主要包括预制装配式混凝土结构、钢结构、现代木结构建筑等，因为采用标准化设计、工厂化生产、装配化施工、信息化管理、智能化应用，是现代工业化生产方式的代表。

我国装配式建筑规划自 2015 年以来密集出台，2015 年末发布《工业化建筑评价标准》，决定 2016 年全国全面推广装配式建筑，并取得突破性进展；2015 年 11 月住建部出台《建筑产业现代化发展纲要》计划到 2020 年装配式建筑占新建建筑的比例 20% 以上，到 2025 年装配式建筑占新建筑的比例 50% 以上；2016 年 2 月国务院出台《关于大力发展装配式建筑的指导意见》要求要因地制宜发展装配式混凝土结构、钢结构和现代木结构等装配式建筑，力争用 10 年左右的时间，使装配式建筑占新建建筑面积的比例达到 30%；2016 年 3 月政府工作报告提出要大力发展钢结构和装配式建筑，提高建筑工程标准和质量；2016 年 7 月住建部出台《住房城乡建设部 2016 年科学技术项目计划装配式建筑科技示范项目名单》并公布了 2016 年科学技术项目建设装配式建筑科技示范项目名单；2016 年 9 月国务院召开国务院常务会议，提出要大力发展装配式建筑推动产业结构调整升级；同月国务院出台《国务院办公厅关于大力发展装配式建筑的指导意见》，对大力发展装配式建筑和钢结构重点区域、未来装配式建筑占比新建建筑目标、重点发展城市进行了明确。

2020 年 8 月，住房和城乡建设部、教育部、科技部、工业和信息化部等九部委联合印发《关于加快新型建筑工业化发展的若干意见》。意见提出：要大力发展钢结构建筑、推广装配式混凝土建筑，培养新型建筑工业化专业人才，壮大设计、生产、施工、管理等方面人才队伍，加强新型建筑工业化专业技术人员继续教育；培育技能型产业工人，深化建筑用工制度改革，完善建筑业从业人员技能水平评价体系，促进学历证书与职业技能等级证书融通衔接。打通建筑工人职业化发展道路，弘扬工匠精神，加强职业技能培训，大力培育产业工人队伍；全面贯彻新发展理念，推动城乡建设绿色发展和高质量发展，以新型建筑工业化带动建筑业全面转型升级，打造具有国际竞争力的"中国建造"品牌。由此，奠定我国推动和大力发展装配式建筑的基础。

一、装配式建筑的特点

（1）大量的建筑部件由车间生产加工完成，构件种类主要有：外墙板，内墙板，叠合板，阳台，空调板，楼梯，预制梁，预制柱等。

（2）现场大量装配作业，原始的现浇作业大大减少。

（3）采用建筑、装修一体化设计、施工，理想状态是装修可随主体施工同步进行。

（4）设计的标准化和管理的信息化，构件越标准，生产效率越高，相应的构件成本就会下降，配合工厂的数字化管理，整个装配式建筑的性价比会越来越高。

（5）符合绿色建筑的要求。

（6）节能环保。

二、装配式建筑的种类

1. 砌块建筑

用预制的块状材料砌成墙体的装配式建筑，适于建造3～5层建筑，如提高砌块强度或配置钢筋，还可适当增加层数。砌块建筑适应性强，生产工艺简单，施工简便，造价较低，还可利用地方材料和工业废料。建筑砌块有小型、中型、大型之分：小型砌块适于人工搬运和砌筑，工业化程度较低，灵活方便，使用较广；中型砌块可用小型机械吊装，可节省砌筑劳动力；大型砌块现已被预制大型板材所代替。

砌块有实心和空心两类，实心的较多采用轻质材料制成。砌块的接缝是保证砌体强度的重要环节，一般采用水泥砂浆砌筑，小型砌块还可用套接而不用砂浆的干砌法，可减少施工中的湿作业。有的砌块表面经过处理，可作清水墙。

2. 板材建筑

由预制的大型内外墙板、楼板和屋面板等板材装配而成，又称大板建筑。它是工业化体系建筑中全装配式建筑的主要类型。板材建筑可以减轻结构重量，提高劳动生产率，扩大建筑的使用面积和防震能力。板材建筑的内墙板多为钢筋混凝土的实心板或空心板；外墙板多为带有保温层的钢筋混凝土复合板，也可用轻骨料混凝土、泡沫混凝土或大孔混凝土等制成带有外饰面的墙板。建筑内的设备常采用集中的室内管道配件或盒式卫生间等，以提高装配化的程度。大板建筑的关键问题是节点设计。在结构上应保证构件连接的整体性（板材之间的连接方法主要有焊接、螺栓连接和后浇混凝土整体连接）。在防水构造上要妥善解决外墙板接缝的防水，以及楼缝、角部的热工处理等问题。大板建筑的主要缺点是对建筑物造型和布局有较大的制约性；小开间横向承重的大板建筑内部分隔缺少灵活性（纵墙式、内柱式和大跨度楼板式的内部可灵活分隔）。

3. 盒式建筑

从板材建筑的基础上发展起来的一种装配式建筑。这种建筑工厂化的程度很高，现场安装快。一般不但在工厂完成盒子的结构部分，而且内部装修和设备也都安装好，甚至可连家具、地毯等一概安装齐全。盒子吊装完成、接好管线后即可使用。盒式建筑的装配形式有：

（1）全盒式，完全由承重盒子重叠组成建筑。

（2）板材盒式，将小开间的厨房、卫生间或楼梯间等做成承重盒子，再与墙板和楼板等组成建筑。

（3）核心体盒式，以承重的卫生间盒子作为核心体，四周再用楼板、墙板或骨架组成建筑。

（4）骨架盒式，用轻质材料制成的许多住宅单元或单间式盒子，支承在承重骨架上形成建筑，也有用轻质材料制成包括设备和管道的卫生间盒子，安置在用其他结构形式的建筑内。盒子建筑工业化程度较高，但投资大，运输不便，且需用重型吊装设备，因此，发展受到限制。

4. 骨架板材建筑

由预制的骨架和板材组成。其承重结构一般有两种形式，一种是由柱、梁组成承重框架，再搁置楼板和非承重的内外墙板的框架结构体系；另一种是柱子和楼板组成承重的板柱结构体系，内外墙板是非承重的。承重骨架一般多为重型的钢筋混凝土结构，也有采用钢和木做成骨架和板材组合，常用于轻型装配式建筑中。骨架板材建筑结构合理，可以减轻建筑物的自重，内部分隔灵活，适用于多层和高层的建筑。

钢筋混凝土框架结构体系的骨架板材建筑有全装配式、预制和现浇相结合的装配整体式两种。保证这类建筑的结构具有足够的刚度和整体性的关键是构件连接。柱与基础、柱与梁、梁与梁、梁与板等的节点连接，应根据结构的需要和施工条件，通过计算进行设计和选择。节点连接的方法，常见的有榫接法、焊接法、牛腿搁置法和留筋现浇成整体的叠合法等。

板柱结构体系的骨架板材建筑是方形或接近方形的预制楼板同预制柱子组合的结构系统。楼板多数为四角支在柱子上；也有在楼板接缝处留槽，从柱子预留孔中穿钢筋，张拉后灌混凝土。

5. 升板升层建筑

板柱结构体系的一种，但施工方法则有所不同。这种建筑是在底层混凝土地面上重复浇筑各层楼板和屋面板，竖立预制钢筋混凝土柱子，以柱为导杆，用放在柱子上的油压千斤顶把楼板和屋面板提升到设计高度，加以固定。外墙可用砖墙、砌块墙、预制外墙板、轻质组合墙板或幕墙等；也可以在提升楼板时提升滑动模板、浇筑外墙。升板建筑施工时大量操作在地面进行，减少高空作业和垂直运输，节约模板和脚手架，并可减少施工现场面积。升板建筑多采用无梁楼板或双向密肋楼板，楼板同柱子连接节点常采用后浇柱帽或采用承重销、剪力块等无柱帽节点。升板建筑一般柱距较大，楼板承载力也较强，多用作商场、仓库、工场和多层车库等。

升层建筑是在升板建筑每层的楼板还在地面时先安装好内外预制墙体，一起提升的建筑。升层建筑可以加快施工速度，比较适用于场地受限制的地方。

本章主要以钢结构骨架和混凝土结构骨架为例，说明常用的装配施工方法。

第二节　装配式建筑施工起重机械

装配式建筑的主导施工过程是结构安装，结构安装施工直接影响整个房屋建筑的施工进度、施工质量和工程成本。起重机械是完成结构安装工程的主导因素，在确定施工方案时应予以充分的重视。

用于结构安装工程的起重机械主要包括：自行杆式起重机、塔式起重机、桅杆式起重机以及井架起重机、缆索起重机等。

一、自行杆式起重机

自行杆式起重机是将起重臂杆设置在可行驶的车辆底盘上，从而提高了起重机的服务范围的一种起重机械。常用的自行杆式起重机包括：履带式起重机、轮胎式起重机和汽车式起重机等。

（一）履带式起重机

履带式起重机是在行走的履带底盘上装有起重装置的起重机械，是一种自行式、360°全回转的起重机械。它具有操作灵活、行驶方便、臂杆可以接长或更换，并能够在一般坚实平整的场地上负载行驶和作业等特点，是结构吊装工程中使用较多的一种起重机械，特别是在单层工业厂房结构安装工程中应用极为广泛。

1. 履带式起重机的组成及分类

履带式起重机主要由动力装置、转动机构、行走机构（履带）、工作机构（起重臂、滑轮组和卷扬机）以及平衡重等组成。其外部形状及基本构造如图9-1所示。

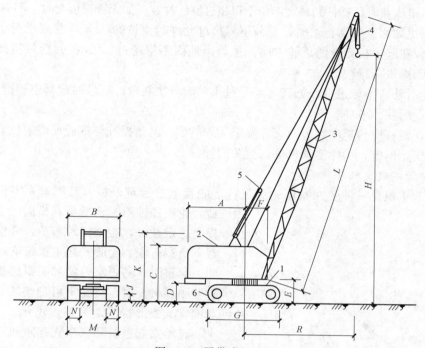

图9-1 履带式起重机

1—底盘；2—机棚；3—起重臂；4—起重滑轮组；5—变幅滑轮组；6—履带机身

L—起重臂长度；H—起重高度；R—工作幅度；A、B—起重机外形尺寸符号

履带式起重机依据其转动方式不同可分为：机械式（QU）、液压式（QUY）和电动式（QUD）三种。

2. 履带式起重机的使用要点

（1）作业条件。起重机必须按规定的起重性能作业。不得起吊重量不明的物体，严禁用起重钩斜拉、斜吊；一般不得超载，特殊情况下需超载吊装时，必须进行起重机的整机稳定性验算、起重臂强度验算，并采取可靠的技术措施，作业前必须进行试吊。

起重机在工作时，必须有平整坚实的地面，如地面松软，应夯实后用枕木横向垫于履带下方。起重机工作、行驶或停放时，应与沟渠、基坑保持安全距离。不得停放在斜坡上。

（2）作业前检查和启动。

1）发动机启动前重点检查：各安全装置齐全可靠，钢丝绳及连接部位应符合规定，燃油、润滑油、冷却水等均应充足，各连接件无松动。

2）发动机启动前应将主离合器分离，将各操纵杆放在空挡位置。

3）发动机启动后应检查各仪表指示值，待运转正常再结合主离合器，进行空载运转，确认正常后，方可作业。

（3）作业中安全注意事项。

1）起重机变幅应缓慢平稳，严禁在起重臂未停稳前变换挡位，起重机满载荷或接近满载荷时严禁下落臂杆。

2）双机抬吊重物，应选用起重性能相似的起重机。抬吊时应统一指挥，动作应配合协调，载荷应分配合理，单机载荷不得超过允许起重量的 80％。

3）起重机作业时，臂杆的最大仰角不得超过原厂规定。如无资料可查时，不得超过 78°。

4）起重机如必须带荷行走时，载荷不得超过允许起重量的 70％，并要求行走道路坚实平整，重物应在起重机行走的正前方向，重物离地面不得超过 50cm，并拴好拉绳，缓慢行驶。严禁长距离带荷行驶。

5）行走时转弯不应过急，如转弯半径过小，应分次转弯。下坡时严禁空档滑行。

（4）作业后注意事项。

作业后，臂杆应转至顺风方向，并降至 40°～60°。吊钩提升至接近顶端的位置。各部制动器都应加保险固定，操作室和机棚都要关门加锁。

（二）轮胎式起重机

轮胎式起重机是一种装在专用轮胎式行走底盘上的起重机械，其底盘系专门设计、制造，轮距和轴距配合适当，横向尺寸较大，故横向稳定性好，能全回转作业，并能在允许荷载下负载行驶。轮胎式起重机带有可伸缩的支腿，起重时，利用支腿增加机身的稳定，并保护轮胎。必要时，支腿下可加垫块，以扩大支承面。其外形特征如图 9-2 所示。

轮胎式起重机和汽车式起重机有很多相同之处，主要差别是行驶速度慢，故不宜作长距离行驶，适用于作业地点相对固定而作业量较大的场合。

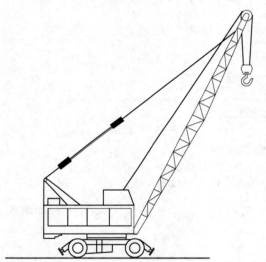

图 9-2　轮胎式起重机

（三）汽车式起重机

汽车式起重机是将起重机构安装在通用或专用汽车底盘上的一种自行式，360°全回转的起重机械。这种起重机的优点是运行速度快，能迅速转移，对路面破坏性很小。但吊装作业时一般需使用支腿，因而不能负荷行驶，且不适合松软或泥泞地面作业。近年来汽车式起重机发展很快，将逐步取代轮胎式起重机。其外形特征如图 9-3 所示。

1. 汽车式起重机的类型

汽车式起重机按起重量大小分为轻型、中型和重型三种。起重量在 20t 以内的为轻型，50t 及以上的为重型；按起重臂形式分为桁架臂或箱形臂两种；按传动装置形式分为机械传动、电力传动和液压传动三种。目前，液压传动的汽车式起重机应用比较普遍。

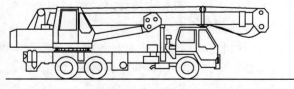

图 9-3　汽车式起重机

2. 汽车式起重机的使用要点

（1）作业条件。

1）起重机在公路或城市街道上行驶时，必须遵守与汽车有关的操作规程和交通规则。将起重臂放在支架上，吊钩用专用钢丝绳挂住。

2）起重机行驶和作业的场地应保持坚实平整，离沟渠、基坑应有必要的安全距离。

（2）作业前的检查和启动。

1）启动前重点检查：各安全保护装置和指示仪表齐全，钢丝绳及连接部位符合规定，燃油、润滑油、液压油及冷却水添加充足，各连接件无松动，轮胎气压符合标准。

2）启动前应将各操纵杆放在空挡位置，按照内燃机起动要求进行启动。启动后检查各仪表指示值，运转正常后结合液压泵。待压力达到规定值，油温达到 39℃ 以上，方可开始作业。

（3）作业中安全注意事项。

1）作业前应全部伸出支腿并在撑脚板下垫方木。有定位销的支腿必须插上。底盘为弹性悬挂的起重机，放支腿前应先收紧稳定器。

2）作业中严禁扳动支腿操纵阀。如需调整支腿，必须在无载荷时进行，并将臂杆转至正前或正后再行调整。

3）起重变幅应平稳，严禁猛起猛落臂杆。

4）伸缩式起重臂伸缩时，应按规定顺序进行。在伸臂的同时要相应下降吊钩。当限位器发出警报时，应立即停止伸臂。起重臂缩回时，仰角不宜太小。

5）起重臂伸出后，若出现前节长度大于后节伸出长度时，必须调整正常后方可作业。

6）起重机械作业时，起重臂下严禁站人，汽车驾驶室不得有人。重物不得超越驾驶室上方，不得在车正前方起吊重物。

7）轮胎式起重机需带荷行走时，道路必须平坦坚实，载荷必须符合原厂规定，重物离地不得超过 50cm，并拴好拉绳，缓慢行驶。严禁长距离带荷行走。

8）满负荷作业时，应注意检查起重臂的挠度。侧向作业时，要注意支腿情况，发现不正常情况时，应立即放下重物，检查调整正常后方能继续作业。

9）起重机行驶时，严禁人员在底盘走台上站立或蹲坐以及堆放物件。

（4）作业后安全注意事项。

1）起重机作业后，伸缩式臂杆的起重机应将臂杆全部缩回放妥，挂好吊钩。桁架式臂杆的起重机应将臂杆转至起重机的前方，并降至 40°～60°。

2）起重机停驻后整机倾斜度一般不得大于 1.5°。各部制动器都应加保险固定，操作室和机棚都要关门加锁。

3）对起重机的关键部件，如起重臂等，要定期检查是否有裂缝、变形以及连接螺栓的紧固情况等。有任何不良情况都不能继续使用。

二、塔式起重机

塔式起重机是一种具有塔身直立，起重臂安在塔身顶部且可作 360°回转的起重机械。

塔式起重机具有较高的起重高度、工作幅度和起重能力，工作速度快、生产效率高，且机械运转安全可靠，使用和装拆方便等优点。目前，被广泛地应用于多层、高层民用建筑和多层工业厂房结构吊装施工中。

1. 塔式起重机的类型

塔式起重机的分类方法和类型很多，按有无行走机构可分为固定式和移动式两种。前者固定在地面上或建筑物上，后者按其行走装置又可分为履带式、汽车式、轮胎式和轨道式四种；按其回转方式可分为上回转和下回转两种；按其变幅方式可分为水平臂架小车变幅和动臂变幅两种；按其安装形式可分为自升式、整体快速拆装和拼装式三种。目前，应用最广的是下回转、快速拆装、轨道式塔式起重机和能够一机四用（轨道式、固定式、附着式和内爬式）的自升塔式起重机。拼装式塔式起重机因拆装工作量大将逐渐淘汰。

图 9 - 4 为两种较常见的自升式塔式起重机的外形结构。

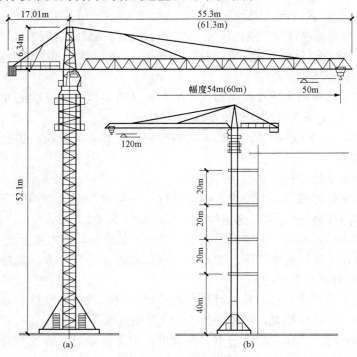

图 9 - 4   QTZ100 型塔式起重机外形结构
（a）独立式；（b）附着式

2. 塔式起重机的使用要点

（1）作业条件。

1）塔式起重机应由专职司机操作。一般准许的工作温度为＋40℃～－20℃，风速小于6级。大于6级风或雷雨天，禁止操作。

2）起重机的安装、顶升、拆卸必须按照原厂规定进行，并制订安全作业措施，由专业队（组）在队（组）长负责统一指导下进行，并要有技术和安全人员在场监督。

3）起重机安装后，在无荷载情况下，塔身与地面的垂直度偏差不得超过 3/1000。

4）起重机专用的临时配电箱，宜设置在轨道中部附近，电源开关应符合规定要求。电缆卷筒必须运转灵活、安全可靠，不得拖缆。

5）起重机必须安装行走、变幅、吊钩高度等限位器和力矩限位器等安全装置，并保证灵敏可靠。

6）起重机的塔身上，不得悬挂标语牌，以免增加风载影响。

（2）作业前的检查和启动。

1）检查轨道应平直，无沉陷，轨道螺栓无松动，排除轨道上的障碍物，松开夹轨器并向上固定好。

2）作业应重点检查：机械结构的外观情况，各传动机构应正常；各齿轮箱、液压油箱的油位应符合标准；主要部位连接螺栓无松动；钢丝绳磨损情况及穿绕滑轮应符合规定；供电电缆应无磨损。

3）起重机在中波无线电广播发射天线附近施工时，凡与起重机接触的作业人员，均应穿戴绝缘手套和绝缘鞋。

4）检查电源电压应达到380V，其变动范围不得超过±20V。送电前启动控制开关应在零位。接通电源，检查金属结构部分无漏电后方可上机。

5）空载运转，检查行走、回转、起重、变幅等各机构的制动器、安全限位、防护装置等确认正常后，方可作业。

（3）作业中安全注意事项。

1）操纵各控制器时应依次逐级操作，严禁越挡操作。在变换运转方向时，应将控制器转到零位，待电动机停止转动后，再转向另一方向。操作时力求平稳，严禁急开急停。

2）吊钩提升接近臂杆顶部、小车行至端点或起重机行走接近轨道端部时，应减速缓行至停止位置。吊钩距臂杆顶部不得小于1m，起重机距轨道端部不得小于2m。

3）动臂式起重机的起重、回转、行走三种动作可以同时进行，但变幅只能单独进行。每次变幅后应对变幅部位进行检查。允许带载变幅的在满载荷或接近满载荷时，不得变幅。

4）提升重物后，严禁自由下降。重物就位时，可用微动机构或使用制动器使之缓慢下降。

5）提升重物平移时，应高出其跨越的障碍物0.5m以上。

6）两台起重机同在一条轨道上或在相近轨道上进行作业时，应保持两机之间任何接近部位（包括吊起的重物）距离不得小于5m。

7）主卷扬机不安装在平衡臂上的上旋式起重机作业时，不得顺一个方向连续回转。

8）装有机械式力矩限位器的起重机，在每次变幅后，必须根据回转半径和该半径的允许荷载，对超荷载限位装置的吨位指示盘进行调整。

9）弯轨路基必须符合规定要求，起重机转弯时，应外轨轨面上撒上沙子。内轨轨面及两翼涂上润滑脂，配重箱转至转弯外轮的方向。

10）严禁在弯道上进行吊装作业或吊重物转弯。

（4）作业后安全注意事项。

1）作业后，起重机应停放在轨道中间位置，臂杆应转到顺风方向，并放松回转制动器。小车及平衡重应移到非工作状态位置。吊钩提升到离臂杆顶端2～3m处。

2）将每个控制开关拨至零位，依次断开各路开关，关闭操作室门窗，下机后切断电源总开关。打开高空指示灯。

3）锁紧夹轨器，使起重机与轨道固定，如遇八级大风时，应另拉缆风绳与地锚或建筑物固定。

4）任何人员上塔帽、吊臂、平衡臂的高空部位检查或修理时，必须佩戴安全带。

第三节　钢结构安装工程

钢结构的强度高，塑性韧性好、构件截面小、工厂工业化制造、现场装配机械化施工程度高等多项优点，被广泛应用于高层建筑、空间结构、轻型钢结构、住宅钢结构及大型设备等大跨度结构，以及拱桥钢拱、斜拉桥的钢桥塔和钢箱梁等结构中。

一、钢结构的连接

钢结构是由钢板、型钢等组合连接制成基本构件，如梁、柱、桁架等运到工地后再通过安装连接组成整体结构，如门式刚架、钢框架、厂房、桥梁等。连接在钢结构中占有很重要的地位，将直接影响钢结构的制造安装和经济指标以及使用性能。

钢结构的连接方法可分为焊接连接、螺栓连接和铆钉连接等。

（一）焊接连接

1. 焊接连接的形式

焊接连接是建筑钢结构普遍采用的一种连接方法。常用的焊接方法主要有电弧焊、电阻焊、电渣焊、接触焊。

按照被连接构件间的相对位置，焊接连接的形式通常可分为平接、搭接、T形连接和角接连接等。这些连接所采用的焊缝形式主要有对接焊缝和角焊缝。

2. 焊缝连接的基本要求

（1）焊接金属应与基本金属相适应。当焊接两种不同强度的钢材时，可采用与低强度钢材相适应的焊接材料。焊接结构是否需要采用焊前预热或焊后热处理等特殊措施，应根据材质、焊件厚度、焊接工艺、施焊时气温等综合因素来确定。

（2）不得任意加大焊缝；同时焊缝的布置应尽可能对称于杆件或构件重心，并尽可能使焊缝截面的重心与杆件或构件重心相重合，否则应考虑其偏心的影响。

（3）钢板的拼接采用对接焊缝时，纵横两方向的对接焊缝，可采用十字形交叉和T形交叉；当为T形交叉时，交叉点的间距不得小于200mm。

（4）在对接焊缝的连接处，当焊件的宽度不同或厚度相差4mm以上时，应分别在宽度方向或厚度方向从一侧或两侧做成坡度不大于1/4的斜角，如图9-5所示；当厚度不同时，焊缝坡口形式应根据较薄焊件厚度的要求取用。

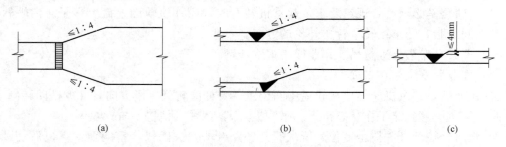

(a)　　　　　　　　　　　　　　(b)　　　　　　　　　　　(c)

图9-5　不同宽度或厚度的焊件对接拼接

（5）焊缝在施焊时的起弧和落弧处常会出现未熔透的焊口，这种缺陷对处于低温或承受动力荷载的结构很不利。为此，在对接焊缝的两端应设置弧板（引弧板的坡口形式应与主材相同），焊后将引弧板切除，并用砂轮或其他方法将焊缝端部表面加工平整。

（6）角焊缝的最小焊脚尺寸可参照表9-1采用。

表 9 - 1　　　　　　　　　　　角焊缝的常用最小焊脚尺寸

较厚的焊件厚度（mm）	最小焊脚尺寸（mm）		
	Q235 钢	16Mn 钢、16Mnq 钢	15MnV 钢、15MnVq 钢
≤4	4	4	4
5～10	5	6	6
11～17	6	8	8
18～24	8	10	10
25～32	10	12	12
34～46	12	14	14
48～60	14	16	16

（7）在直接承受动力荷载的结构中，角焊缝表面应做成直线形或凹形；焊脚尺寸的比例：对正面角焊缝为 1∶1.5（长边顺内力方向）；对侧面角焊缝可为 1∶1。

（8）在次要构件或次要焊缝连接中，可采用断续角焊缝；断续角焊缝之间的净距，对受压构件不应大于 $15t$，对受拉构件不应大于 $30t$（t 为较薄焊件的厚度）。

（9）杆件与节点板的连接焊缝，一般宜采用两面侧焊缝；也可采用三面围焊缝；对内力较小的角钢杆件也可采用 L 形围焊缝；所有围焊的转角处必须连续施焊。

（10）在搭接连接中，搭接长度不得小于焊件较小厚度的 5 倍。并不得小于 25mm。

（11）圆钢与圆钢、圆钢与平板（钢板或型钢的平板部分）间的焊缝有效厚度，不应小于 0.2 倍圆钢直径（当焊接两圆钢直径不同时，取平均直径）或 3mm，并不大于 1.2 倍平板厚度；焊缝计算长度不应小于 20mm。

（二）螺栓连接

钢结构的螺栓连接按照其荷载传递的方式分为：普通螺栓和高强度螺栓。在构件上连接的基本要求是：

（1）每一杆件在节点上或拼接连接的一侧，永久性的螺栓数目不宜少于两个。对组合构件的缀条，其端部连接可采用一个螺栓。

对抗震结构，每一杆件在节点上或拼接连接的一侧，永久性的螺栓数目不应少于 3 个。

（2）高强度螺栓孔应采用钻成孔。摩擦型高强度螺栓的孔径比螺栓公称直径 d 大 1.5～2.0mm；承压型或受拉型高强度螺栓的孔径比螺栓公称直径 d 大 1.0～1.5mm。

（3）在高强度螺栓连接范围内，构件接触面的处理方法应在施工图中说明。

（4）普通螺栓和高强度螺栓通常采用并列和错列的布置形式。螺栓行列之间以及螺栓与构件边缘的距离，应符合表 9 - 2 的要求。

表 9 - 2　　　　　　　　　　　螺栓的最大、最小容许间距

名称	位置和方向			最大容许距离 （取两者的较小者）	最小容许距离
中心间距	任意方向	外排		$8d_0$ 或 $12t$	$8d_0$
		中间排	构件受压力	$12d_0$ 或 $18t$	
			构件受拉力	$16d_0$ 或 $24t$	

续表

名称	位置和方向			最大容许距离 （取两者的较小者）	最小容许距离
中心至构件 边缘距离	顺内力方向			4d_0 或 8t	2d_0
	垂直内力方向	切割边			1.5d_0
		轧制边	高强度螺栓、普通螺栓		1.2d_0

注 1. d_0 为螺栓的孔径，t 为外层较薄板件的厚度。

　　2. 钢板边缘与刚性构件（如角钢、槽钢等）相连的螺栓的最大间距，可按中间排的数值采用。

二、钢结构构件的制作

轻钢结构的制作和安装必须严格按照施工图进行，并应符合国家现行的有关标准规范的规定。钢结构工程所采用的钢材、连接材料和涂装材料等，除应具有出厂质量证明书外，尚应进行必要的检验，以确认其材质符合要求。

钢构件在工厂加工制作的基本流程如图 9-6 所示。

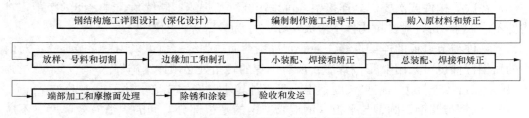

图 9-6　钢构件在工厂加工制作的基本流程

1. 生产准备

（1）钢构件在制作前，应进行设计图纸的自审和互审工作，并应按工艺规程做好各道工序的工艺准备工作。

（2）钢构件制造所需的材料、机具和工艺装备应符合工艺规程的规定。

（3）上岗操作人员应进行培训和考核，特殊工种应进行资格确认，并做好各道工序的技术交底工作。

2. 放样和号料

（1）放样是根据施工详图，以 1∶1 的比例在样板台上弹出实样，求取实长，根据实长制成样板（样杆）。放样应采用经过计量检定的钢尺，并将标定的偏差值计入量测尺寸。尺寸画法应先量全长后分尺寸，不得分段丈量相加，避免偏差积累。

（2）样板、样杆可采用厚度为 0.3～0.5mm 的薄钢板制作。

（3）号料是以样板为依据，在材料上画出实样并打上各种加工记号。号料应使用经过检查合格的样板（样杆），避免直接用钢尺所造成的过大偏差或看错尺寸而引起不必要的损失。

（4）号料过程中发现原料有质量问题，则需要另行调换或和技术部门及时联系。当材料有较大幅度弯曲而影响号料质量时，可先矫正平直，再号料。

3. 切割

钢材的下料切割方法通常有：机械切割、气割、等离子切割，可根据具体要求和实际条件，参照表 9-3 选用。

表 9 - 3　　　　　　　　　　　　　各种切削方法分类比较

类别	使用设备	特点及适用范围
机械切割	剪板机型钢冲剪机	切割速度快、切口整齐、效率高,适用薄钢板,压型钢板、冷弯檩条的切削
	无齿锯	切割速度快,可切割不同形状、不同对的各类型钢、钢管和钢板、切口不光洁,噪声大,适于锯切精度要求较低的构件或下料留有余量最后尚需精加工的构件
	砂轮锯	切口光滑、生刺较薄易清除、噪声大,粉尘多,适于切割薄壁型钢及小型钢管。切割材料的厚度不宜超过 4mm
	锯床	切割精度高,适于切割各类型钢及梁、柱等型钢构件
气割	自动切割	切割精度高,速度快,在其数控气割时可省去放样、划线等工序而直接切割。适于钢板切割
	手工切割	设备简单、操作方便、费用低、切口精度较差,能够切割各种厚度的钢材
等离子切割	等离子切割机	切割温度高,冲刷力大,切割边质量好,变形小,可以切割任何高熔点金属。特别是不锈钢、铝、铜及其合金等

4. 矫正和成型

在钢结构制作过程中,由于原材料变形,气割、剪切变形,钢结构成型后焊接变形,运输变形等,影响构件的制作及安装质量,一般须采用机械或火焰矫正。

碳素结构钢在环境温度低于－16℃,低合金结构钢在环境温度低于－12℃时,为避免钢材冷脆断裂不得进行冷矫正和冷弯曲。矫正后的钢材表面不应有明显示的凹痕和损伤,表面划痕深度不得大于 0.5mm。

当采用火焰矫正时,加热温度应根据钢材性能选定。但不得超过 900℃,低合金钢在加热矫正后应慢慢冷却。

5. 制孔

轻钢结构中一般有高强螺栓孔,普通螺栓孔,地脚螺栓孔等,高强螺栓孔应采用钻成孔,檩条等结构上的孔可采用冲孔,地脚螺栓孔与螺栓间的间隙较大,当孔径超过 50mm 时也可用火焰割孔。

6. 组装

钢结构构件的组装是按照施工图的要求,把已加工完成的零件或半成品装配成独立的成品构件。零部件在组装前应矫正其变形并在控制偏差范围以内,接触表面应无毛刺、污垢和杂物,除工艺要求外零件组装间隙不得大于 1.0mm,顶紧接触面应有 75％以上的面积紧贴,用 0.3mm 塞尺检查,其塞入面积应小于 25％,边缘间隙不应大于 0.8mm,板叠上所有螺栓孔、铆钉孔等应采用量规检查,其通过率应符合下列规定:

用比孔的直径小 1.0mm 量规检查,应通过每组孔数的 85％;用比螺栓公称直径大 0.2～0.3mm 的量规检查应全部通过;量规不能通过的孔,应经施工图编制单位同意后,方可扩钻或补焊后重新钻孔。扩钻后的孔径不得大于原设计孔径 2.0mm;补孔应制定焊补工艺方案并经过审查批准,用与母材强度相应的焊条补焊,不得用钢块填塞,处理后应做出记录。

组装时,应有适当的工具和设备。如组装平台或胎架、夹具、定位器等以保证组装有足够的精度。

为了保证隐蔽部位的质量，应经质检人员检查认可，签发隐蔽部位验收记录，方可封闭。组装出首批构件后，必须由质检部门进行全面检查，经合格认可后方可进行继续组装。

7. 摩擦面处理

（1）摩擦面的处理是指高强螺栓连接时构件接触面的钢材表面加工。经过加工，使其接触外表面的抗滑移系数达到设计要求的确定值。

（2）摩擦面的处理方法及质量，直接影响抗滑移系数的取值乃至整个连接的承载能力，故必须按设计要求处理被连接构件的接触面。

（3）摩擦面处理方法有：喷砂（或抛丸）后生赤锈；喷砂后涂无机富锌漆；砂轮打磨；钢线刷消除浮锈；火焰加热清理氧化皮；酸洗等。其中，以喷砂（抛丸）为最佳处理方法。

（4）处理好的摩擦面，不得有飞边、毛刺、焊疤或污损等。

（5）应注意摩擦面的保护，防止构件运输、装卸、堆放、二次搬运、翻吊时连接板的变形。安装前，应处理好被污染的连接面表面。

（6）处理好的摩擦面放置一段时间后会先产生一层浮锈，经钢丝刷清除浮锈后，抗滑移系数会比原来提高。一般情况下，表面生锈在 60 天左右达到最大值。因此，从工厂摩擦面处理到现场安装时间宜在 60 天左右时间内完成。

（7）接触面的间隙与处理：由于摩擦型高强度螺栓连接方法是靠螺栓压紧构件间连接处，用摩擦来阻止构件之间滑动达到内力传递。因此，当构件与拼接板面有间隙时，则固定后有间隙处的摩擦面间压力减小，影响承载能力。试验证明，当间隙小于或等于 1mm 时，它对受力摩擦面滑移影响不大，基本能达到内力正常传递；当间隙大于 1mm 时，抗滑移力就要下降 10%。因此，当接触面有间隙时，应按表 9 - 4 处理。

表 9 - 4   **板叠间隙处理**

序号	示意图	处理方法
1		$d \leqslant 1.0$mm 不处理
2	磨斜面	$1.0 < d \leqslant 3.0$mm 将厚板一侧磨成 1∶10 的缓坡，使间隙小于 1.0mm
3	垫板	$d > 3.0$mm 加垫板，垫板上下摩擦面的处理与构件相同

三、钢结构的安装

（一）一般规定

（1）轻钢结构施工前，安装单位应按施工图设计的要求，编制安装施工组织设计，并在施工过程中认真执行，严格实施。

（2）轻钢结构施工中使用的器具、仪器、仪表等，应经计量检定合格后方可使用。

（3）钢结构安装前，应按构件明细表核对进场的构件，核查质量证明书、设计更改文件、构件交工所必需的技术资料以及大型构件预装排版图。

（4）构件应符合设计要求和规范的规定，对主要构件（柱子、吊车梁和屋架等）应进行复检。

（5）构件在运输和安装中应防止涂层损坏。

（6）构件安装前应清除附在表面上的灰尘、冰雪、油污和泥土等杂物。

（7）钢结构的安装工艺，应保证结构稳定性和不致造成构件永久变形。对稳定性较差的构件，起吊前应进行试吊，确认无误后方可正式起吊。

（8）钢结构的柱、梁、屋架、支撑等主要构件安装就位后，应立即进行校正、固定。对不能形成稳定的空间体系的结构，应进行临时加固。

（9）钢结构安装、校正时，应考虑外界环境（风力、温差、日照等）和焊接变形等因素的影响，由此引起的变形超过允许偏差时，应对其采取调整措施。

（二）施工准备

（1）钢结构安装应具备下列设计文件。钢结构设计图、建筑图、有关基础图、钢结构施工详图，其他有关图纸及技术文件。

（2）钢结构安装前，应进行图纸自审和会审，并符合有关规定。

（3）协调设计、制作和安装之间的关系。钢结构安装应编制施工组织设计、施工方案或作业设计。施工组织设计和施工方案应由总工程师审批，作业设计由专责工程师审批。

（4）施工前应按施工方案（作业设计）逐级进行技术交底。交底人和被交底人（主要负责人）应在交底记录上签字。

（三）构件运输和堆放

大型或重型构件的运输应根据行车路线和运输车辆性能编制运输方案，构件的运输顺序应满足构件吊装进度计划要求。运输构件时，应根据构件的长度、重量、断面形状选用车辆；构件在运输车辆上的支点、两端伸出的长度及绑扎方法均应保证构件不产生永久变、不损伤涂层。构件装卸时，应按设计吊点起吊，并有防止损伤构件的措施。

构件堆放场地应平整坚实、无水坑、冰层，并应有排水设施。构件应按种类、型号、安装顺序分区堆放；构件底层垫块要有足够的支承面。相同型号的构件叠放时，每层构件的支点要在同一垂直线上。

变形的构件应矫正，经检查合格后方可安装。

（四）基础验收

（1）钢结构安装前应对建筑物的定位轴线、基础轴线和标高、地脚螺栓位置等进行检查，并应进行基础检测和办理交接验收。当基础工程分批进行交接时，每次交接验收不应少于一个安装单元的柱基基础，并应符合下列规定：

1）基础混凝土强度达到设计要求。

2）基础周围回填夯实完毕。

3）基础的轴线标志和标高基准点准确、齐全。

（2）基础顶面直接作为柱的支承面和基础顶面预埋钢板或支座作为柱的支承面时，其支承面、地脚螺栓（锚栓）的允许偏差应符合表9-5的规定。

表 9 - 5 支承面、地脚螺栓（锚栓）的允许偏差 mm

项目		允许偏差
支承面	标高	±3.0
	水平度	L/1000
地脚螺栓（锚栓）	螺栓中心偏移	5.0
	螺栓露出长度	+20.2 0
	螺纹长度	+20.2 0
预留孔中心偏移		10.00

（3）钢柱脚采用钢垫板作支承时，应符合下列规定：

1）钢垫板面积应根据基础混凝土的抗压强度、柱脚底板下细石混凝土二次浇灌前柱底承受的荷载和地脚螺栓（锚栓）的紧固拉力计算确定。

2）垫板应设置在靠近地脚螺栓（锚栓）的柱脚底板加劲板或柱肢下，每根地脚螺栓（锚栓）侧应设1～2组垫板，每组垫板不得多于5块。垫板与基础面和柱底面的接触应平整、紧密。当采用成对斜垫板时，其叠合长度不应小于垫板长度的2/3。二次浇灌混凝土前垫板间应焊接固定。

3）采用座浆垫板时，应采用无收缩砂浆。柱子吊装前砂浆试块强度应高于基础混凝土强度一个等级。座浆垫板的允许偏差应符合表9-6的规定。

表 9 - 6 座浆垫板的允许偏差 mm

项目	允许偏差
顶面标高	0 −3.0
水平度	l/1000
位置	20.0

（五）钢结构的安装

1. 柱子安装

（1）吊点选择。吊点位置及吊点数量，应根据钢柱形状、断面、长度、起重机性能等具体情况确定。

一般钢柱弹性和刚性都很好，吊点采用一点起吊，吊耳放在柱顶处，柱身垂直、易于对线校正。通过柱重心位置，受起重机臂杆长度限制，吊点也可放在柱长1/3处，采用斜吊时，由于钢柱倾斜，对线校正较难。

对细长钢柱，为防止钢柱变形，可采用二点或三点绑扎吊装。

如果不采用焊接吊耳，直接在钢柱本身用钢丝绳绑扎时要注意两点。其一，在钢柱（口、工、H）四角做包角（用半圆钢管内夹角钢 L）以防钢丝绳刻断；其二，在绑扎点处，为防止工字型或 H 型钢柱，局部受挤压破坏，可设加强肋板，吊装格构柱，绑扎点处加支撑杆。

（2）起吊方法。一般钢柱吊装可采用单机吊装，对重型工业厂房大型钢柱又重又长时，可根据起重机配备和现场条件确定单机、双机、三机吊装。

1）旋转法。钢柱运到现场，起重机边起钩边回转使柱子绕柱脚旋转而将钢柱吊起（图9-7）。

2）滑行法。单机或双机抬吊钢柱起重机只起钩，使钢柱脚滑行而将钢柱吊起的方法（图9-8）。为减少钢柱脚与地面的摩阻力，需在柱脚下铺设滑行道。

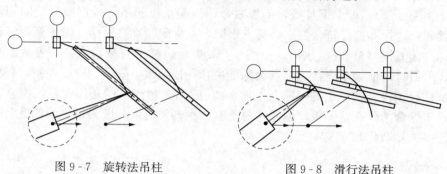

图9-7 旋转法吊柱　　　　　　　　图9-8 滑行法吊柱

（3）钢柱校正。钢柱校正要做三件工作：柱基标高调整，对准纵横十字线，柱身垂直度。

1）单层钢结构钢柱校正。

①柱基标高调整：根据钢柱实际长度，柱底平整度，钢牛腿顶部距柱底部距离，重点要保证钢牛腿顶部标高值，来决定基础标高的调整数值。

具体做法是：首层柱安装时，可在钢柱底板下的地脚螺栓上加一个调整螺母，螺母上表面的标高调整到与柱底板标高齐平，放上柱子后，利用底板下的螺母控制柱子标高，精度可达±1mm以内。柱子底板下预留的空隙，可用无收缩砂浆以捻浆法填实，如图9-9所示。

②纵横十字线。钢柱底部制作时，在柱底板侧面，用钢冲打出互相垂直的四个面，每个面一个点，用三个点与基础面十字线对准即可，达到点线重合。

对线方法。起重机不脱钩的情况下，将三面线对准缓慢降落至标高位置。

为防止预埋螺杆与柱底板螺孔有偏差，设计时考虑偏差数值，适当将螺孔加大，上压盖板焊接解决。

③柱身垂直度校正：采用缆风校正方法，用两台呈90°的经纬仪找垂直，在校正过程中不断调整柱底板下螺母，直至校正完毕，将柱底板上面的2个螺母拧上，缆风绳松开不受力，柱身呈自由状态，再用经纬仪复核，如有小偏差，调整下螺母，无误后将上螺母拧紧。

地脚螺栓螺母一般可用双螺母，也可在螺母拧紧后，将螺母与螺杆焊实。

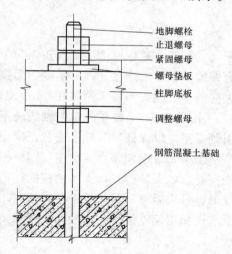

图9-9 柱基标高调整示意

（地脚螺栓
止退螺母
紧固螺母
螺母垫板
柱脚底板
调整螺母
钢筋混凝土基础）

2）高层及超高层钢结构钢柱校正：为使高层及超高层钢结构安装质量达到最优，主要控制钢柱的水平标高，十字轴线位置和垂直度。测量是安装的关键工序，在整个施工过程中，以测量为主。它与单层钢结构钢柱校正有相同点和不同点：

①柱基标高调整，首层钢柱垂直度校正，与单层钢结构钢柱校正方法相同。不同点是高层及超高层钢结构，地下室部分钢柱都是劲性钢柱，钢柱的周围都布满了钢筋，调整标高，对线找垂直，都要适当地将钢筋梳理开，才能进行工作，工作起来较困难。

②柱顶标高调整和其他节框架钢柱标高控制可以用两种方法：一种是按相对标高安装，另一种按设计标高安装，通常按相对标高安装。钢柱吊装就位后，用大六角高强度螺栓固定连接（经摩擦面处理），即上下耳板，不加紧，通过起重机起吊，撬棍微调柱间间隙。量取上下柱顶预先标定标高值，符合要求后打入钢楔，点焊限制钢柱下落，考虑到焊缝收缩及压缩变形，标高偏差调整至5mm以内，如图9-10所示。柱子安装后在柱顶安置水平仪，测相对标高，取最合理值为零点，以零点为标准换算各柱顶线，安装中以线控制，将标高测量结果与下节柱顶预检长度对比进行综合处理。超过5mm对柱顶标高作调整，调整方法：是采用填塞一定厚度的低碳钢钢板，但须注意不宜一次调整过大，因为过大的调整会带来其他构件节点连接的复杂化和安装难度。

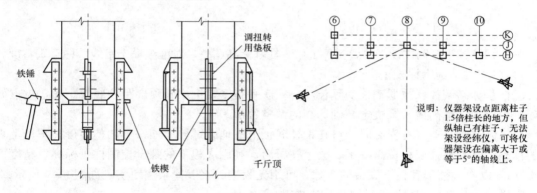

说明：仪器架设点距离柱子1.5倍柱长的地方，但纵轴已有柱子，无法架设经纬仪，可将仪器架设在偏离大于或等于5°的轴线上。

图9-10　无缆风绳校正示意

③第二节柱纵横十字线校正：为了上下柱不出现错口，尽量做到上下柱十字线重合。如有偏差，在柱的连接耳板的不同侧面夹入垫板（垫板厚度0.5～1.0mm），拧紧大六角螺栓，钢柱的十字线偏差每次调整在3mm以内，若偏差过大分2～3次调整。

注意：每一节柱子的定位轴线决不允许使用下一节柱子的定位轴线，应从地面控制轴线引到高空，以保证每节柱子安装正确无误，避免产生过大的积累偏差。

④第二节钢柱垂直度校正：钢柱校正重点是对钢柱有关尺寸预检，影响垂直度因素的预先控制，如安装误差，下层钢柱的柱顶垂直度偏差就是上下节钢柱的底部轴线、位移量、焊接变形、日照温度、垂度校正及弹性等，综合安装误差之和，可采取预留垂偏值，预留值大于下节柱积累偏差值时，只预留累积偏差值，反之则预留可预留值，其方向与偏差方向相反。

2. 钢屋架安装

钢屋架的侧向刚度较差，安装前需要加固。单机吊（加铁扁担法）常加固下弦；双机抬吊，应加固上弦。

（1）屋架的绑扎点，必须绑扎在屋架节点上，以防构件在吊点处产生弯曲变形。

（2）第一榀屋架起吊就位后，应在屋架两侧设缆风绳固定。如果端部有抗风柱校正后可与抗风柱固定。第二榀屋架起吊就位后，每坡用一个屋架调整器，进行屋架垂直度校正，两端支座处用螺栓固定或焊接固定，然后安装垂直支撑与水平支撑，检查无误，成为样板间，以此类推继续安装。

（3）为减少高空作业，提高生产效率，可在地面上将天窗架预先拼装在屋架上，并将吊索两面绑扎，把天窗架夹在中间，以保证整体安装的稳定，如图9-11虚线表示。

（4）钢屋架垂直度校正方法：在屋架下弦一侧拉一根通长钢丝，同时在屋架上弦中心线设置一个同等距离的标尺，用线锤校正，如图9-12所示。此外，也可用一台经纬仪，放在柱顶一侧，与轴线平移a距离，在对面柱子上同样有一距离为a的点，从屋架中线处用标尺挑出a距离，三点在一条线上，即可使屋架垂直，如图9-12将线锤和通长钢丝换成经纬仪即可。

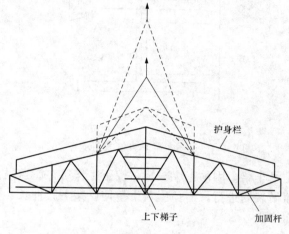

图9-11 钢屋架吊装示意

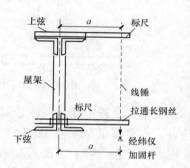

图9-12 钢屋架垂直度校正示意

3. 钢梁安装

（1）钢吊车梁安装。

1）起吊方法：根据吊车梁重量，起重机能力，现场施工条件，工期要求，因地制宜，选用最佳方案。

①吊车梁的安装应在柱子第一次校正和柱间支撑安装后进行。

②吊车梁的安装应从有柱间支撑的跨间开始，吊装后的吊车梁应进行临时固定。

③吊点，利用工具式吊耳进行起吊、安全、可靠、方便，如图9-13所示。

2）校正。吊车梁的校正应在屋面系统构件安装并永久连接后进行，其内容包括标高、纵横轴线（包括轴线和轨距）和垂直度。

①标高调整。当一跨即两排吊车梁全部吊装完毕后，用一台水准仪（精度为$\pm 3\text{mm}/\text{km}$）架在梁上或专门搭设的平台上，进行每梁两端的高程测量，将所有数据进行加权平均，算出一个标准值（此标准的标高符合允许偏差值）。计算各点所需垫板厚度，在吊车梁端部设置千斤顶顶空，在梁两端垫好楔铁块。

注意：吊车梁标高调整可在屋盖吊装之前之后进行均可。

②纵横轴线校正。柱子安完，及时将柱间支撑安好形成排架。首先要用经纬仪，在柱子纵列端部，从柱基正确轴线，引到牛腿顶部水平位置，定出正确轴线距吊车梁中心线距离，在吊车梁顶面中心线拉一通长钢丝（或用经纬仪均可），逐根将梁端部调整到位，为方便调整位移，吊车梁下翼缘一端为正圆孔，另一端为椭圆孔，用千斤顶和手拉葫芦进行轴线位

移，将铁楔再次调整、垫实。

　　当两排吊车梁纵横轴线无误，复查吊车梁跨距。复查位置：一排柱的两端及伸缩缝处。

　　③吊车梁垂直度校正：从吊车梁的上翼缘挂锤球下去，测量线绳至梁腹板上下两处的水平距离。根据梁的倾斜程度（$a \neq a'$），楔铁块再次调整，使 $a = a'$，即可垂直。纵横轴线和垂直度可同时进行，如图 9-14 所示。

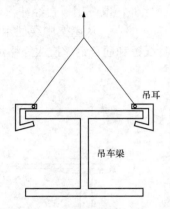

图 9-13　钢吊车梁吊装示意

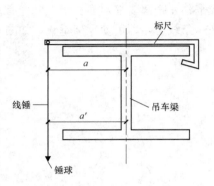

图 9-14　钢吊车梁垂直度校正示意

　　纵横轴线及跨距校正时间，对中小型吊车梁，因吊车梁较轻，校正工作可在屋盖吊前吊后均可；对重型吊车梁校正时间宜在屋盖吊装后进行，避免屋盖重量使屋架下弦伸长，屋架跨度增大，轨距将随着屋架跨度的增大而增大。

　　（2）高层及超高层钢结构钢梁安装。

　　①主梁采用专用卡具吊装，为防止高空因风或碰撞物体落下，主要做法如图 9-15 所示，卡具放在钢梁端部 500mm 的两侧。

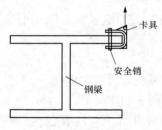

图 9-15　钢梁吊装示意

　　②一节柱有 2 层、3 层、4 层梁，原则上竖向构件由下向上逐件安装，由于上部和周边都处于自由状态，易于安装测量保证质量。习惯上同一列柱的钢梁从中间跨开始对称地向两端扩展，同一跨钢梁，先安上层梁再安中下层梁。

　　③在安装和校正柱与柱之间的主梁时，再把柱子撑开。测量必须跟踪校正，预留偏差值，留出接头焊接收缩量，这时柱子产生的内力，焊接完毕焊缝收缩后也就消失。

　　④柱与柱接头和梁与柱接头的焊接，以互相协调为好，一般可以先焊一节柱的顶层梁，再从下向上焊各层梁与柱的接头，柱与柱的接头可以先焊，也可以最后焊。

　　⑤次梁三层串吊。

　　⑥同一根梁两端的水平度，允许偏差（$L/1000$）$+3$；最大不超过 10，如果钢梁水平度超标，主要原因是连接板位置或螺孔位置有误差，可采取换连接板或塞焊孔重新制孔。

　　（3）轻型钢结构斜梁安装。

　　①起吊方法：门式刚架斜梁其特点是跨度大（即构件长）侧向刚度很小，为确保质量、安全，提高生产效率，减小劳动强度，根据现场和起重设备能力，最大限度地扩大拼装工

作，在地面组装好斜梁吊起就位，并与柱连接。

可选用单机两点或三、四点起吊或用铁扁担以减小索具所产生的对斜梁压力，或者双机抬吊，防止斜梁侧向失稳，如图9-16所示。

②吊点选择：大跨度斜梁吊点须经计算确定。对于侧向刚度小，腹板宽厚比大的构件，为防止构件扭曲和损坏，主要从吊点多少及双机抬吊同步，动作协调，考虑在两机大钩之间拉一根钢丝绳，在起钩时两机距离固定，防止互曳。

吊点部位，要防止构件局部变形和损坏，放置加强肋板或用木方子填充好，进行绑扎。

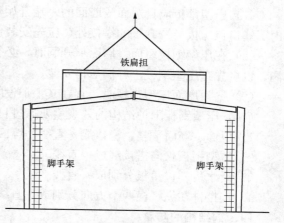

图9-16　轻型钢结构斜梁吊装示意

4. 围护系统钢结构安装

围护系统钢结构指用于墙板与主体结构之间支承连系构件，如墙柱、墙面檩条或桁架、门窗框架、檩条拉杆等构件。

（1）墙柱安装应与基础连系，如暂无基础时应采取临时支撑措施，保证墙柱按要求找正，当柱设计为吊挂在其他结构（如吊车梁辅助桁架等）上时，安装时不得造成被吊挂的结构超载。

（2）墙面檩条等构件安装应在柱调整定位后进行，柱的安装允许偏差应符合主柱的规定。墙面檩条安装后应用拉杆螺栓调整平直度。

5. 平台、梯子及栏杆安装

（1）钢平台、钢梯、栏杆安装应符合现行国家标准的规定。

（2）平台钢板应铺设平整，与承台梁或框架密贴、连接牢固，表面有防滑措施。

（3）栏杆安装连接应牢固可靠，扶手转角应光滑。

（4）梯子、平台和栏杆宜与主要构件同步安装。

6. 围护结构的安装

轻钢房屋广泛采用彩色压型金属板作为围护系统。

（1）安装压型板屋面和墙面前必须编制施工排版图，根据设计文件核对各类材料的规格、数量，检查压型钢板及零配件的质量，发现质量不合格的要及时修复或更换。

（2）在安装墙板和屋面板时，墙梁和屋面檩条应保持平直。

（3）隔热材料宜采用带有单面或双面防潮层的玻璃纤维毡。隔热材料的两端应固定，并将固定点之间的毡材拉紧。防潮层应置于建筑物的内侧，其面上不得有孔。防潮层的接头应采用粘接

1）在屋面上施工时，应采用安全绳、安全网等安全措施。

2）安装前面板应擦干，操作时施工人员应穿胶底鞋。

3）搬运薄板时应戴手套，板边要有防护措施。

4）不得在未固定牢靠的屋面板上行走。

（4）面板的接缝方向应避开主要视角。当主风向明显时，应将面板搭接边朝向下风。

（5）压型钢板的纵向搭接长度应能防止漏水和腐蚀，可采用 200～250mm。

（6）屋面板搭接处均应设置胶条。纵横方向搭接边设置的胶条应连续。檐口的搭接边除胶条外尚应设置与压型钢板剖面相应的堵头。

（7）压型钢板应自屋面或墙面的一端开始依序铺设，应边铺设、边调整位置、边固定。山墙檐口包角板与屋脊板的搭接处，应先安装包角板，后安装屋脊板。

（8）在压型钢板屋面、墙面上开洞时，必须核实其尺寸和位置，可安装压型钢板后再开洞，也可先在压型钢板上开洞后再安装。

（9）铺设屋面压型钢板时，宜在其上加设临时人行木板。

（10）压型钢板围护结构的外观主要通过目测检查，应符合下列要求：

1）屋面、墙面平整，檐口成一直线，墙面下端成一直线。

2）压型钢板长向搭接缝成一直线。

3）泛水板、包角板分别成一直线。

4）连接件在纵、横两个方向分别成一直线。

四、钢结构的防腐

钢结构具有轻质、高强，适用于大跨度、大柱距和大吨位负荷，抗震性能好，制作方便，施工安装速度快和建设周期短等一系列优点。广泛用于国民经济各个行业和国防工业的建设，但在使用过程中由于受到各种介质的作用而容易腐蚀。钢结构的腐蚀不仅要造成自身的经济损失，还要直接影响生产和安全，损失的价值要比钢结构本身大得多。因此，做好钢结构的防腐蚀工作具有重要的经济和社会意义。

为了减轻或防止钢结构的腐蚀，目前国内外基本采用涂装方法进行防护。采用防护层的方法防止金属腐蚀是目前应用得最多的方法。常用的保护层有以下几种：

（1）金属保护层。金属保护层是用具有阴极或阳极保护作用的金属或合金，通过电镀、喷镀、化学镀、热镀和渗镀等方法，在需要防护的金属表面上形成金属保护层（膜）来隔离金属与腐蚀介质的接触，或利用电化学的保护作用使金属得到保护，从而防止了腐蚀。如镀锌钢材，锌在腐蚀介质中因它的电位较低，可以作为腐蚀的阳极而牺牲，而铁则作为阴极而得到了保护。金属镀层多用在轻工、仪表等制造行业上，钢管和薄铁板也常用镀锌的方法。

（2）化学保护层。化学保护层是用化学或电化学方法，使金属表面上生成一种具有耐腐蚀性能的化合物薄膜，以隔离腐蚀介质与金属接触，来防止对金属的腐蚀。如钢铁的氧化、铝的电化学氧化，以及钢铁的磷化或钝化等。

（3）非金属保护层。非金属保护层是用涂料、塑料和搪瓷等材料，通过涂刷和喷涂等方法，在金属表面形成保护膜，使金属与腐蚀介质隔离，从而防止金属的腐蚀。如钢结构、设备、桥梁、交通工具和管道等的涂装，都是利用涂层来防止腐蚀的。

五、钢结构的防火

1. 钢结构的防火措施

目前钢结构构件常用的防火措施主要有防火涂料和构造防火两种类型。

（1）防火涂料。钢结构防火涂料分为薄涂型和厚涂型两类，对室内裸露钢结构，轻型屋盖钢结构及有装饰要求的钢结构，当规定其耐火极限在 1.5h 以下时，应选用薄涂型钢结构防火材料。室内隐蔽钢结构，高层钢结构及多层厂房钢结构，当其规定耐火极限在 1.5h 以上时，应选用厚涂型钢结构防火涂料。

（2）构造防火。钢结构构件的防火构造可分为外包混凝土材料，外包钢丝网水泥砂浆、外包防火板材，外喷防火涂料等几种构造形式。喷涂钢结构防火涂料防火与其他构造方式相比较具有施工方便，不过多增加结构自重、技术先进等优点，目前被广泛应用于钢结构防火工程中。

2. 防火施工

钢结构防火施工可分为湿式工法和干式工法。湿式工法有外包混凝土、钢丝网水泥砂浆、喷涂防火涂料等。干式工法主要是指外包防火板材。

外包混凝土防火，在混凝土内应配置构造钢筋，防止混凝土剥落。施工方法和普通钢筋混凝土施工原则上没有任何区别。由于混凝土材料具有经济性、耐久性、耐火性等优点，一向被用作钢结构防火材料。但是，浇捣混凝土时，要架设模板，施工周期长，这种工法一般仅用于中、低层钢结构建筑的防火施工。

钢丝网水泥砂浆防火施工，也是一种传统的施工方法，但当砂浆层较厚时，容易在干后产生龟裂，为此应分遍涂抹水泥砂浆。

钢结构防火涂料采用喷涂法施工。方法本身有一定的技术难度，操作不当，会影响使用效果和消防安全。一般规定应由经过培训合格的专业施工队施工。

施工应在钢结构工程验收完毕后进行。为了确保防火涂层和钢结构表面有足够的黏结力，在喷涂前，应清除钢结构表面的锈迹锈斑，如有必要，在除锈后，还应刷一层防锈底漆。且防锈底漆不得与防火涂料产生化学反应。

以一定的压力喷射防火涂料是为了保证涂层黏结牢固，为了确保喷射压力不受损失，当风速在5m/s（四级）以上时，不宜施工。喷完后，有一个干燥固化过程，在这个过程中，环境温度宜保持在5～38℃，相对湿度不大于90%，且应保持良好的通风条件。

当防火涂料分为底层和面层涂料时，两层涂料应相互匹配。且底层不得腐蚀钢结构，不得与防锈底漆产生化学反应，面层若为装饰涂料，选用涂料应通过试验验证。

对于重大工程，应进行防火涂料的抽样检验。每使用100t薄型钢结构防火涂料，应抽样检查一次黏结强度，每使用500t厚型防火涂料，应抽样检测一次黏结强度和抗压强度。

薄涂型涂料的底层涂料一般都比较粗糙，宜采用重力式喷枪喷涂，其压力约为0.4MPa，喷嘴直径4～6mm。喷后的局部修补可用手工涂抹。当喷枪的喷嘴直径可调至1～3mm时，也可用于喷涂面层涂料。

底层喷涂前应检查钢结构表面除锈是否满足要求，尘土杂物是否已清除干净。底层一般喷2～3遍，每遍厚度控制2.5mm以内，视天气情况，每隔8～24h喷涂一次，必须在前一遍基本干燥后喷涂。喷射时，喷嘴应与钢材表面保持垂直，喷口至钢材表面距离以保持在40～60cm为宜。喷射时操作人员要随身携带测厚计检查涂层厚度，直到达到设计规定厚度方可停止喷涂。若设计要求涂层表面平整光滑时，待喷完最后一遍后应用抹灰刀将表面抹平。

薄涂型面层很薄，主要起装饰作用，所以，面层应在底层经检测符合设计厚度，基本干燥后喷涂，并应注意不要产生色差。

厚涂型钢结构防火涂料不管是双组分、单组分，均需要现场加水调制，一次调配的涂料必须在规定的时间内用完，否则会固化堵塞管道。

厚涂型钢结构防火涂料宜采用压送式喷涂机喷涂，空气压力为0.4～0.6MPa，喷口直径宜采用6～10mm。厚涂型每遍喷涂厚度一般控制在5～10mm，喷涂必须在前一遍基本干燥后进行，厚度检测方法与薄涂型相同，施工时如发现有质量问题，应铲除重喷。有缺陷应加以修补。

干式防火施工时用黏结剂粘贴。常用的板材有轻质混凝土预制板、石膏板、硅酸钙板等。施工时，应注意密封性，不得形成防火薄弱环节，所采用的粘贴材料在预计的耐火时间内应能保证受热而不失去作用。

第四节　装配式钢筋混凝土结构工程

装配式钢筋混凝土结构是由预制混凝土构件通过可靠的连接方式装配而成的混凝土结构，包括装配整体式混凝土结构、全装配混凝土结构等。

装配整体式混凝土结构由预制混凝土构件通过可靠的方式进行连接并与现场后浇混凝土、水泥基灌浆料形成整体的装配式混凝土结构。该结构可以将梁、板、柱等预制构件按照安装施工的要求，分别预制或组合预制，使预制构件的体积满足安装施工，构件自重相对较轻，预制、运输、安装较方便，是广泛采用的一种结构形式。

一、构件预制

装配式钢筋混凝土结构的结构形式主要有装配整体式混凝土框架结构和装配整体式混凝土剪力墙结构，主要结构构件包括柱、梁、板、墙（内墙板和保温外墙板）等。

1. 柱

预制混凝土柱制作工艺流程，如图 9 - 17 所示。

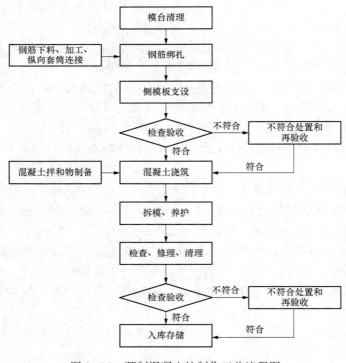

图 9 - 17　预制混凝土柱制作工艺流程图

（1）模台清理应符合下列规定：

1）当采用厂区流水线施工时，可移动模板及支架所用材料的技术指标应符合国家现行标准的有关规定。模板和支架应有足够的刚度、强度和稳定性，能承受施工中产生的各种荷载。

2）当采用固定式台座时，地基应处理密实，并铺设不小于 200mm 的碎石垫层，周边做好排水措施；台座应具有足够的强度和刚度。普通钢筋混凝土台座长期使用中表面会产生裂缝，宜在钢筋混凝土台座表面加设 60～80mm 厚预应力混凝土面层，面层底部做可滑动隔离层。

（2）模板支设及预留预埋应符合下列规定：

1）可移动模板应进行施工图设计，组装宜采用螺栓或销钉连接，便于组装成多种尺寸形状。模板组装前应对零部件的几何尺寸和焊缝进行全面检查，在满足质量要求的前提下应拆组灵活方便。

2）侧模板支设前应在台座上画好控制线。

3）模板支设前必须清理干净并均匀涂抹隔离剂，粗糙面应涂刷缓凝剂。

4）模板的固定或临时支撑应可靠牢固。

5）柱端部模板应根据钢筋直径，在堵头上预留孔洞，孔洞位置与柱纵筋位置相同，并在纵筋上穿可拆卸橡胶环以密封。

6）预埋件、预留孔洞、预留管道、预留筋等应待模板固定牢固后设置。

7）模板上设置的吊环，严禁采用冷加工钢筋制作，且吊环的计算拉应力不大于 50MPa。

8）预制混凝土柱设计吊环或留设吊装孔、吊装螺母时应经过计算，且应避开预制混凝土柱的薄弱位置。

（3）钢筋加工和绑扎应符合下列规定：

1）钢筋应先调直再下料，钢筋表面干净，无严重锈蚀，无粘贴物，下料长度应符合设计要求，切口断面应平整。

2）连接钢筋时，钢筋规格和套筒的规格应一致，钢筋螺纹的形式，螺距、螺纹外径应与套筒匹配，并确保钢筋和连接套筒的丝扣干净，完好无损。

3）连接时，钢筋丝头与连接套对正安装，用力矩扳手拧紧，丝扣外露均不得超过一扣。当采用机械辅助连接时，应调整拧紧力矩，不得欠拧或过拧。

4）钢筋绑扎应在专用操作平台上进行。

5）钢筋入模应采用多吊点专用工具吊装。

6）钢筋保护层垫块应采用同强度等级的混凝土专用垫块。

（4）预制混凝土柱浇筑混凝土及抹面应符合下列规定：

1）混凝土入模应采用专用布料机。

2）混凝土的振捣应采用高频振动台为主、插入式振捣器为辅，且混凝土必须振捣密实。

3）应加强混凝土表面的抹压以减少裂缝，特别在初凝后、终凝前要掌握好时间。

4）抹面过程中严禁洒水及撒灰面，先用木抹子拍打搓平，再用钢抹子进行第二次抹平，抹面时以模具四周为参照，刮出边缘，反复搓抹，使表面平整。

5）抹面完成后及时清理撒落在模具四周和压杠上的残留混凝土。

（5）拆模及养护应符合下列规定：

1）混凝土拆模时混凝土强度须大于 2.5MPa，且构件棱角应完整。拆模后，应将连接面用高压射水冲去表面水泥浆或凿毛处理。

2）预制混凝土柱的养护方式宜采用蒸汽养护，操作平台移动时应控制在低速、平稳状态。

3）当构件较大时，也可采用简易室外养护棚，养护棚应封闭严密、保温性能好。

4）预制混凝土柱蒸汽养护升温降温应缓慢进行，蒸汽养护时应有专人测温并记录升、降温期间，测温每 1h 进行 1 次，恒温期间每 2h 进行 1 次。

5）养护过程中设专人检查，蒸汽不应跑、冒、漏。

6）蒸汽养护构件试块养护应符合下列规定：

①混凝土柱采用蒸汽养护时，试块应随构件同条件养护。试块不应放在养护窑或模具最顶层，也不应放在蒸汽管出口处。

②试块同条件蒸养后再转入标准养护共 28d；同条件试块出窑后应与构件同条件放置。

7）预制构件也可采用自然养护，养护时应用塑料薄膜覆盖保水，根据温度变化及时保温覆盖并保持温度恒定。

（6）预制混凝土柱吊运及堆放应符合下列规定：

1）预制混凝土柱结束养护后，在起吊堆放时应进行质量检查和验收。柱混凝土强度不宜低于设计强度的 75%。

2）预制混凝土起吊时应严格按照预埋吊点绑扎起吊，起吊过程应平稳。

3）预制混凝土柱的堆放不得大于 4 层，支撑点不少于 3 个，且应上下在同一竖直线。

4）吊运过程应防止预制混凝土柱发生碰撞、挤压。

2. 预制混凝土叠台梁

预制混凝土叠合梁是在工厂或现场制作预制混凝土梁底部，顶部在现场后浇混凝土而形成的整体受弯构件。预制工艺流程，如图 9-18 所示。

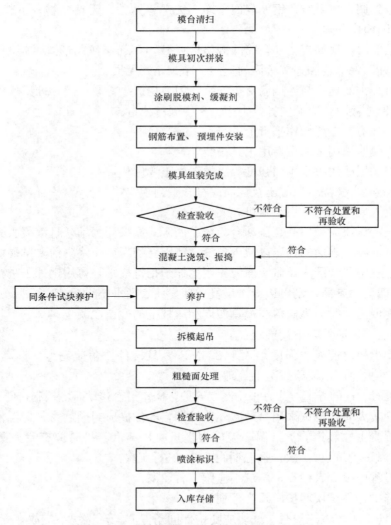

图 9-18　预制混凝土叠合梁预制工艺流程图

（1）模台和模具。预制混凝土叠合梁一般选用钢模具，如图9-19所示，模具应具有足够的强度、刚度和整体稳定性，并应能满足预制混凝土叠台梁预留孔、插筋、预埋吊环及其他预埋件的定位要求。模具设计应满足预制混凝土叠合梁质量、生产工艺、模具组装与拆卸、周转次数等要求。

1）模具拼装应符合下列规定：

①模具拼装前，应清扫模台，并用钢丝球或刮板将模台表面残留混凝土及其他杂物清理干净。

②根据模具图纸对进厂的模具进行编号核对、清点数量。

③模具拼装前必须进行清理，应去除模具表面铁锈，水泥残渣、污渍等。

④完成剩余端模及钢桩的拼

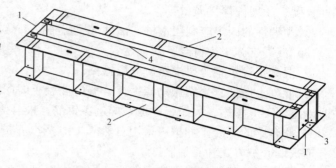

图9-19 预制混凝土叠台梁钢模具示意图
1—端模；2—侧模；3—出筋孔；4—钢桩

装，并使用螺栓等工具将整套模具紧固在模台上。

⑤模具拼装完成后，应满足连接牢固、接缝严密的要求。对容易漏浆的地方使用双面胶带或其他材料密封。

2）涂刷脱模剂、缓凝剂应符合下列规定：

①脱模剂宜选用质量稳定、易喷涂、脱模效果好的水质、油质或蜡质脱模剂，并应具有改善预制混凝土叠合梁表观质量效果的功能。

②模具内表面应均匀涂刷适量的脱模剂，夹角处不得漏涂。

③脱模剂与水的兑制比例需根据制作构件时的温度进行调整。

④预制混凝土叠合梁顶面以及两端部需要制作粗糙面和键槽时，应在对应位置的钢模具内表面均匀涂刷适量缓凝剂。

（2）钢筋布置、预埋件安装应符合下列规定：

1）根据预制混凝土叠合梁生产图纸确定钢筋的牌号、规格、长度和数量，并备制加工。

2）钢筋笼的绑扎宜选用镀锌钢丝，钢筋笼规格应根据构件生产图纸确定。

3）钢筋笼的箍筋可采用封闭箍或者开口箍筋，如图9-20所示，使用开口箍筋时，应配备相应数量、相应规格的箍筋帽，如图9-21所示。

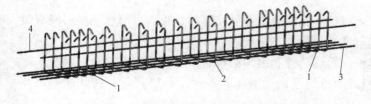

图9-20 钢筋笼开口箍筋示意图
1—加密区箍筋；2—非加密区箍筋；3—梁底筋；4—梁腰筋

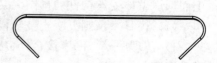

图9-21 箍筋帽示意图

4）钢筋笼入模之前应提前布置水泥类垫块，垫块按梅花状布置，间距满足钢筋限位及控制变形要求。钢筋笼入模过程中应避免破坏模具内表面涂刷好的脱模剂和缓凝剂，同时钢筋笼不得沾染脱模剂和缓凝剂。

5）钢筋布置完成后，应根据构件加工图纸，对钢筋的牌号、规格、长度、数量、保护层等进行检验。

6）固定预埋件前，应检查预埋件型号、材料数量、级别、规格尺寸、预埋件平整度、锚筋长度、预埋件焊接质量等。

7）预埋件的固定应利用钢桩、磁性底座等辅助工具保证安装位置及精度。

（3）混凝土施工应符合下列规定：

1）混凝土浇筑宜分层浇筑、分层振捣。

2）混凝土振捣宜采用振动棒振捣。振捣混凝土时限应以混凝土内无气泡冒出、开始泛浆时确定，不应漏振、欠振、过振，应避免钢筋、模具等被振松。

3）叠合梁的混凝土养护可采用自然养护或蒸汽养护，根据季节、环境温度、工期等因素合理选取养护方式和养护制度。

4）当采用自然养护时，静停期间，混凝土经过成型抹面后应及时用塑料薄膜等洁净物覆盖；养护期间应洒水保湿。混凝土试件应与预制混凝土叠合梁同条件养护，并应采取措施妥善保管。

5）当采用蒸汽养护时，预养护时间宜大于 2h，升温速率不宜超过 15℃/h，降温速度不宜超过 10℃/h，恒温阶段温度不宜超过 60℃。

6）试块养护同预制柱相关规定。

（4）起吊和堆放应符合下列规定：

1）叠合梁拆模起吊时，混凝土强度等级不宜小于混凝土设计强度等级的 75%，且不应小于 15MPa。当设计对拆模强度有更高要求时，以设计要求为准。

2）模具应该按顺序拆除，并及时清理模具表面，修复模具变形位置。拆模过程中应保证预制混凝土叠合梁表面及棱角处不受损伤，严禁用重物锤击模具。

3）拆模时构件表面温度与环境温度相差不宜超过 20℃。

4）叠合梁起吊时，吊索与构件水平夹角不宜小于 60°，不应小于 45°；吊运过程应平稳，不应有偏斜和大幅度摆动。

5）叠合梁堆场应夯实压平或浇筑混凝土垫层，并应有良好的排水系统。

6）叠合梁存储宜平铺堆放，预留钢筋一侧应朝上，应使用通长垫木或木质垫块作为构件的支承材料，支承位置应由计算确定。

3. 预制混凝土叠合楼板

预制混凝土叠合楼板是在工厂或现场制作混凝土楼板底部板，楼板顶部在现场后浇混凝土而形成整体受弯构件的预制混凝土楼板。预制工艺流程，如图 9-22 所示。

（1）模具。预制混凝土叠合楼板的模具清理和组装应符合下列规定：

1）清理底模与侧模接合处、模具面板与槽钢接触面的混凝土和密封条，防止杂物进入模具和密封条脱落。

2）在模具底模和侧模的接缝处贴好密封条，后安装两端模具，在模具安装过程中密封条应完整。模具与底模紧固，靠近模台边的侧模螺栓固定，左右侧模宜采用磁盒固定。

3）安装模具时，钢筋保护层应符合设计要求，骨架尺寸不合适时可适当调整。

4）脱模剂宜采用蜡质隔离剂，应均匀涂刷，严禁滴、撒到钢筋、预埋件上。

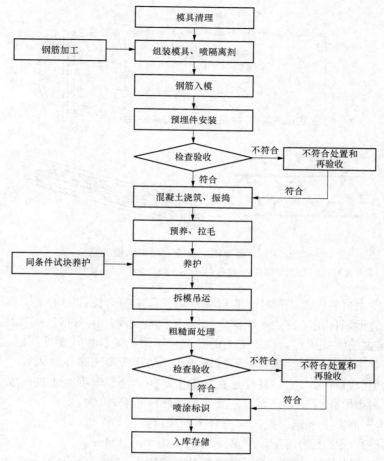

图 9-22 预制混凝土叠合楼板预制工艺流程图

（2）钢筋。钢筋桁架绑扎、钢筋网片或骨架入模应符合下列规定：

1）钢筋弯心直径、平直段长度应符合设计要求或国家现行标准的有关规定，钢筋弯曲成型后表面不得有裂纹、鳞落等现象。预制混凝土叠合楼板应设置桁架钢筋，如图 9-23 所示。钢筋桁架采用焊接成型，所有交叉点处都应焊接牢固，箍筋弯钩叠合处沿受力筋方向错开放置。

2）绑扎板筋时宜用顺扣或八字扣，每个交叉点均要绑扎牢固，叠合板吊环要穿过桁架钢筋，绑扎在指定位置。

3）桁架垫块呈梅花形布置，混凝土保护层应符合国家现行标准和设计要求。

4）钢筋桁架制作成型后，按规定要求实测检查，填写记录，检查合格后，分类堆放，并设明显标识牌。

5）钢筋桁架应轻放入模，入模时应平直、无损伤，表面不得有油污或锈蚀。

6）两端外露部分钢筋应用钢筋或木条夹绑固定，插筋的外露长度应符合设计图要求；外露钢筋出筋处，应用泡沫条塞严，防止漏浆。

7）钢筋网片或桁架装入模具后，应按设计要求对钢筋位置、规格、间距、保护层厚度等进行检查，允许偏差应符合相关规定。

（3）预埋件。预埋件安装应符合下列规定：

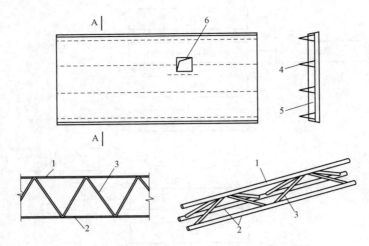

图 9-23　预制混凝土叠合楼板桁架钢筋
1—上弦钢筋；2—下弦钢筋；3—格构钢筋；4—桁架钢筋；5—预制板；6—预留洞口

1）预埋件所用材料、加工尺寸、焊缝高度与长度应符合设计要求。

2）侧模上的预埋件用工具式螺栓固定，底面上的预埋件可与钢筋焊接固定或用镀锌钢丝将埋件锚筋与主筋绑扎固定；浇筑面上的预埋件用附加定位板及螺栓固定。

3）预留孔要用棉丝或柔性棉布材料封堵严实，防止混凝土浆体渗入。

4）电线盒用胶带或磁力盒将其固定在底模上，防止浇筑时混凝土进入线盒。

5）预埋件和预留孔洞尺寸允许偏差及检验方法应符合相关规定。

（4）混凝土。混凝土浇筑、振捣应符合下列规定：

1）浇筑前检查混凝土坍落度，坍落度控制 100mm±20mm。

2）使用吊斗浇灌混凝土时，下料口距模具不宜大于 600mm，混凝土应均匀下料并辅以人工摊铺。吊斗不得碰撞模具、插筋等。

3）宜采用振动台一次振捣密实成型。

4）振捣时间应不宜过长或过短，混凝土表面不应出现沉陷、气泡和泛浆。

5）混凝土振捣后，应立即去除模内混凝土中的临时支撑和固定埋件的卡具。

6）浇筑后先抹平，再用拉毛机或钢丝耙将混凝土表面拉成深 3~4mm 的凹沟。叠合板四侧为粗糙面。

（5）构件、试块养护。构件、试块养护应符合下列规定：

1）流水线生产的预制构件宜采用蒸汽养护，固定模台生产的预制构件宜采用帆布覆盖通气养护。

2）预养护时间宜大于 2h，升温速度不宜超过 15℃/h，降温速度不宜超过 10℃/h，恒温最高温度不得超过 60℃。

3）蒸汽养护时应有专人测温并记录升、降温期间，测温 1h/次，恒温期间 2h/次。

4）养护过程中，设专人检查帆布覆盖情况，蒸汽不应跑冒漏，养护完成后按要求逐步揭开帆布降温。

5）试块养护同预制柱相关规定。

（6）拆模。

1）拆模时构件表面温度与环境温度差不超过 20℃。

2）拆模顺序与模具安装顺序相反，各紧固件依次拆除。

3）拆模过程中严禁用铁锤敲击，可采用撬棍将模具撬离构件或将撬棍插入模具的支拆孔内翻开模具，并注意保护各预埋件（孔洞），确保构件表面不沉陷，棱角、内孔壁不因拆模而损坏。

4）拆模后应及时清理构件；应将构件预留孔的堵塞物、飞边等清除干净；构件带有的锚环、外露筋、预埋件等必须外露，当埋入混凝土中时，应予剔出扶正，对构件进行编号。

（7）叠合楼板出池和起吊。叠合楼板出池和起吊应符合下列规定：

1）同条件养护试件抗压强度不应小于设计强度的 75% 且不应小于 15MPa 方可出池。

2）叠合楼板出模起吊应采用多绳吊架，6 根或 8 根吊绳挂在桁架钢筋或起吊点。

3）起吊构件用的吊具、吊钩、吊绳和卡具不应有开焊、变形、裂纹、断丝等缺陷。

4）出池用的吊绳长短应一致，吊绳与构件的水平夹角不得小于 45°，否则应使用横扁担。

5）预制叠合楼板在成品检验后，应及时喷涂产品标识，标识内容宜包括预制叠合楼板的编号、制作日期、合格状态、生产单位等信息。

二、构件安装

1. 混凝土预制柱安装

混凝土预制柱吊装前，应进行弹线，主要弹出柱的中心线或安装位置控制线；在安装的结构位置上按照施工图进行测量放线，设置安装定位标志。混凝土预制柱宜按照先角柱、边柱、中柱顺序进行安装，与现浇连接的柱先行吊装。

混凝土预制柱安装施工工艺流程，如图 9-24 所示。

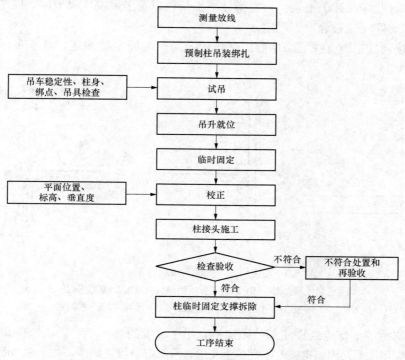

图 9-24　混凝土预制柱安装施工工艺流程图

（1）柱子的绑扎。根据柱子的重量、柱身刚度，可采用一点、两点或三点绑扎；对重型或细长柱宜采用两点、三点绑扎。柱子绑扎应符合下列规定：

1）在吊点处绑扎吊索时，应做到安全可靠、不损伤构件棱角和便于脱钩，采用自动或半自动卡环作为脱钩装置。

2）柱子的绑扎方法应与吊装方法一致。采用垂直绑扎法时，提升吊索在柱子两侧且长度相等，每个吊点绑扎处使用两个卡环；采用斜吊绑扎法时，提升吊索在柱子单侧，一个吊点使用一个卡环。

3）预制混凝土柱的绑扎点位置设计无规定时，应通过计算确定。当采用单点绑扎时，绑扎点位置应当高于柱的重心；当采用多点绑扎方法时，应对预制混凝土柱进行吊装验算。

4）吊装与运输过程中应采取保证起重设备的主钩位置、吊具及构件重心在竖直方向上重合的措施，吊索与构件水平夹角不宜小于 60°，且不应小于 45°。

（2）柱子的吊升、就位。柱起吊就位时，应缓慢进行，当柱一端提升 500mm 时应暂停，检查吊车稳定性，柱身良好，绑点、吊钩、吊索等安全可靠后，再继续提升。吊升方法可参考前节钢结构柱吊升方法，选用旋转法或滑行法。

预制柱吊升就位过程应符合下列规定：

1）吊运过程应平稳，不应有大幅度摆动，且不应长时间悬停。

2）预制柱就位可采用先定位一个钢筋连接孔洞，再对位其他钢筋孔洞的办法。

3）采用预留孔插筋法时，应采用柱靴对从柱底伸出的钢筋进行保护；起吊阶段，柱扶正过程中，柱靴不应离开地面。

（3）柱子的临时固定。柱子就位后应采用可调钢斜撑或拉设缆风进行临时固定，固定牢固后起重机方可脱钩并卸去吊索。对重型柱或细长柱以及多风或风大地区，应增设缆风绳。

柱子的临时固定应符合下列规定：

1）每个预制柱临时支撑宜采用专门制作的金属临时固定架固定，且不少于 2 道，如图 9 - 25 所示。

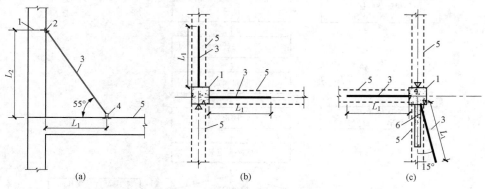

图 9 - 25　临时支撑示意图
（a）临时支撑立面；（b）临时支撑平面－1；（c）临时支撑平面－2
1—预制柱；2—预埋临时固定点；3—临时支撑；4—预埋件；5—预制梁；6—墙

2）上部斜撑的支撑点距离底部的距离不宜小于高度的 2/3，且不应小于高度的 1/2。

3）缆风绳用作临时固定措施时不宜少于 4 道，且下部应设紧绳器，并牢固地固定在锚桩上。

（4）柱子的校正。柱子吊装校正内容包括：预制混凝土柱的轴线、标高和垂直度。校正并符合下列规定：

1）根据柱身和基础已测放的安装定位标志校正预制混凝土柱安装平面位置。

2）预制柱的标高校正，可采用在柱四角放置金属垫块的方法，结合柱子长度进行调整。

3）垂直度校正在柱的两个互相垂直的平面内同时进行，设两台经纬仪同时观测。可采用小型油压千斤顶斜顶校正或有缆风绳校正法，也可通过可调临时支撑对预制柱的位置和垂直度进行微调。

4）当日校正的预制柱未灌浆固定，次日应复校后再灌浆。

5）临时固定支撑的拆除应在预制柱与结构可靠连接，连接节点部位后浇混凝土或灌浆料强度达到设计要求，且上部构件吊装完成后方可拆除。

（5）柱子的最后固定。校正完毕的柱子，经复查合格后，应及时进行柱接头施工。柱接头或者接缝的混凝土强度应达到 10MPa 以上，方可吊装上一层结构的构件。

预制柱接头的施工，当采用套筒灌浆连接技术时，并应符合下列规定：

1）柱肢四周采用坐浆材料封边，形成密闭灌浆腔，保证在最大灌浆压力下密封有效。

2）如所有连接接头的灌浆口都未被封堵，当灌浆口漏出浆液时，应立即用胶塞进行封堵牢固；如排浆孔事先封堵胶塞，摘除其上的封堵胶塞，直至所有灌浆孔都流出浆液并已封堵后，等待排浆孔出浆。

3）一个灌浆单元只能从一个灌浆口注入，不得同时从多个灌浆口注浆。

2. 预制混凝土叠合梁安装

根据结构施工图弹出梁边控制线，根据控制线对梁端、两侧、梁轴线进行调整。梁的安装顺序宜遵循先主梁后次梁，先低后高的原则。

预制混凝土叠合梁安装施工工艺流程，如图 9-26 所示。

（1）预制混凝土叠合梁吊装。预制混凝土叠合梁吊装应符合下列规定：

1）预制混凝土叠合梁吊装宜采用专用吊具，吊索与预制混凝土叠合梁水平面的夹角不小于 60°。

2）预制混凝土叠合梁吊装时应设置缆风绳，吊升中应使梁保持水平状态。

3）预制混凝土叠合梁吊离至地面 1m 的位置时静置 10～30s，检查吊装所用工器具的工作状态。

（2）预制混凝土叠合梁就位和固定。预制混凝土叠合梁就位时梁底应设置支撑，梁底支撑宜采用可调支撑的形式，预制梁的标高通过支撑体系的可调部分来调节。预制混凝土叠合梁就位安装应符合下列规定：

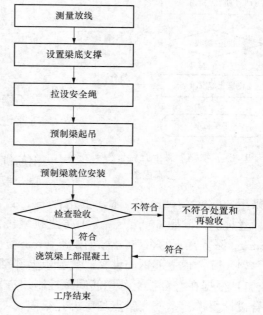

图 9-26　预制混凝土叠合梁安装施工工艺流程图

1）当梁初步就位后，根据梁定位线采用下部可调支撑精确校正，确定稳固后方可松开吊钩。

2）校核预制混凝土叠合梁的标高、垂直度。

3）预制叠合梁混凝土浇筑前，应检查结合面粗糙度，并应检查及校正预制构件的外露钢筋。预制次梁与预制主梁之间的凹槽应在预制叠合板安装完成后，采用不低于预制梁混凝土强度等级的材料填实。

4）预制叠合梁应在后浇混凝土强度达到设计要求后，方可拆除支撑或承受施工荷载。

3. 预制混凝土叠合楼板安装

根据结构施工图弹出楼板四周控制线，根据控制线对板端及两侧进行调整。预制混凝土叠合楼板安装施工工艺流程，如图 9 - 27 所示。

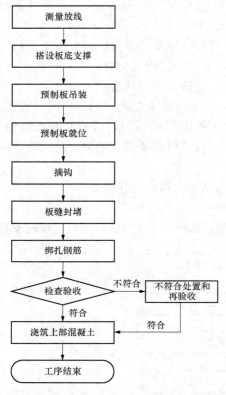

图 9 - 27　预制混凝土叠合楼板安装施工工艺流程图

（1）预制混凝土叠合楼板吊装。预制混凝土叠合楼板吊装应符合下列规定：

1）预制混凝土叠合楼板吊点应合理设置，吊索与预制混凝土叠合楼板水平面的夹角不宜小于 60°，且不应小于 45°。

2）预制混凝土叠合楼板吊升中，四个吊点应均匀受力，使其保持水平状态。

3）预制混凝土叠合楼板吊离至地面 1m 的位置时静置 10～30s，检查吊装所用工器具的工作状态。

（2）预制混凝土叠合楼板就位。预制混凝土叠合楼板的板底支撑宜采用可调支撑的形式，预制楼板的标高通过支撑体系的可调部分来调节。楼板就位应符合下列规定：

1）当楼板初步就位后，根据楼板定位线采用下部可调支撑精确校正，确定稳固后方可松开吊钩。

2）校核预制混凝土叠合楼板的标高。

3）检查板底拼缝高低差，当叠合板板底接缝高差不满足设计要求时，应将构件重新起吊，通过可调托座进行调节。

（3）预制混凝土叠合楼板拼缝处理。叠合板上部钢筋绑扎前，应先对相邻叠合楼板间拼缝进行封堵。叠合板之间拼缝处底部模板采用 15mm 多层板，次龙骨采用 50mm×100mm 方木，主龙骨采用中 20U 形钢筋环。吊模支撑采用双排 14 丝杆吊模，丝杆纵向间距 600mm。为了防止拼缝浇筑时漏浆，叠合板板边加工时预留为 4mm×50mm（深×宽）的企口，企口内塞 10mm 宽防水胶条。

（4）叠合板上部钢筋绑扎。叠合板上部钢筋绑扎应符合下列规定：

1）根据在叠合板上部钢筋间距控制线进行钢筋绑扎，保证钢筋搭接、间距、入墙长度符合设计要求。钢筋交错点均应绑扎牢固。

2）利用叠合板桁架钢筋作为上部钢筋的马凳，确保上部钢筋的保护层厚度。

3）对已铺设好的钢筋、模板进行保护，禁止在底模上行走或踩踏，禁止随意扳动、切断格构钢筋。

（5）混凝土浇筑。混凝土浇筑前，应用定位卡具检查并校正预制构件外露钢筋。在浇筑混凝土前将插筋露出部位包裹胶带，避免浇筑混凝土污染钢筋接头。叠合板上部混凝土浇筑应符合下列规定：

1）浇筑混凝土时，应避免局部混凝土堆载过大。为保证预制叠合板底板及支撑受力均匀，混凝土浇筑从中间向两边浇筑。

2）混凝土浇筑前控制入模温度，混凝土浇筑应连续施工，一次完成。

3）使用平板振捣器振捣，使混凝土中气泡溢出，保证振捣密实。叠合构件与周边现浇混凝土结构连接处混凝土浇筑时，应加密振捣点，保证结构部位混凝土振捣质量。

4）混凝土浇筑时，注意不要移动预埋件位置，且不得污染预埋件外露连接部位。

5）用木刮杠在水平面上将混凝土表面刮平，随即用木抹子搓平。混凝土浇筑弯沉后及时养护，保证表面湿润，养护时间不少于 14 天。

6）混凝土初凝后，终凝前，后浇层与预制墙板的结合面应采取拉毛措施。

复习思考题

9-1 什么是装配式建筑？有何特点？常用类型有哪些？

9-2 履带式起重机由哪几部分组成？如何分类？

9-3 履带式起重机作业中安全注意事项有哪些？

9-4 试比较汽车式起重机和轮胎式起重机在构造和起重性能上的异同点。

9-5 汽车式起重机作业中安全注意事项有哪些？

9-6 塔式起重机有哪几类？各类塔式起重机的适用范围如何？

9-7 塔式起重机作业中安全注意事项有哪些？

9-8 简述钢结构的焊缝连接的基本要求。

9-9 简要说明钢结构构件的制作过程。

9-10 钢结构构件的运输和堆放有什么要求？

9-11 绘图说明钢结构柱的起吊方法。

9-12 钢结构梁安装时的校正内容有哪些？如何进行？

9-13 简要说明钢结构的防腐和防火做法和要求。

9-14 预制混凝土柱预制工艺过程是怎样的？

9-15 说明预制混凝土柱混凝土试块养护要求。

9-16 简要说明预制混凝土叠合梁的预制工艺过程。

9-17 简述预制混凝土叠合梁涂刷脱模剂、缓凝剂的相关规定。

9-18 简要说明预制混凝土叠合楼板的预制工艺过程。

9-19 在预制混凝土叠合楼板中，钢筋桁架的作用和设置要求是怎样的？

9-20 简要说明预制混凝土柱的安装工艺过程。

9-21 简述预制混凝土柱安装校正的主要内容。

9-22 简要说明预制混凝土叠合梁的安装工艺过程。

9-23 预制混凝土叠合梁的安装就位是如何规定的？

9-24 简要说明预制混凝土叠合楼板的安装工艺过程。

9-25 预制混凝土叠合楼板的拼缝如何处理？

参考文献

［1］杨国立．高层建筑施工．北京：高等教育出版社，2016.

［2］林青山，刘颖果．建筑工程施工技术．2版．重庆：重庆大学出版社，2021.

［3］袁春燕．雷拓．土木工程施工．2版．北京：中国电力出版社，2016．

［4］杜荣军．建筑施工脚手架实用手册．北京：中国建筑工业出版社，1994.

［5］建筑施工手册第五版编委会．建筑施工手册．5版．北京：中国建筑工业出版社，2013.

［6］杨嗣信，侯君伟．混凝土结构工程施工手册．北京：中国建筑工业出版社，2014.

［7］姜玉松．地下工程施工技术．2版．武汉：武汉理工大学出版社，2015.

［8］张志勇．地下工程施工．北京：机械工业出版社，2015.